●物理定数

名称	数値
重力加速度	$9.8\ \mathrm{m/s^2}$
万有引力定数	$6.67\times10^{-11}\ \mathrm{N\cdot m^2/kg^2}$
熱の仕事当量	$4.19\ \mathrm{J/cal}$
アボガドロ定数	$6.02\times10^{23}\ \mathrm{mol^{-1}}$
ボルツマン定数	$1.38\times10^{-23}\ \mathrm{J/K}$
理想気体の体積 (0 ℃, 1 atm)	$2.24\times10^{-2}\ \mathrm{m^3/mol}$
気体定数	$8.31\ \mathrm{J/mol\cdot K}$
乾燥空気中の音速 (0 ℃)	$331.5\ \mathrm{m/s}$
真空中の光の速さ	$3.00\times10^{8}\ \mathrm{m/s}$
真空の誘電率	$8.85\times10^{-12}\ \mathrm{F/m}$
真空の透磁率	$1.26\times10^{-6}\ \mathrm{N/A^2}$
電気素量	$1.60\times10^{-19}\ \mathrm{C}$
電子の質量	$9.11\times10^{-31}\ \mathrm{kg}$
プランク定数	$6.63\times10^{-34}\ \mathrm{J\cdot s}$
ボーア半径	$5.29\times10^{-11}\ \mathrm{m}$
リュードベリ定数	$1.10\times10^{7}\ \mathrm{m^{-1}}$
原子質量単位	$1.66\times10^{-27}\ \mathrm{kg}$

●単位の倍数

名称		記号	大きさ
ヨタ	(yotta)	Y	10^{24}
ゼタ	(zetta)	Z	10^{21}
エクサ	(exa)	E	10^{18}
ペタ	(peta)	P	10^{15}
テラ	(tera)	T	10^{12}
ギガ	(giga)	G	10^{9}
メガ	(mega)	M	10^{6}
キロ	(kilo)	k	10^{3}
ヘクト	(hecto)	h	10^{2}
デカ	(deca)	da	10
デシ	(deci)	d	10^{-1}
センチ	(centi)	c	10^{-2}
ミリ	(milli)	m	10^{-3}
マイクロ	(micro)	μ	10^{-6}
ナノ	(nano)	n	10^{-9}
ピコ	(pico)	p	10^{-12}
フェムト	(femto)	f	10^{-15}
アト	(atto)	a	10^{-18}
ゼプト	(zepto)	z	10^{-21}
ヨクト	(yocto)	y	10^{-24}

●ギリシア文字

大文字	小文字	発音	大文字	小文字	発音	大文字	小文字	発音
A	α	アルファ	I	ι	イオタ	P	ρ	ロー
B	β	ベータ	K	κ	カッパ	Σ	σ	シグマ
Γ	γ	ガンマ	Λ	λ	ラムダ	T	τ	タウ
Δ	δ	デルタ	M	μ	ミュー	Υ	υ	ウプシロン
E	ε	イプシロン	N	ν	ニュー	Φ	ϕ, φ	ファイ
Z	ζ	ゼータ	Ξ	ξ	クサイ	Ξ	χ	カイ
H	η	エータ	O	o	オミクロン	Ψ	ψ	プサイ
Θ	θ	シータ	Π	π	パイ	Ω	ω	オメガ

医療系の基礎としての物理

廣岡秀明
崔　東学
古川裕之
吉村玲子
山本　洋
共著

学術図書出版社

まえがき

理科系の大学に進学する高校生が，物理を選好して履修していた時代は過去のものとなり，高校の理科３教科の中で，物理が忌避されるようになって久しい．理工系の大学でも，大学・学部・学科を選べば物理が必要ないところもあるという．大枠でくくれば，理科系といっても医療系であれば，なおさらである．確かに，医療の現場で物理の知識を直接使うことになる場面は，それほど多くはないだろう．しかしながら，医療現場で利用されている機器はますます高度化し，使い方や得られるデータの意味を理解するために，少なからず「物理」の知識が役立つことも多くある．医療機器など使わないという場合であっても，搬送時や介護などで患者を支えなければならないこともある．そんなとき，効率よく，あるいは自分の身体を痛めないようにするには，どうすればよいか．経験的にわかることもあろうが，理屈がわかっていたほうが，様々な場面での応用も効くはずである．

本書は，このような思いをもって，医療系総合大学である北里大学で物理学教育に携わってきた教員によって，医療系の職種を目指す学生向けに著した物理学の入門的な教科書である．章数は30とし，余裕ある学生向けには１章を１コマで進めることで通年単位の講義展開ができるように配置した．また，各章には医療への応用を含んだ例題や話題などを含め，それぞれの単元で，どのような関連性があるのかの説明を試みた．例題・問題には，各種国家試験を出典とするものも配置し，動機づけの一助とする配慮も行った．また，最近の高校物理の教科書では，物理量には単位も含まれるという思想のもとで，物理量に単位を添えないといった流れもある．しかし，本書では計算する際に単位がなにかで初学者が混乱することを避けるために，等式など一部を除き，すべての物理量にあえて単位を添えるように配慮したつもりである．

各章は，それぞれの教員が長年携わってきた知見に基づき，本書をつぎのように分担執筆した．

廣岡秀明　第１章から第４章と第29章および第30章
崔　東学　第19章から第24章
古川裕之　第11章から第13章と第16章から第18章
吉村玲子　第５章から第10章
山本　洋　第14章と第15章および第25章から第28章

わかりやすく記述することで，正確性を犠牲にした部分もある．また，著者らの思い違いの部分があるかもしれない．お気づきの点があれば，本書をよりよい教科書とするためにも，読者諸兄のご指摘を賜れば幸甚である．

最後に，本書を取り纏めるにあたり，章ごとの個性の強さをスッキリと見栄えよくさせるなど，多大なるご尽力をいただいた学術図書出版社の発田孝夫，貝沼稔夫両氏に感謝申し上げる．

2019 年 10 月

著者一同

目　次

1 単位と次元

物理学では，いろいろな物理量の間の関係性を見出したり，その関係性を利用して未知のものを予測したりする．そのためには，基本的な物理量の扱い方を知る必要がある．この章では，まず物理量の表し方や，物理量を測定するときに得られるばらつきの評価法について学習する．

1.1 物理量の表し方

単位 物理学で扱ういろいろな量を**物理量**[1]とよび，物理量 (quantity) の大きさ (value) を数値 (number) と単位 (unit) の積として表す．

たとえば，身近な物理量である「長さ」を考える．ある金属棒の長さを巻尺で測ったところ 60 cm であったとすると，巻尺は**測定器**であり，60 cm という長さは**測定値**である．ここで「60」という数値に添えられている〔cm〕が**単位**であり，長さという物理量の大きさ 1 に相当するものである．このとき，何を大きさ 1 にするかで数値は変化し，〔m〕であれば 0.60 m となるし，〔in〕を用いれば[2] およそ 24 in となる．

同じ物理量であっても単位によって数値は異なるので，必ず測定値には単位を添えなければならない．

> **問 1.1** 日本薬局方によると，標準温度とは 20 °C (摂氏 20 度) である．これを〔°F〕(華氏) を用いて表してみよ．

国際単位系 現在は，万国共通の単位系 (**SI 単位系**) が定められており，基本的にはこれにしたがわなければならない．この体系では，各単位の定義と単位間の関係性が定められている[3]．

基本単位 すべての単位は，時間の単位〔s〕，長さの単位〔m〕，質量の単位〔kg〕，電流の単位〔A〕，温度の単位〔K〕，物質量の単位〔mol〕，光度の単位〔cd〕で表される 7 つの**基本単位**と，それらのべき乗の積として定義される**組立単位**からなっている．

基本単位は，つぎに挙げる物理定数を不確かさのない厳密な定数として定義することで，定数を与える組立単位の関係性を用いて，順番に定義される．

○セシウム原子の遷移周波数：$\Delta\nu_{\mathrm{Cs}} = 9.192631770 \times 10^9$ Hz

[1] 物理学の考え方を用いて扱うものであれば，温度や圧力のようなものだけでなく，通貨の流通量なども物理量となる．

[2] 1 in = 25.4 mm

図 1.1 cm と in の長さの違い

[3] SI 単位は，2018 年 11 月 13 日から 16 日に開催された第 26 回国際度量衡総会で改訂され，2019 年 5 月 20 日より本文で記述されている新 SI 単位が施行される

○真空中の光速の値：$c = 2.99792458 \times 10^{8}$ m/s
○プランク定数：$h = 6.62607015 \times 10^{-34}$ J s
○電気素量：$e = 1.602176634 \times 10^{-19}$ C
○ボルツマン定数：$k = 1.380649 \times 10^{-23}$ J/K
○アボガドロ数：$N_\mathrm{A} = 6.02214076 \times 10^{23}$ /mol
○緑色単色光源の発光効率：$K_\mathrm{cd} = 683$ lm/W

物理量	単位の名称	記号	定義
時間	秒	s	$\Delta\nu_\mathrm{Cs}$〔Hz〕の値より，1 s を定義する． 関係性：〔Hz〕=〔s^{-1}〕
長さ	メートル	m	c〔m/s〕の値と $\Delta\nu_\mathrm{Cs}$ から決まる 1 s の値より，1 m を定義する．
質量	キログラム	kg	h〔J s〕の値と $\Delta\nu_\mathrm{Cs}$ と c から決まる 1 s と 1 m の値より，1 kg を定義する． 関係性：〔J s〕=〔$\mathrm{kg\,m^2\,s^{-1}}$〕
電流	アンペア	A	e〔C〕の値と $\Delta\nu_\mathrm{Cs}$ から決まる 1 s の値より，1 A を定義する． 関係性：〔A〕=〔$\mathrm{C\,s^{-1}}$〕
温度	ケルビン	K	k〔J/K〕の値と $\Delta\nu_\mathrm{Cs}$，c および h から決まる 1 s と 1 m および 1 kg の値より，1 K を定義する． 関係性：〔J/K〕=〔$\mathrm{kg\,m^2\,s^{-2}\,K^{-1}}$〕
物質量	モル	mol	N_A〔/mol〕の値より，1 mol を定義する．
光度	カンデラ	cd	K_cd〔lm/W〕の値と $\Delta\nu_\mathrm{Cs}$，c および h から決まる 1 s と 1 m および 1 kg の値，さらに立体角 1 sr† により，1 cd を定義する． 関係性：〔lm/W〕=〔$\mathrm{cd\,sr\,kg^{-1}\,m^{-2}\,s^{3}}$〕

† 単位〔sr〕については，立体角を参照のこと

組立単位　あらゆる組立単位は，基本単位の組み合わせにより表現することができる．基本単位は，この関係性を利用して定義されている．たとえば，電気抵抗の単位である〔Ω〕は，基本単位を用いると〔Ω〕=〔$\mathrm{m^2\,kg\,s^{-3}\,A^{-2}}$〕と表される．

問 1.2　電気抵抗の単位〔Ω〕を基本単位で表すと，〔$\mathrm{m^2\,kg\,s^{-3}\,A^{-2}}$〕となることを確認せよ．

接頭語　SI 単位の大きさに乗じる因数のうち，10^{-24} から 10^{24} までの範囲の接頭語が定められており，表紙裏の「単位の倍数」のようになっている．da (デカ)，h (ヘクト)，k (キロ) を除き，正のべき乗は大文字，負のべき乗は小文字で表される．また，接頭語を単独で用いることや重ねて用いることは許されていない[4]．

[4] 1000 を 1 k と表したり，1 nm を 1 mμm のように表すことはできない．

次元　長さを表す単位は，〔m〕や〔cm〕のほか，〔in〕や〔yd〕など，さまざまなものがある．単位が異なれば数値も異なるが，長さという物理量には変わりない．このように単位の違いでは変わらない物理量としての属

性を**次元**とよぶ．

次元としての長さは，記号 L で表す．面積は，単位に関係なく，長さと長さを乗じたものなので次元 L^2 として表す．表 1.1 は，基本単位の次元を表している．あらゆる単位は基本単位の組み合わせでつくられるので，任意の物理量 Q の次元 $\dim Q$ は，指数 α, β などを用いて，つぎのように表される．

$$\dim Q = \mathsf{L}^{\alpha}\mathsf{M}^{\beta}\mathsf{T}^{\gamma}\mathsf{I}^{\delta}\Theta^{\varepsilon}\mathsf{N}^{\zeta}\mathsf{J}^{\eta} \tag{1.1}$$

たとえば，速さとは長さを時間で割ったものなので，次元 LT^{-1} と表す．

表 1.1　物理量と次元

物理量	長さ	質量	時間	電流	温度	物質量	光度
次元の記号	L	M	T	I	Θ	N	J

ある物理量の比の値や，物理量の組み合わせかたによっては，次元の指数がすべて 0 になることがある．このときを**無次元**あるいは**次元 1** とよぶ．

問 1.3　エネルギーの次元を求めよ．

問 1.4　電気抵抗の次元を求めよ．

平面角　平面上で，1 つの点から伸びる 2 つの直線の間の広がりを**平面角**とよぶ．図 1.2(a) のように，弧の長さが半径と等しくなる角度を 1 rad (ラジアン) として測るため，弧の長さ L〔m〕が半径 r〔m〕の何倍かが，そのまま角度の大きさ θ〔rad〕を表すことになる．

$$\theta = \frac{L}{r} \tag{1.2}$$

このような角度の測り方を**弧度法**[5)]とよぶ．

SI 単位系ではないが，広く使われている角度の測り方に**度数法**がある．図 1.2(b) のように，円週の角度を 360 度と定義し，その 360 分の 1 を 1 度として測る方法である．また，1 度は 60 分で，1 分は 60 秒である[6)]．

5) 弧度 θ〔rad〕は，組立単位としては 1 (無次元) であるが，量としての情報を伝えるために，角度の大きさに〔rad〕が添えられる．

6) 角度は，時間と同じく 60 進法である．

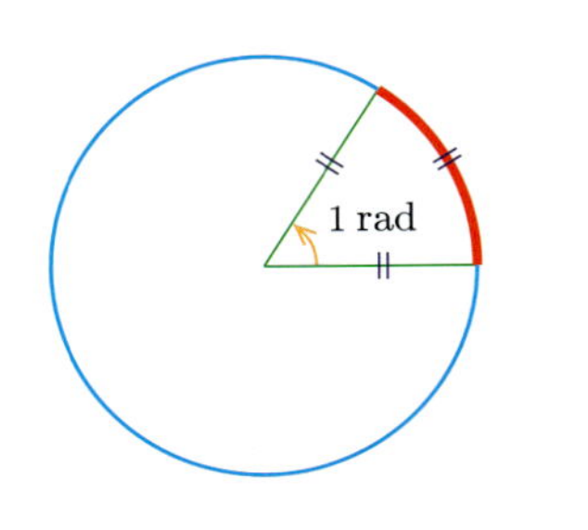

(a) 弧の長さと半径が等しい

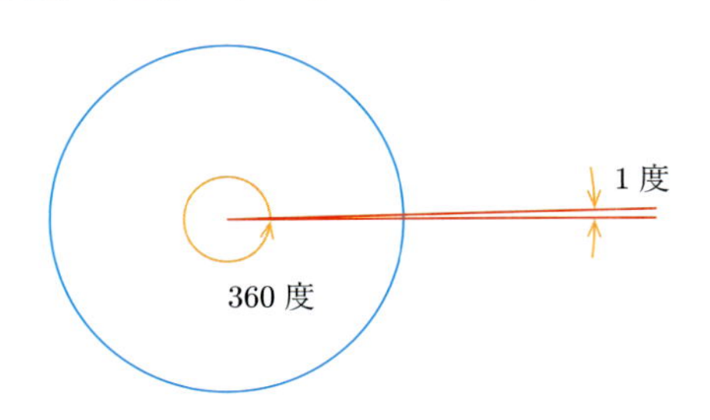

(b) 円周の 360 分の 1

図 1.2　平面角

問 1.5　正三角形の 1 つの内角を弧度で表すといくらか．

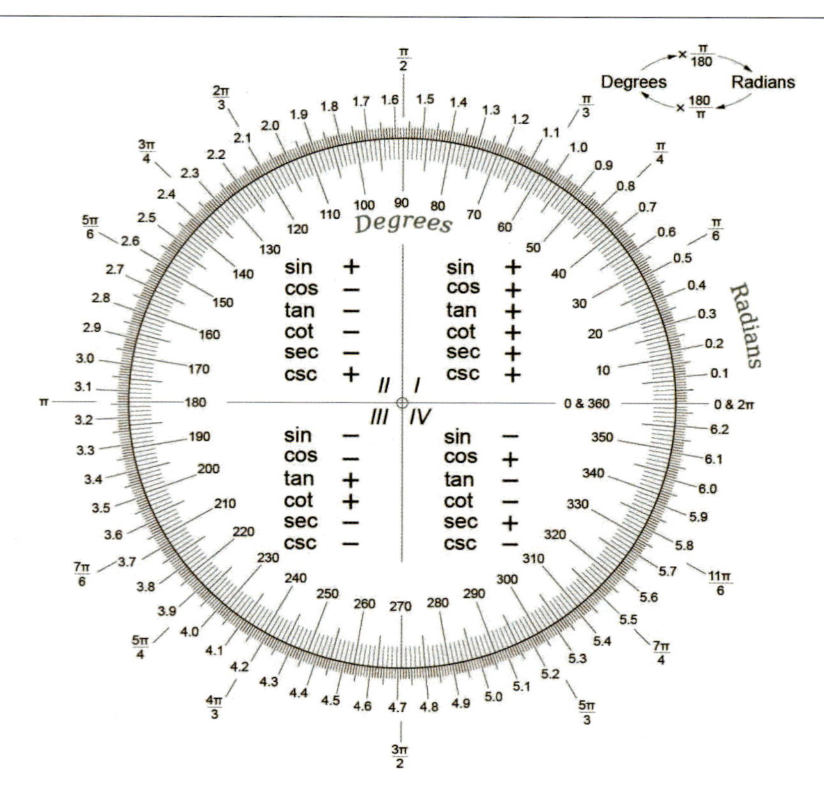

図 1.3　弧度法と度数法

立体角　平面角を3次元空間に拡張した空間の広がりを**立体角**とよぶ．図1.4のように，1つの点Oから空間的に広がる部分によって，点Oを中心とする球面を切り取る面積が半径の2乗と等しくなるときを1 sr (ステラジアン)[7]として測る．

[7] 立体角Ω〔sr〕は，組立単位としては1 (無次元) であるが，量としての情報を伝えるために，角度の大きさに〔sr〕が添えられる．

このため，切り取られる球面上の面積 S〔m^2〕が r^2〔m^2〕の何倍かが，そのまま空間の広がり Ω〔sr〕を表すことになる．

$$\Omega = \frac{S}{r^2} \tag{1.3}$$

半径 r〔m〕の球の表面積は $4\pi r^2$〔m^2〕であることから，1つの点からあらゆる方向への広がりは 4π〔sr〕ということになる．

問 1.6　半径 2.0 cm の球の中心に円錐の頂点を置いたところ，球の表面がこの円錐によって 5.0 cm^2 だけ切り取られた．このとき，この円錐の広がりを表す立体角はいくらか．

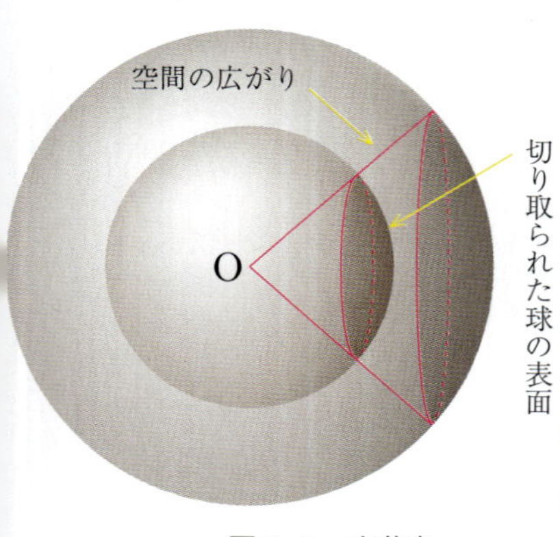

図 1.4　立体角

物理量の種類　物理量には，大きさだけで意味をなすものと，大きさに向きも合わせて表さないと意味をなさないものがある．前者を**スカラー量**とよび，後者は**ベクトル量**とよばれる．たとえば，温度やエネルギーはスカラー量であり，力や速度がベクトル量である．

物理量がスカラー量のときは，a のように文字そのもので表すが，ベクトル量の場合[8]には $\vec{a}$ のように矢印を添えたり，$\boldsymbol{a}$ のように太字で表したりする．

ベクトル量 $\vec{a}$ の大きさのみに注目する場合，$a = |\vec{a}|$ のように表して，ベクトル量の大きさとよぶ．

ベクトル量を用いて計算する場合，座標を導入して，成分によって行うことが多い．図 1.5(a) のように，向きについては，x 軸とのなす角 θ〔rad〕によって表したりする．この場合，なす角は成分を用いて次式で求めることができる．

$$\theta = \tan^{-1}\left(\frac{a_y}{a_x}\right) \tag{1.4}$$

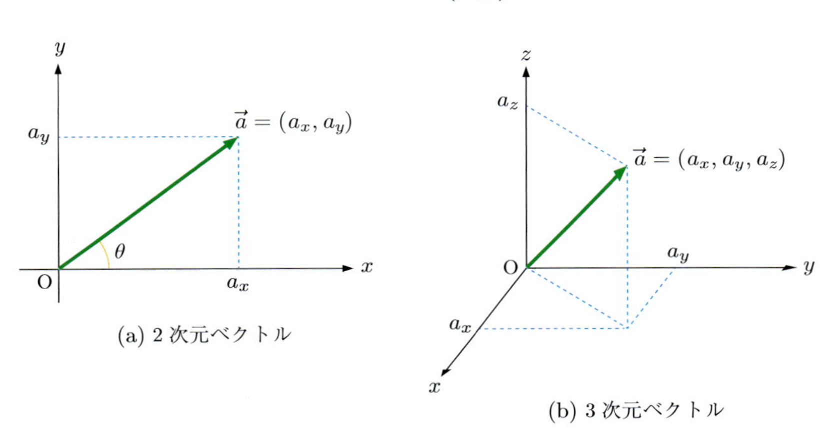

図 1.5　ベクトル量とその成分表示

> **問 1.7**　あるベクトル量 $\vec{a}$ が，x-y 座標の成分を用いて，つぎのように表された．このとき，$\vec{a}$ と x 軸とのなす角 θ〔rad〕はいくらか．
>
> $$\vec{a} = (2, 3)$$

1.2　不確かさの表し方

不確かさとは　測定器を用いて物理量を測定すると，いろいろな要因によって得られる測定値は一定値とはならず，ばらついた値をとることが多い．一般的に，真の値はこのばらついた測定値の範囲内に含まれていると考えられるが，残念ながら正確に特定することはできない．できることは，もっともらしい真の値の推定値を評価し，真の値が含まれるであろう範囲を制限して，その確率を評価することである．

測定値のばらつきを評価して得られる量を**不確かさ**[9]とよび，これによって，ある確率で真の値が含まれるであろう範囲を評価する．たとえば，ある物理量を測定したときに，図 1.6 のような度数分布が得られたとする．こ

[8] 本書では，明確にベクトル量であることがわかるように，$\boldsymbol{a}$ ではなく，$\vec{a}$ を使用する．

[9] 似たような言葉に**誤差**があるが，これは測定値と真の値の差を表しているため，真の値がわからない以上，誤差を正しく表現することはできない．

10) ひとつひとつの矩形のこと．

の場合，ビン[10] のもっとも高いあたりに，真の値がありそうだと考えられる．この真の値がありそうな範囲を (a) のように絞り込めば，この範囲に含まれない可能性も高くなる．また，(b) のように範囲を広くとると，この範囲に真の値が含まれる確率は高くなるが，真の値を推定する精度は下がる．

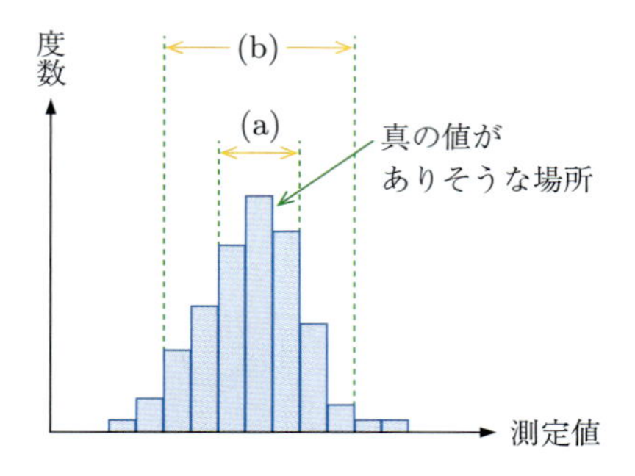

図 1.6　真の値の推定と不確かさの範囲のイメージ

物理量の推定値　　ある物理量 X を得るのに N 回の測定を行ったとすると，おおむね図 1.6 のような結果が得られる．このとき，真の値の推定値 μ は，各測定値 $X_i\ (i=1,2,\cdots,N)$ の平均値 $\overline{X}$ で与えられる[11] ことが統計学的にわかっている．

11) 統計的な詳細については，他書を参照のこと．

$$\mu = \overline{X} = \frac{1}{N}\sum_{i=1}^{N} X_i \tag{1.5}$$

ここで得られた物理量 $\overline{X}$ に対する不確かさには，統計解析によって見積もる**タイプ A** と，統計解析以外の情報[12] によって見積もる**タイプ B** とよばれるものがある．

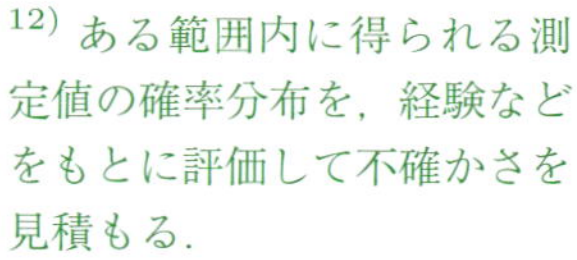

12) ある範囲内に得られる測定値の確率分布を，経験などをもとに評価して不確かさを見積もる．

タイプ A　　統計学的には，測定値は平均値のまわりにばらついた値となる．各測定値 X_i の平均値 $\overline{X}$ からのずれ (偏差) $X_i - \overline{X}$ は，正にも負にもなるため，次式のように 2 乗したものの平均 s^2 を考え，ばらつきの目安とする．

$$s^2 = \frac{1}{N}\sum_{i=1}^{N}(X_i - \overline{X})^2 \tag{1.6}$$

これを**分散**とよぶ．物理量としての次元を測定値と合わせるために，平方根をとり，s を**標準偏差**とよぶ．

$$s = \sqrt{\frac{1}{N}\sum_{i=1}^{N}(X_i - \overline{X})^2} \tag{1.7}$$

図 1.7　袋から取り出す

測定値が N 個しかないとき，s はその N 個のばらつきを表すが，ある物理量を測定する回数は N に制限されるものではなく，無限に測定することが可能である．したがって，たまたま得られた N 個の測定値から，無限に測定して得られるであろう測定値のばらつき U を推定しなければならない．

N 個の測定値がじゅうぶん多ければ，U は s とほぼ等しくなるはずである．この違いはわずかで，統計学的には次式[13] で与えられる．

$$U = \sqrt{\frac{1}{N-1}\sum_{i=1}^{N}(X_i - \overline{X})^2} \tag{1.8}$$

[13] 無限にある測定値からたまたま取り出した N 個の測定値は，もとの無限個の測定値からまんべんなくは選ばれず，若干の偏りが生じる．この偏りを補正した U^2 のことを不偏分散とよぶ．

N 個の測定値から得られた平均値は，真の値の推定値ではあるが，N 個の測定値を得る測定を複数回行うと，得られる毎回の平均値もばらついてしまう．しかし，平均値のばらつき u_a は，測定値の平均であることから，ばらつき U よりは小さくなる．数 N が多ければ，平均値のばらつきは小さく (精度よく) なると考えられ，統計学的には次式のように表されることがわかっている．

$$u_\mathrm{a} = \frac{U}{\sqrt{N}} = \sqrt{\frac{1}{N(N-1)}\sum_{i=1}^{N}(X_i - \overline{X})^2} \tag{1.9}$$

こうして得られた u_a のことを**タイプ A の標準不確かさ**とよび，真の値は $\overline{X} - u_\mathrm{a}$ から $\overline{X} + u_\mathrm{a}$ の間に，ある確率 (68%) で存在すると考えられる．

問 1.8 金属球の質量を測定したところ，つぎのようになった．質量の推定値 μ とタイプ A の標準不確かさ u_a を $\mu \pm u_\mathrm{a}$ の形で求めよ．

No.	1	2	3	4	5	6	7	8
質量〔kg〕	2.4	2.4	2.3	2.5	2.4	2.3	2.5	2.2

タイプ B ある物理量を測定するとき，一般的に測定器の値を読み取る．アナログ測定器の場合，目盛を読み取るときに，2 つの目盛の間に針があれば，目分量で測定値を得る．デジタル測定器の場合には，目分量で読む部分をデジタル回路が行い，ある測定値を示してくれる．いずれにせよ，ある範囲内にある値から，ひとつの測定値を得ることになる．

図 1.8 は，目盛の間隔が Δ の測定器を用いて，読みを a とする場合を表している．アナログの場合には針が $a \pm \dfrac{\Delta}{2}$ の範囲内は a と読み[14]，デジタルの場合には，この範囲の測定値は a と表示される．たとえば，1 mm 間隔の物差しで棒の長さを測定して，1 mm 単位で測定値を得る場合，200 mm となるのは 199.5 mm から 200.5 mm の間という意味である．

[14] 最小目盛の 10 分の 1 まで読むという場合には，実際の目盛がなくても，仮想的に同じことを行っている．

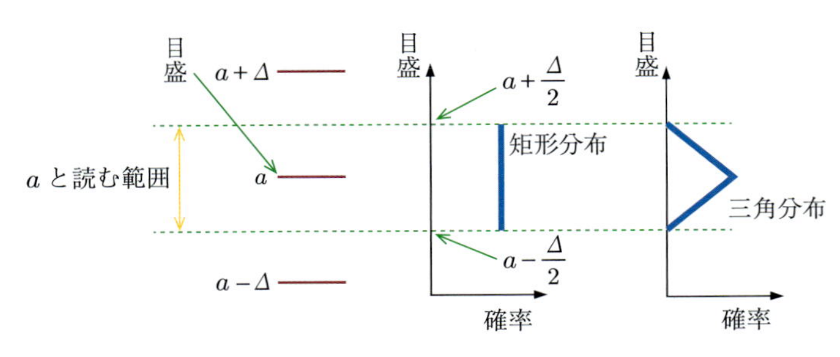

図 1.8 目盛を読むときの不確かさ

図 1.9　測定値が目盛と目盛の間にあるときの不確かさ

図 1.8 において，測定値を a とするとき，実際の測定値が $a \pm \dfrac{\Delta}{2}$ の範囲のどこにある可能性が高いかということが，あらかじめ決まっているわけではない．つまり，この範囲内で測定値 a が得られる確率は一様であるとみなすことができる．このとき，この範囲内で確率分布[15]が矩形分布であるという．また，なんらかの理由により中央付近の確率が高いと考えられるような場合や，同時に矩形分布を利用しなければならないような場合 (デジタルの計測器の 0 点調整をしつつ読み取るような場合，0 点調整の不確かさと表示値の不確かさが同時に現れる) にも三角分布を用いることがある．

想定する確率分布が決まると，それによって分散，標準偏差 u_b を求めることができる．図 1.8 の場合，つぎのようになる．

$$u_\mathrm{b}(\text{矩形}) = \frac{1}{\sqrt{3}}\left(\frac{\Delta}{2}\right), \quad u_\mathrm{b}(\text{三角}) = \frac{1}{\sqrt{6}}\left(\frac{\Delta}{2}\right) \tag{1.10}$$

このほか，測定器の仕様書や校正証明書に表示されている測定器の精度が $\pm\Delta$ の場合には，つぎの値[16]を用いる．

$$u_\mathrm{b}(\text{正規}) = \frac{1}{2}\Delta \tag{1.11}$$

確率分布がどのような形になるかは，タイプ A のように統計処理から決まるものではなく，これまでの測定データや経験など，いろいろな要因によって決まる．このようにして求まる u_b のことを**タイプ B の標準不確かさ**とよぶ．

不確かさの合成　物理量の測定において不確かさの要因となるのは，統計的なばらつき，測定器からの読み取り，測定器自体の精度など，複数の要因が考えられる．それぞれに不確かさが付随するので，それらを合成する必要がある．考えられる不確かさを $u_1, u_2, \cdots, u_N$ とすると，合成された不確かさ u_c は次式で与えられる．

$${u_\mathrm{c}}^2 = {u_1}^2 + {u_2}^2 + \cdots + {u_N}^2 \tag{1.12}$$

これを**合成標準不確かさ**とよぶ．

最終的には，物理量の推定値としての平均値 $\overline{X}$ と合成標準不確かさ u_c を用いて $\overline{X} \pm u_\mathrm{c}$ と表すが，不確かさの範囲を拡張し u_c を k 倍して $\overline{X} \pm ku_\mathrm{c}$ とすることが多い．このとき，ku_c のことを**拡張不確かさ**とよぶ．一般的には $k = 2$ が使われ，この場合には真の値はこの範囲内に 95%の確率で含まれると考えられる．

数値として u_c を表す場合，多くても有効数字は 2 桁として表す[17]とされているので，本書では特に断りがない限り 1 桁で表示する．

[15] 範囲境界付近の可能性が高ければ U 字分布を用いたり，測定器の校正証明書の値には正規分布が仮定されていたりする．

[16] この場合の不確かさ (精度) の表示には，正規分布が仮定されており，後述の拡張不確かさとして，その標準偏差の 2 倍の値が表示されているためである．

[17] 測定における不確かさの表現のガイド (GUM).

例題 1.1 血圧の測定

ある家庭用のデジタル血圧計で最高血圧を6回測定したところ，下表のようになった．この血圧計の仕様書によると，精度は ±3 mmHg となっていた．このとき，タイプAおよびタイプBの標準不確かさを求め，合成したのちの測定結果を求めよ．

No.	1	2	3	4	5	6
最高血圧〔mmHg〕	122	120	118	115	120	117

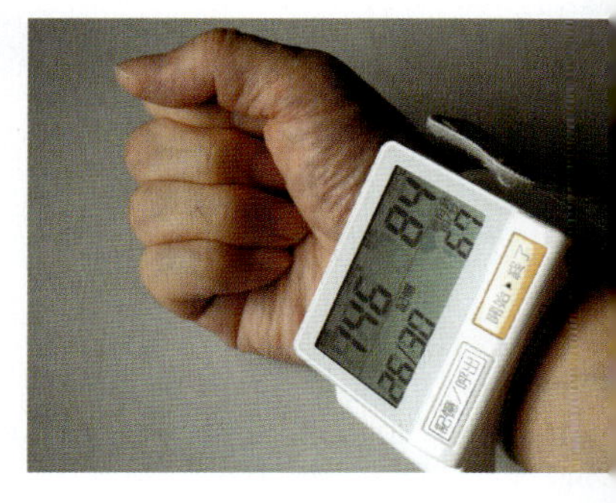

図 1.10 血圧計

解 平均値 $\overline{X}$ は有効数字を無視して

$$\overline{X} = \frac{122+120+118+115+120+117}{6} = 118.66\cdots$$

となる．これを用いて式 (1.9) を計算すると，タイプAの標準不確かさは

$$u_{\mathrm{a}} = 1.021\cdots$$

となる．また，血圧計の精度が ±3 mmHg なので，式 (1.11) より

$$u_{\mathrm{b}} = 1.5$$

となる．u_{a} と u_{b} を用いて式 (1.12) を計算すると，合成標準不確かさは

$$u_{\mathrm{c}} = 1.815\cdots$$

となる．95%の確率とするために2倍して拡張不確かさは $2u_{\mathrm{c}} = 3.63\cdots$ となるが，有効数字を1桁として 4 mmHg が得られる．したがって，平均値を不確かさの桁に揃えるため，小数点以下を四捨五入して，測定結果[18] は

$$119\,\mathrm{mmHg} \pm 4\,\mathrm{mmHg} \quad (k=2)$$

と表される．

18) 単位は平均値と不確かさの両方につける．

演習問題 1

A

1. 半径 R〔m〕の円で，中心角 ϕ〔度〕の扇形の弧の長さはいくらか．また，中心角を弧度で表したとき θ〔rad〕だとすると，θ は ϕ でどのように表されるか．
2. 地球を半径 6378 km の球だとする．中心角1分での地球表面上の距離はいくらか．
3. ある金属の質量を測定したところ，つぎのようになった．このとき，平均値とタイプAの標準不確かさはいくらか．

No.	1	2	3	4	5	6	7	8
質量〔kg〕	1.2	1.4	1.3	1.5	1.4	1.3	1.5	1.2

B

1. 視力は，目が分解できる角度 θ〔分〕の逆数で与えらえる．図 1.11 のように，L〔m〕先で間隔 d〔m〕の切れ目のあるランドルト環を判別できるとき，視力はいくらになるか．

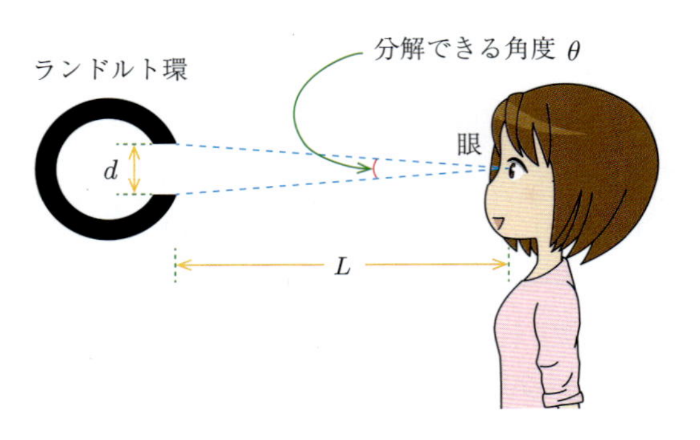

図 1.11　視力検査

2. 5.0 m 先にある 1.45 mm のランドルト環の切れ目が判別できるとき，視力はいくらか．

3. ある金属線の長さを測定したところ，右の表のようになった．このとき，最小目盛 1 mm の巻尺を用いているため，矩形分布を仮定したタイプ B の不確かさを求め，タイプ A の標準不確かさと合成して，95％の確率で真の値が含まれる範囲を見積もるといくらか．

回数	長さ〔m〕
1	1.912
2	1.913
3	1.911
4	1.913
5	1.911

2 力のつり合い

物体にはたらく力の表し方を理解することは，静力学，動力学だけでなく，他の項目においても重要な意味をもつ．この章では，目に見えない力の表し方と基本的ないくつかの力を紹介し，それに付随する内容について学習する．

2.1　ベクトルとしての力

力の表し方　物体にはたらく力を表すには，**力の大きさ**と**力の向き**だけでなく，どこに作用[19]しているかを知る必要があり，力が作用している物体上の点のことを**作用点**とよぶ．図 2.1 のように，ベクトル量である力 $\vec{F}$ は，作用点から伸びる矢印を用いて表現し，力の矢印の方向を表す直線を**作用線**とよぶ．力の大きさ F は，$F = |\vec{F}|$ として矢印の長さで表現し，単位は〔N〕(ニュートン) で表す．

[19] 力がはたらくことを作用するという．

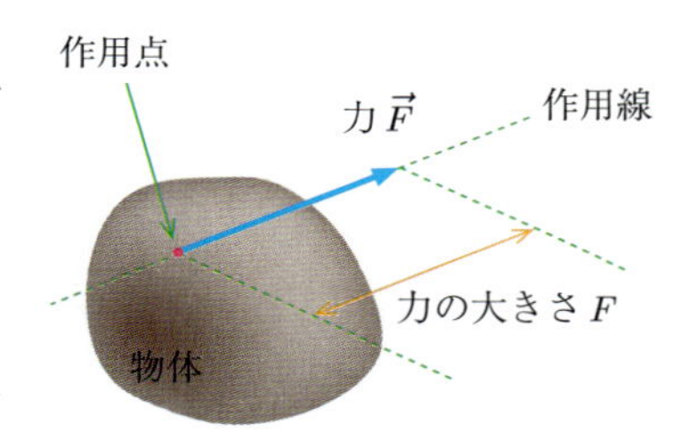

図 2.1　力の表し方

作用線上であれば，作用点をずらしても物体に対する力の影響は変わらないという特徴がある．

力の合成　物体に 2 つ以上の力が作用しているとき，それらと同等の 1 つの力を求めることを**力の合成**とよぶ．

図 2.2(a) のように，物体に 2 つの力 $\vec{F_1}$〔N〕と $\vec{F_2}$〔N〕が作用しているとすると，それぞれの作用点を作用線上で 1 つの点 O へ移動させて，図 2.2(b) のように，平行四辺形† を用いてベクトルの加算を行うことで，力は合成される．このとき，合成された力 $\vec{F}$〔N〕のことを**合力**とよぶ．

† 作用線が等しい 2 つの力については，大きさの和によって合力が得られるが，異なる作用線でありながら平行な場合については，次章において取り上げる．

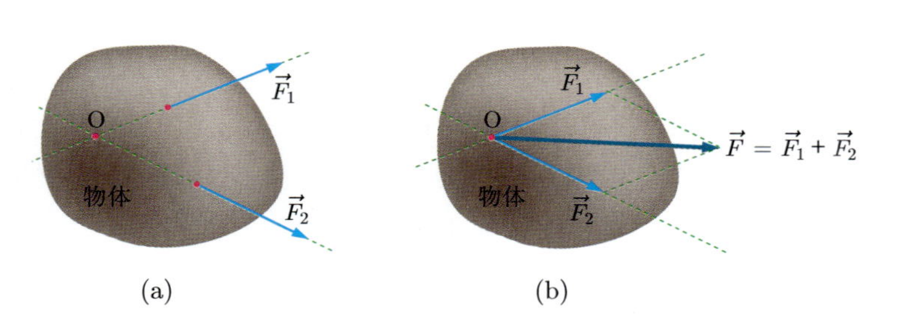

図 2.2　力の合成

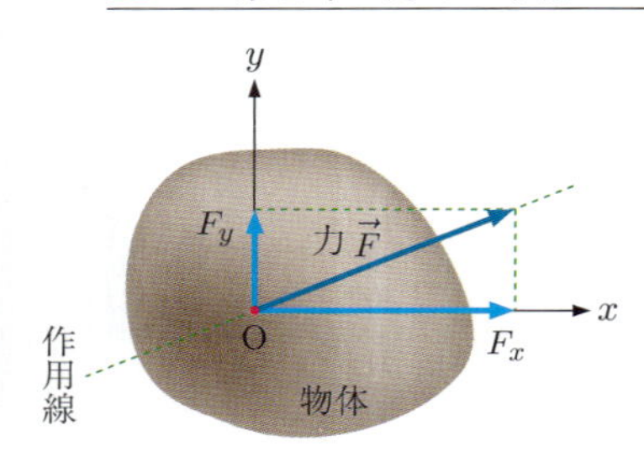

図 2.3　力の成分表示

力の成分表示　1つの力を2つ以上の同等な力に分けることを**力の分解**とよぶ．もっとも典型的な力の分解は，x-y 座標を用いて成分に分けることである．

図 2.3 のように，力 $\vec{F}$〔N〕は，x 軸と y 軸それぞれに垂線を下すことで得られる座標を成分とし，スカラー量である x 成分 F_x〔N〕と y 成分 F_y〔N〕を用いて表される．このとき，力 $\vec{F}$〔N〕や力の大きさ F〔N〕は，次式で表される．

$$\vec{F} = (F_x,\ F_y), \quad F = \sqrt{{F_x}^2 + {F_y}^2} \tag{2.1}$$

また，それぞれの成分が大きさとなるような力 $\vec{F_x}$〔N〕や $\vec{F_y}$〔N〕のことを，$\vec{F}$〔N〕の**分力**とよぶ．

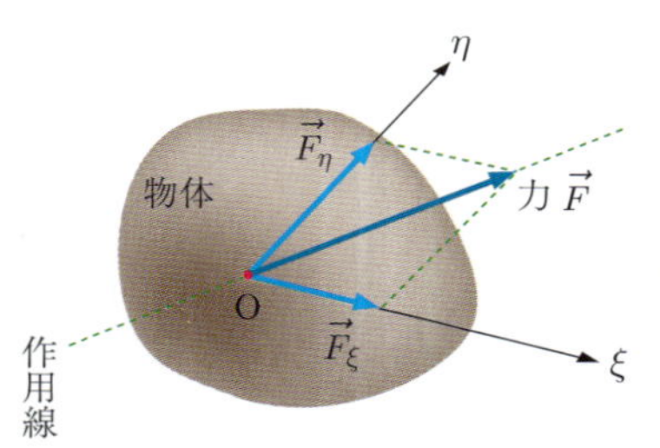

図 2.4　力の分解

力の分解は x-y 座標を利用することが多いが，一般的には図 2.4 のように，任意の方向に分解することもできる．ただし，このとき同等な力となるために，平行四辺形を利用することは忘れてはならない．

問 2.1　ある力を x-y 座標上で成分表示したところ，つぎのようになった．この力の大きさ F〔N〕はいくらか．ただし，成分の単位は〔N〕であるとし，有効数字2桁で答えよ．

$$\vec{F} = (4.0,\ 3.0)$$

問 2.2　3つの力 $\vec{F_1}$〔N〕と $\vec{F_2}$〔N〕と $\vec{F_3}$〔N〕が，x-y 座標上で，つぎのように成分表示* されている．このとき，これらの合力の大きさはいくらか．有効数字2桁で答えよ．

$$\vec{F_1} = (2,\ -1), \quad \vec{F_2} = (3,\ 1), \quad \vec{F_3} = (-2,\ 1)$$

* 成分表示が整数の場合，厳密にその値であることが多いので，このときの有効数字の桁数は無限大であると考える．

問 2.3　2つの力 $\vec{F_1}$〔N〕と $\vec{F_2}$〔N〕が，つぎのように与えらえている．これらの合力が，x 軸となす角は何度になるか求めよ．

$$\vec{F_1} = (2,\ 1), \quad \vec{F_2} = (2,\ 4)$$

2.2　作用と反作用

物体に力を加えると，加えていることがわかる．たとえば，図 2.5 のように，壁を押せば，壁が押し返してくることで押していることを実感するし，地面に立っていれば，地面が支えてくれていることで，確かに浮いていないことがわかる．これは加えた力に対して，同じ大きさの反対向きの力が生じていることで，そのように実感できるわけである．

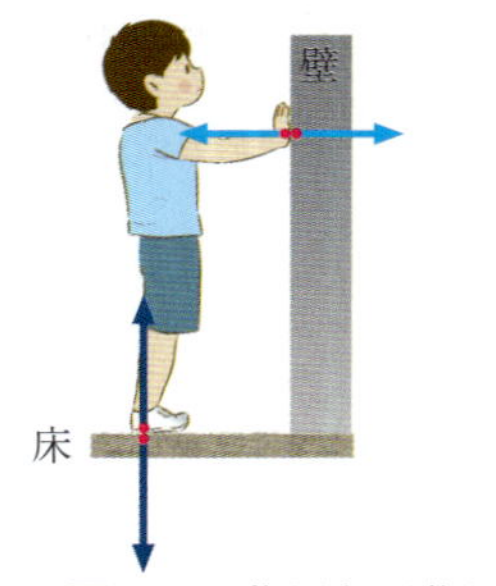

図 2.5　作用と反作用

このとき，はじめに及ぼした力のことを**作用**とよび，それによって生じる反対向きの力のことを**反作用**とよぶ．作用と反作用は，互いに反対向きで同じ大きさのペアで常に存在する．これを**作用反作用の法則**とよぶ．

作用と反作用では，手と壁，足と床というように，作用点が別々の物体に存在することがポイントである．

2.3　いろいろな力

重力　もっとも身近な力に**重力**がある．これは地球が物体を引く力で**万有引力**ともよばれ，図 2.6 のように，重力の作用点 G (**重心**とよばれる) から鉛直下向きの矢印で表される．

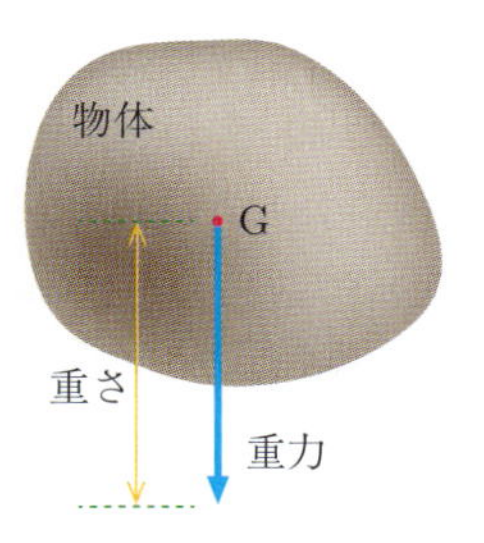

図 2.6　重力と重さ

また，重力の大きさは**重さ** W〔N〕とよばれ，物体の質量 m〔kg〕とはある定数 g〔$\mathrm{m/s^2}$〕で，式 (2.2) のようにむすびついている．この定数は**重力加速度の大きさ**とよばれ，値[20] は $9.8\,\mathrm{m/s^2}$ である．

$$W = mg \tag{2.2}$$

[20] 厳密には，定数ではない．また，ここでいう質量とは重力質量のことをいう．

問 2.4　質量 5.0 kg の物体の重さはいくらか．

弾性力　ばねは伸ばせば縮もうとし，縮めれば伸びようとする．この性質を**弾性**とよび，もとにもどろうとする力を**弾性力**[21] とよぶ．ばねが伸び縮みしてないときの長さを**自然長**とよび，自然長からの変化量が小さいときには，弾性力の大きさ F〔N〕と変化量 x〔m〕には比例関係が成り立つ．これを**フックの法則**とよび，比例定数を k〔N/m〕とおけば，

$$F = kx \tag{2.3}$$

と表される．ここで k は**ばね定数**とよばれ，ばねの変化のしにくさを表している．

[21] ばねに加えた力が作用であり，弾性力はその反作用にあたる．

自然長からの変化量に向き付けをしたものを**変位** $\vec{x}$〔m〕とよび，図 2.7 のように，伸びる向きを x 軸の正として考える．ベクトル量としてフックの法則を考えると，弾性力と変位は必ず反対向き[22] となるので，つぎのように表される．

$$\vec{F} = -k\vec{x} \tag{2.4}$$

[22] 式 (2.4) でのマイナス符号は，ベクトルの向きが反対であることを意味し，負の値を意味するものではない．

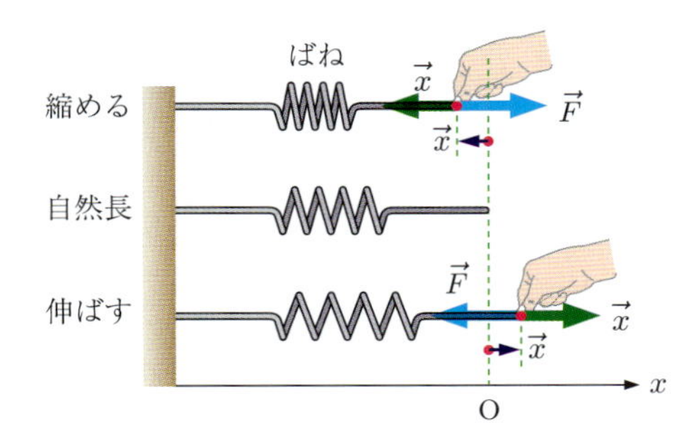

図 2.7　ばねの伸びと縮み

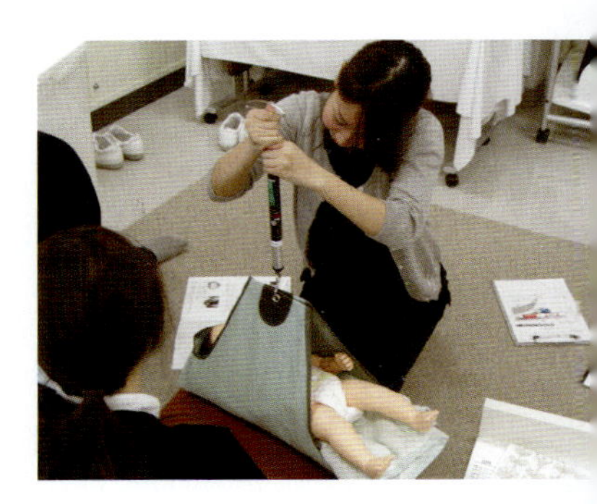

図 2.8　赤ちゃんの体重測定

問 2.5　あるばねに大きさ 30 N の力を加えて伸ばしたところ，自然長から 4.0 cm だけ伸びた．このとき，ばね定数はいくらか．

張力　図 2.9 のように，物体に軽いひもをつけて静かにつり下げる **．物体がひもを引くが，ひもは伸びまいとして物体に力を及ぼす．このとき物体にはたらいている力のことを，ひもの**張力**[23] とよぶ．ここでは，ひもが物体に力を及ぼしているので，張力の作用点は物体にある．

**「軽い」とは質量を無視するという意味で,「静かに」とは速さを与えないことを意味する．

[23] 物体にはたらいている重力によって物体がひもを引く力が作用であり，ひもの張力はその反作用にあたる．

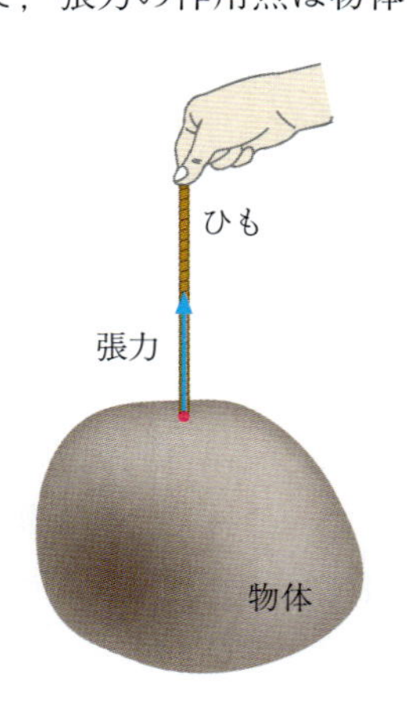

図 2.9　物体にはたらく張力

垂直抗力　図 2.10(a) のように，物体 A を静かに水平面上に置いたとき，水平面が A に及ぼしている力のことを**垂直抗力**[24] とよぶ．また，図 2.10(b) のように，A を斜面上に静かに置いたとき，A は自重によって斜面に鉛直下向きの力を及ぼす．この力を斜面と平行な方向と斜面と垂直な方向に分解したとき，斜面に垂直な方向の力の反作用が垂直抗力となる．

[24] A が自重によって水平面を押すのが作用であり，垂直抗力はその反作用にあたる．

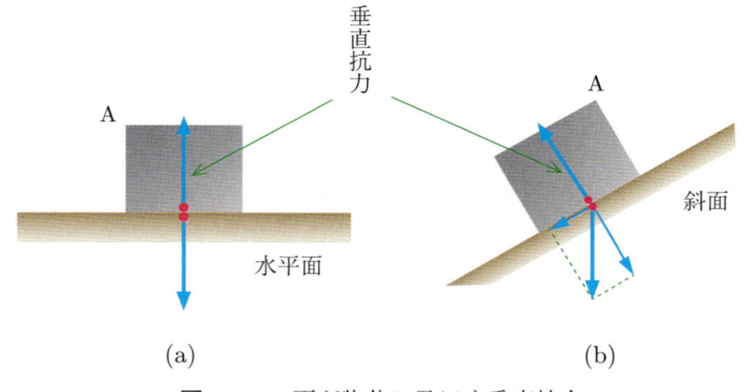

図 2.10　面が物体に及ぼす垂直抗力

問 2.6　図 2.10(b) の斜面が 30 度で，A の重さが 40 N であったとする．このとき，A にはたらいている垂直抗力の大きさはいくらか．

図 2.11　氷上では，氷が解けてできる水によって，スケートと氷との間の摩擦係数が非常に小さくなる．

静止摩擦力　ある面上に置かれた物体に力を加えたとき，面と物体との間で，面に平行な向きに力が作用する場合，物体と面との間に**摩擦**がある

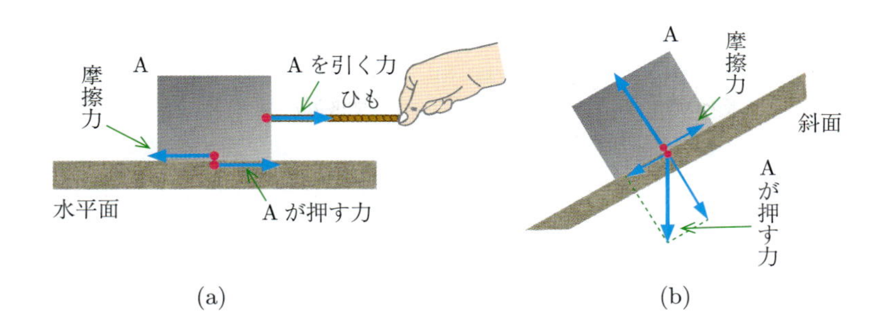

図 2.12 面が物体に及ぼす静止摩擦力

といい，面を**あらい面**とよぶ．また，力が作用しない場合には物体と面との間には**摩擦**がないといい，面を**なめらかな面**とよぶ．摩擦によって物体が静止したままのとき，作用している力を**静止摩擦力**とよぶ．

図 2.12(a) のように，あらい水平面に静かに物体 A を置き，A に軽いひもをつけて水平方向に力を加えても A が静止したままだとする．ひもから受けた力によって，A は面に対して同じ大きさの力を加える．この反作用が，面が A に及ぼす静止摩擦力である．図 2.12(b) では，あらい斜面上に静かに A を置くと，自重により A は斜面に鉛直下向きの力を及ぼす．A が静止したままの場合，斜面に平行なこの力の分力に対する反作用が，A に生じる静止摩擦力となる．

図 2.12(a) において，A に加える力を大きくすると，やがて A は動き出す．つまり，静止摩擦力には限界値があり，動き出す直前の静止摩擦力を**最大静止摩擦力** $\vec{F}_{\mathrm{max}}$〔N〕とよぶ．最大静止摩擦力の大きさ F_{max}〔N〕は，A と面との密着度合いによって決まり，垂直抗力の大きさ N〔N〕に比例する [25] ことがわかっている．比例定数を μ とおくと，

$$F_{\mathrm{max}} = \mu N \tag{2.5}$$

となり，μ のことを**静止摩擦係数** [26] とよぶ．

問 2.7 あらい水平面上に重さ 50 N の物体 A を静かに置き，水平方向に少しずつ力を A に加えていったところ，大きさ 15 N になったときに A は動き出した．このとき，A と水平面との間の静止摩擦係数はいくらか．

動摩擦力　面上をすべりながら運動する物体に対して，その運動を妨げようとする力を**動摩擦力**とよぶ．動摩擦力の大きさ F〔N〕は，最大静止摩擦力の大きさと同じように，物体に生じている垂直抗力の大きさ N〔N〕に比例する [27] ことがわかっている．比例定数を μ' とおくと，

$$F = \mu' N \tag{2.6}$$

となり，μ' のことを**動摩擦係数** とよぶ．一般的に，$\mu > \mu'$ であり，物体が動き出すまでに要した力の大きさより，動き出したあとのほうが摩擦力は

[25] 摩擦力におけるクーロンの法則とよび，最大静止摩擦力の大きさは，接触面積には依存しない．

[26] 濡れていたりして面が密着してないようなとき，μ は小さく (低ミュー) なり，A と面はすべりやすい関係であるという．

[27] クーロンの法則によると，動摩擦力の大きさは，運動する物体の速さには依存しない．

図 2.13 動摩擦係数より静止摩擦係数が大きいので，前輪による静止摩擦でクルマは静止しつつ，後輪は空転している．

小さい.

2.4　力のつり合い

つり合いと作用反作用　物体にいくつかの力が作用していて，それらの力の合力が0となるとき，力はつり合っているという．合力が0とは，力がはたらいていないことと同等だという意味である．

図2.14(a)は，なめらかな水平面上に置かれた軽いばねの一端を壁に固定し，他端に力を加えてばねを伸ばしたようす[28]を表しており，$\vec{F_1}$〔N〕から$\vec{F_4}$〔N〕は，順に，ばねに加えた力，$\vec{F_1}$〔N〕の反作用，ばねが壁を引く力，$\vec{F_3}$〔N〕の反作用を表している．ばねの中に作用点のある$\vec{F_1}$〔N〕と$\vec{F_4}$〔N〕がつり合いの関係にあり，$\vec{F_1}$〔N〕と$\vec{F_2}$〔N〕および$\vec{F_3}$〔N〕と$\vec{F_4}$〔N〕が作用反作用の関係にある．したがって，これらの力はすべて同じ大きさである．

28) 図中で矢印が重ならないように，作用点をずらして描いてある．

同じように，図2.14(b)は，水平面上に置かれた物体Aにはたらく力のようすを表している．ここで，$\vec{F_1}$〔N〕はAに作用する重力，$\vec{F_2}$〔N〕はAに作用する垂直抗力であり，$\vec{F_3}$〔N〕はAが水平面を押す力である．このとき，$\vec{F_1}$〔N〕と$\vec{F_2}$〔N〕はつり合いの関係にあり，$\vec{F_2}$〔N〕と$\vec{F_3}$〔N〕は作用反作用の関係にある．

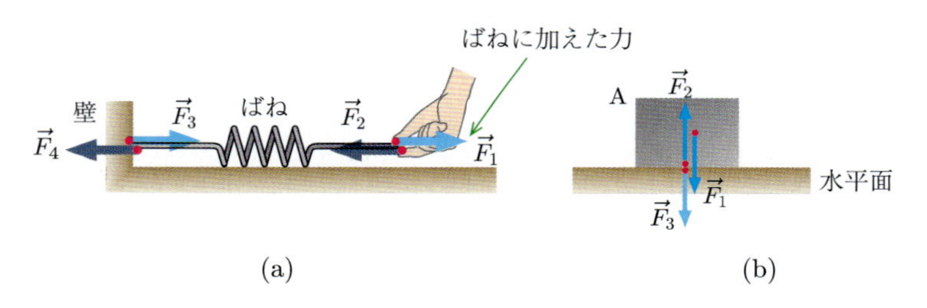

図2.14　つり合いと作用反作用

> **問2.8**　図2.9において，作用している力の矢印をすべて(ひもを上へ引いている力は除く)図示し，つり合いの関係と作用反作用の関係を求めよ．

演習問題2

A

1. x-y座標において，2つの力$\vec{F_1}$〔N〕と$\vec{F_2}$〔N〕を成分表示したところ，つぎのようになった．このとき，合力$(\vec{F_1}+\vec{F_2})$〔N〕の大きさはいくらか．また，合力がx軸となす角はいくらか．ただし，有効数字は2桁とする．

$$\vec{F_1}=(3,\,2),\quad \vec{F_2}=(-1,\,4)$$

2. 図 2.15 のように，あらい斜面上に物体 A を静かに置いたところ，A は静止したままであった．このとき，A に作用している力のようすを描くとどうなるか．

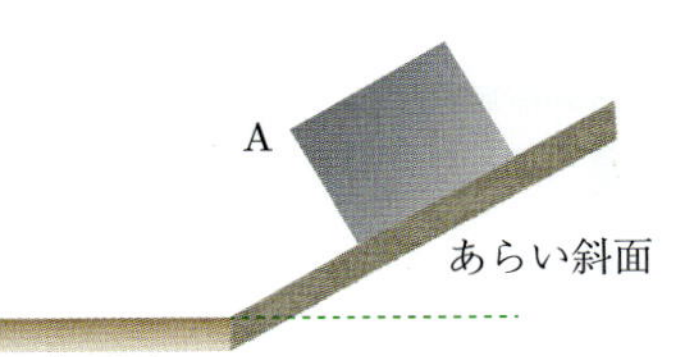

図 2.15 斜面上の物体

3. 図 2.16 のように，水平面に質量 m〔kg〕の物体 A を置き，ばね定数 k〔N/m〕の軽いばねをつけて鉛直上方へ大きさ F〔N〕の力を加えたところ，A は水平面からは離れなかった．
   (a) A が床に対して及ぼしている力の大きさはいくらか．
   (b) ばねの自然長からの伸びはいくらか．
   (c) ばねに加える力を大きくしていくと，A は水平面から離れた．A が水平面から離れる直前に加えていた力はいくらか．

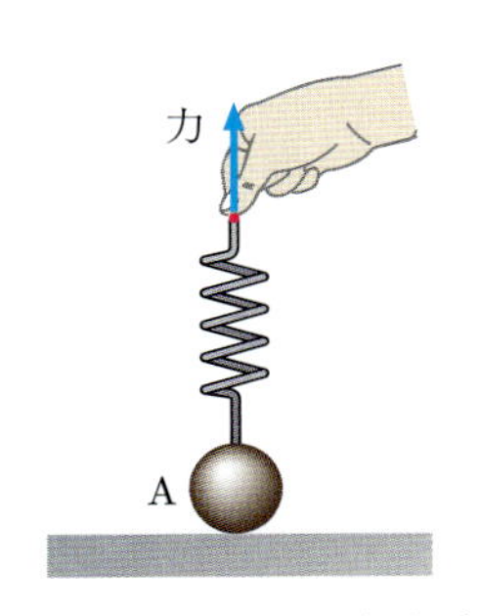

図 2.16 ばねと小球

B

1. 図 2.17 のように，x-y 座標の原点から y 軸方向を向いた力 $\vec{F}$〔N〕がある．これを x 軸と角度 θ〔rad〕をなす直線 ℓ_1，および x 軸と角度 ϕ〔rad〕をなす ℓ_2 の方向へ分解したとすると，それぞれの分力の大きさはいくらか．

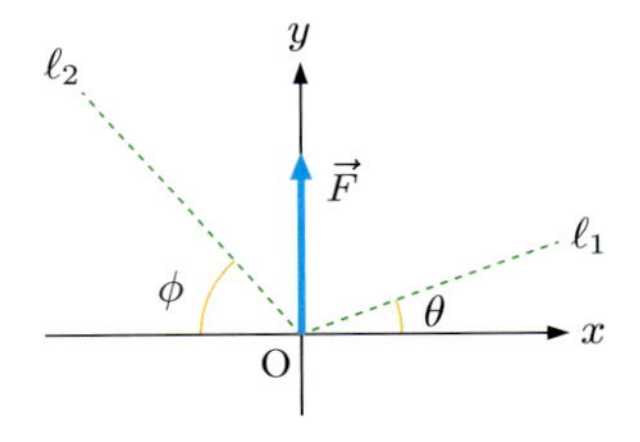

図 2.17 直交しない方向への分解

2. 斜面の勾配は，水平方向に対する高低差を千分率 (パーミル)〔‰〕で表し，水平方向に 1 km 進んだときに 1 m 上昇するような勾配を 1 ‰ とよぶ．乾燥した鉄同士の間の静止摩擦係数を 0.3 とすると，列車が上ることができる理論上の最大勾配はいくらか．また，国内では箱根登山鉄道の 80 ‰ が最大であるが，これを角度に直すと何度になるか．

3. 図 2.18(a) はつま先立ちしているときの足の骨のようすを表している．脛骨から下の足の部分を図 2.18(b) の棒のように近似して考えたとき，点 A は床からの垂直抗力の作用点，点 B は脛骨から距骨が受けている力の作用点，点 C はアキレス腱から踵骨が受けている力の作用点を，それぞれ表している．このとき，体重 W〔N〕の人が片足でつま先立ちしていると，脛骨が距骨に及ぼしている力の大きさはいくらか．また，アキレス腱が踵骨に及ぼしている力の大きさはいくらか．ただし，点 B と点 C で作用している力の向きは，水平とそれぞれ ϕ〔rad〕と θ〔rad〕であるとする．

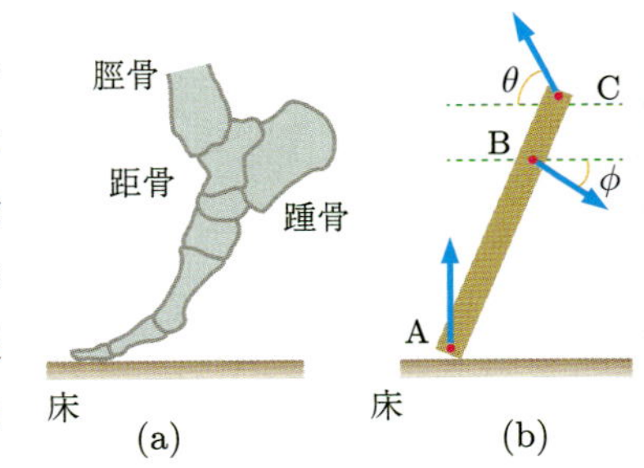

図 2.18 足にはたらく力

3 大きさのある物体1

どんなに小さな物体でも，物体には大きさがある．大きさがあることで，物体の運動はより複雑なものとなる．この章では，大きさのある物体に力がはたらいたとき，どのようなことに注意しなければならないかを考え，まずは物体が運動しない条件について学習する．この過程で，物体の重心がどのように特定されるかについても学習する．

3.1 剛体にはたらく力

質点と剛体　物体に力がはたらく場合，大きさと向きが等しい力であっても，作用線が違うと影響が異なったものとなる．図 3.1 のように，同じ物体に同じ大きさで同じ向きの力 $\vec{F_1}$〔N〕と $\vec{F_2}$〔N〕がはたらいた場合，図 3.1(a) は物体が倒れるが，図 3.1(b) は水平面をすべり出すといった違いが生じることがある．

図 3.1　はたらく力の作用線の違い

このような違いを考えず，同じ物体に同じ大きさで同じ向きの力が作用したときに，同じ影響となるようにするには，物体の大きさを無視すればよい．こうして物体を単純化 (大きさを無視) したものを**質点**[29] とよぶ．物体には質量があるので，質点にも重力は作用する．つまり，質点自体が重心となる．

また，物体に力が加わると，物体は大なり小なり変形する．そこで無限に硬く変形しない理想的な物体を考え，これを**剛体**[30] とよぶ．剛体は，重心以外にも作用点となりうる場所があるので，はたらいた力の影響をよく考える必要がある．

[29] 質点は文字通り「点」なので，作用点は自分自身であり，はたらく力の作用線は1種類しかない．

[30] 以後，特別な場合を除き，物体といえば剛体を指すこととする．

3.2　剛体のつり合い

並進運動と回転運動　物体に力を加えると，図 3.2 のように，物体全体が向きを変えずに平行移動したり，重心 G のまわりで回転[31] することがある．前者を**並進運動**とよび，後者を**回転運動**とよぶ．一般的な運動は，これらの組み合わせで起こり，並進運動も回転運動もしないとき，物体は静止しているという．

[31] 重心 G が回転中心となる理由については，あとの章で考える．

図 3.2　並進運動と回転運動

図 3.3　並進運動と回転運動

物体のつり合い　力が作用しているにもかかわらず，物体が並進運動も回転運動もしてない場合，つまり静止状態にあるとき，物体はつり合いの状態にあるという．

力のモーメント　物体にはたらく力の作用線が重心 G を通るとき，物体は質点とみなすことができる[32]．したがって，回転運動を引き起こすには，作用する「力」と，作用線と重心 G との「ずれ」が必要[33] である．このようすを，図 3.4 のように考えてみる．重心 G から力の作用点までの位置ベクトル[34] を $\vec{r}$〔m〕とし，$\vec{F}$〔N〕と $\vec{r}$〔m〕のなす角を θ〔rad〕とする．このとき，$\vec{r}$〔m〕から $\vec{F}$〔N〕の方向へ角度を測ると定義する[35]．図 3.4(a) では，重心 G と作用線との距離を $r\sin\theta$〔m〕で表しており，はたらく力とずれから $F \cdot r\sin\theta$〔N·m〕という 0 ではない量がつくられる．

　図 3.4(b) では，$\vec{F}$〔N〕を $\vec{r}$〔m〕の方向とそれに直交する方向に分解している．このとき，$\vec{r}$〔m〕と同じ方向の大きさ $F\cos\theta$〔N〕の力は，作用線が重心 G を通るので回転には寄与せず，大きさ $F\sin\theta$〔N〕の力のみが回転に

[32] 常に作用する重力とともに，力の作用を 1 点にすることができるため，大きさを考慮する必要がないからである．

[33] 力とずれの両方が 0 でないときのみ回転運動が起こる．

[34] 位置を表すベクトルを**位置ベクトル**という．

[35] 通常，角度は反時計回りを正とするので，図 3.4 のなす角 θ〔rad〕は，負の値をもつことになる．

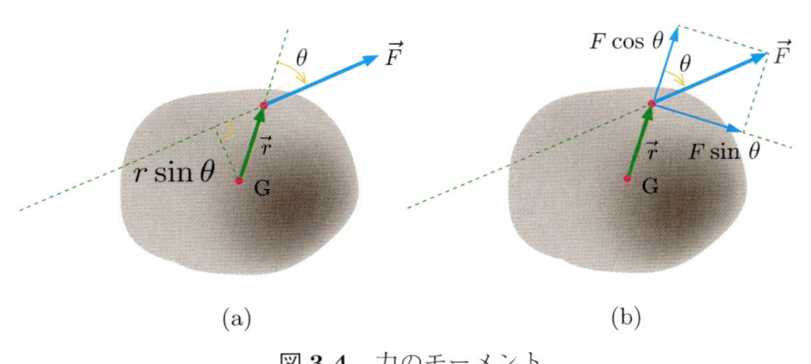

図 3.4　力のモーメント

寄与する．これより $r \cdot F \sin\theta$〔N·m〕という 0 でない量がつくられる．

こうして得られる量から，つぎのように N〔N·m〕を定義し，**力のモーメント**[36] とよぶ．

$$N = rF\sin\theta \tag{3.1}$$

$N \neq 0$ のとき，物体は回転することから，N〔N·m〕は物理量として「回転を引き起こす能力」を表している．

図 3.4 では，$\theta < 0$ なので $N < 0$ となる．このとき，物体は時計回りに回転することになる．作用している力のモーメントが正のときは反時計回りに回転し，負のときには時計回りに回転する．作用している力が 2 つ以上ある場合，それぞれの力について正負に注意しながら力のモーメントの和を求め，その和の正負によって回転する方向が決まる．つまり，回転しないためには，作用している力のモーメントの和も 0 である必要がある[37]．

また，力の大きさの単位〔N〕と長さの単位〔m〕を組み合わせから，力のモーメントの単位は〔N·m〕である．

[36] 正確には，力のモーメントはベクトル積を用いて $\vec{N} = \vec{r} \times \vec{F}$ で与えられ，向きが回転軸の方向を表すようなベクトル量である．

[37] 式 (3.1) では，力のモーメントの計算に重心 G からの位置ベクトル $\vec{r}$ を用いているが，力のモーメントの和が 0 の場合，位置ベクトルの始点は重心 G に限らず任意の点でよいことがわかっている．

参考

合力が 0 の N 個の力 $\vec{F}_1$〔N〕から $\vec{F}_N$〔N〕が物体に作用しているとき，力のモーメントの和も 0 であるとする．図 3.5 は，作用している力のうち，i 番目の力 $\vec{F}_i$〔N〕，重心 G からその作用点までの位置ベクトル $\vec{r}_i$〔m〕，ある点 O から作用点および重心までの位置ベクトルを，それぞれ $\vec{R}_i$〔m〕，$\vec{R}_\mathrm{G}$〔m〕として示してある．

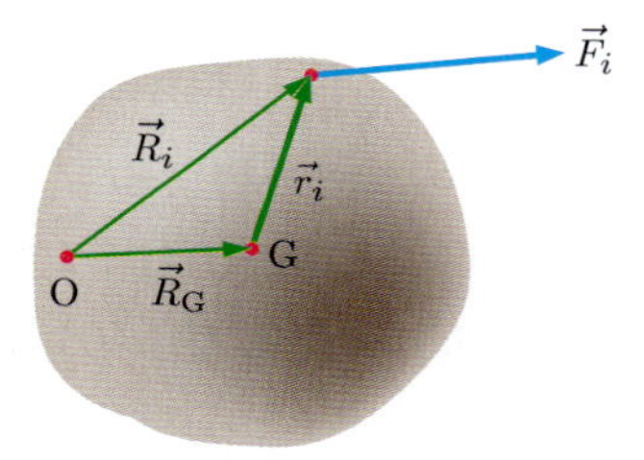

図 3.5

物体に作用する力のモーメントの和が 0 だとすると，

$$\sum_{i=1}^{N} \vec{r}_i \times \vec{F}_i = 0$$

であり，点 O からの位置ベクトルを使うと $\vec{r}_i = \vec{R}_i - \vec{R}_\mathrm{G}$ なので，

$$\begin{aligned} 0 &= \sum_{i=1}^{N} (\vec{R}_i - \vec{R}_\mathrm{G}) \times \vec{F}_i = \sum_{i=1}^{N} \vec{R}_i \times \vec{F}_i - \vec{R}_\mathrm{G} \times \sum_{i=1}^{N} \vec{F}_i \\ &= \sum_{i=1}^{N} \vec{R}_i \times \vec{F}_i \end{aligned}$$

となる．したがって，$\vec{r}_i$〔m〕の代わりに $\vec{R}_i$〔m〕を用いても力のモーメントの和は 0 となる．

問 3.1 図 3.6 のように，野球のバットは，手で握る方は細く，ボールを打つ方は太くなっている．2 人の人でバットの両端をそれぞれ持ち，等しい力で互いに逆に回す場合，どちらを持っている人が有利なのか考えてみよ．

図 3.6 バット

平行な力の合成 1 平行でない 2 つの力は，平行四辺形を用いたベクトルの合成によって合力を求めることができる．では，平行な 2 つの力を合成する場合，どのようにすればよいだろうか．図 3.7(a) のように，作用線が等しい場合には，作用点を移動させることができるので，1 つの作用点に $\vec{F_1}$〔N〕と $\vec{F_2}$〔N〕が作用するとして，大きさ $(F_1 + F_2)$〔N〕の合力 $(\vec{F_1} + \vec{F_2})$〔N〕が得られる．

作用線が異なる平行線の場合には，作用点を移動しても同じ点にすることができないので，1 つの作用点に作用している合力をこれまでのように求めることはできない．そもそも交わらない作用線が 2 本あることから，合力は剛体に作用するものとして考えなければならず，並進運動だけでなく回転運動についても，合成する前後で等しい作用を及ぼす必要がある．

図 3.7(b) のように，棒の端点 a と b に平行な作用線をもつ力 $\vec{F_1}$〔N〕と $\vec{F_2}$〔N〕が作用するとき，これらの合力の作用点 c を求めてみる．もし，点 c に作用する合力と同じ大きさで反対向きの力 $\vec{F}$〔N〕がさらに作用したとすると，棒にはたらく力は打ち消し合うので，棒は静止する．すなわち，$\vec{F_1}$〔N〕と $\vec{F_2}$〔N〕と $\vec{F}$〔N〕の 3 つの力が棒に作用すると，棒は並進運動も回転運動もしないはずである．力のモーメントの和が 0 なので，点 c のまわりで力のモーメントを考えると，ac 間の距離を ℓ_1〔m〕，bc 間の距離を ℓ_2〔m〕として，棒に作用している力のモーメントは，$F_1\ell_1 - F_2\ell_2 = 0$ と表される．これより，次式が成り立つので，点 c は ab 間を $F_2 : F_1$ に内分する点だといえる．

$$\frac{\ell_2}{\ell_1} = \frac{F_1}{F_2} \tag{3.2}$$

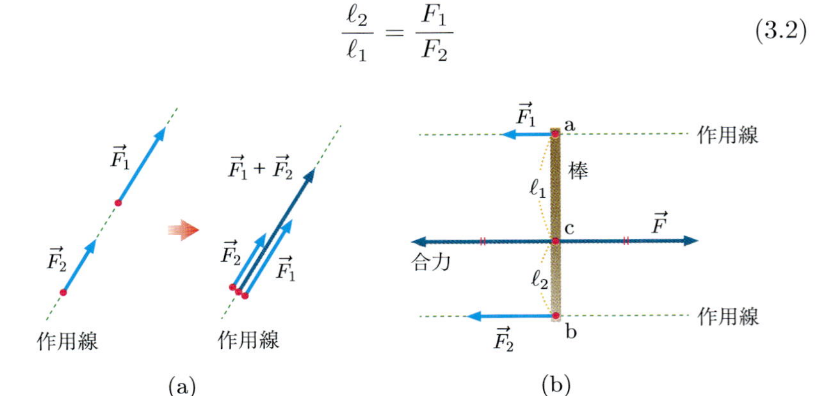

図 3.7 平行な 2 つの力の合成

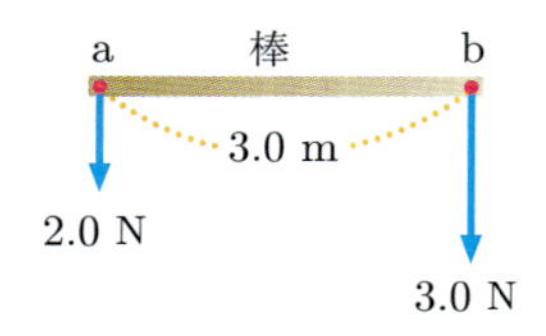

図 3.8　棒に作用する力

問 3.2　図 3.8 のように，長さ 3.0 m の一様な棒の端点 a と b に，大きさ 2.0 N と 3.0 N の 2 つの力が平行に作用している．このときの合力の作用点を求めよ．

平行な力の合成 2　図 3.9(a) のように，一様な棒の点 a と点 b に作用線は平行だが互いに反対を向いた力 $\vec{F_1}$〔N〕と $\vec{F_2}$〔N〕が作用しているとき，これらの合力の作用点 c を求めてみる．

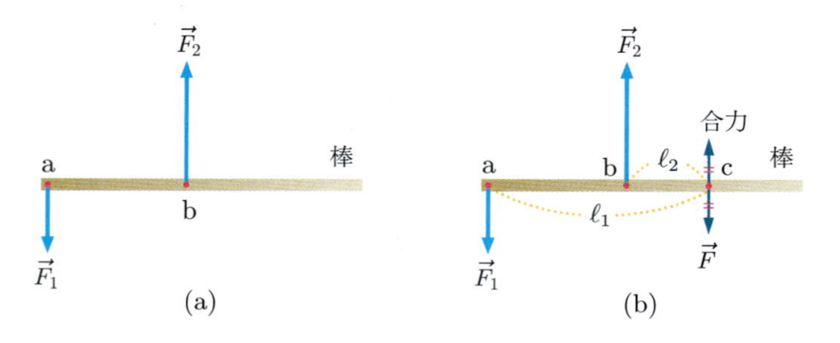

図 3.9　平行で反対向きの 2 つの力の合成

$F_1 < F_2$ だとすると，合力は $\vec{F_2}$〔N〕の向きを向いている．図 3.9(b) のように，これと同じ大きさで反対を向いた $\vec{F}$〔N〕が点 c で棒に作用したとすると，$\vec{F_1}$〔N〕と $\vec{F_2}$〔N〕と $\vec{F}$〔N〕の 3 つの力によって棒は静止する．このとき，点 c のまわりの力のモーメントの和は，ac 間の距離を ℓ_1〔m〕，bc 間の距離を ℓ_2〔m〕として，$F_1\ell_1 - F_2\ell_2 = 0$ と表される．これより，次式が成り立つので，点 c は ab 間を $F_2 : F_1$ に外分する点だといえる．

$$\frac{\ell_2}{\ell_1} = \frac{F_1}{F_2} \tag{3.3}$$

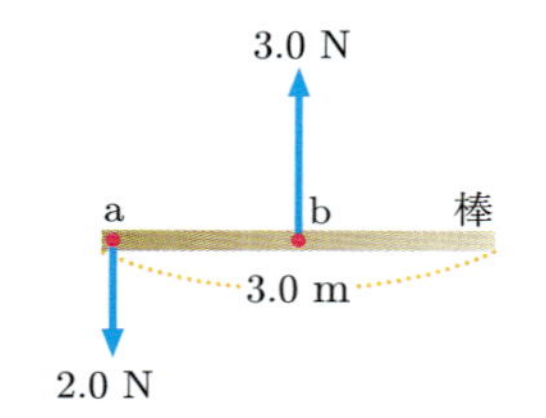

図 3.10　棒に作用する力

問 3.3　図 3.10 のように，長さ 3.0 m の一様な棒の端点 a と中点 b に，大きさ 2.0 N と 3.0 N の 2 つの力が平行で反対向きに作用している．このときの合力の作用点を求めよ．

偶力　図 3.11 のように，作用線が平行で互いに反対を向いた同じ大きさの力 $\vec{F}$〔N〕と $-\vec{F}$〔N〕が物体の点 a と点 b に作用している場合，ab 間を 1 対 1 に外分する点はないので，合成することはできない．このような力のペアのことを**偶力**とよぶ．偶力の合力は 0 であるので並進運動させるはたらきはないが，回転運動させる能力をもつ．

図 3.11 のように，長さ ℓ〔m〕の ab 間に，点 a から x〔m〕だけ離れた任意の点 c のまわりの力のモーメントを考える．式 (3.1) より，角度 θ〔rad〕を用いて $-xF\sin\theta - (\ell - x)F = \ell F\sin\theta$ となり，x〔m〕によらない一定値となる．

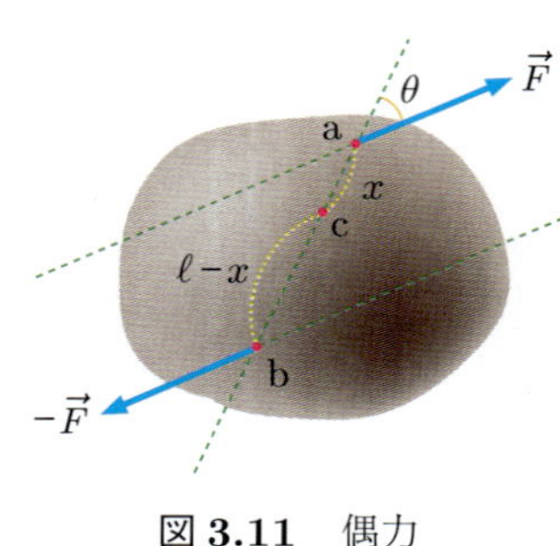

図 3.11　偶力

例題 3.1 レッグエクステンション

図 3.12(a) は，椅子に座り足の甲の部分に負荷をかけて，足を伸ばすことでふとももを鍛えようとしているようすである．図 3.12(b) は，このようすを下腿について一様な棒で近似し，4 つの作用点に作用している力のみを考える単純化したモデルである．

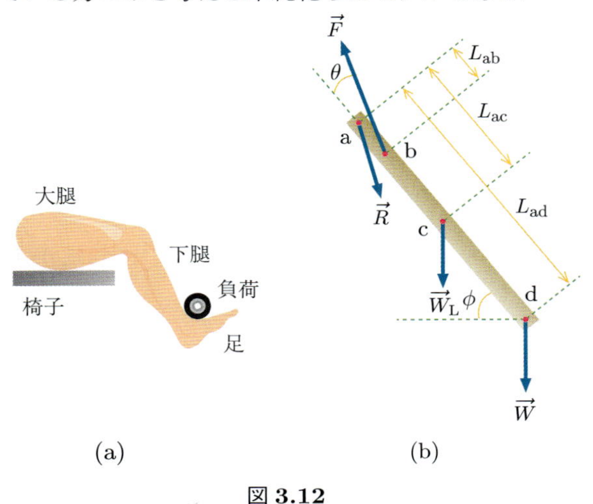

図 3.12

点 a から点 d はそれぞれ，膝関節を通して大腿から作用する力 $\vec{R}$〔N〕の作用点，大腿四頭筋が脛骨を引く力 $\vec{F}$〔N〕の作用点，下腿と足の重さ W_L〔N〕の作用点，負荷 W〔N〕の作用点を表しており，ab 間，ac 間，ad 間の距離は L_{ab}〔m〕，L_{ac}〔m〕，L_{ad}〔m〕とおく．$\vec{F}$〔N〕と棒とのなす角を θ〔rad〕，棒が水平となす角を ϕ〔rad〕とし，棒が静止しているとして F〔N〕を求めよ．

解 棒が静止していることから，力はつり合っており，力のモーメントの和も 0 だといえる．力のモーメントを考えるための位置ベクトルの始点を点 a とすれば，$\vec{R}$〔N〕は距離 0 のため力のモーメントには寄与しないことになる．力のモーメントに寄与する力のみ分解して描くと，図 3.13 のようになり，点 a のまわりでの力のモーメントの和が 0 という式を立てると，つぎのようになる．

$$L_{ab}F\sin\theta - L_{ac}W_L\cos\phi - L_{ad}W\cos\phi = 0$$

これを F について解くと，

$$F = \left(\frac{L_{ac}\cos\phi}{L_{ab}\sin\theta}\right)W_L + \left(\frac{L_{ad}\cos\phi}{L_{ab}\sin\theta}\right)W$$

となる．

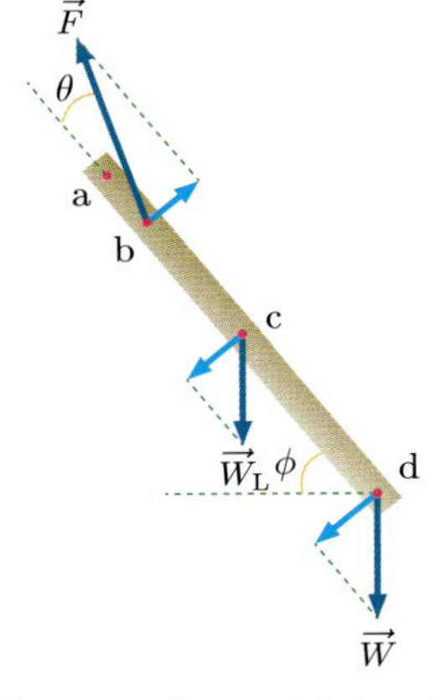

図 3.13 点 a のまわりの力のモーメント

問 3.4 例題 3.1 において，$\vec{R}$〔N〕の水平成分を R_x〔N〕，$\vec{R}$〔N〕の鉛直成分を R_y〔N〕として，それぞれ求めよ．

3.3 重心

重心の位置 物体の重心は，重力の作用点なので，重心を支えれば物体は並進運動も回転運動もしない．これまで感覚的におよそ物体の中心にあるものとして重心を描いてきたが，実際に一様[38]な円板では円の中心が重心となるし，図3.14のように，円板以外でも長方形や三角形などの板であれば，幾何学的に求めた重心が，力学的な重心となっていることを確認[39]できる．

[38] 密度が一定という意味である．

[39] 幾何学的に求めた重心の1点を支えて，板を静止させることができる．

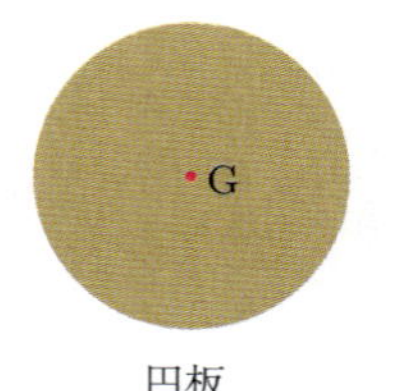

円板

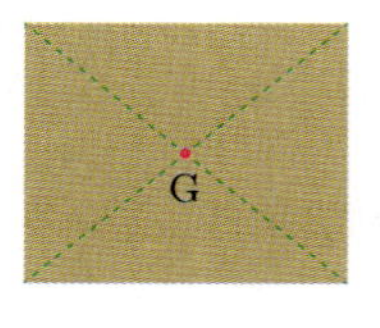

長方形の板

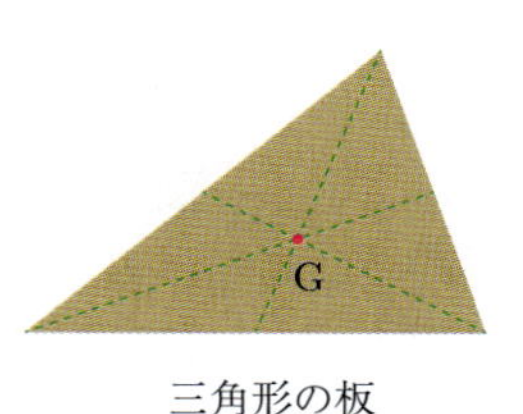

三角形の板

図3.14 一様な板の重心

そこで，図3.15のように，質量 m_1〔kg〕と m_2〔kg〕の2つの小物体AとBをつないだ軽い棒のような複合物体の重心を考えてみる．このとき，重心GはAとBに作用する重力[40]の合力の作用点なので，AとBをつないだ棒の内分点で表される．Aの座標を (x_1, y_1)，Bの座標を (x_2, y_2) とすると，重心Gの座標 (x_g, y_g) は，次式で与えらえる．

[40] 質量 m〔kg〕の小物体の重力の大きさは，重力加速度の大きさ g〔m/s^2〕を用いて mg〔N〕である．

$$x_g = \frac{m_1 x_1 + m_2 x_2}{m_1 + m_2}, \quad y_g = \frac{m_1 y_1 + m_2 y_2}{m_1 + m_2} \tag{3.4}$$

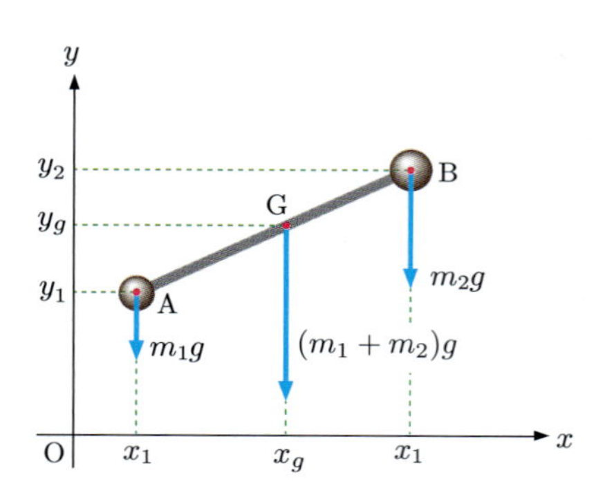

図3.15 重心の座標

図3.16 やじろべえの重心は，やじろべえの足の下にある．

こうして2つの小物体から1つの重心が求められれば，3つ以上あったとしても，この内分の操作を繰り返せば最終的に1つの重心を求めることができる．したがって，N 個の小物体からなる複合物体の重心は，次式のようになる．

$$
\begin{cases}
x_g = \dfrac{m_1x_1 + m_2x_2 + \cdots + m_Nx_N}{m_1 + m_2 + \cdots + m_N} = \dfrac{\sum_{i=1}^{N} m_ix_i}{\sum_{i=1}^{N} m_i} \\[2ex]
y_g = \dfrac{m_1y_1 + m_2y_2 + \cdots + m_Ny_N}{m_1 + m_2 + \cdots + m_N} = \dfrac{\sum_{i=1}^{N} m_iy_i}{\sum_{i=1}^{N} m_i}
\end{cases}
\tag{3.5}
$$

問 3.5　式 (3.4) を確認せよ．

問 3.6　密度が等しく一様で，1 辺の長さが a〔m〕の正方形と正三角形がある．それぞれの 1 辺を合わせた図 3.17 のような板の重心の位置を求めよ．

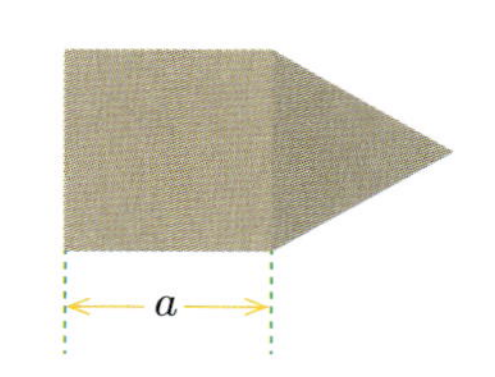

図 3.17　正方形と正三角形

物体の転倒　図 3.18(a) のように，あらい水平面上に置かれた物体 A に力を加えて，水平に引くことを考える．重力と A を引く力の合力の作用点は，それぞれの作用線の交点にあり，これらの合力 $\vec{F_1}$〔N〕は図 3.18(b) のようになる．合力の作用線と水平面との接点から，A を動かすまいとする抗力 $\vec{F_2}$〔N〕[41] が作用し，これらがつり合っている限り，A は動くことはない．しかし，A を引く力を大きくすると，その大きさが最大静止摩擦力を超えた直後に，A は水平面上をすべりだすことになる．

[41] ここで抗力とは，A にはたらく垂直抗力と静止摩擦力の合力のことである．

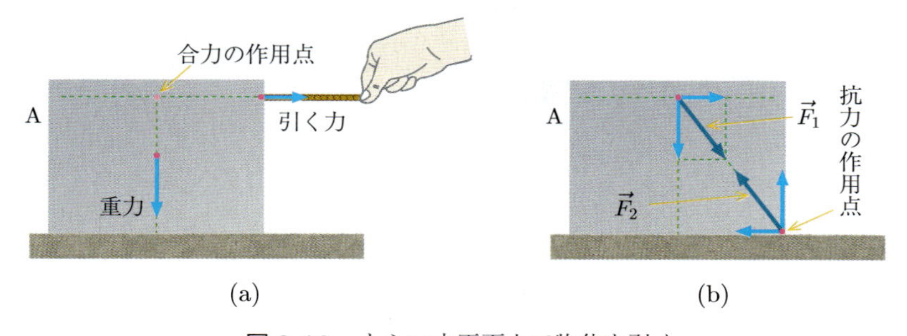

図 3.18　あらい水平面上で物体を引く

つぎに，図 3.19(a) のような場合を考える．図 3.18 と同じように，重力と引く力の合力 $\vec{F_1}$〔N〕をつくり，作用線を伸ばしてみると，水平面に達したときには物体の外に出てしまっている．この場合，抗力は A に作用できず，A の端の点 a のまわりに回転してしまい A は転倒することになる．

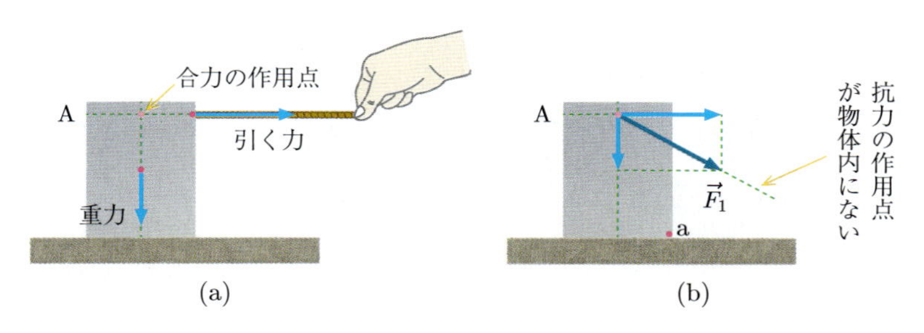

図 3.19　あらい水平面上で物体を引く

問 3.7　水平面に置かれた物体を水平に引く場合，物体の上部より下部を引いたほうが倒れにくい．この理由について考えてみよ．

演習問題 3

A

1.　図3.20(a) のように，ボルトにナットを回して締めることを考える．ナットの中心から最大径 d〔m〕の部分に力を加えて締めるのに大きさ f〔N〕の力が必要だとすると，ナットを締めるのに必要な力のモーメント (トルク) はいくらか．つぎに，図3.20(b) のように，スパナを利用して同じナットを締めてみる．ボルトの中心からスパナに加える力の作用点までの距離を D〔m〕であるとすれば，ナットを締めるのにスパナに加えるべき力の大きさはいくらか．

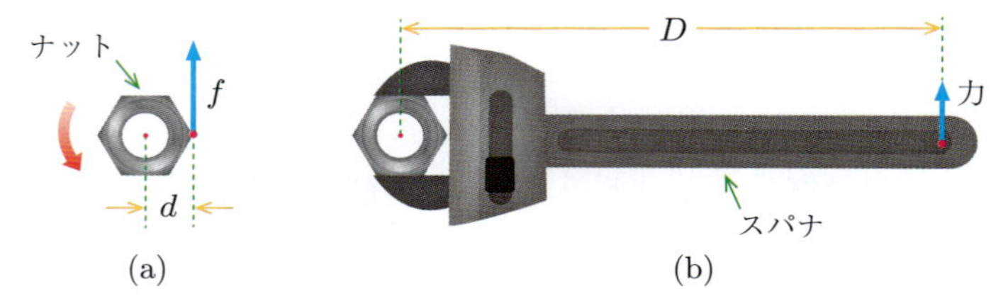

図 3.20　ボルトとスパナ

[42] Occupational Biomechanics

2.　身長 L〔m〕の人の前腕と手の長さは，文献[42] によると，それぞれ $0.146L$〔m〕と $0.108L$〔m〕であり，前腕と手の質量は体重 M〔kg〕に対して $0.022M$〔kg〕である．図3.21(a) のように，上腕を鉛直にし，前腕を水平にして 5.0 kg のダンベルを持っているとき，前腕を図3.21(b) のような一様な棒として考えてみる．点Aはダンベルを持っている手の中点で，点Bは前腕と手の長さの中間点で重心を表し，点Cは上腕二頭筋の作用点，点Dはひじを表している．ただし，

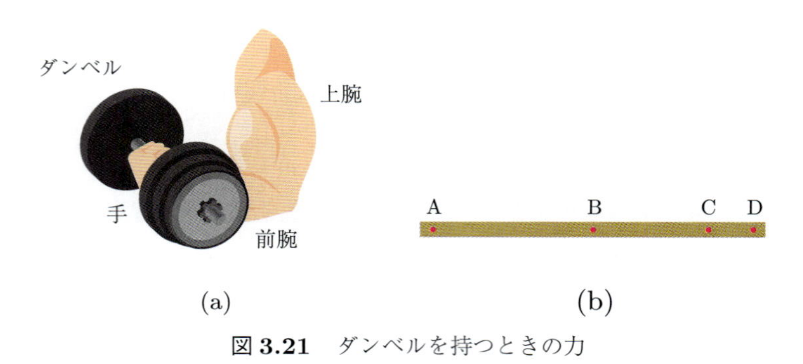

図 3.21　ダンベルを持つときの力

CD 間の距離は 4.0 cm とする.

(a) 身長 160 cm で体重が 50 kg の人では，AD 間および BD 間の距離はいくらか.

(b) 上腕二頭筋が前腕に対して及ぼしている力の大きさはいくらか.

3. 図 3.22 のように，点 O_1 を中心とする半径 r〔m〕の一様な円板から，点 O_2 を中心とする半径 $\frac{r}{2}$〔m〕の円板を切り取る．この板の重心の位置 G は，O_1 からどれくらい離れているか.

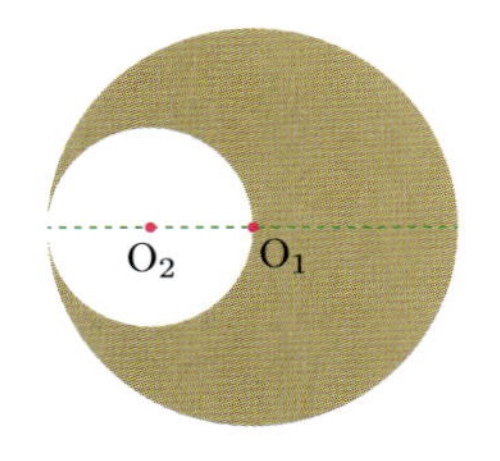

図 3.22 くり抜いた円板の重心

B

1. 図 3.23(a) のように，片足をけがした体重 60 kg の人が杖をついて歩いている状況を，杖の重さを無視して，図 3.23(b) のように単純化して考える．点 A は足が地面から受ける力の作用点，点 B は杖が地面から受ける力の作用点，点 C は脇にはさんだ杖の端点であり，点 G は人の重心である．ここでは，図中の矢印で表される力について考えることにする.

(a) 点 A を中心として，点 G と点 B に作用する力による力のモーメントのつり合いを考えると，点 B で杖が地面から受ける垂直抗力の大きさはいくらか.

(b) 点 A でこの人が地面から受ける垂直抗力の大きさはいくらか.

(c) 点 B で杖にはたらく垂直抗力と静止摩擦力の合力は杖の方向になることから，摩擦力の大きさはいくらか.

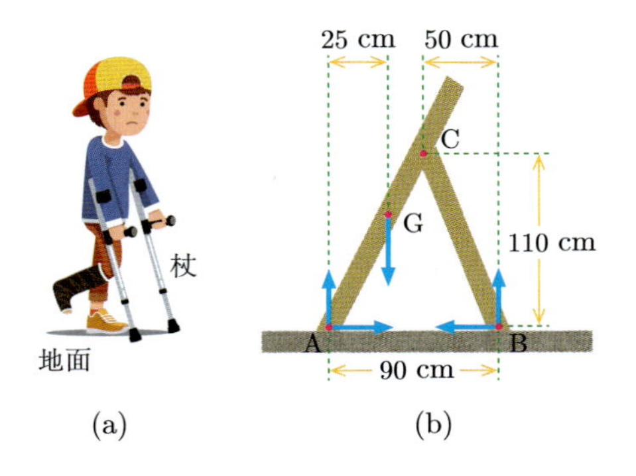

図 3.23 杖をついた人

2. 図 3.24(a) は，ある人が壁に手をついてアキレス腱を伸ばしているときのようすを表しており，これを模式的に変形しない棒のようなもので近似したのが図 3.24(b) である．図中の点 A から点 F はそれぞれ，頭，肩，身体の重心，踵 (かかと)，手のひら，つま先を表しており，簡単のため，この人に作用する力の作用点は点 C と点 E と点 F のみとし，BE は水平であり，床はあらいが壁はなめらかであるものとする．ただし，この人の重さを W〔N〕，身体と水平面とのなす角

を θ〔rad〕とし，それぞれの点間の距離はアルファベットを用いて表すこと (例：AD 間の距離は AD と表す).

(a)　壁からの垂直抗力がこの人に及ぼす力のモーメントの大きさは，点 D のまわりで考えるといくらか.

(b)　点 F で作用している床からの垂直抗力の大きさはいくらか.

(c)　点 F で作用している床からの摩擦力の大きさはいくらか.

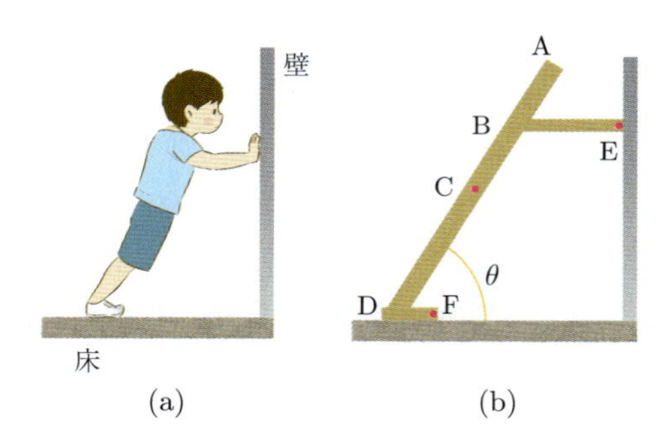

図 3.24　アキレス腱を伸ばす人

4 大きさのある物体2

前の章では，物体に力が加わっても変形しない理想的な「剛体」を考えたが，実際の物体は変形する．この章では，物体は変形するものとし，加えられた力の大きさと変形の関係について学習する．また，材質の違いで変形のしにくさなどが決まることについても取り上げる．

4.1 物体の変形

応力　物体に力を加えると，それに応じて物体は変形する．たとえば，図4.1(a) のように，棒の両端に互いに反対向きの力を加えれば，棒は伸びる．また，棒の両端に図4.1(b) のような力を加えると，棒は曲がる．このとき，棒の各部分には引っ張り合う力が作用したり，圧縮されるような力が作用したりしており，一般的には部位によって大きさも向きも異なったものとなっている．

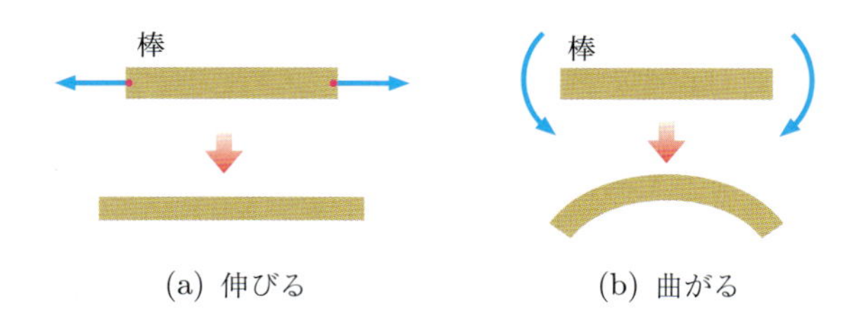

図 **4.1**　棒の変形

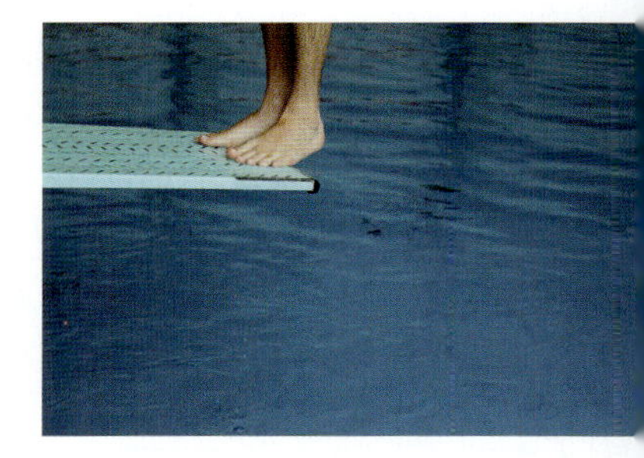

図 **4.2**　しなっている板

図4.1(a) のように引っ張られる棒の内部では，近接する点のいたるところで引っ張り合う力が生じている．図4.3のように，棒に直交するようなある断面を考えると，断面の右側は左側を引っ張り，左側は右側を引っ張っている[43)]．このような力のやり取りは，任意の場所で起きているので，考

43) 断面を通して生じている力は，作用反作用の関係にある．

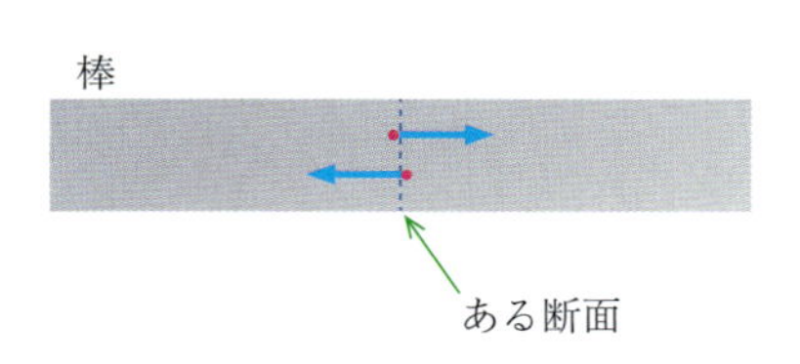

図 **4.3**　断面を通してやり取りする力 (その1)

える断面も任意である．こうして外力が作用することで，それに応じて物体内部で生じている単位断面積当たりの力のことを**応力**とよぶ．

外力の大きさ F〔N〕に対して，考えている断面積を S〔m^2〕とする[44]と，応力 T〔Pa〕は

$$T = \frac{F}{S} \tag{4.1}$$

と表される．

[44] 物体を伸ばしたことによる断面の縮みについては，あとで考える．

物体内で考える断面は任意でよいので，図 4.4 のように，棒に対して角度 θ〔rad〕をなすような断面を考えてもよい．断面を通してやり取りする力は，大きさ F〔N〕の外力なので，これを断面に平行および垂直な方向に分解する．それぞれの方向の応力を評価すると，断面積が $\dfrac{S}{\sin\theta}$〔m^2〕となることに注意すると，

$$垂直な向き：\frac{F}{S}\sin^2\theta,\quad 平行な向き：\frac{F}{S}\sin\theta\cos\theta \tag{4.2}$$

となる．ここで，断面に垂直な向きの応力を**法線応力**[45]とよび，断面に平行な向きの応力を**接線応力**[46]とよぶ．

[45] 法線応力は，面を通して押したり引いたりする．

[46] 接線応力は，面に対して横ずれさせようとしている．

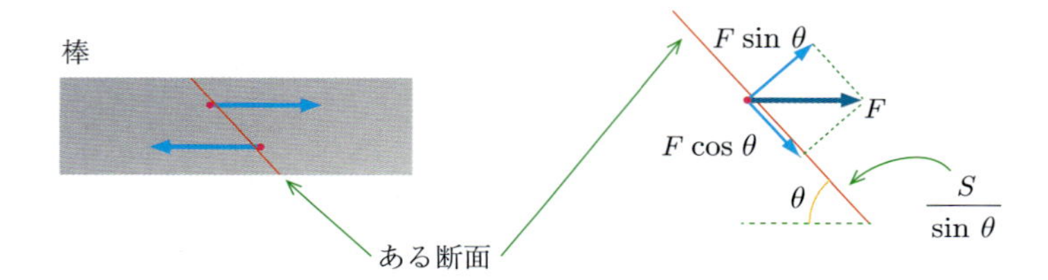

図 4.4　断面を通してやり取りする力 (その 2)

応力の大きさを考える場合には，同じ点であっても，図 4.3 と図 4.4 のように，考える面によって異なったものとなるので注意しなければならない．

> **問 4.1**　式 (4.2) を確認せよ．
>
> **問 4.2**　図 4.5 のように，一部太さの異なる棒の両端を大きさ F〔N〕の力で引っ張ったとき，細い部分と太い部分に生じている応力とでは，何倍の違いがあるか．ただし，細い部分の断面積を S〔m^2〕とし，太い部分の断面積を $3S$〔m^2〕とする．

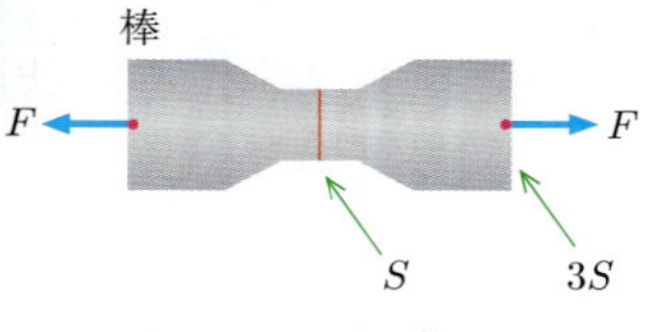

棒　F　F　S　$3S$

図 4.5　断面積の異なる棒

ヤング率　図 4.6 のように，一端を固定した断面積が S〔m^2〕で一様な長さ L〔m〕の棒の他端に，大きさ F〔N〕の力を加えて伸ばしたところ，棒は ΔL〔m〕だけ伸びたとする．このとき，棒の単位長さあたりの伸びを ε とお

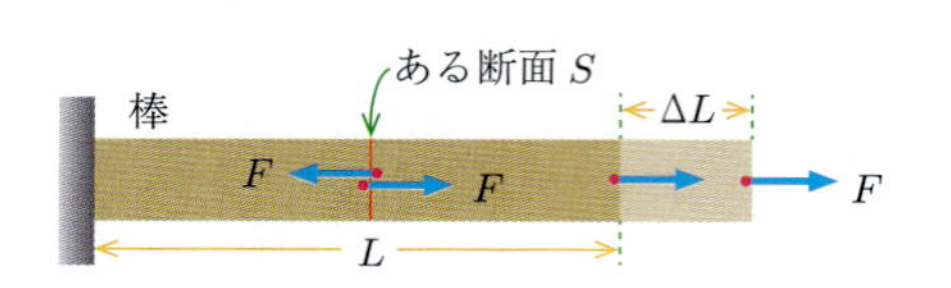

図 4.6　固定された棒を伸ばす

くと，

$$\varepsilon = \frac{\Delta L}{L} \tag{4.3}$$

と表され，これを**ひずみ**[47] とよぶ．

47) ひずみは無次元量であり，単位はない．

金属などの固体に力を加えて変形させる場合を考える．図 4.7 のように，ひずみが小さいとき，ひずみと応力の間には比例関係が成り立ち，応力とひずみのグラフでは原点を通る直線となる．これを**フックの法則**とよび，グラフが直線から曲線に変化する境界を**比例限界**とよぶ．

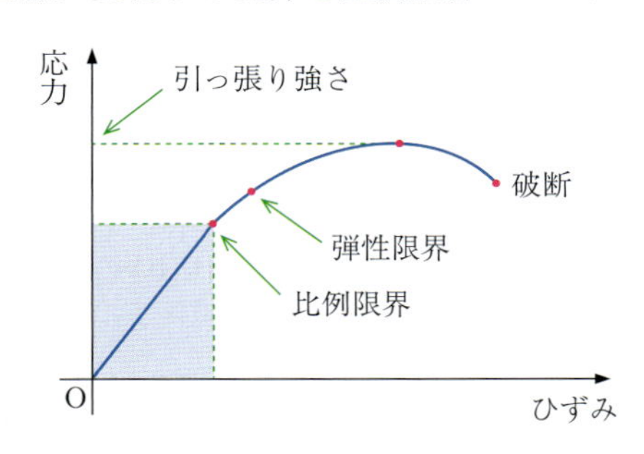

図 4.7 応力・ひずみ曲線

図 4.8 弾性力と伸びが比例することを利用して重さを測る．

フックの法則が成り立っているとき，応力 T〔Pa〕とひずみ ε は比例定数 E〔Pa〕を用いて

$$T = E\varepsilon \tag{4.4}$$

と表され，このときの比例定数を**ヤング率**とよぶ．ヤング率は，物体の形状によらず，材質によって決まる定数である．

比例限界を超えると，グラフは湾曲[48] して加えた力に比して変形が大きくなり，やがて破断する．破断する直前に応力は最大値となり，これを**引っ張り強さ**とよぶ．

48) 材質によってグラフの形状は異なる．

力を加えるのを止めると，元にもどるような変形を**弾性変形**とよび，元にもどらず変形が残るとき**塑性変形**とよぶ．弾性変形から塑性変形へ移行する境界を**弾性限界**とよび，応力が大きくなったとき，比例限界からほどなく弾性限界となる．

図 4.9 曲げた針金は，元には戻らない．

例題 4.1 金属線の伸び

半径 r〔m〕で長さ L〔m〕の一様な金属線の一端を固定し，他端に質量 m〔kg〕の小球をつり下げたとき，金属線の伸びはいくらか．ただし，ヤング率を E〔Pa〕とし，重力加速度の大きさを g〔m/s^2〕とする．また，金属線の自重は無視できるものとする．

解 金属線に加わる力は，小球の重さ mg〔N〕である．したがって，金属線内部の応力は $\dfrac{mg}{\pi r^2}$〔Pa〕となるので，金属線の伸びを ΔL〔m〕として，フックの法則を式

で表すと

$$\frac{mg}{\pi r^2} = E \cdot \frac{\Delta L}{L}$$

となる．これより，伸びは

$$\Delta L = \frac{mgL}{\pi r^2 E}$$

となる．

問 4.3　フックの法則について，式 (2.3) によるばね定数と式 (4.4) によるヤング率の違いについて考えてみよ．

ポアソン比　実際の物体を変形させるとき，一方を伸ばせば，伸びと直交する向きでは縮むことになる．図 4.10(a) のように，金属棒の両端に力を加えて伸ばすことを考える．このとき，図 4.10(b) のように，力を加えた方向には伸びて，それと直交する向きは縮む[49] ことになる．力を加えた方向のひずみを ε，力と直交する方向のひずみを ε' とすると，どちらかは負になることに注意して，正の値となるような比 σ をつぎのように定義する．

$$\sigma = -\frac{\varepsilon'}{\varepsilon} \tag{4.5}$$

これを**ポアソン比**とよび，ヤング率と同じく，材質によって決まる定数である．

[49] 力の向きを変えれば，伸びと縮みは逆転する．

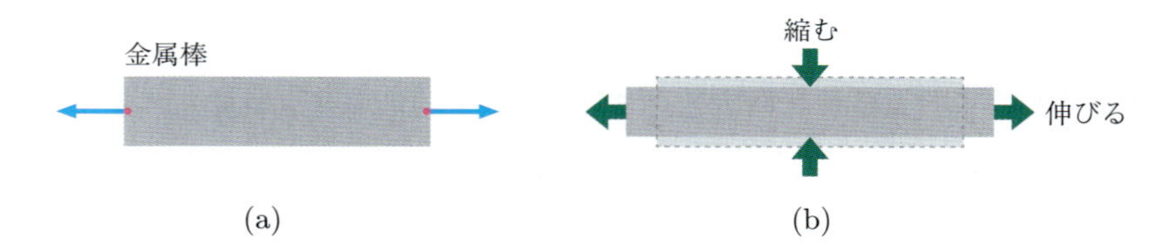

図 4.10　伸びと縮み

問 4.4　断面が一辺 1.0 cm の正方形をしている長さ 1.0 m のアルミニウムでできた一様な角材がある．この角材に力を加えて 1.0 cm だけ伸ばしたとすると，断面の形状はどうなるか．ただし，アルミニウムのポアソン比は 0.345 であるとする．

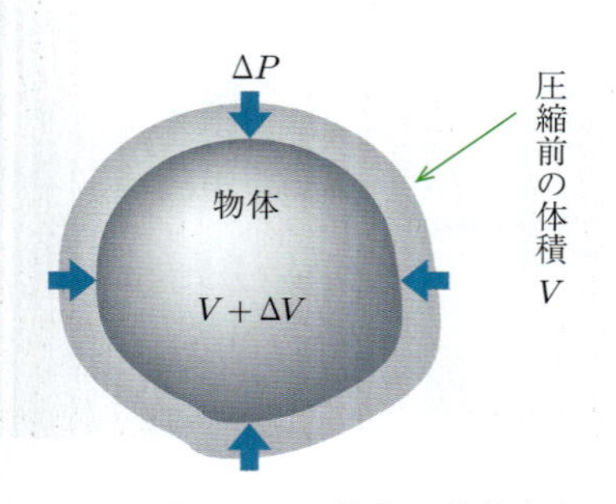

図 4.11　物体の体積変化

体積弾性率　物体全体に力を加えて圧縮したり膨張させたりすることを考える．

空気中でも水中でも，物体にはもともと圧力[50] がかかっており，その状態で大きさ (体積 V〔m^3〕) を維持している．図 4.11 のように，物体全体にさらに圧力 ΔP〔Pa〕を加えて，体積を ΔV〔m^3〕だけ変化させたとすると，圧縮後の体積は $V + \Delta V$ [51] である．加えた圧力があまり大きくなければ，圧力変化と体積変化率 (ひずみ) には比例関係 (フックの法則) がある．すなわち，比例定数を K〔Pa〕とおくと，

$$\Delta P = -K\left(\frac{\Delta V}{V}\right) \tag{4.6}$$

[50] 圧力の詳細については，あとの章で取り上げる．

[51] 圧縮の場合には，$\Delta V < 0$ である．

と表される．このとき，K を**体積弾性率**とよぶ．

問 4.5　式 (4.6) において，マイナス符号がついている意味について考えてみよ．

剛性率　図 4.13 のように，物体表面に沿って接線応力[52] が生じたときを考える．このとき，物体は応力の方向へ**ずれ**が生じ，形状がかしいだような変形が起こる．このとき，ひずみはずれが生じている長さ L〔m〕に対するずれの量 ℓ〔m〕の比で表され，変形が大きくないとき，ひずみと接線応力 T〔Pa〕の間には比例関係 (フックの法則) がある．比例定数を G〔Pa〕とおくと，

$$T = G\left(\frac{\ell}{L}\right) \tag{4.7}$$

と表され，G を**剛性率**とよぶ．

[52] せん断応力ともいう．

図 4.12　せん断破壊された地層

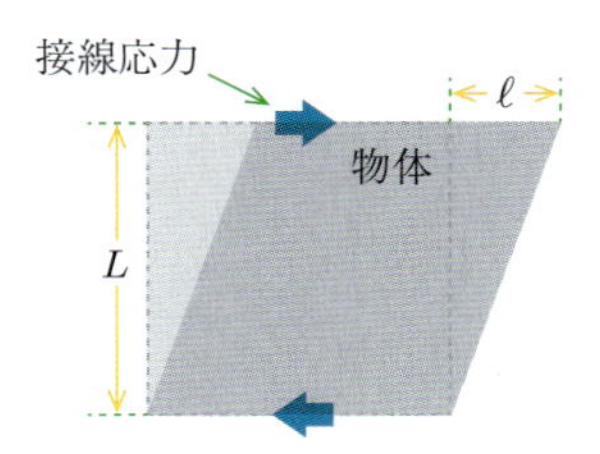

図 4.13　物体のずれ変化

問 4.6　図 4.14 において，剛性率は

$$G = \frac{T}{\theta} \tag{4.8}$$

と表されることを確認せよ．

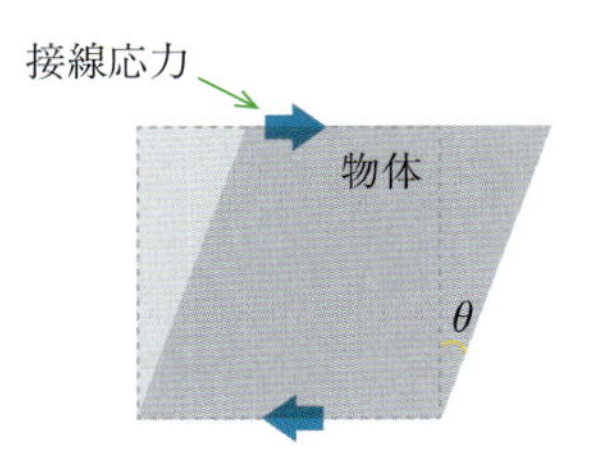

図 4.14　物体のずれ変化 2

弾性率間の関係　図 4.15(a) のように，ヤング率 E〔Pa〕，ポアソン比 σ，体積弾性率 K〔Pa〕の材質でできている一辺 L〔m〕の立方体の上面 abcd と下面 efgh に，ΔP〔Pa〕の圧力変化で圧縮すると，それに直交する方向では，図 4.15(b) のように膨張する．圧縮後の辺の長さを L_p〔m〕とすると，この方向のひずみ[53] はヤング率を用いて

$$\frac{L_\mathrm{p} - L}{L} = -\frac{\Delta P}{E} \tag{4.9}$$

[53] 圧縮の場合には，ひずみは負の値である．

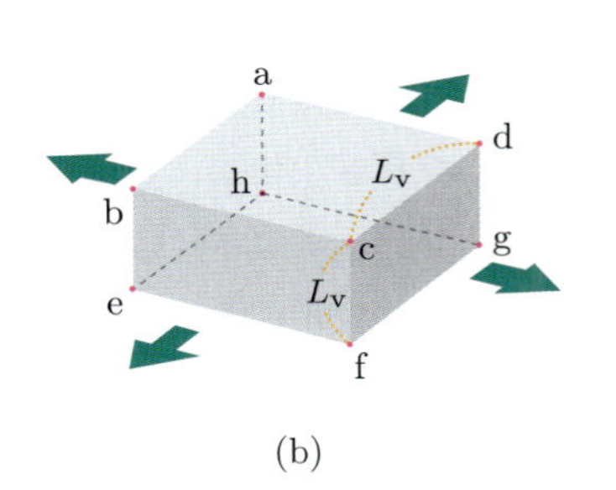

図 4.15　物体のずれ変化

と表される．また，膨張後の辺の長さを L_{v}〔m〕とすると，この方向のひずみはポアソン比を用いて

$$\frac{L_{\mathrm{v}} - L}{L} = -\sigma \cdot \frac{L_{\mathrm{p}} - L}{L} = \sigma \cdot \frac{\Delta P}{E} \tag{4.10}$$

と表される．

圧力変化による圧縮が面 befc と面 ahgd の場合には，上面と下面の方向は膨張するし，面 abeh と面 dcfg の圧縮でも上下面方向は膨張する．つまり，均等に物体に圧力が作用していると，式 (4.9) による縮むひずみのほかに，式 (4.10) による膨張するひずみが 2 つ分あるので，結果的にある方向のひずみ $\dfrac{\Delta L}{L}$ は

$$\frac{\Delta L}{L} = -\frac{\Delta P}{E} + 2\sigma \cdot \frac{\Delta P}{E} \tag{4.11}$$

となる．

したがって，物体の体積変化率は $\dfrac{\Delta V}{V} = \dfrac{(L + \Delta L)^3 - L^3}{L^3}$ なので，ΔL の 2 次以上を無視すれば

$$\frac{\Delta V}{V} = \frac{3\,\Delta L}{L} = -\frac{3(1 - 2\sigma)\Delta P}{E} \tag{4.12}$$

となり，式 (4.6) と比較すると，次式が得られる．

$$K = \frac{E}{3(1 - 2\sigma)} \tag{4.13}$$

こうしてヤング率，ポアソン比，体積弾性率の間には関係があることが示される．また，$K > 0$ であることから $\sigma < \dfrac{1}{2}$ であることも示される．

問 4.7　式 (4.12) を確認せよ．

演習問題 4

A

1. ヤング率 E〔Pa〕の物質でできた半径 r〔m〕，長さ L〔m〕の円柱がある．この円柱のばね定数はいくらか．
2. ヤング率 E〔Pa〕の金属でできた半径 r〔m〕，長さ L〔m〕の金属線の一端を固定し，他端に質量 m〔kg〕のおもりをつり下げた．
   (a)　金属線の伸びはいくらか．
   (b)　材質を変えずに太さを 2 倍にすると，伸びは何倍になるか．
3. あるクモの糸の引っ張り強さは 1.5×10^9 Pa であった．
   (a)　この糸の直径が $5.0\,\mu$m だとすると，糸につり下げたときに切れずに耐えられる限界の質量はいくらか．

(b) 体重 50 kg の人をつり下げるのに必要なもっとも細い直径はいくらか.

B

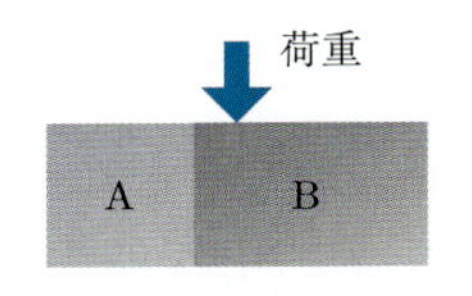

図 4.16 複合材質による変形

1. 図 4.16 のように，ヤング率の異なる物質 A と B を並列にしたような物体に荷重を加えて変形させる．一様に変形したとすると，この複合物体に対する全体のヤング率はどのように表されるか．ただし，A と B のそれぞれのヤング率を E_{A}〔Pa〕，E_{B}〔Pa〕とする．また，A と B の体積を V_{A}〔m^3〕および V_{B}〔m^3〕としたときの体積比 $\rho_{\mathrm{A}} = \dfrac{V_{\mathrm{A}}}{V_{\mathrm{A}} + V_{\mathrm{B}}}$ および $\rho_{\mathrm{B}} = \dfrac{V_{\mathrm{B}}}{V_{\mathrm{A}} + V_{\mathrm{B}}}$ を用いて答えよ.

2. 片足に全体重を乗せたとする．大腿骨にかかる荷重が 60 kg だとすると，大腿骨はどれだけ縮むか．ただし，ヒトの大腿骨を長さ 45 cm で直径 2.5 cm の円柱だとして考えてみよ．また，ヤング率は 1.7×10^{10} Pa である.

3. 物体を圧縮したときに耐えられる最大の応力を最大圧縮応力 (UCS) とよぶ．文献[54] によると，20 歳から 29 歳までのヒトの大腿骨の UCS は 1.7×10^{8} Pa である．このとき，破断するまでの大腿骨の圧縮率はいくらか.

[54] Strength of Biological Materials

5 運動の表し方

図 5.1　新幹線

物理学では，物体の位置が変化しているとき「物体が運動している」という．位置の変化が直線的な場合，回転している場合，振動している場合など，様々な運動が存在する．物体の運動をどのように記述するのかということは，力学の大きなテーマの 1 つである．この章では運動表現の基本である速度，加速度，移動距離の関係と，それらの数式での表し方を学習する．

5.1　変位・速度・加速度

平均の速さ　物体がある時間内にある距離を移動したとすると，その移動距離を移動時間で割ったもの，つまり「単位時間あたりの移動距離」を**平均の速さ**という．Δt〔s〕間に Δx〔m〕移動した場合，この間の平均の速さ $\bar{v}$〔m/s〕は，

$$\bar{v} = \frac{\Delta x}{\Delta t} \tag{5.1}$$

と表される．

ある人が東京駅から新幹線に乗り，東京から 350 km 離れた地点まで 1 時間 30 分かけて移動したとすると，この道中における新幹線の平均の速さは，

$$\frac{350\,\mathrm{km}}{1.50\,\mathrm{h}} = 233\,\mathrm{km/h} \tag{5.2}$$

となり，基本単位で表せば 64.8 m/s となる．

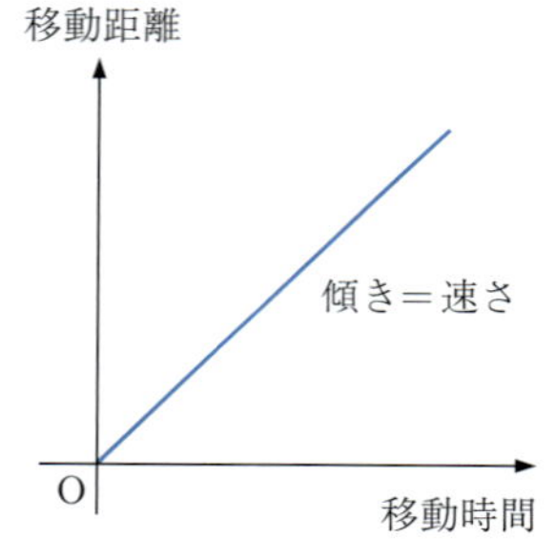

図 5.2　等速直線運動における移動時間と移動距離のグラフ

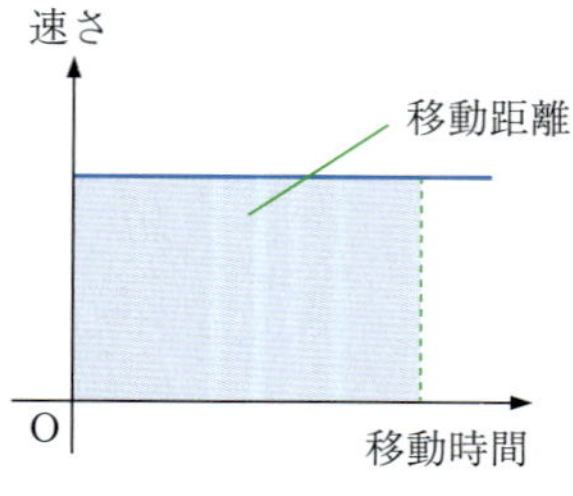

図 5.3　等速直線運動における移動時間と速さのグラフ

物体が一定の速さで直線上 (x 軸上) を運動しているとき，この物体は**等速直線運動**しているという．等速直線運動の場合，平均の速さは常に一定であり，これを v_0〔m/s〕とおくと，任意の移動時間 t〔s〕間における物体の移動距離 d〔m〕は，

$$d = v_0 t \tag{5.3}$$

と表される．等速直線運動について，横軸を移動時間，縦軸を移動距離として表したグラフを図 5.2 に示す．このとき，グラフの傾きは単位時間あたりの移動距離となるので速さを表している．また，横軸を移動時間，縦軸を速さとして表したグラフを図 5.3 に示す．速さのグラフと移動時間軸で囲まれた部分の面積は，「速さ」×「移動時間」となるので移動距離を表す．

位置と変位，速度　前項で例示した新幹線で，1 時間 30 分かけて東京から 350 km ほど移動した人が降り立った地はどこだろうか．これを特定するには，新幹線がどの向きに進んだのかという情報が必要になってくる．向きを含めた位置の変化を**変位**といい，ベクトルで表す．また，速さの向きまでを考慮した物理量を**速度**といい，単位時間あたりの変位で表される．速度もまた大きさと向きをもつベクトルである．図 5.4 のように，基準点 (原点 O) を決め，そこから位置 p までのベクトルを $\vec{p}$〔m〕，位置 q までのベクトルを $\vec{q}$〔m〕とすると点 p から点 q に移動した場合の**変位ベクトル** $\vec{s}$〔m/s〕は，

$$\vec{s} = \vec{q} - \vec{p} \tag{5.4}$$

で表される．pq 間を一定の速度 $\vec{v}$ で移動したとすると，移動にかかった時間を t〔s〕として，

$$\vec{s} = \vec{v}\, t \tag{5.5}$$

とも表される．直線運動する物体について，横軸を時間 t，縦軸を変位 x として表したものを x-t グラフという．物体の速度が一定である場合の x-t グラフの例を図 5.5 に示す．(a) は運動の向きが正のとき，(b) は運動の向きが負のときの x-t グラフである．x-t グラフの傾きは速度 (単位時間あたりの変位) をあらわすので，(a) は正の速度，(b) 負の速度をもつことがわかる．

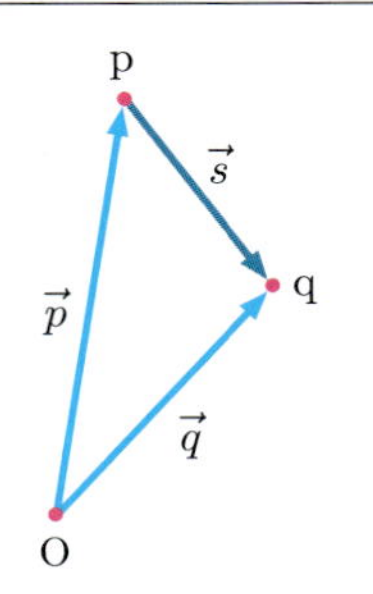

図 5.4　位置ベクトル ($\vec{q}$ と $\vec{q}$) と変位ベクトル ($\vec{s}$)

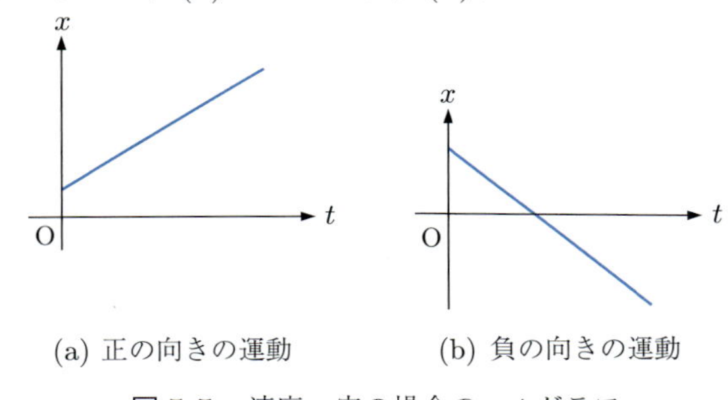

図 5.5　速度一定の場合の x-t グラフ

また，直線運動をする物体について，横軸を時間 t，縦軸を速度 v として表したものを v-t グラフという．速度が一定である場合の v-t グラフの例を図 5.7 に示す．(a) は速度が正，(b) は速度が負のときの v-t グラフである．グラフと時間軸に囲まれた部分の面積は「速度」×「時間」であるので変位を表す．直線運動の場合，正の速度であれば正の変位，負の速度であれば負

図 5.6　移動距離と変位

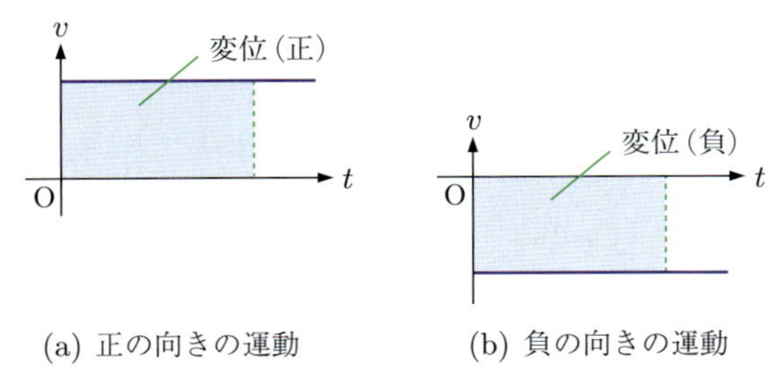

図 5.7　速度一定の場合の v-t グラフ

の変位となる.

例題 5.1　移動距離と変位の違い

図5.8のように，x 軸上に点A，B，Cおよび x 軸上を運動する動点pがある．pは原点Oを始点として正の向きに出発し，点Aを通過し，点Bで折り返して点Cに到達した.

1. pが最初に点Aに到達したときの，pの始点からの移動距離と変位を求めよ.
2. pが点Cに到達したときの，pの始点からの移動距離と変位を求めよ.

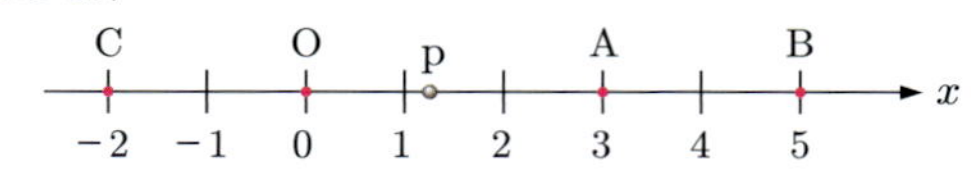

図 5.8　移動距離と変位

解　移動距離は x 軸上を移動した全行程の長さであり，変位は始点から目標の位置までのベクトルである.

1. x 軸の目盛より，始点 (原点) から点Aまでの移動距離は3．また始点 (原点) から点Aまでは正の向きに3目盛分だけ進んでいるので，変位も3である.
2. 始点から点Bまで行って折り返し，点Cまで到達する際の移動距離は12．変位は $\overrightarrow{OC}$ で表されるため -2 である.

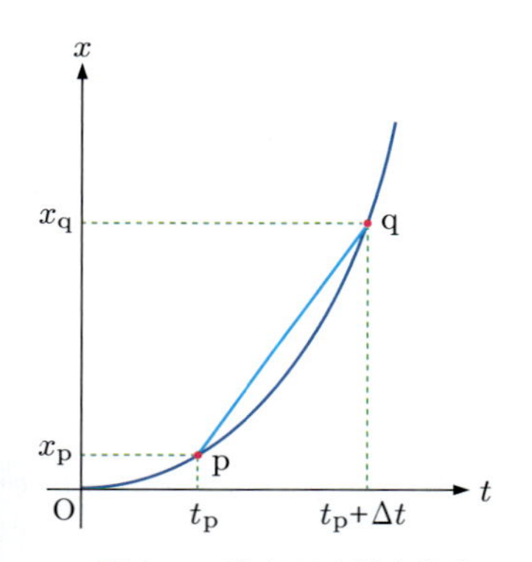

図 5.9　速度が時間変化する場合の x-t グラフ

平均の速度，瞬間の速度　　さて，実際の新幹線は，時速300 km近くで走行する区間もあれば，停車駅近くで減速している区間もあり，一定の速度で走行しているわけではない．このように，速度が時々刻々と変化する運動の x-t グラフは図5.5のような直線にはならない．例として，停車していた新幹線が徐々に速度を増していく場合の x-t グラフを模式的に表すと，図5.9のようになる．時刻 t_p〔s〕におけるグラフ中の点をp，時刻 t_p から Δt〔s〕後の点をqとすると，直線pqは，一定の速度でpq間を移動したときのようすを表し，pqの傾きが Δt〔s〕間の**平均の速度**となる．点qを点pに限りなく近づけていくと，直線pqは点pにおける接線に近づいていく．こうして $\Delta t \to 0$ としたときの平均の速度，つまり点pにおける接線の傾きを点pでの**瞬間の速度**という．任意の位置 $\vec{x}$〔m〕を時刻 t〔s〕の関数として $\vec{x}(t)$ で表すと，瞬間の速度 $\vec{v}(t)$〔m/s〕は,

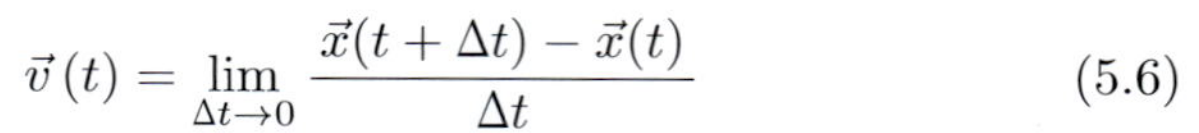

$$\vec{v}(t) = \lim_{\Delta t \to 0} \frac{\vec{x}(t+\Delta t) - \vec{x}(t)}{\Delta t} \tag{5.6}$$

と書ける．これは位置 $\vec{x}$ の時刻 t における微分係数であり,

$$\vec{v} = \frac{\mathrm{d}\vec{x}}{\mathrm{d}t} \tag{5.7}$$

と表すことができる.

加速度　　速度が時間変化する場合，時間に対する速度の変化率を**加速度**という．加速度もまたベクトルである．Δt 秒間に速度が一定の割合で $\Delta\vec{v}$ だ

け変化した場合，この間の加速度は $\vec{a}$〔m/s^2〕は，

$$\vec{a} = \frac{\Delta\vec{v}}{\Delta t} \tag{5.8}$$

で表される．$\vec{a}$ が正のときを**加速**運動，負のときを**減速**運動という．

問 5.1 停車していた車が動き出し，一定の割合で加速し，10 秒後に速度が 15 m/s になった．この車の加速度はいくらか．その後，この車が一定の割合で減速し，10 秒後に停止したとすると，このときのこの車の加速度はいくらか．

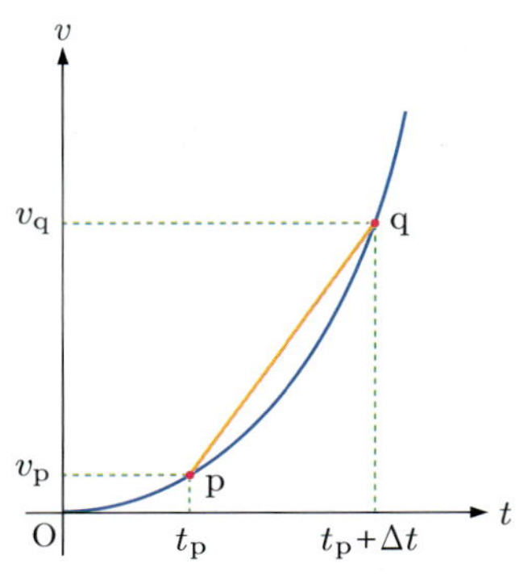

図 5.10 速度が時間変化する場合の v-t グラフ

運動する物体の速度が時間変化する場合の v-t グラフを図 5.10 に示す．

この場合，瞬間の速度と同様に，ある時刻 t_p〔s〕における点 p での瞬間の加速度を考えることができる．グラフ上で時刻 $t_p + \Delta t$〔s〕における点を点 q とすると，直線 pq の傾きが Δt 秒間の平均の加速度となる．ここで $\Delta t \to 0$ とし，点 p における接線の傾きを点 p での**瞬間の加速度**という．任意の時刻 t〔s〕における物体の位置を $\vec{x}$〔m〕，速度を $\vec{v}$〔m/s〕とすると，時刻 t における瞬間の加速度 $\vec{a}$〔m/s^2〕は，

$$\vec{a} = \frac{\mathrm{d}\vec{v}}{\mathrm{d}t} = \frac{\mathrm{d}^2\vec{x}}{\mathrm{d}t^2} \tag{5.9}$$

で表される．また，加速度を時間で積分すると速度に，速度を時間で積分すると位置になるので，

$$\vec{v} = \int \vec{a}\ \mathrm{d}t \tag{5.10}$$

$$\vec{x} = \int \vec{v}\ \mathrm{d}t = \int \left(\int \vec{a}\ \mathrm{d}t\right) \mathrm{d}t \tag{5.11}$$

となる．

等加速度直線運動　加速度が一定の運動を**等加速度直線運動**という．加速度 $\vec{a}$〔m/s^2〕で運動する物体の，時刻 t〔s〕における速度 $\vec{v}$ は，式 (5.10) より，

$$\vec{v} = \vec{v_0} + \vec{a}t \tag{5.12}$$

となる．ここで $\vec{v_0}$〔m/s^2〕は式 (5.10) を積分したときの積分定数で，$t = 0$ での速度，つまり**初速度**を表す．また同様に，時刻 t における位置 $\vec{x}$〔m〕は，式 (5.11) より，

$$\vec{x} = \frac{1}{2}\vec{a}t^2 + \vec{v_0}t + \vec{x_0} \tag{5.13}$$

となる．ここで $\vec{x_0}$〔m〕は $t = 0$ での位置，つまり**初期位置**を表す．よって，時刻 t〔s〕における，$t = 0$ の位置からの変位は，

$$\vec{x} - \vec{x_0} = \frac{1}{2}\vec{a}t^2 + \vec{v_0}t \tag{5.14}$$

となる．式 (5.12) および (5.14) において t を消去すると以下の式が得られる[注)]．

$$v^2 - {v_0}^2 = 2ax \tag{5.15}$$

図 5.11 加速・減速を繰り返すレーシングカー

注) $x = |\vec{x}|$, $v = |\vec{v}|$, $v_0 = |\vec{v}|$, $a = |\vec{a}|$ とする．

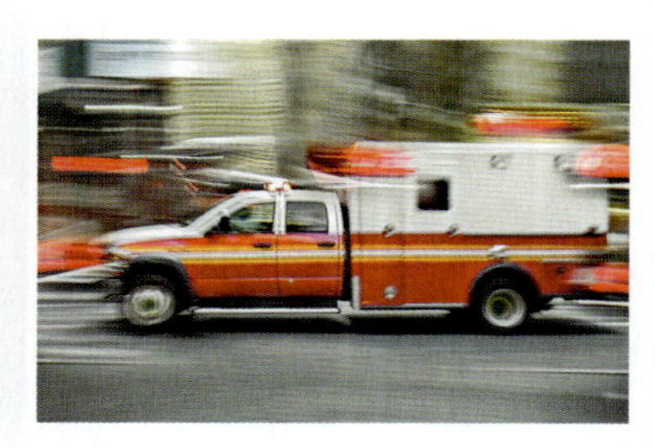

図 **5.12**　救急車

例題 5.2　等加速度直線運動

家から病院まで 1.0 km の直線道路があり，家から 500 m の位置に信号機が設置されているとする．家の前を発車してから信号で停発車する車と，家の前から病院まで信号を通過しながら一定の速さで走行する救急車では，病院到着までに何秒の差があるか．ただし，車は発車時の加速時間と停車時の減速時間を 10 s，信号待ちの時間を 10 s とし，それ以外の区間では速さ 40 km/h で等速走行するものとし，救急車は速さ 40 km/h で全行程を等速走行するものとする．

解　車の v-t グラフは図 5.13 のようになる．

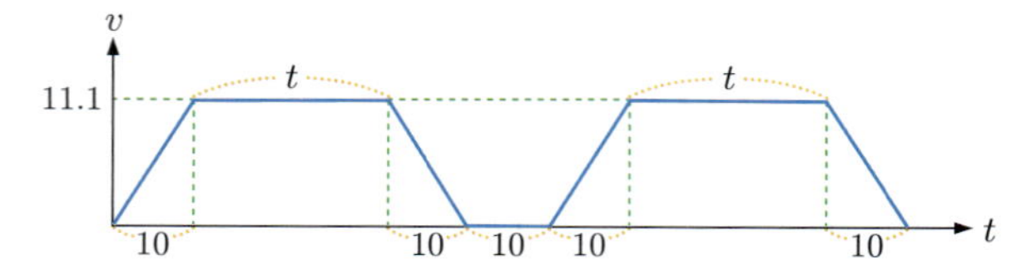

図 **5.13**　等加速度直線運動の v-t グラフ

速さ 40 km/h は 11.1 m/s であり，車がこの速さで等速走行している時間を t とすると，車の移動距離は v-t グラフの面積で表されるので，加速時と減速時の面積 (三角形) と，定速走行時の面積 (長方形) の和と考えると，

$$1000\,\mathrm{m} = \frac{(10\,\mathrm{s}) \times (11.1\,\mathrm{m/s})}{2} \times 4 + t \times (11.1\,\mathrm{m/s}) \times 2$$

よって車が家の前を発車してから病院に着くまでにかかる時間は 120 s となる．一方で救急車が 11.1 m/s で 1.0 km の距離を定速走行する際にかかる時間は，

$$\frac{1000\,\mathrm{m}}{11.1\,\mathrm{m/s}} = 90\,\mathrm{s}$$

よって時間差は，$(120\,\mathrm{s}) - (90\,\mathrm{s}) = 30\,\mathrm{s}$ となる．

図 **5.14**　相対速度

相対速度　速さ 60 km/h で走行する電車と速さ 100 km/h で走行する車が同じ向きに並走しているとする．電車に乗っている人から見ると車は速さ 100 km/h も出ているようには見えないし，車に乗っている人から見ると電車は車の後ろに逆向きに進み，同じ向きに進んでいるようには見えない．このように，運動する物体から別の運動する物体を見たときに得られる速度を**相対速度**という．物体 A の運動に対する物体 B の運動を考えるとき，相対速度は「B の速度」−「A の速度」で表される．

問 **5.2**　5 m/s で西向きに進んでいる自転車から見たとき，西向きに 3 m/s で進んでいる自転車の相対速度はいくらか．また，東向きに 3 m/s で進んでいる自転車の相対速度はいくらか．ただし，西向きを正とする．

演習問題 5

A

1. 図 5.15 は直線上を運動する物体の x-t グラフである．以下の問いに答えよ．

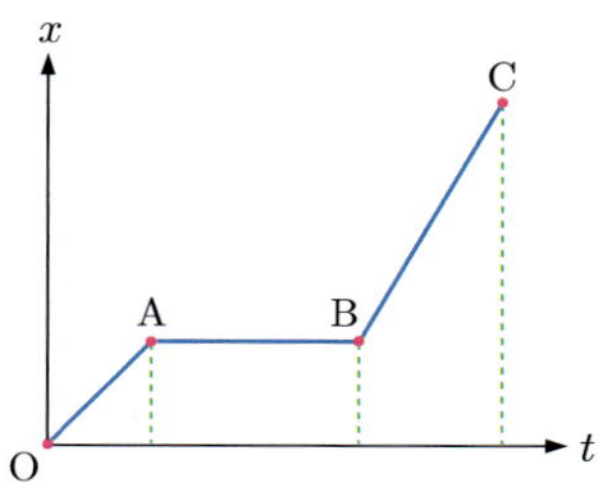

図 5.15

1. この物体が等速で動いているのはどの区間か．
2. この物体が停止しているのはどの区間か．
3. この物体の速さが最も大きいのはどの区間か．

2. 図 5.16 に，あるエレベーターの v-t グラフを示す．このグラフの説明で間違っているのはどれか．

1. エレベーターは上昇を始めてから 5 秒間加速している．
2. エレベーターは上昇したあと下降している．
3. エレベーターは加速時と減速時の加速度の大きさが同じである．
4. このエレベーターの上昇距離は 60 m である．

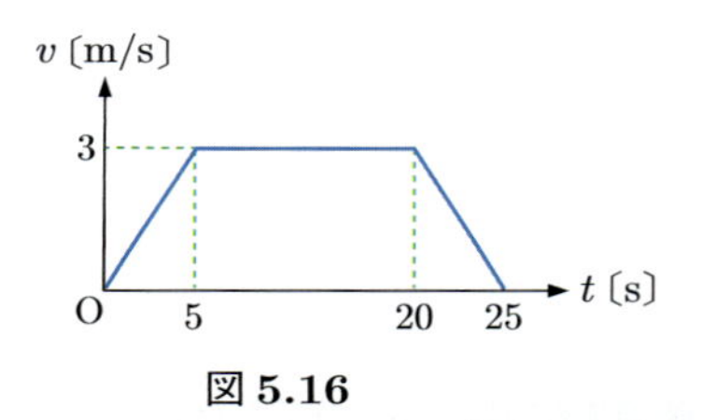

図 5.16

B

1. x 軸上を運動する小球の時刻 t〔s〕での位置 x〔m〕が，つぎのように表された．時刻 t における小球の速度と加速度を求めよ．ただし，r および α は定数とする．

$$x = r\sin(\alpha t)$$

2. 初速度 v_0〔m/s〕で小球 A を鉛直上方に投げ上げたとき，A は鉛直下向きに一定の加速度を受けた等加速度直線運動をする．A の v-t グラフおよび x-t グラフを作成せよ．ただし，鉛直上向きに x 軸をとったとき，A は時刻 0 で原点にあるものとする．

3. 10 m/s で等速走行する電車の窓から外を見ると，雨滴が鉛直下方から 60° の向きに落下していた．電車の外に静止している人が見たときの雨滴の落下速度を求めよ．

6 運動の法則

前章では，運動の状態の表し方を学習した．この章では，運動を生じさせる原因としての力と，その結果としての運動について，16 世紀の偉大な物理学者・ニュートンの発見した諸法則と合わせて学習する．

6.1 ニュートンの運動の法則

慣性の法則 (運動の第 1 法則)　**慣性の法則**[55] とは「物体に外部から作用する力の和がゼロである限り，物体の速度は変化しない」というものである．つまり，物体に作用する合力がゼロであれば，静止しているものは静止したままであり，動いているものはその速度のまま等速直線運動を続ける．これは力学の大前提であり，いまでは当たり前のこととして受け入れられているが，実は 16 世紀ごろまでは「物体が動き続けるには，つねに力が作用している必要がある」[56] と考えられていた．これはわれわれが摩擦力の影響の元に生きているがゆえの先入観であったのだが，16 世紀にガリレオが実験 (思考実験) し，ニュートンが法則としてまとめるまで，実に 2000 年の間支持されてきた考え方である．

55) 慣性の法則が成り立つ座標系のことを慣性系という (系とは，空間，領域，世界といった意味合いで用いる)．

56) 紀元前 300 年以上昔，古代ギリシアの哲学者であったアリストテレスが提唱していた考えである．

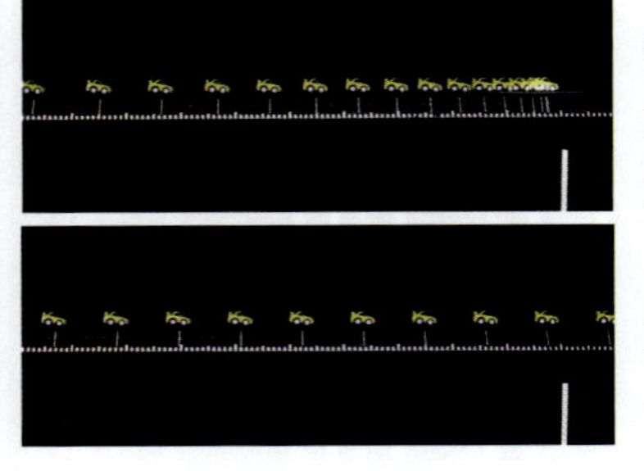

図 6.1　等加速度直線運動 (運動の法則) と等速直線運動 (慣性の法則)

運動の法則 (運動の第 2 法則)　**運動の法則**とは「物体に作用する力の和がゼロでないとき，物体は力の向きに加速度を生じる．加速度の大きさは力の大きさに比例し，物体の質量に反比例する」というものである．ニュートンは，慣性の法則でそれまでの既成概念であった「動いているものには力が作用している」という考え方を打ち破った後，改めて「力が作用すると速度が変わる」と宣言したのである．

物体の質量を m〔kg〕，物体に作用する力を $\vec{F}$〔N〕，物体に生じる加速度を $\vec{a}$〔m/s^2〕とおくと，

$$m\vec{a} = \vec{F} \tag{6.1}$$

と表される．この力と加速度の因果関係を表す式を**運動方程式**といい，われわれの身近にあるマクロな物体の運動は，これを用いることでほぼすべて記述することができる．第 5 章で学んだように，物体の速度を $\vec{v}$〔m/s〕，

物体の変位を $\vec{x}$〔m〕とおくと，運動方程式は，

$$m\frac{\mathrm{d}\vec{v}}{\mathrm{d}t} = m\frac{\mathrm{d}^2\vec{x}}{\mathrm{d}t^2} = \vec{F} \tag{6.2}$$

と表すこともできる．

問 6.1　なめらかな水平面上に静止している質量 m〔kg〕の小物体に，大きさ F〔N〕の一定の力を水平に加え続けた．このとき小物体に生じる加速度の大きさと，小物体に力を加え始めてから t〔s〕後の小物体の速さを求めよ．

図 6.2　手漕ぎボート (作用・反作用の法則)

作用反作用の法則 (運動の第 3 法則)　**作用反作用の法則**とは「物体 A から物体 B に力が及ぼされると，物体 B から物体 A にも，同じ大きさで逆向きの力が及ぼされる」というものである．壁に手をついたとき，手が壁に対して力を加えていることをわれわれが感じるのは，手が壁から反作用の力を受けているためである[57]．

[57] われわれは何か物に触れたとき「そこに物がある」ということを触覚で感じるが，この「物を触ったときの触覚」が，われわれが物体に対して加えた力に対する物体からの反作用である．

例題 6.1　運動の法則，作用・反作用の法則

図 6.3 のように，質量 m〔kg〕の物体 A と，質量 M〔kg〕の物体 B が，なめらかな水平面上に接した状態で置かれている．A に大きさ F〔N〕の力を水平に矢印の向きに加え続けたところ，A と B は一体となって運動した．

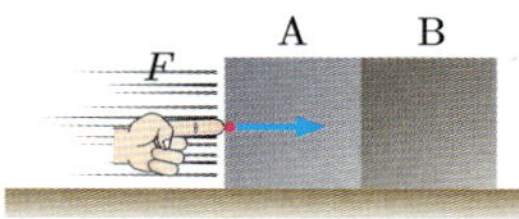

図 6.3　作用反作用と運動の法則

1. A および B の加速度の大きさを求めよ．
2. A が B を押す力の大きさと B が A を押す力の大きさを求めよ．

1. A と B が一体化して水平方向に運動しているとすると，加速度の大きさを a〔m/s^2〕として，この運動についての運動方程式は $(m+M)\,a = F$ となる．したがって，加速度の大きさは，

$$a = \frac{F}{m+M}$$

となる．

2. この運動で水平方向にはたらいている力は，A を右から押す力 F のほかに，図 6.4 のように，A が B を押す力 F_{AB} と，B が A を押す力 F_{BA} がある．A にはたらく水平方向の力は $F - F_{\mathrm{BA}}$(運動の向きを正とする) であるので，A の運動方程式は $ma = F - F_{\mathrm{BA}}$ である．したがって，B が A を押す力の大きさは

$$F_{\mathrm{BA}} = \frac{M}{m+M}F$$

となる．また，F_{BA} と F_{AB} は作用反作用の関係であり，互いに向きが逆で大きさが等しい．したがって，B が A を押す力の大きさは

$$F_{\mathrm{AB}} = F_{\mathrm{BA}} = \frac{M}{m+M}F$$

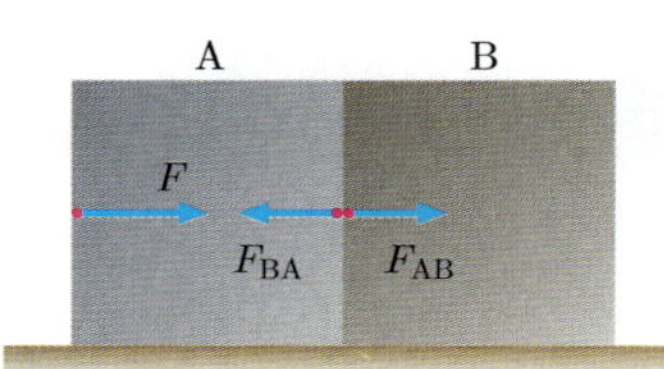

図 6.4　作用反作用の力

となる．

6.2　1次元の運動

自由落下運動　物体が重力のみを受けて初速度0で落下する現象を**自由落下運動**という．地球表面上では，あらゆる質量の物体は同一の加速度で落下する[58]が，このときの加速度を**重力加速度**といい，地表面付近ではおよそ $9.8\ \mathrm{m/s^2}$ の大きさである．自由落下運動をする物体の速さ v〔m/s〕および落下距離 h〔m〕は，式 (5.12) および式 (5.14) より，

$$v = gt \tag{6.3}$$

$$h = \frac{1}{2}gt^2 \tag{6.4}$$

となる[59]．ここでは速さと落下距離という「大きさ」だけを考えたが，図6.5(a) のように，下向きを正とすると速度は正に，(b) のように上向きを正とすると速度は負になる．

[58] ただし物体の体積が大きい場合や落下速度が大きい場合は空気抵抗が無視できず，必ずしも同じ加速度で落下しない．

[59] 自由落下運動の初速度は0なので，式 (5.12) および式 (5.14) の v_0 は0である．

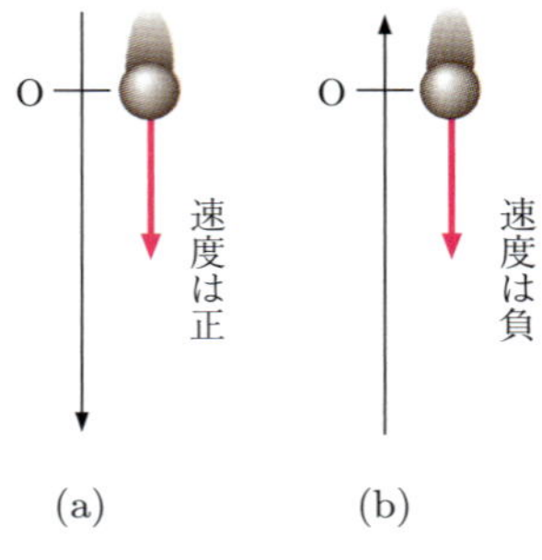

図6.5　自由落下運動

図6.6　フリーフォール (自由落下)

例題 6.2　自由落下 (第28回臨床工学技士国家試験より)

静止している物体を10 mの高さから落下させたとき，地面に到達するまでのおよその時間〔s〕はどれか．

1.　1.0
2.　1.4
3.　2.0
4.　2.8
5.　4.2

解　式 (6.4) より，落下を始めてから地上に到達するまでの時間 t〔s〕は，

$$t = \sqrt{\frac{2h}{g}} = \sqrt{\frac{2 \times (10\,\mathrm{m})}{9.8\,\mathrm{m/s^2}}} = 1.42\cdots\mathrm{s}$$

よって答えは**2.**である．

問 6.2　地上 4.9 m の高さから小球が自由落下した．落下を始めてから地上に到達するまでにかかる時間は何秒か．ただし重力加速度の大きさを $9.8\ \mathrm{m/s^2}$ とする．

鉛直投げ上げ運動　物体を鉛直上方に初速度 v_0〔m/s〕で投げ上げたときの物体の運動を考えよう．空気抵抗を無視すると，はたらく力は重力のみであるので，物体は下向きに一定の加速度 g〔$\mathrm{m/s^2}$〕(重力加速度) をもつ等加速度直線運動をする．これを**鉛直投げ上げ運動**という．図6.5(b) のように上向きを正とすると，初速度の向きは正，加速度の向きは負となるので，物体を投げ上げてから t〔s〕後の物体の速度 v〔m/s〕および高度 h〔m〕は，式 (5.12) および式 (5.14) より，

$$v = v_0 - gt \tag{6.5}$$

$$h = v_0 t - \frac{1}{2} g t^2 \tag{6.6}$$

となる．

例題 6.3　鉛直投げ上げ運動

小球 A を初速度 v_0〔m/s〕で鉛直上方に投げ上げたとき，A が最高点に到達するまでにかかる時間と最高点の高さを求めよ．ただし，重力加速度の大きさを g〔m/s^2〕とする．

解　最高点に到達したとき，A の速さは 0 となる．最高点に到達するまでにかかる時間を t_{max}〔s〕とすると，式 (6.5) より

$$0 = v_0 - g t_{\mathrm{max}}$$

となる．よって，

$$t_{\mathrm{max}} = \frac{v_0}{g}$$

となる．このときの高さ h_{max}〔m〕は，式 (6.6) より，

$$h_{\mathrm{max}} = v_0 t_{\mathrm{max}} - \frac{1}{2} g t_{\mathrm{max}}^2$$

であるので，

$$h_{\mathrm{max}} = \frac{{v_0}^2}{2g}$$

となる[60]．

60) 式 (5.15) より，$v = 0$，$a = -g$ としても求まる．

図 6.7　すべり台 (斜面上の運動)

斜面上の運動　自由落下運動も鉛直投げ上げ運動も，重力の方向と運動の方向が一致していた．しかし，物体が斜面上を運動する場合，物体にはたらく力＝重力の方向と運動の方向は異なる．このような場合は，物体にはたらく力の運動方向の成分のみを考えればよい．図 6.8(a) のように，水平とのなす角が θ〔rad〕のなめらかな斜面上にある質量 m〔kg〕の小物体 A が，重力によって斜面をすべり下りる運動を考えよう．重力は鉛直下向きにはたらくが，運動は斜面に平行な方向であるので，重力を分解して斜面に平行な成分のみを取り出したい．そこで重力を斜面に平行な方向と斜面に直交する方向に分解すると，図 6.8(b) のようになる．重力加速度の大きさ

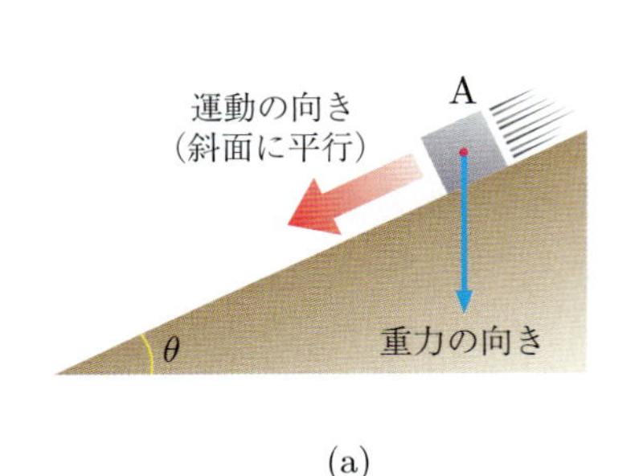

(a)

重力の
斜面に平行な
方向の成分
$mg \sin \theta$

θ

重力の
斜面に垂直な
方向の成分
$mg \cos \theta$

重力
mg

(b)

図 6.8　斜面上の落下運動

を g〔m/s^2〕とすると，重力の大きさは mg〔N〕であり，重力の斜面に平行な成分は $mg\sin\theta$ となる．この力によって物体は斜面を下向きにすべり下りるのである．

例題 6.4　斜面上の運動

図 6.9 のように，水平面とのなす角が 30° のなめらかな斜面がある．この斜面上に質量 2.0 kg の小物体 A を静かに置き，斜面と平行で上向きに 1.0 N の力を加えた．このとき，A に生じる斜面方向の加速度の向きと大きさを求めよ．ただし重力加速度の大きさを 9.8 m/s^2 とする．

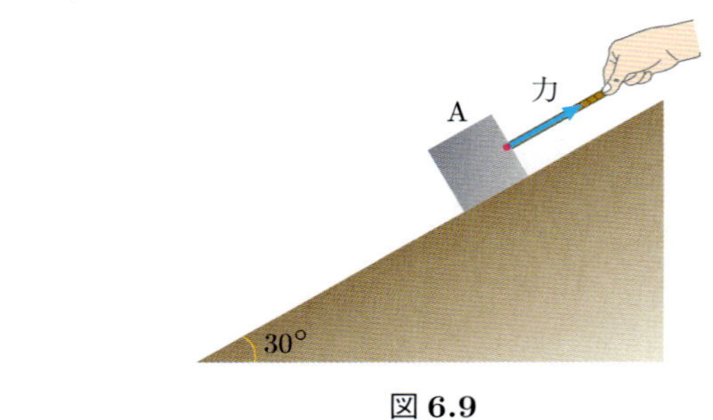

図 6.9

解　斜面の水平面とのなす角を θ〔rad〕，重力の大きさを W〔N〕，斜面上向きに加える力を F〔N〕とする．図 6.10 のように，W を斜面に平行な方向と垂直な方向に分解し[61]，A の斜面下向きの加速度を a〔m/s^2〕，A の質量を m〔kg〕とすると，A の斜面方向の運動方程式を考えると，

$$ma = W\sin\theta - F$$

となる．ここで $m = 2.0\,\mathrm{kg}$，$W = (2.0\,\mathrm{kg}) \times (9.8\,\mathrm{m/s^2})$，$\theta = 30°$，$F = 1.0\,\mathrm{N}$ を代入すると，

$$a = \frac{1}{2.0}(9.8 - 1.0)\,\mathrm{m/s^2} = 4.4\,\mathrm{m/s^2}$$

よって，A の斜面方向の加速度は，斜面下向きに 4.4 m/s^2 となる．

[61] 斜面から A にはたらく垂直抗力の大きさを N とすると，斜面に垂直な方向のつり合いの式は $N = W\cos\theta$ となる．

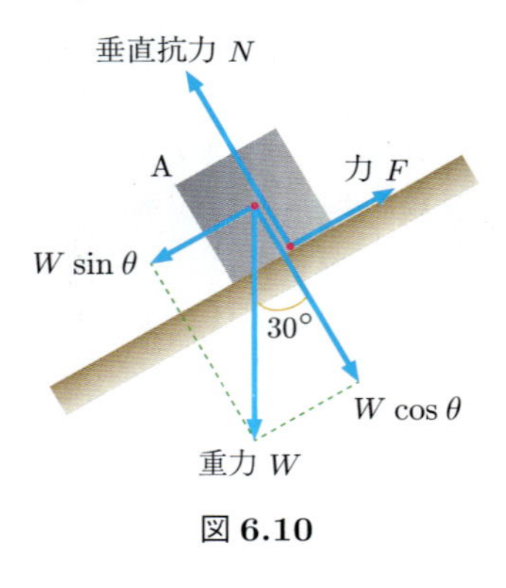

図 6.10

演習問題 6

A

1. 水平面とのなす角が θ〔rad〕であるなめらかな斜面上で，水平面からの高さが h〔m〕の位置に置かれた質量 m〔kg〕の小物体 A が，斜面の下端まですべり下りた．このとき，すべり下りるのにかかった時間はいくらか．
2. 鉛直投げ上げ運動の v-t グラフの概略を示す図を ①～④ から選択せよ．ただし，上向きの速度を正とする．

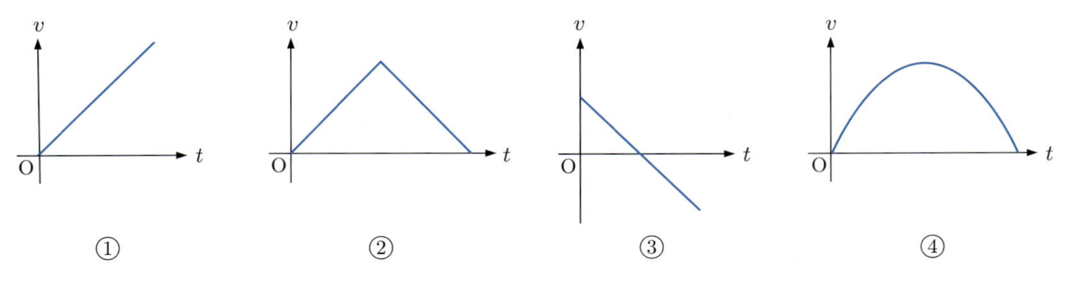

図 6.11

3.　地表面からの高さが h〔m〕の位置から小球 A を落下させると同時に，A の真下の地表面から鉛直上方に向かって小球 B を投げ上げたところ，高さが地表面から $\dfrac{h}{3}$〔m〕の位置で，A と B は衝突した．このとき，B の初速度はいくらか．

B

1.　図 6.12 のように，質量 m_1〔kg〕の小物体 A，質量 m_2〔kg〕の小物体 B，質量 m_3〔kg〕の小物体 C をそれぞれ軽いひもでつなぎ，なめらかな水平面上に置いて C に水平方向に大きさ F〔N〕の力を加えて引っ張ったところ，A, B, C は一体となって等加速度直線運動を始めた．このとき，A と B をつなぐひもの張力，B と C をつなぐひもの張力をそれぞれ求めよ．

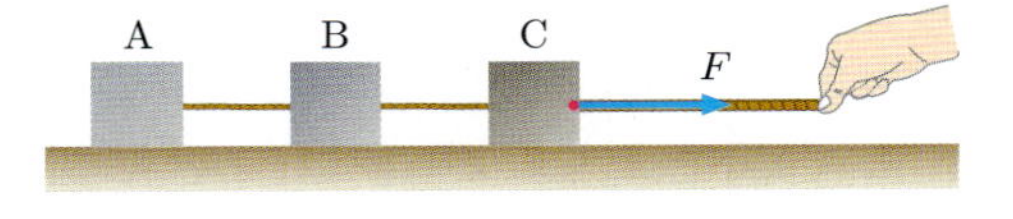

図 6.12

2.　図 6.13 のように，長さが L〔m〕で質量が M〔kg〕の，細くて一様なひもがある．このひもをなめらかな水平面におき，ひもの先端を F〔N〕の力で水平に引っ張ったところ，ひもは等加速度直線運動を始めた．ひもの中で，力を加えている点から ℓ〔m〕だけ離れた位置で生じている力の大きさを求めよ．

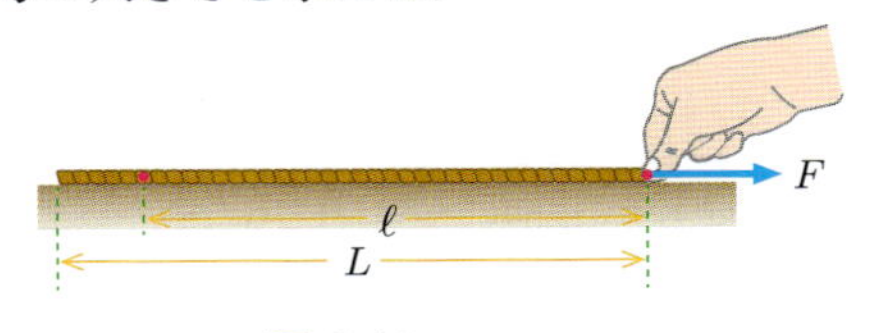

図 6.13

3.　質量 50 kg の人が，しゃがみこんだ後ジャンプした．しゃがみこんだ状態から足が地面を離れるまでの時間は 0.050 s であった．この間，体重の 4.5 倍の大きさの力で地面を蹴り続けていたとすると，足が地面を離れた瞬間の上向きの速度はいくらか．また，この人は何 m の高さまでジャンプしたか．

7 いろいろな運動1

前章で学んだ運動方程式によって，物体の運動を記述することができる．この章では，様々な運動の例として，2 次元の運動 (放物運動) 摩擦力がはたらく場合の運動，空気抵抗がはたらく場合の運動について学習する．

図 7.1　やり投げ (斜方投射)

7.1　2 次元の運動

斜方投射　水平面から角度 θ〔rad〕の斜め上方に小球を投げ上げたときの小球の運動が，どのように記述されるか考えよう．図 7.2 のように，質量 m〔kg〕の小球 A を，水平面から角度 θ〔rad〕の斜め上方に初速度 v_0〔m/s〕で投げたとする．

空気抵抗が無視できるとすると，A にはたらく力は鉛直下向きにはたらく重力のみであり，重力加速度の大きさを g〔m/s^2〕とすると，その大きさは mg〔N〕ある．しかし，A は鉛直方向だけでなく水平方向にも運動するので，2 つの方向に分けて考える必要がある．A に生じる加速度の水平成分を a_x〔m/s^2〕，鉛直成分を a_y〔m/s^2〕とすると，A の水平方向と鉛直方向

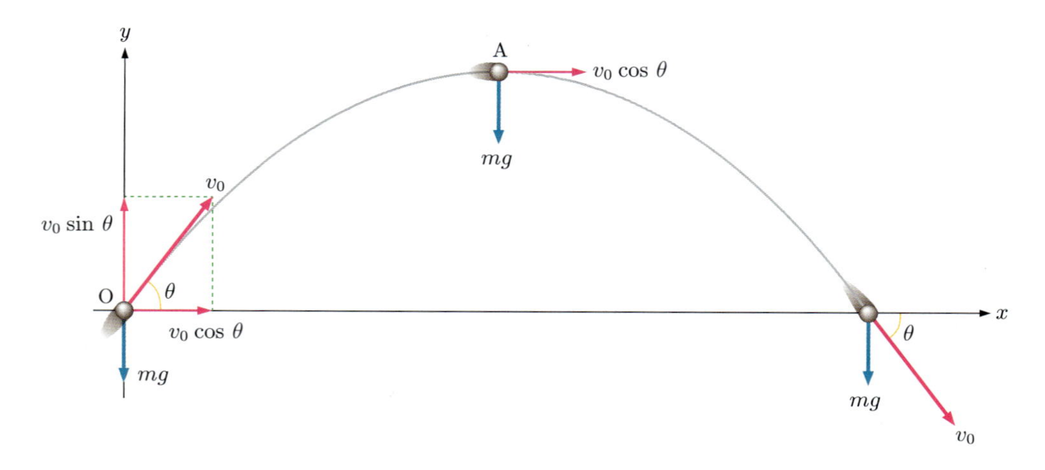

図 7.2　斜方投射のようす

の運動方程式は，それぞれ

$$\begin{cases} ma_x = 0 \\ ma_y = -mg \end{cases} \tag{7.1}$$

と表される．よって，加速度の水平成分 a_x〔m/s^2〕および鉛直成分 a_y〔m/s^2〕はそれぞれ，

$$\begin{cases} a_x = 0 \\ a_y = -g \end{cases} \tag{7.2}$$

となる．つまり A は水平方向には等速直線運動，鉛直方向には重力による等加速度直線運動をする．初速度の水平成分 v_{0x}〔m/s〕および鉛直成分 v_{0y}〔m/s〕は，それぞれ，

$$\begin{cases} v_{0x} = v_0 \cos\theta \\ v_{0y} = v_0 \sin\theta \end{cases} \tag{7.3}$$

となるので，式 (6.5) より，投げ上げてから t〔s〕後の A の速度の水平成分 v_x〔m/s〕および鉛直成分 v_y〔m/s〕は，それぞれ

$$\begin{cases} v_x = v_{0x} = v_0 \cos\theta \\ v_y = v_{0y} - gt = v_0 \sin\theta - gt \end{cases} \tag{7.4}$$

と表される．また，A の t〔s〕後の水平方向の変位を x〔m〕，鉛直方向の変位を y〔m〕とすると，式 (6.6) より，

$$\begin{cases} x = v_{0x}t = v_0 t \cos\theta \\ y = v_{0y}t - \dfrac{1}{2}gt^2 = v_0 t \sin\theta - \dfrac{1}{2}gt^2 \end{cases} \tag{7.5}$$

と表される．式 (7.5) から t を消去すると，小球の x-y 平面上の軌道を表すことができ，

$$y = x \tan\theta - \frac{g}{2{v_0}^2 \cos^2\theta}\, x^2 \tag{7.6}$$

となる．この式からわかる通り，y が x についての 2 次関数になっており，この軌道は放物線となる．このような運動を**斜方投射**という[62)]．

図 7.3　バスケットボールの 3 ポイントシュート (斜方投射)

62) 斜方投射における鉛直方向の運動は，第 6 章で学んだ鉛直投げ上げ運動である．

例題 7.1　斜方投射

A を水平面から角度 θ〔rad〕の斜め上方に向けて初速度 v_0〔m/s〕で投げ上げた．A が最高点に到達したときの速度とその高さを求めよ．また，A が水平面に落下したときの速度を求めよ．

解　小球が最高点に到達したとき，鉛直方向の速度は 0 であり，水平方向の速度は初速度のままである．水平方向を x，鉛直方向を y で表すと，最高点での小球の速

度 $v(v_x, v_y)$〔m/s〕は，

$$\begin{cases} v_x = v_0 \cos\theta \\ v_y = 0 \end{cases}$$

よって，最高点での速度は水平成分のみで，その大きさは $v_0 \cos\theta$〔m/s〕である．また，最高点の高さ h〔m〕は，式 (7.4) で $v_y = 0$ となるときの時刻 t_h を求め，その値を式 (7.5) に代入することで求められる．よって，$t_h = \dfrac{v_0 \sin\theta}{g}$ より $h = \dfrac{{v_0}^2 \sin^2\theta}{2g}$ となる．小球が水平面に落下した時の速度は，式 (7.5) で $y = 0$ となるときの時刻 ${t_0}'$ を求め，その値を式 (7.4) に代入することで求められる．

$$0 = {t_0}'\left({t_0}' - \frac{2v_0 \sin\theta}{g}\right)$$

ここで ${t_0}' = 0$ は投げ上げ始めるの時刻なので，落下時刻は ${t_0}' = \dfrac{2v_0 \sin\theta}{g}$〔s〕である．これを式 (7.4) に代入すると，落下時の速度 ${v_0}'$〔m/s〕は，

$$\begin{cases} {v_{0x}}' = v_0 \cos\theta \\ {v_{0y}}' = -v_0 \sin\theta \end{cases}$$

となる．また，速度の大きさは，

$$|{v_0}'| = \sqrt{{v'_{0x}}^2 + {v'_{0y}}^2} = |v_0|$$

である．つまり，落下速度は初速度の同じ大きさで，水平面とのなす角は $-\theta$〔rad〕となる．

問 7.1　式 (7.6) より，斜方投射で水平方向に最も遠くまで到達させるには，投射の角度をどのくらいにすればよいか．

7.2　摩擦力がはたらく場合

われわれの日常生活は摩擦力に支配されているといってもいい．摩擦力がはたらかなければ，われわれは道を歩くこともできないし，コップをテーブルの上に置くという作業も至難の技になる．第 2 章で学んだように，物体があらい面上を運動するときに物体が面から受ける動摩擦力は，面からの垂直抗力に比例し，運動する向きと逆向きにはたらく．ここではそのような力を受ける場合の運動についてどのように記述されるかを考えてみよう．

図 7.4　摩擦力をコントロールして点数を競うカーリング

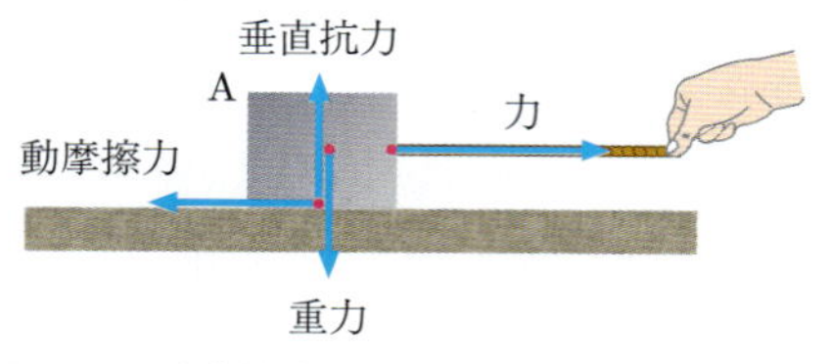

図 7.5　動摩擦力がはたらくときの運動

図 7.5 のように，あらい水平面上にある質量 m〔kg〕の小物体 A に一定の大きさの力 F〔N〕を水平に加えて動かす場合を考える．A にはたらく面か

らの垂直抗力の大きさを N〔N〕, A とあらい水平面との間の動摩擦係数を μ' とすると, A は水平面から, 運動と逆向きに $\mu' N$〔N〕の大きさの動摩擦力をうける. A に生じる加速度の大きさを a〔m/s^2〕とすると, A の運動方程式は,

$$ma = F - \mu' N \tag{7.7}$$

となる. ここで, N は A にはたらく重力とつり合っているので, 重力加速度の大きさを g〔m/s^2〕とすると $N = mg$ と表される. よって, 式 (7.7) は,

$$ma = F - \mu' mg \tag{7.8}$$

とも表される.

問 7.2 あらい水平面の上で, 質量 5.0 kg の物体を 50.0 N の力で水平方向に引っ張って動かした. 物体と水平面との間の動摩擦係数を 0.30 とすると, この物体に生じる加速度の大きさはいくらか.

例題 7.2 摩擦力がはたらく場合の運動

図 7.6 のように, なめらかな水平面上を速度 v_0〔m/s〕で運動している質量 m〔kg〕の小物体 A が, 水平面上の点 O からあらい水平面に入り, しばらく進んでから静止した. このとき, A が静止するまでに進んだ点 O からの距離を求めよ. ただし, A と水平面との間の動摩擦係数を μ' とし, 重力加速度の大きさを g〔m/s^2〕とする.

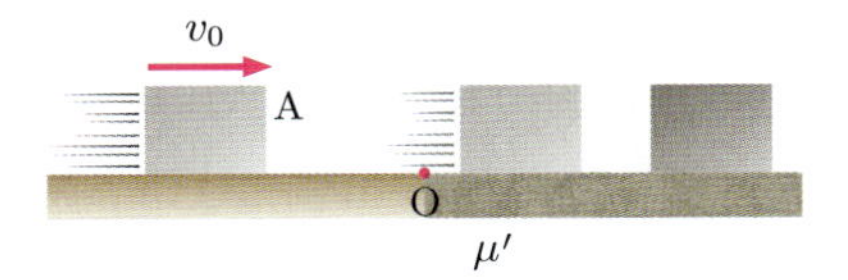

図 7.6 摩擦力がはたらく場合の運動

図 7.7 バーカウンターの上をすべるワイングラス (動摩擦力)

解 A にはたらく垂直抗力の大きさは mg〔N〕であり, 動摩擦力の大きさは $\mu' mg$〔N〕である. A の運動方向には動摩擦力以外の力ははたらいていないので, A の加速度を a〔m/s^2〕とすると, A の運動方程式は, A の進行方向を正として,

$$ma = -\mu' mg$$

となる. これより, $a = -\mu' g$ が得られる. A はこの加速度で等加速度直線運動をする. 式 (5.10) より, A が点 O に差しかかってから t 後の A の速度 v〔m/s〕は,

$$v = v_0 - \mu' gt$$

で表される. これより, A が停止するまでにかかる時間 t_s〔s〕は, $t_s = \dfrac{v_0}{\mu' g}$. これを式 (5.14) に代入すると, この間に A が進んだ距離を x〔m〕として,

$$x = \frac{{v_0}^2}{2\mu' g}$$

が得られる.

われわれは日常生活において, すべりの悪いところにオイルをさすことですべりをよくする (摩擦係数を小さくする) ことがあるが, 生体の関節で

はオイルの代わりに軟骨と粘性のある液体 (滑液) を用いて摩擦を減らしている．摩擦による摩耗は人工関節において大きな問題であり，生体材料として様々な新素材の開発が行われている．

7.3　空気抵抗がはたらく場合

自由落下などを考える際には無視していたが，一般的に物体が空気中を運動するときには，空気は物体の運動を妨げる向きに力を作用する．これを**空気抵抗**といい，物体の速度が小さいとき，空気抵抗の大きさは物体の速さに比例することがわかっている[63]．

[63] 空気抵抗には一般的に 2 つの要因があり，1 つは空気の粘性によって物体の運動を妨げる粘性抵抗，もう 1 つは静止していた空気を物体が押すことの反作用による圧力抵抗である．粘性抵抗は物体の速さに比例し，圧力抵抗は物体の速さの 2 乗に比例する大きさをもつ．速度が十分に小さいときは粘性抵抗だけを考えればよい．

図 7.9 のように鉛直下向きに y 軸をとり，質量 m〔kg〕の小球が y 軸に沿って落下する運動を考えよう．小球の下向きの速さを v〔m/s〕とすると，小球にはたらく空気抵抗の大きさは，比例定数を k〔N·s/m〕とおくと kv〔N〕と表すことができる．小球の加速度を a〔m/s^2〕，重力加速度の大きさを g〔m/s^2〕とすると，小球の運動方程式は，

$$ma = mg - kv \tag{7.9}$$

となり，小球の加速度は，

$$a = g - \frac{kv}{m} \tag{7.10}$$

と表される．式 (7.10) より，速度が増すにしたがって加速度は小さくなっていくことがわかる．加速度が 0 になると，小球の落下速度は一定となる．このときの速度を**終端速度** v_∞〔m/s〕といい，式 (7.10) で $a = 0$ とおくことによって，

$$v_\infty = \frac{mg}{k} \tag{7.11}$$

と表すことができる．

図 7.8　空気抵抗を受ける雨滴

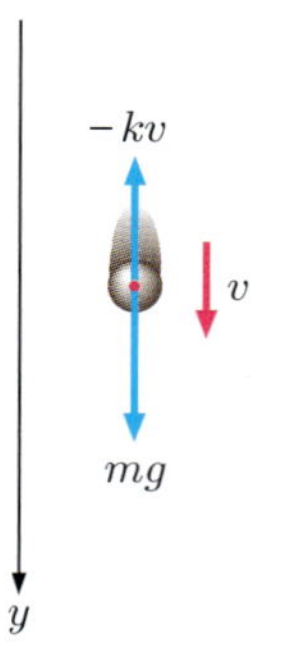

図 7.9　空気抵抗がはたらくときの落下運動

この比例係数 k は，落下する物体を球体とみなして，球の半径を r〔m〕とすると，

$$k = 6\pi\eta r \tag{7.12}$$

で表されることが知られている．η〔Pa·s〕は空気の**粘性率**とよばれる物理量である．式 (7.12) を**ストークスの法則**という．

演習問題 7

A

1. あらい水平面上に静止している質量 m〔kg〕の小物体 A を，水平方向に等速直線運動させるには，A に対して水平方向にどのくらいの力を加えればよいか．ただし，A と水平面との間の動摩擦係数を μ' とし，重力加速度の大きさを g〔m/s^2〕とする．

2. 図 7.10 のように，水平面とのなす角が θ〔rad〕のあらい斜面上に，質量 m〔kg〕の小物体 A を静かに置いたところ，A は斜面上をすべり下りた．斜面を ℓ〔m〕すべり下りるのにかかる時間を求めよ．ただし，物体と斜面との間の動摩擦係数を μ' とする．

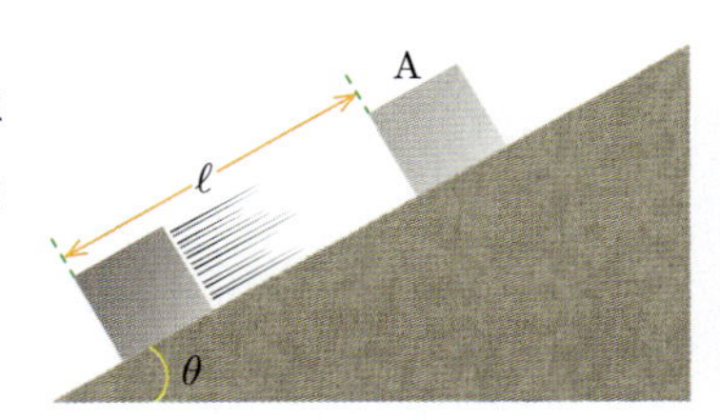

図 7.10

3. 遠投で 50 m を記録するためには，初速度をいくらにすればよいか．ただし，投げ上げる角度を $\dfrac{\pi}{4}$〔rad〕(45 度) とする．

B

1. 図 7.11 のように，高さ h〔m〕の木の上から木の実を落下させる．このとき，木の実を落下させると同時に，木から水平距離 d〔m〕離れた位置の水平面上から大砲を打ち，空中で木の実に命中させるには，大砲の水平面からの角度を何 rad にすればよいか．

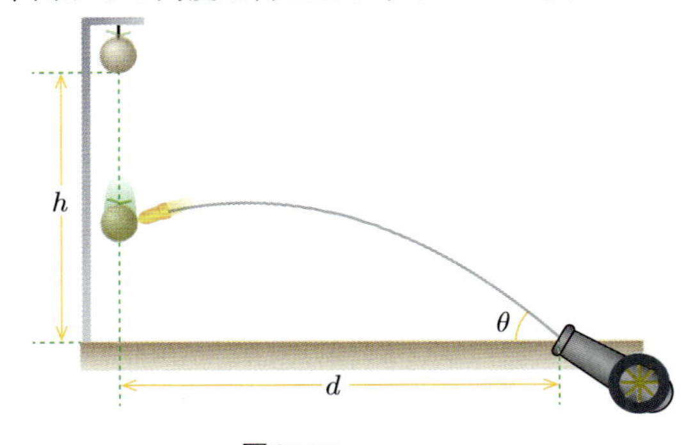

図 7.11

2. 空気抵抗を受けて落下する球体の粒子がある．空気抵抗が粒子の落下速度に比例する場合，粒子の密度は変わらず半径が半分になると終端速度はどうなるか．また，粒子の半径は変わらず密度が半分になると終端速度はどうなるか．

8 いろいろな運動2

この章では，円軌道上を運動する物体をどのように記述するかについて考える．これまでは物体に作用する力が与えられたときに，直線運動に帰着させ，運動方程式を通して運動を求めることを行ったが，円軌道を運動する場合は直線運動として取り扱うことが難しい．ここでは回転運動を特徴づける物理量がどのようなものかを学習する．

8.1 回転運動を表す物理量

角速度 図 8.1 のように，半径 r〔m〕の円周上を動く質点 P [64] の動きを考える．P が円周上で弧の長さ ℓ〔m〕離れた位置まで移動したとき，その中心角を θ〔rad〕とおくと，つぎの関係が成り立つ．

$$\ell = r\theta \tag{8.1}$$

θ が 2π のとき，$\ell = 2\pi r$ となり，よく知られた円周の公式となる [65]．

回転のようすを表すには，単位時間あたりの変位を表す速度ではなく，単位時間あたりの中心角の変化を表す**角速度**を用いた方が，その運動を記述しやすい．Δt〔s〕間に P の中心角が $\Delta\theta$〔rad〕だけ変化したとすると，角速度 ω〔rad/s〕は，

$$\omega = \frac{\Delta\theta}{\Delta t} \tag{8.2}$$

と表される．中心角 θ〔rad〕が時間 t〔s〕の関数で表される場合，式 (8.2) は，

$$\omega = \frac{\mathrm{d}\theta}{\mathrm{d}t} \tag{8.3}$$

となる．式 (8.1) より $\theta = \dfrac{\ell}{r}$ であり，半径 r〔m〕は一定であることから式 (8.3) は，

$$\omega = \frac{1}{r}\frac{\mathrm{d}\ell}{\mathrm{d}t} \tag{8.4}$$

と表すことができる．ここで $\dfrac{\mathrm{d}\ell}{\mathrm{d}t}$ は，P が単位時間あたりに進む弧の長さ，つまり P が円周上を動く速さ v〔m/s〕を表すので，

$$\omega = \frac{v}{r} \tag{8.5}$$

となる．

64) 質量をもつ，大きさを無視できる点状の物体のことを質点といい，物体の位置や運動を点として表す際に用いる．

65) 中心角を半径 1 の円の弧の長さで表す方法を弧度法といい，〔rad〕(ラジアン) で表す．

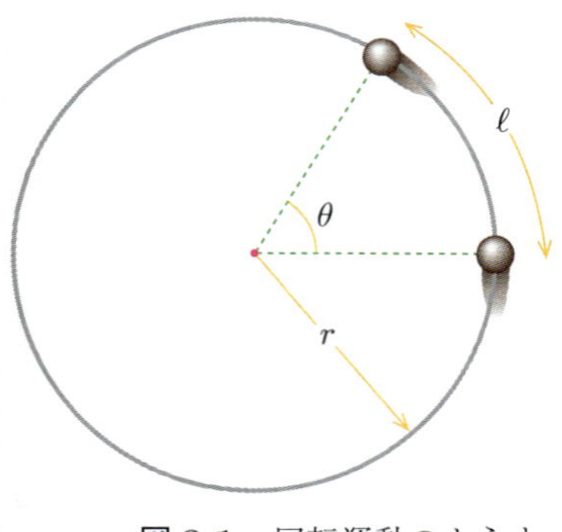

図 8.1 回転運動のようす

回転運動の回転数と周期　回転運動をしている物体のようすを記述するためのパラメーターは，上記に示した動径 (回転運動の半径) と角速度以外にもある.「物体が単位時間あたりに (角度ではなく) 何回転しているか」を表すのが**回転数**であり，単位は〔Hz〕という．また,「1 回転するのに何秒かかるか」を表すのが**周期**であり，単位は〔s〕である．弧度法では 1 周が 2π〔rad〕であるから，角速度 ω〔rad〕で等速円運動している物体の回転数 f〔Hz〕は,

$$f = \frac{\omega}{2\pi} \tag{8.6}$$

と表され，この運動の周期 T〔s〕は,

$$T = \frac{2\pi}{\omega} = \frac{1}{f} \tag{8.7}$$

となる.

問 8.1　ある物体が 1.0 秒間に 10 回転するような等速円運動をしている．このときの周期と角速度を求めよ.

極座標　2 次元の運動を座標上で表すには，直交する 2 軸 (x 軸および y 軸) で表す**直交座標**を用いる場合と，原点からの距離 r〔m〕と基準軸とのなす角 θ〔rad〕で表す**極座標**を用いる場合がある．回転運動を考える際は極座標を用いると便利なことが多い．図 8.2 のように，点 p が直交座標で (x, y)，極座標で (r, θ) と表されるとき，直交座標と極座標の間には，x

$$\begin{cases} x = r\cos\theta \\ y = r\sin\theta \end{cases} \tag{8.8}$$

$$r^2 = x^2 + y^2 \tag{8.9}$$

の関係があることがわかる.

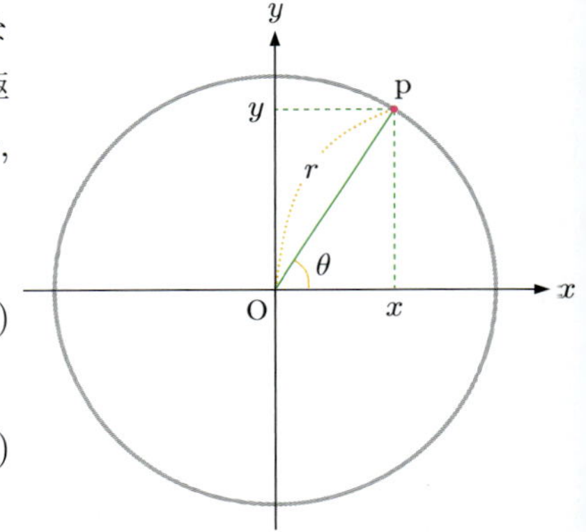

図 8.2　直交座標と極座標

問 8.2　直交座標 $\left(1, \sqrt{3}\right)$ を極座標に変換せよ.

問 8.3　極座標 $\left(1, \frac{\pi}{4}\right)$ を直交座標に変換せよ.

8.2　等速円運動

位置・速度・加速度　一定の角速度 ω〔rad/s〕で円周上を動いている質点の運動を**等速円運動**という．このとき中心角は

$$\theta = \omega t \text{〔rad〕} \tag{8.10}$$

で表され，また ω が一定であることから，式 (8.5) より質点の速さ

$$v = r\omega \text{〔m/s〕} \tag{8.11}$$

図 8.3　回転運動

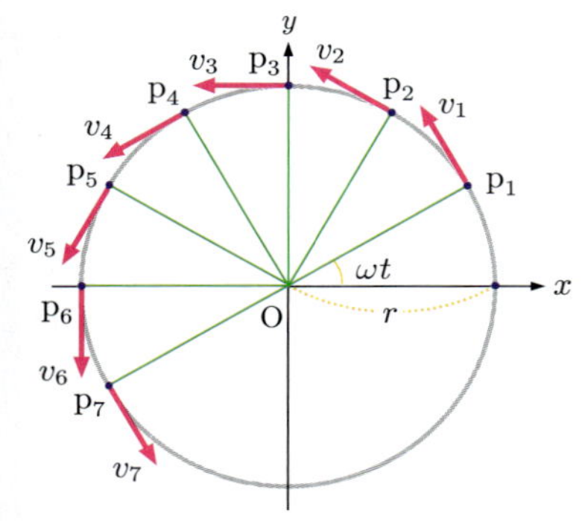

図 8.4　等速円運動の速度

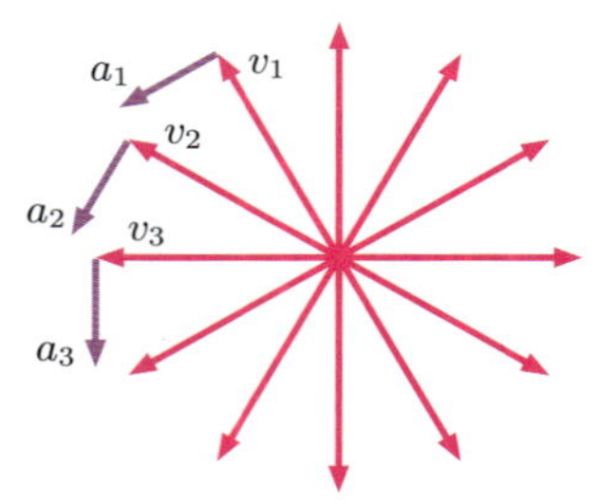

図 8.5　等速円運動のホドグラフ

も一定となる．しかし運動する方向は時事刻々と変化するため速度は一定ではなく，つまり加速度もゼロではない．等速円運動の加速度がどのような向きでどのように表されるのか，まずは図を用いて幾何的に考えてみよう．

図 8.4 のように，半径 r〔m〕の円軌道上を角速度 ω〔rad/s〕で等速円運動する質点 P を考える．P が円軌道上の位置 p_1，p_2，p_3，$\cdots$ を移動するときの速度ベクトルは，各位置における円軌道の接線方向を向いており，図中の v_1，v_2，v_3，$\cdots$〔m/s〕で表される．この図からもわかるように，速度ベクトルは位置ベクトルの向きを $\dfrac{\pi}{2}$ rad (90°) 回転させたものになる．

これらの速度ベクトルの始点を原点として表したものをホドグラフといい，図 8.5 のように表される．加速度の定義が速度の時間変化率であったことを考えると，加速度ベクトルは図 8.5 に表されるようにホドグラフの接線方向をむいており，速度ベクトルの向きをさらに $\dfrac{\pi}{2}$ rad (90°) 回転させたものになる．つまり，加速度ベクトルの向きは位置ベクトルの向きと逆向き = 回転中心の向きということになる．このため，等速円運動の加速度のことを**向心加速度**または**求心加速度**とよぶことがある．加速度の大きさ a〔$\mathrm{m/s^2}$〕は，半径が速度の大きさ $(r\omega)$ である円の円周を，角速度 ω〔rad/s〕で回転する場合の，単位時間あたりに進む弧の長さと考えればよく，

$$a = r\omega^2 \tag{8.12}$$

で表される[66]．

66) 角速度 ω で回転する物体の回転周期は式 (8.7) で表され，単位時間あたりに進む弧の長さは「円周 ÷ 周期」である．

次に，この等速円運動を数学的に考えてみよう．この質点の時刻 t〔s〕における位置座標 $(x,\ y)$ は

$$\begin{cases} x = r\cos\omega t \\ y = r\sin\omega t \end{cases} \tag{8.13}$$

となる．第5章より，物体の速度は位置の時間微分で表されるので，この質点の時刻 t における速度 $\vec{v} = (v_x,\ v_y)$〔m/s〕は，

$$\begin{cases} v_x = -r\omega\sin\omega t \\ v_y = r\omega\cos\omega t \end{cases} \tag{8.14}$$

となる[67]．ここで，

67) 三角関数の微分公式
$(\cos\theta)' = -\sin\theta$
$(\sin\theta)' = \cos\theta$
を用いた．

$$\begin{cases} -\sin\theta = \cos\left(\theta + \dfrac{\pi}{2}\right) \\ \cos\theta = \sin\left(\theta + \dfrac{\pi}{2}\right) \end{cases} \tag{8.15}$$

であるので，速度ベクトルは位置ベクトルを $\dfrac{\pi}{2}$ rad (90°) 回転させた向きであることが数式上でもわかる．また，速度の大きさは，

$$v = \sqrt{{v_x}^2 + {v_y}^2} = r\omega \tag{8.16}$$

となり，式 (8.11) と一致することがわかる．

さらに速度を時間微分すると加速度が得られるので，等速円運動の加速度 $\vec{a}=(a_x,\ a_y)$〔m/s^2〕は，

$$\begin{cases} a_x = -r\omega^2 \cos\omega t \\ a_y = -r\omega^2 \sin\omega t \end{cases} \tag{8.17}$$

で表される．ここでも，加速度ベクトルの向きが位置ベクトルを π rad (180°) 回転させた向き (回転中心向き) であることが数式上でもわかり，その大きさは，

$$a = \sqrt{{a_x}^2 + {a_y}^2} = r\omega^2 = \frac{v^2}{r} \tag{8.18}$$

となって，式 (8.12) と一致することがわかる．

さて，第 6 章の運動の法則より，加速度の向きには力がはたらいている．つまり，等速円運動をするには円の中心向きの力が存在しなければならない．この力の大きさ F〔N〕は，質点の質量を m〔kg〕とすると，

$$F = ma = mr\omega^2 = m\frac{v^2}{r} \tag{8.19}$$

で表される．これを等速円運動の**向心力**または**求心力**という．

図 8.6　ジェットコースター (回転運動)

問 8.4　以下の文章で正しいものを選べ．

1. 等速円運動をする物体の速度の向きは円の中心向きである．
2. 等速円運動をする物体には円の接線方向の力がはたらく．
3. 等速円運動をする物体の加速度の向きは円の中心向きである．

例題 8.1　円錐振り子

図 8.7 のように，天井の一点に長さ ℓ〔m〕の軽い糸をつけ，糸の他端に質量 m〔kg〕の小球をつけて，糸と鉛直とのなす角を θ〔rad〕に保つよう水平面内で等速円運動をさせる．これを円錐振り子という．この小球の運動の角速度と周期を求めよ．ただし重力加速度の大きさを g〔m/s^2〕とする．

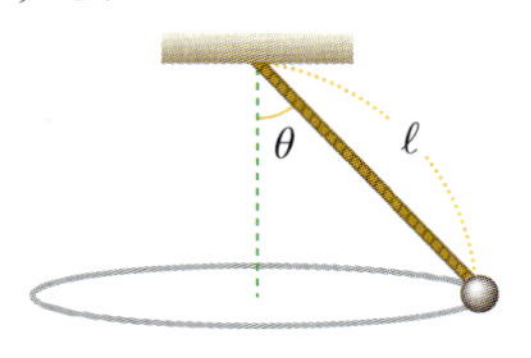

図 8.7　円錐振り子

解　この小球にはたらく力は，鉛直下向きの重力と，糸に沿った向きの張力の 2 つである．

張力を鉛直方向と水平方向に分解すると図 8.8 のようになり，張力の鉛直成分が重力とつりあい，張力の水平成分が小球の等速円運動の向心力となっていることが

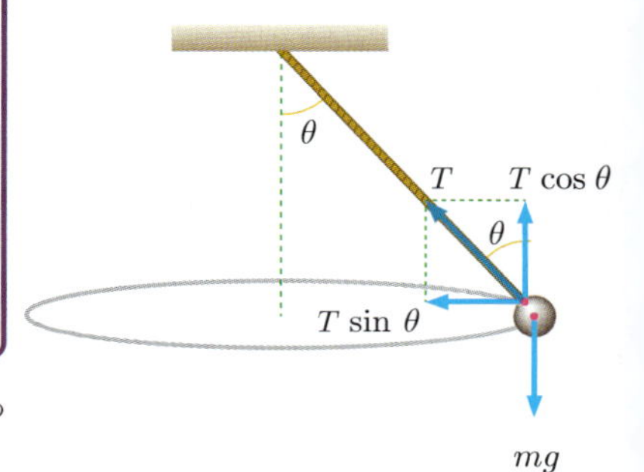

図 8.8　円錐振り子の力のようす

わかる．張力の大きさを T〔N〕とすると，重力の大きさは mg〔N〕であるので，

$$T\cos\theta = mg$$

よって，

$$T = \frac{mg}{\cos\theta}$$

となる．小球にはたらく向心力の大きさを F〔N〕とすると，

$$F = T\sin\theta = mg\tan\theta$$

となる．式 (8.19) より，小球の角速度を ω〔rad/s〕とすると，等速円運動する小球の運動方程式は，

$$m\ell\omega^2\sin\theta = mg\tan\theta$$

より，

$$\omega = \sqrt{\frac{g}{\ell\cos\theta}}$$

また，周期 T〔s〕は，

$$T = 2\pi\sqrt{\frac{\ell\cos\theta}{g}}$$

となる．

図 8.9　カーブを曲がる車 (遠心力)

遠心力　車などに乗って急カーブを勢いよく曲がると，カーブの外側に放り出されるような感覚を覚える．これを「遠心力がはたらく」といったいい方をするが，実際に遠心力という力がはたらいている訳ではない．第 6 章で学習した慣性の法則によると，物体は力がはたらかない限り運動状態を変えない，つまり，静止しているものは静止し続け，動いているものはその速度のまま直線運動をしようとする．車がカーブに差しかかり，人は車の座席との摩擦によってカーブの内側に引っ張られるが，人はそのまま直進しようとするので，結果としてカーブの外側に投げ出されるように感じる．このように，慣性の法則にしたがって元の運動状態を続けようとするがゆえに現れる見かけの力を**慣性力**といい，遠心力も慣性力のひとつなのである．

健康診断における採血や採尿の試料は，遠心機にかけて様々な成分に分けられる．異なる比重をもつ複数の成分が混在した溶液は，放っておいても地球の重力によって比重の大きいものが下に，比重が小さいものが上になるよう沈殿して分離されるが，遠心機は検体を高速に回転させ，重力よりはるかに大きい遠心力を発生させて，短時間で検体の成分を分離させる．

8.3　惑星・衛星の運動

惑星の公転運動　恒星のまわりを等速円運動する惑星の運動を**公転**という．図 8.10 のように，地球は太陽のまわりを 1 年かけて 1 周する公転をしている．この運動が等速円運動であるとして [68]，地球の公転の速さを求めてみよう．

[68] 実際には地球の公転軌道は楕円である．

例題 8.2　地球の公転運動

太陽と地球の間の距離を R〔m〕，太陽の質量を M_S〔kg〕，地球の質量を M_E〔kg〕とする．地球と太陽の間には万有引力のみがはたらいているとして，太陽のまわりを公転する地球の角速度と速さを求めよ．ただし万有引力定数を G〔N·m^2/kg^2〕とする．

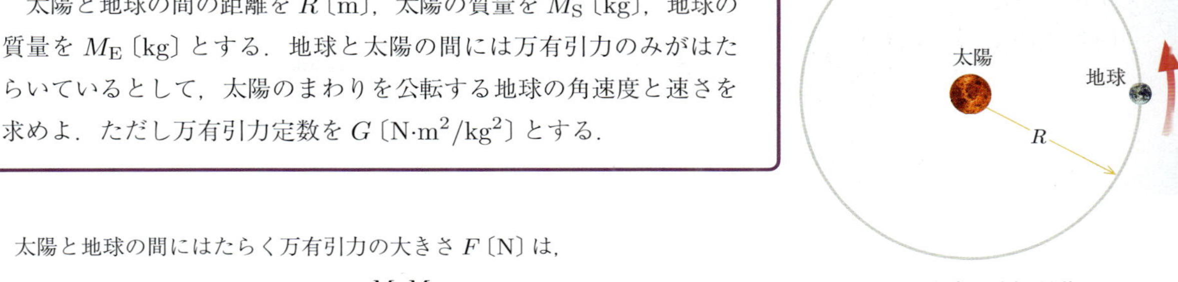

図 8.10　地球の公転運動

解　太陽と地球の間にはたらく万有引力の大きさ F〔N〕は，

$$F = G\frac{M_\mathrm{S}M_\mathrm{E}}{R^2}$$

である．これが地球の公転運動の向心力であるので，地球の角速度を ω〔rad/s〕とすると，

$$M_\mathrm{E}R\omega^2 = G\frac{M_\mathrm{S}M_\mathrm{E}}{R^2}$$

よって，地球の角速度は，

$$\omega = \sqrt{\frac{GM_\mathrm{S}}{R^3}}$$

となる．また，地球の公転の速さ v〔m/s〕は，

$$v = R\omega = \sqrt{\frac{GM_\mathrm{S}}{R}}$$

となる．

第 1 宇宙速度　地球のまわりを周回する人工衛星の運動について考えよう．人工衛星は周回軌道に入ると，基本的には地球との間の万有引力を向心力とした等速円運動を行い，衛星自身が推進力をもって周回するというわけではない．高度 h〔m〕を周回する質量 m〔kg〕の人工衛星の周回速度 v〔m/s〕を求めて見よう．地球半径を R_E〔m〕，地球質量を M_E〔kg〕，万有引力定数を G〔N·m^2/kg^2〕とすると，地球を中心に等速円運動する人工衛星の運動方程式は，

図 8.11　国際宇宙ステーション

$$m\frac{v^2}{R_\mathrm{E}+h} = G\frac{mM_\mathrm{E}}{(R_\mathrm{E}+h)^2} \tag{8.20}$$

となる．これを v について解けば，

$$v = \sqrt{\frac{GM_\mathrm{E}}{R_\mathrm{E}+h}} \tag{8.21}$$

となる．重力加速度の大きさ g〔m/s^2〕を用いると，

$$v = \sqrt{\frac{gR_\mathrm{E}{}^2}{R_\mathrm{E}+h}} \tag{8.22}$$

となる[69]．

ここで，人工衛星の打ち上げ角が 0，つまり水平に発射する場合を考える．発射速度が小さければ人工衛星は地上に落下してしまい，発射速度が大

[69] $GM_\mathrm{E} = gR_\mathrm{E}{}^2$ を用いた．

きすぎると地球の引力圏を脱して宇宙空間へ飛び出して行ってしまう．空気抵抗を無視すると，上記で求めた周回速度で地表と水平に打ち出せば，人工衛星は地球との間の万有引力によって等速円運動をするはずである．ここで，高度 0 の場合の周回速度を**第 1 宇宙速度**といい，式 (8.22) で $h=0$ として求められる．すなわち，第 1 宇宙速度 v_{s}〔m/s〕は，

$$v_{\mathrm{s}} = \sqrt{gR_{\mathrm{E}}} \tag{8.23}$$

となる[70)]．

図 8.12　ロケットの打ち上げ

[70)]「第 1」宇宙速度というからには第 2 宇宙速度も存在する．これは地球の重力圏外に脱出するための初速度で，力学的エネルギー保存則を用いて導出する．

問 8.5　地球半径を 6.4×10^3 km とすると，第 1 宇宙速度はいくらか．

演習問題 8

A

1. 図 8.13 のように，x-y 平面内を半径 r〔m〕，角速度 ω で等速円運動している物体がある．この物体の，時刻 t〔s〕における x 座標および y 座標を表せ．ただし，時刻 0 で物体は x 軸上の正の位置にあったものとする．

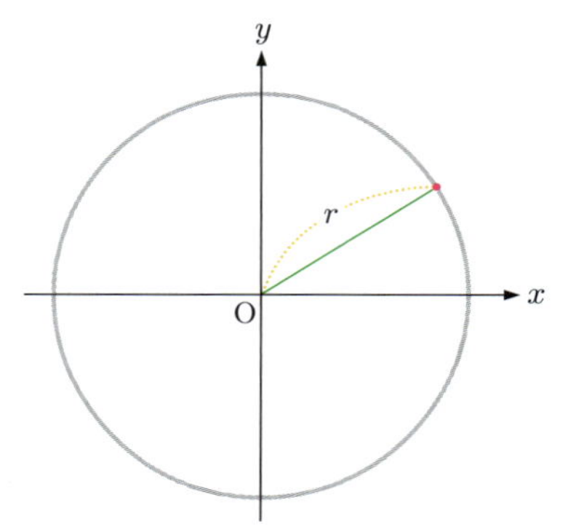

図 8.13

2. 等速円運動についての以下の文章で正しいのはどれか (複数).

1.　物体の接線方向の速さは一定である．

2.　物体には物体の進行方向に力がはたらく．

3.　物体には向心方向に力がはたらく．

4.　物体には遠心方向に力がはたらく．

5.　物体の向心方向の速度は 0 である．

3. 半径 2.0 m で等速円運動している物体にはたらく加速度の大きさが重力加速度の大きさと同じになるためには，物体の速さはいくらであればよいか．

B

1. 長さ 30 cm の軽い糸の先端に小球 A を取りつけ，糸の他端をなめらかな水平面に固定し，水平面上に糸がたるまないように A を置いて，A に糸と直交する向きに初速度を与えたところ，A は回転数 3.0 Hz で等速円運動をした．このときの初速度の大きさはいくらか．
2. 地球の自転と同じ角速度で地球の赤道上空を周回する人工衛星は，自転する地球上から見ると赤道上空の 1 点に静止しているように見えるため，静止衛星という．この静止衛星の地球表面からの高度を求めよ．ただし地球半径を R_{E}〔m〕，地球の自転の角速度を ω〔rad/s〕，重力加速度の大きさを g〔m/s^2〕とする．
3. 国際宇宙ステーションは上空約 400 km の高度で地球の周りをまわっている．この国際宇宙ステーションの周期を求めよ．ただし，地球半径を 6.37×10^6 m，地球質量を 5.97×10^{24} kg，万有引力定数を 6.67×10^{-11} N·m^2/kg^2 とし，地球質量は地球中心に集中しているものとする．

9 いろいろな運動3

物体の特徴的な運動として，これまでに学習した直線運動，回転運動の他に，振動運動がある．振動運動は，ある点を中心として繰り返し往復運動をする周期運動であるという点で，等速円運動になぞらえることができる．この章では振動運動の基本である単振動がどのように記述されるかについて学習する．

9.1　単振動の変位・速度・加速度

復元力　物体が安定な位置から少しずれると，物体を元の安定な位置に戻そうとする力がはたらくことがある．たとえば，静止しているブランコを少し引っ張ってから放すと，ブランコは静止していた位置 (この場合鉛直下向き) に戻ろうとする．このように，物体が力の平衡位置からずれたときに平衡位置に戻そうとする力を**復元力**という．物体にはたらく復元力が力の平衡位置からの変位に比例する場合，この物体の運動を**単振動**といい，物体は力の平衡位置を振動中心とした一直線上を振動運動する．

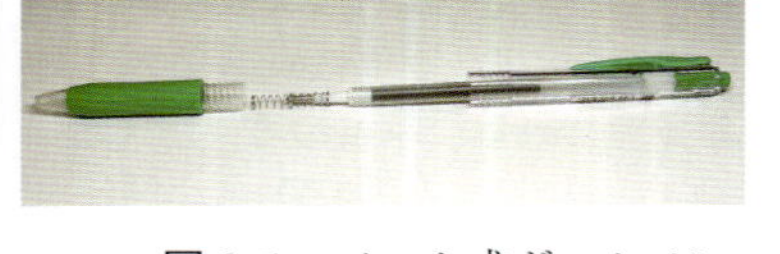

図 9.1　ノック式ボールペン (ばねの利用)

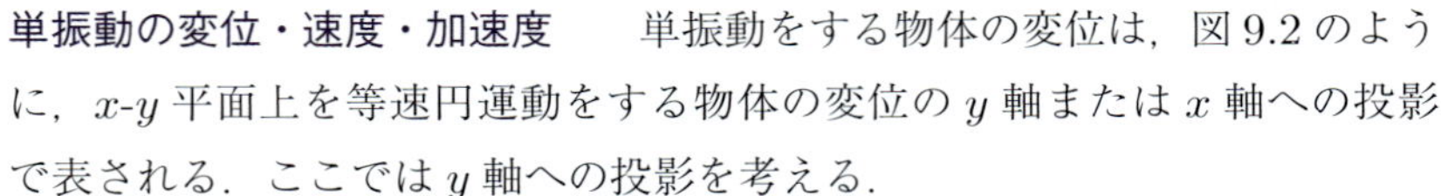

単振動の変位・速度・加速度　単振動をする物体の変位は，図 9.2 のように，x-y 平面上を等速円運動をする物体の変位の y 軸または x 軸への投影で表される．ここでは y 軸への投影を考える．

図 9.2 のように，$t = 0$ で小球が点 p_0 を出発し，角速度 ω〔rad/s〕で円

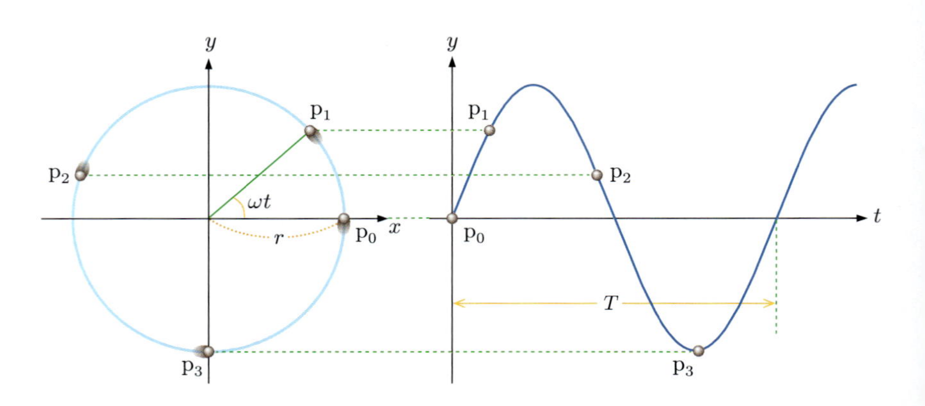

図 9.2　等速円運動と単振動

軌道上を $p_0 \to p_1 \to p_2 \to p_3$ と移動するときの y 座標が，単振動の変位を表す．

半径 r〔m〕，角速度 ω〔rad/s〕の等速円運動をしている物体の，時刻 t〔s〕における y 座標は，

$$y = r \sin \omega t \tag{9.1}$$

で表される．つまり，y 軸上を単振動する物体の変位は式 (9.1) で表されるということになる．このとき，物体の最大変位の大きさ r〔m〕を**振幅**といい，ω〔rad/s〕を**角振動数**とよぶ．また，単位時間あたりの振動回数を**振動数**といい[71]，これを f〔Hz〕とすると，

図 9.3 ヨーヨー

71) 振動数は等速円運動における回転数に相当する．

$$f = \frac{\omega}{2\pi} \tag{9.2}$$

となる．さらに，1 回の振動にかかる時間を周期といい，これを T〔s〕とすると，

$$T = \frac{2\pi}{\omega} = \frac{1}{f} \tag{9.3}$$

となる．

変位を時間 t〔s〕で微分したものが速度となるので，第 8 章で学習した等速円運動の場合と同様，この物体の速度 v〔m/s〕は，

$$v = \frac{\mathrm{d}y}{\mathrm{d}t} = r\omega \cos \omega t \tag{9.4}$$

と表される．さらに，速度を時間 t〔s〕で微分すると加速度が得られるので，この物体の加速度 a〔m/s^2〕は，

$$a = \frac{\mathrm{d}v}{\mathrm{d}t} = -r\omega^2 \sin \omega t = -\omega^2 y \tag{9.5}$$

となる．この単振動の復元力を F〔N〕とすると，運動方程式より，

$$F = ma = -m\omega^2 y \tag{9.6}$$

となり，復元力は振動中心からの変位 y に比例する形となる．

ばねによる単振動　図 9.4 のように，なめらかな水平面上でばねにつながれた小球の運動を考えよう．ばねの一端は固定し，他端に質量 m〔kg〕の小球をつけて少し引っ張ると，ばねは振動運動する．この運動は単振動になるので，復元力と小球の振動中心からの変位は比例する．振動中心にあるばねの長さを自然長という．小球の振動中心からの変位を x〔m〕，比例定数を k とすると，小球にはたらく復元力 F〔N〕は，

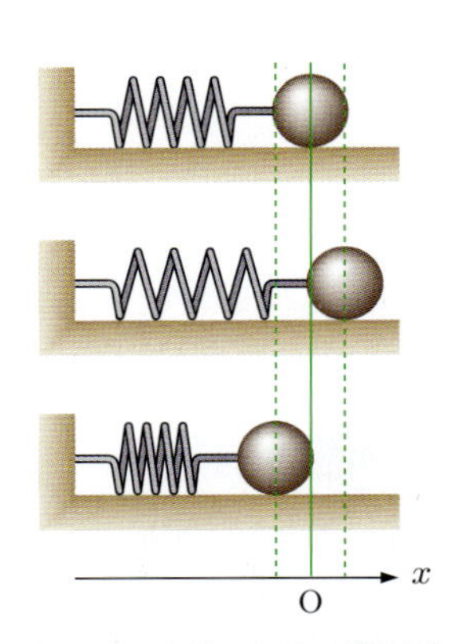

図 9.4 ばねによる単振動

$$F = -kx \tag{9.7}$$

で表される[72]．

72) ここでマイナスがついているのは，復元力の向きと変位の向きが逆になっているためである．

この比例定数 k をばね定数といい，単位は〔N/m〕である．また，式 (9.6) と比べると，

$$k = m\omega^2 \tag{9.8}$$

であるので，ばね定数 k〔N/m〕で振動する質量 m〔kg〕の小球の角振動数 ω〔rad/s〕は，

$$\omega = \sqrt{\frac{k}{m}} \tag{9.9}$$

となり，この運動の周期 T〔s〕は，

$$T = 2\pi\sqrt{\frac{m}{k}} \tag{9.10}$$

で表される．

問 9.1　ばね定数 2.0 N/m のばねに質量 5.0×10^{-2} kg のおもりをつけて振動させたときの周期を求めよ．

例題 9.1　ばねの単振動

図 9.4 のように，水平面におかれたばね定数 k〔N/m〕のばねの一端を固定し，他端に質量 m〔kg〕の小球をつけ，小球をばねの自然長から ℓ〔m〕だけ伸ばして静かにはなしところ，小球は単振動をした．このときの t〔s〕後の小球の，振動中心からの変位を表せ．

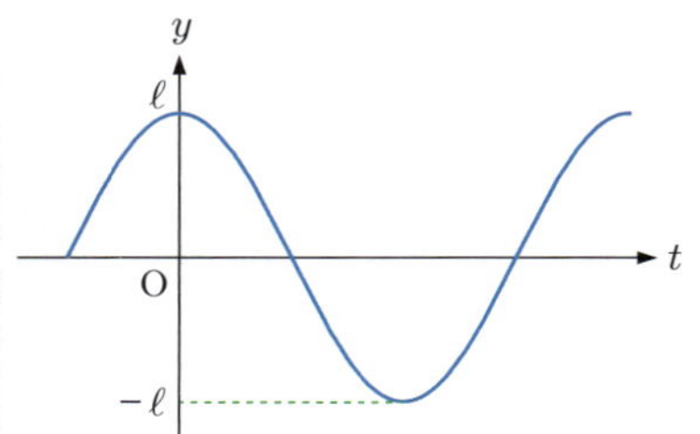

図 9.5　単振動の位置変化のようす

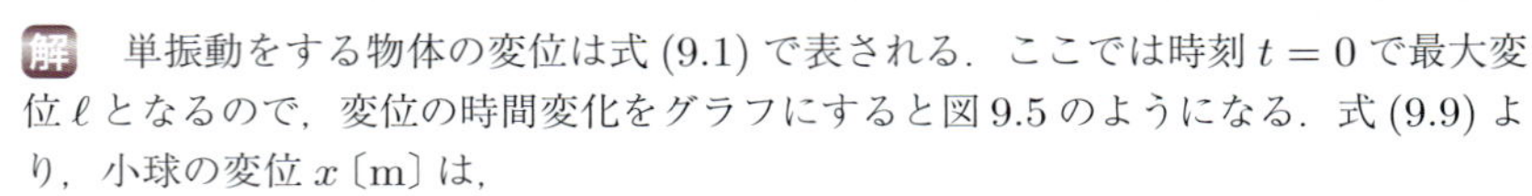
解　単振動をする物体の変位は式 (9.1) で表される．ここでは時刻 $t = 0$ で最大変位 ℓ となるので，変位の時間変化をグラフにすると図 9.5 のようになる．式 (9.9) より，小球の変位 x〔m〕は，

$$x = \ell \cos\left(\sqrt{\frac{k}{m}}t\right)$$

で表される．

単振り子　図 9.7 のように，軽い糸の一端を点 O に固定し，他端に質量 m の小球をつけ，点 O を含む鉛直面内で振らせる運動を考える．この装置を単振り子という．このとき小球には，重力の他に糸の張力がはたらく．振れ角が小さいとき，小球はこれらの合力によって O から鉛直下方を中心に振動運動する．

図 9.6　ブランコ (振り子運動)

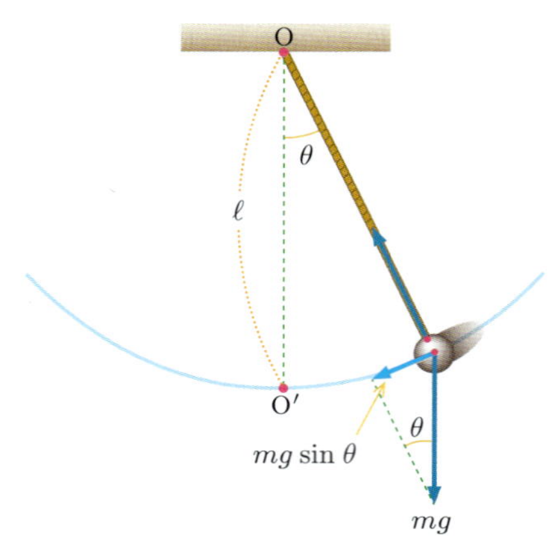

図 9.7　振り子の単振動

このとき，振り子にはたらく力のどの成分によって，振り子がどのような運動をするのかを詳しく考えよう．図 9.7 のように，小球の軌道は点 O を中心とした半径 ℓ〔m〕の円の一部であると考えられる．小球が鉛直下方から角度 θ〔rad〕の位置にあるとき，重力加速度の大きさを g〔m/s^2〕として，小球には鉛直下向きに重力 mg〔N〕，糸に沿って点 O の向きに糸の張力 T〔N〕がはたらく．小球の運動は円の接線方向となるので，小球の運動方向にはたらく力 F〔N〕は重力の運動方向成分のみで[73]，

$$F = mg\sin\theta \tag{9.11}$$

である．振動の振幅が小さいとき，小球は水平な x 軸上を運動しているとみなすことができるので，小球の変位を x〔m〕とすると，

$$\sin\theta = \frac{x}{\ell} \tag{9.12}$$

と表せる．小球の振動中心からの変位の向きと小球にはたらく力の向きが逆になることを考慮すると，

$$F = -mg\frac{x}{\ell} = -\frac{mg}{\ell}x \tag{9.13}$$

となる．これは小球にはたらく力が復元力であり，その大きさは小球の振動中心からの変位に比例するので，この運動は単振動となる．この単振動の角振動数を ω〔rad/s〕とすると，式 (9.6) と比較して，

$$m\omega^2 = \frac{mg}{\ell} \tag{9.14}$$

であるので，

$$\omega = \sqrt{\frac{g}{\ell}} \tag{9.15}$$

であり，この単振動の周期 T〔s〕は，

$$T = 2\pi\sqrt{\frac{\ell}{g}} \tag{9.16}$$

で表される．この式からもわかるように，振り子の単振動の周期は振り子の糸の長さだけで決まり，小球の質量や角速度などによらない．これを**振り子の等時性**という．

> **問 9.2**　長さ 1.0 m の軽い糸におもりをつけ，小さい角度で振らせて周期を測定したところ 2.0 s であった．この結果から重力加速度の大きさを求めよ．

[73] 物体の運動方向と直交する力は運動の状態に影響を及ぼさないため，運動方向と直交する張力による運動への影響はゼロである．

図 9.8　フーコーの振り子

演習問題 9

A

1.　質量 5.0×10^{-2} kg の小球を，軽いばねに取り付けて単振動させたところ，周期が 0.50 s であった．このばねのばね定数を求めよ．

2. ある単振り子の周期を測ったところ，0.50 s であった．この単振り子のひもの長さを求めよ．

3. 月の重力は地球の約 $\dfrac{1}{6}$ である．同じ単振り子を地球上と月面上で振らせるときの記述について，以下の中から正しいものを選べ．

   1. 月面上での振り子の周期は，地球上での $\dfrac{1}{\sqrt{6}}$ になる．

   2. 単振り子を月面上と地球上で同じ周期で振らせるには，月面上でのひもの長さを地球上での $\dfrac{1}{6}$ にすればよい．

   3. 単振り子を月面上と地球上で同じ周期で振らせるには，月面上でのおもりの質量を地球上での 6 倍にすればよい．

   4. 月面上でも地球上でも，同じ単振り子であれば同じ周期になる．

B

1. ばね定数が k〔N/m〕のばねの一端を天井に固定し，他端に質量 m〔kg〕の小球 A を取り付けて静かにはなしたところ，ばねは伸びた状態でつりあった．以下の問いに答えよ．

   1. つり合いの位置にあるとき，ばねの自然長からの伸びはいくらか．

   2. つり合いの位置からさらにばねを ℓ〔m〕伸ばしたとき，A にはたらく弾性力の大きさはいくらか．

   3. 2.の状態から A を静かにはなすと，A は単振動した．このときの A の単振動の周期はいくらか．

   4. A が単振動を始めてから最初につり合いの位置を通過するときの瞬間の速さはいくらか．

2. 図 9.9 のように，ばね定数 k〔N/m〕のばねの下端を床に固定し，ばねの上端に質量 m〔kg〕の薄い板 A を取り付け，A の上に質量 M〔kg〕の小物体 B を置いたところ，ばねは自然長から ℓ〔m〕だけ縮んだ状態で，鉛直になって静止した．このときの A の位置を原点とし，鉛直上向きに x 軸〔m〕をとる．この状態からばねをさらに ℓ〔m〕縮めてから静かにはなすと，A と B は一体となって単振動を始めた．重力加速度の大きさを g〔m/s^2〕として，以下の問いに答えよ．

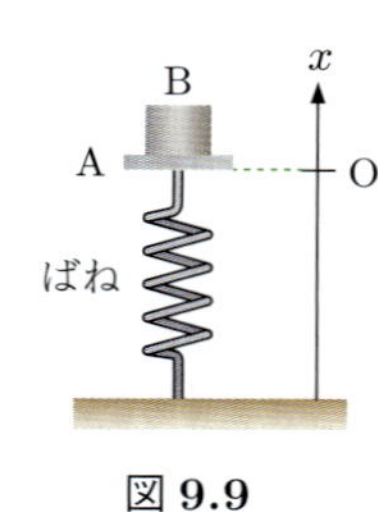

図 9.9

   1. このときの単振動の周期はいくらか．

   2. A と B が一体となって運動しているとき，A と B が互いに及ぼしあう垂直抗力の大きさを R〔N〕，A および B に生じている加速度の大きさを a として，A の位置が x であるときの A および B の運動方程式を立てよ．

   3. やがて B は A から離れて運動する．B が A から離れる直前の A の位置はどこか．

   4. B が A から離れたあとも A は単振動を続ける．このときの A の振幅と周期を求めよ．

3. ヒトが歩行しているとき，ある程度の速さになると歩くことができず走らなければならなくなる．ヒトの歩行を図 9.10 のように地面に接地した足を中心とした逆さ振り子運動と考えたとき，ヒトが走らなければならなくなる限界の歩行速さを求めよ．ただしヒトは全質量が重心に集中しているものとし，重心の高さを 90 cm，重力加速度の大きさを $9.8\,\mathrm{m/s^2}$ とする．

図 9.10

10 仕事とエネルギー

「仕事」と「エネルギー」という言葉を物理学で用いるとき，われわれが日常的に使う意味合いとはやや異なる概念を表す．この章では，物理学における仕事とエネルギーについて，基本的な概念を学習する．

10.1 仕事

図 10.1　綱引きのようす

仕事の概念　物理でいう**仕事**とは「力を加わえて物体を移動させる」ことである．たとえば，あるグループが赤組と白組に分かれて綱引きをした際，両組とも全力で引っ張っていてもロープの中心が 1 mm も動かなければ，力のした仕事はゼロである．また，この綱引きで赤組が勝利した場合，赤組は引っ張った向きにロープが移動したので正の仕事をしたことになるが，白組は引っ張った向きと逆向きにロープが移動したため，負の仕事をしたことになる．このように，物理学における仕事では,「移動したか否か」と「どの向きに移動したか」というところがポイントとなる．

仕事の定義　図 10.2 のように，水平面上の物体に水平に力を加えて移動させた場合を考える．力の大きさを F〔N〕，移動させた距離を r〔m〕とすると，この力のした仕事 W は，

$$W = Fr \tag{10.1}$$

で表される．仕事の単位は〔N·m〕あるいはエネルギーの単位である〔J〕を用いる[74]．同じ力でも，2 倍の距離を動かせば仕事量も 2 倍であり，同じ距離を動かす場合でも力の大きさが 2 倍であれば仕事量は 2 倍になる．ここでは「どのくらいの時間をかけたか」ということは問われない．仕事の量は，あくまでも「加えた力」と「移動距離」によるのである．

[74] 物体を 1 N の力で 1 m 移動させたときの仕事が 1 J となる．

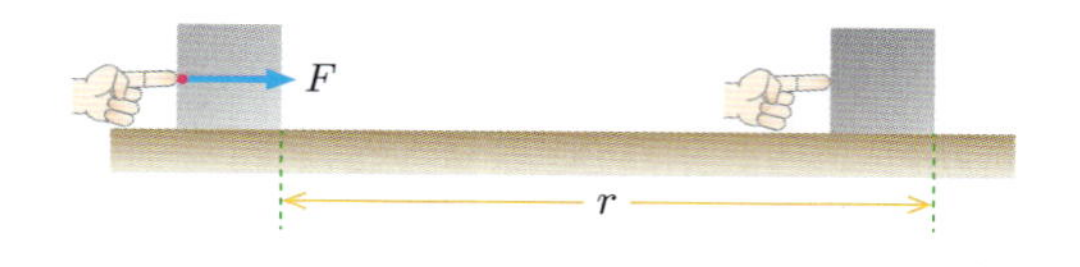

図 10.2　仕事の定義

力の向きと運動の向きが一致しない場合は，力の運動方向の成分のみを考える．図 10.4 のように，力の向きが運動の向きと角度 θ〔rad〕をなすと

き，力の運動方向の成分は $F\cos\theta$ であり，この場合の仕事は，

$$W = rF\cos\theta \tag{10.2}$$

となる．また，物体の運動の向きと逆向きの力がする仕事は負の仕事になる．

図 10.3　力の向きと運動の向きが異なる場合

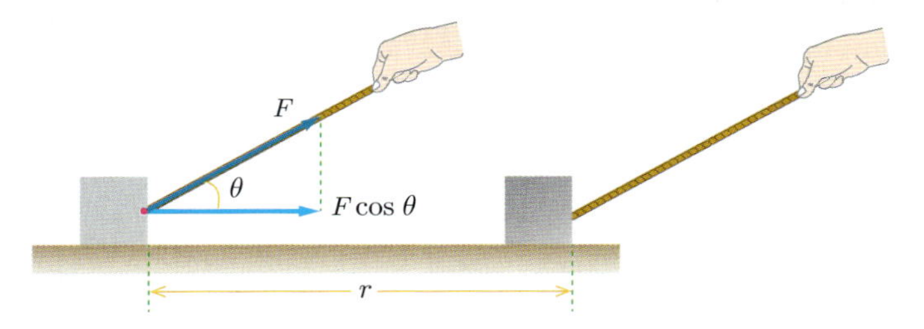

図 10.4　運動の向きと角度のある力がする仕事

問 10.1　あらい水平面上で，質量 m〔kg〕の物体に水平に力を加えて ℓ〔m〕動かした．このとき摩擦力のした仕事を求めよ．物体とあらい面との間の動摩擦係数を μ' とする．

例題 10.1　仕事

図 10.5 のように，水平と角度 θ〔rad〕をなすあらい斜面の上に，質量 m〔kg〕の物体を静かに置いたところ，物体は斜面に沿って下向きにすべりだした．斜面と物体との間の動摩擦係数を μ' として，物体が　斜面上を L〔m〕だけすべり下りたとき，(i) 重力のした仕事，(ii) 斜面からの垂直抗力のした仕事，(iii) 動摩擦力のした仕事をそれぞれ求めよ．

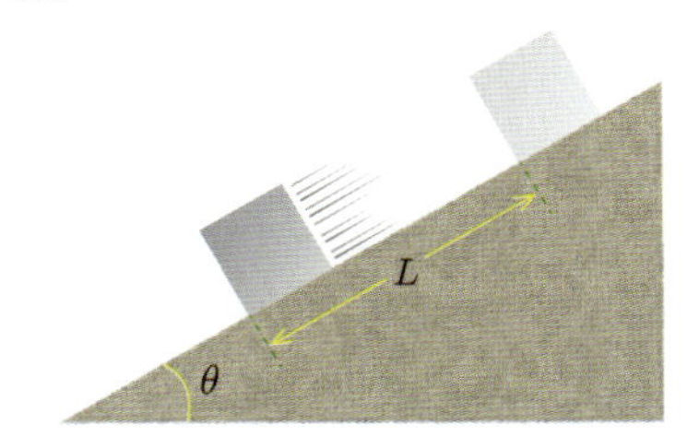

図 10.5　摩擦のある斜面上での仕事

解　図 10.6 のように，物体にはたらく重力の斜面方向の成分は $mg\sin\theta$〔N〕，斜面に垂直な方向の成分は $mg\cos\theta$〔N〕と表され，物体にはたらく斜面からの動摩擦力は $\mu' mg\cos\theta$〔N〕となる．

(i)　重力の斜面方向の成分が仕事をするので $mgL\sin\theta$〔J〕．

(ii)　運動に対して垂直方向の力の仕事は 0．

(iii)　摩擦力は運動の向きと逆向きにはたらくので $-\mu' mgL\cos\theta$〔J〕．

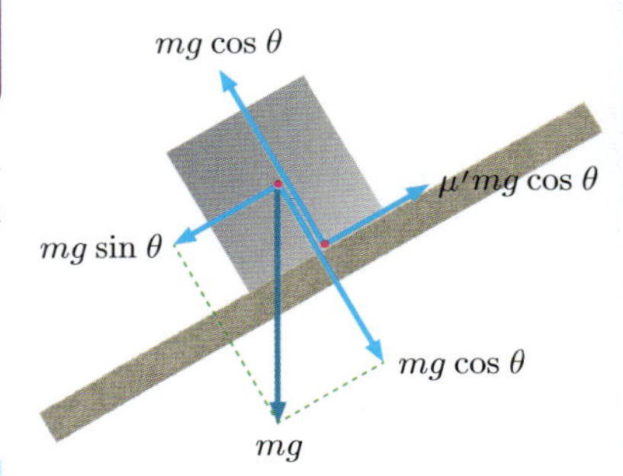

図 10.6　摩擦のある斜面上での力のようす

力が一定でない場合の仕事はどのように表せばよいだろうか．図 10.7 のように，仕事は，縦軸を力，横軸を変位として表したグラフの，グラフと横軸で囲まれた部分の面積で表される．よって，図 10.7 のように力が位置

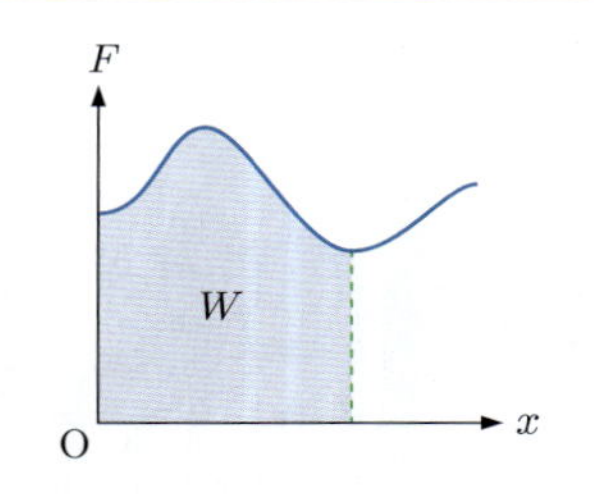

図 10.7　力が一定でない場合の仕事

によって変化する場合は，力を位置で積分したものが仕事となる．つまり，

$$W = \int F \, dx \tag{10.3}$$

という積分形で表すことができる．

例題 10.2　ばねに対する仕事

ばね定数 k〔N/m〕のばねの先端に軽い板を取り付け，板をばねにゆっくり押し付けてばねを縮めていく．ばねが x〔m〕だけ縮むまでに板を押し付ける力がした仕事はいくらか．

図 10.8　ばねを利用したびっくり箱

解　ばねの弾性力はばねの伸び (縮み) 長さによって変化するので，この場合は力が一定でない．力の大きさと縮んだ長さの関係をグラフに表すと，図 10.9 のようなばね定数を傾きとする直線にになる．x〔m〕だけ縮めるまでに力のした仕事は図の青色の部分の面積であり，仕事 W〔J〕は，

$$W = \frac{1}{2}kx^2 \text{〔J〕}$$

となる．

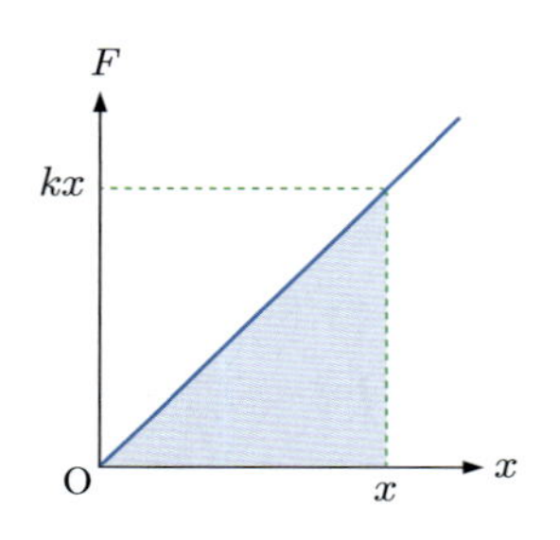

図 10.9　ばねに対する仕事

仕事率　前節で『仕事の量は「力」と「移動距離」で決まり，かけた時間は問わない』と説明した．しかしわれわれの生活の中では「どれだけの時間内にどれだけの仕事を終わらせられるか」に着目されることがある．物理の世界でもこれを表す量がある．それが**仕事率 (パワー)** であり[75]，単位時間あたりにした仕事量で表す．ある時間 t〔s〕内にした仕事が W〔J〕であったとすると，仕事率 P は，

$$P = \frac{W}{t} \tag{10.4}$$

で表される．仕事率の単位は〔J/s〕または〔W〕(ワット) を用いる．

[75] 仕事率は「力」×「移動距離」÷「時間」なので「力」×「速さ」と考えることもできる．仕事をする際に，力が大きかったり速く移動できたりする場合は「パワーがある」という．

問 10.2　質量 50 kg の人が，10 m の高さまで 20 s かけてはしごを上りきった．この人がした仕事と仕事率を表せ．

保存力と仕事の原理　図 10.11 のように，ある質量の物体をある高さまで，なめらかな斜面に沿って引き上げる場合と垂直に引き上げる場合を考えよう．直感的には斜面を使った方が楽そうであるが，物理学でいう仕事という観点から考えると，どちらも同じ仕事量となる．このように，道具や装置を使っても仕事の経路を変えても仕事の総量が変わらないことを**仕事の原理**という．

図 10.10　坂道で自転車を押す (仕事の原理)

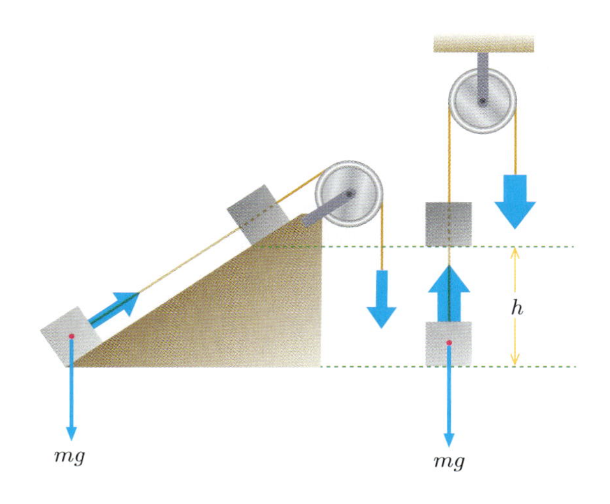

図 10.11　仕事の原理

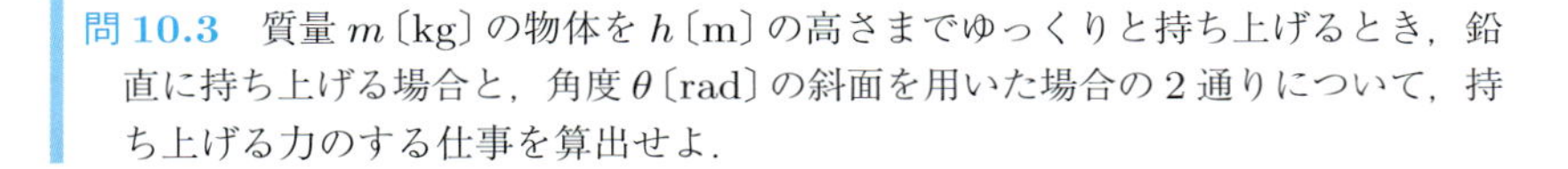

問 10.3　質量 m〔kg〕の物体を h〔m〕の高さまでゆっくりと持ち上げるとき，鉛直に持ち上げる場合と，角度 θ〔rad〕の斜面を用いた場合の 2 通りについて，持ち上げる力のする仕事を算出せよ．

仕事の原理が成り立つとき，つまり，物体を移動させる力のする仕事が経路によって変わらないとき，この物体にもともとはたらいている力を**保存力**という．保存力の例として万有引力，ばねの弾性力，クーロン力などがあるが，これらはすべて位置の関数になっており，位置が決まれば保存力の大きさも決まる．

図 10.12　火起こし (仕事とエネルギー)

10.2　仕事とエネルギー

エネルギーとは何か　エネルギーの概念を的確にわかりやすく説明することは難しい．物理学では「仕事をする能力」あるいは「仕事に換算できる量」のことをエネルギーとよぶが，このように漠然とした包括的な説明になるのは，エネルギーが様々な形態をとり得るからであろう．物体の温度を上げる熱エネルギー，モーターを回転させる電気エネルギー，化学反応に寄与する化学エネルギーなど，エネルギーの形態は多岐にわたる．しかし，ミクロな視点で見ると，それらのエネルギーは原子や分子，電子などを「動かすこと」に帰着する．実際に物を動かすのは「力」だが，その力を発揮するために必要なのが「エネルギー」である．この節では主に力学的エネルギーについて説明する．

運動エネルギー　動いている物体は，ただ「動いている」というだけでエネルギーをもつ．動いていれば他の物体と接触して「動かす」ことができるからである．これを**運動エネルギー**という．どのくらいのエネルギーをもっているかは，その物体の質量と速度による．質量 m〔kg〕の物体が速さ v〔m/s〕で動いているとき，その物体がもつ運動エネルギー K は，

$$K = \frac{1}{2}mv^2 \tag{10.5}$$

と定義される．エネルギーの単位は仕事と同じ〔J〕を用いる[76]．運動している物体はこのエネルギー分だけ仕事をすることができる．

[76] 水 1 g の温度を 1 K 上昇させる熱量として〔cal〕(カロリー) を用いることもある．1 cal ≃ 4.2 J と換算される．

図 10.13　高速で走る車

例題 10.3　仕事と運動エネルギーの関係

図 10.14 のように質量 m〔kg〕の小物体 A が，なめらかな水平面上を速さ v_0〔m/s〕で直線的に運動している．ここで，A に運動の向きに一定の力 F〔N〕を加え続けたところ，A の速さが v〔m/s〕になった．このとき，力 F のした仕事を表せ．

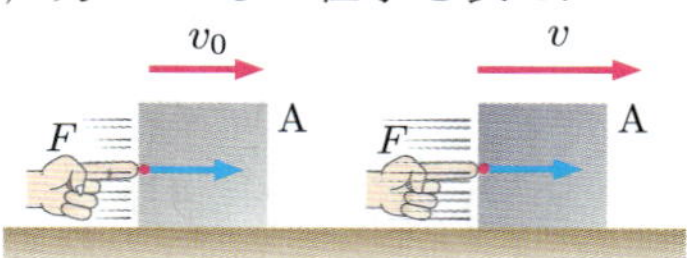

図 10.14　仕事と運動エネルギー

解　「仕事」=「力」×「移動距離」であるので，力を加えている間の A の移動距離を求めればよい．A に加えた力は一定なので，力を加えている間 A は等加速度直線運動をする．このときの A の加速度の大きさ a〔m/s²〕は，つぎのように表される．

$$a = \frac{F}{m}$$

力を加え始めてから A の速さが v〔m/s〕になるまでの A の移動距離を x〔m〕とすると，式 (5.12) より，

$$v^2 - {v_0}^2 = 2ax$$

よって，

$$x = \frac{v^2 - {v_0}^2}{2a} = \frac{m}{2F}\left(v^2 - {v_0}^2\right)$$

力のした仕事は

$$Fx = \frac{1}{2}mv^2 - \frac{1}{2}m{v_0}^2 \text{〔J〕}$$

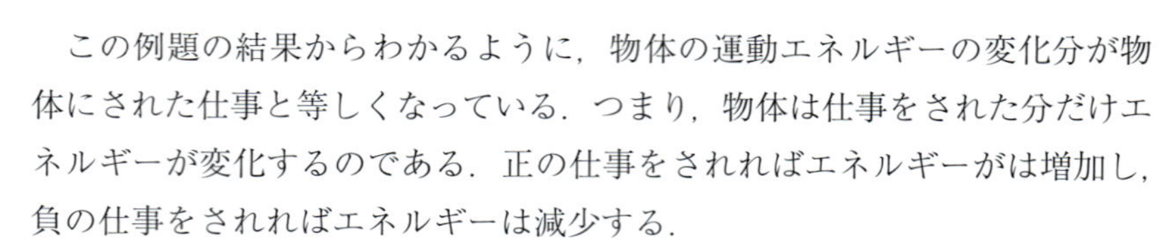

この例題の結果からわかるように，物体の運動エネルギーの変化分が物体にされた仕事と等しくなっている．つまり，物体は仕事をされた分だけエネルギーが変化するのである．正の仕事をされればエネルギーがは増加し，負の仕事をされればエネルギーは減少する．

位置エネルギー　図 10.15 のように，立てた棒の先端にひもをつけておもりをつるした状態を考えよう．ひもを切るとおもりは重力によって落下し，下向きの速度を得る，つまり運動エネルギーをもつことになる．また，図 10.16 のようにばねの一端を固定し，他端におもりをつけてばねを縮めた状態を考えよう．ここでばねを縮めている手をはなすと，おもりはばね

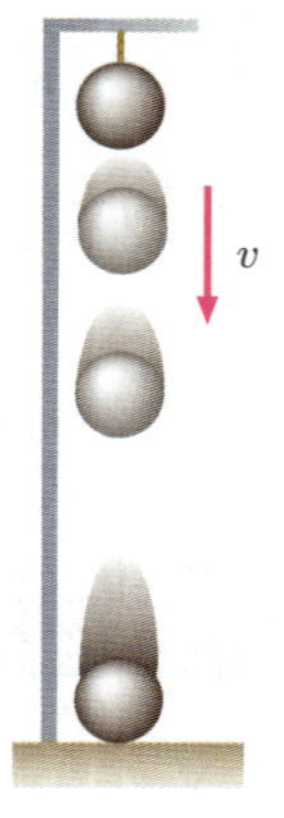

図 10.15　重力による位置エネルギー

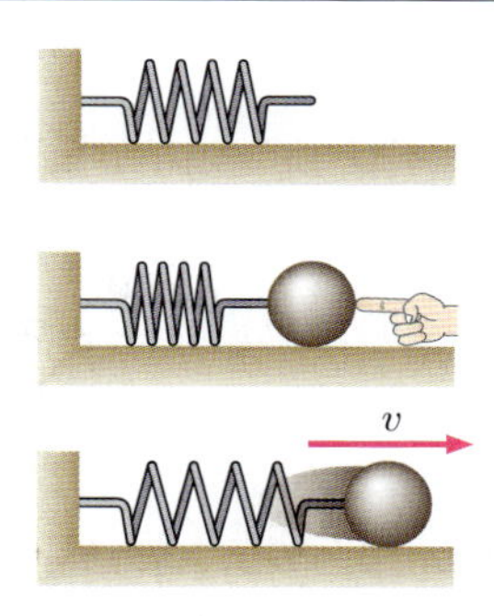

図 10.16　弾性力による位置エネルギー

の弾性力によって動き出す，つまり運動エネルギーをもつ．これらのように，物体を支えているものを取り去ると物体が動き出すような状態にあるとき，物体は**位置エネルギー**をもつという．運動エネルギーでのべた，「物体が外からされた仕事の分だけエネルギーが増加 (負の仕事の場合は減少) する」というのは，位置エネルギーについても同様である．物体が基準の高さより高い位置にあるときに物体がもつ位置エネルギーを**重力による位置エネルギー**という．物体の質量を m〔kg〕，物体の基準の位置からの高さを h〔m〕，重力加速度の大きさを g〔m/s^2〕とすると，重力による位置エネルギー U_g は，

$$U_g = mgh \tag{10.6}$$

で表される．また，縮んだ (伸びた) ばねにたくわえられる位置エネルギーを**弾性力による位置エネルギー**という．ばねのばね定数を k〔N/m〕，ばねの伸びまたは縮みの長さを x〔m〕とすると，ばねにたくわえられる弾性力による位置エネルギー U_s は，

$$U_\mathrm{s} = \frac{1}{2}kx^2 \tag{10.7}$$

で表される．

図 10.17　ホッピング

問 10.4　質量 m〔kg〕の物体を地表面から高さ h〔m〕まで持ち上げるのに必要な最低限の力の大きさと，その力で持ち上げたときの力のした仕事を示せ．

問 10.5　物体がされた仕事が物体のエネルギーの増加分になることから，問 10.4 で，持ち上げられた物体が得た位置エネルギーを示せ．ただし，地表面での位置エネルギーを 0 とする．

問 10.6　例題 10.2 において，ばねにたくわえられた位置エネルギーはどのくらいか．

力学的エネルギー保存則　運動エネルギーと位置エネルギーの総和のことを**力学的エネルギー**とよぶ．ある物体の運動について，物体にはたらいている力が保存力のみである場合，力学的エネルギーは一定である．これを**力学的エネルギー保存則**という．

図 10.18　ジェットコースター (力学的エネルギー保存則)

例題 10.4　力学的エネルギー保存則

図 10.19 のように，水平面との角度が θ〔rad〕のなめらかな斜面上の，水平面から高さ h〔m〕の位置に，質量 m〔kg〕の小物体 A を静かに置いたところ，A は斜面をすべり下り，水平面に到達した．水平面における A の速さを求めよ．

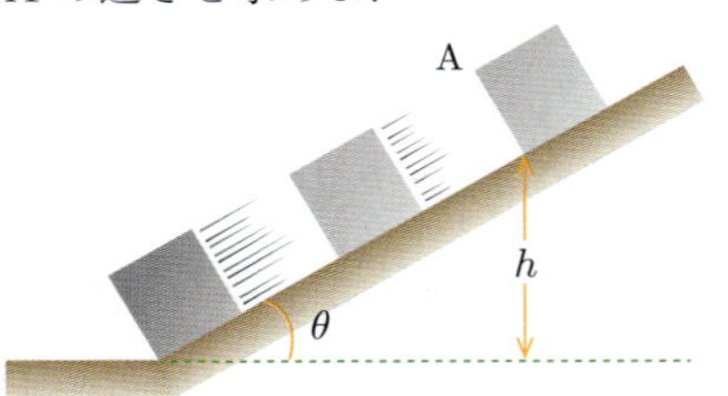

図 10.19　力学的エネルギー保存則

解　重力による位置エネルギーの基準となる高さを水平面とする．A が斜面上の高さ h〔m〕の位置にあるときの，A のもつ重力による位置エネルギーを U_{a}〔J〕，運動エネルギーを K_{a}〔J〕とすると，力学的エネルギーは，

$$U_{\mathrm{a}} + K_{\mathrm{a}} = mgh + 0$$

となる．また，水平面での A の速さを v〔m/s〕とし，水平面での A のもつ重力による位置エネルギーを U_{b}〔J〕，運動エネルギーを K_{b}〔J〕とすると，力学的エネルギーは，

$$U_{\mathrm{b}} + K_{\mathrm{b}} = 0 + \frac{1}{2}mv^2$$

となる．力学的エネルギー保存則より，

$$U_{\mathrm{a}} + K_{\mathrm{a}} = U_{\mathrm{b}} + K_{\mathrm{b}}$$

なので，

$$mgh = \frac{1}{2}mv^2$$

よって，

$$v = \sqrt{2gh}\ \text{〔m/s〕}$$

演習問題 10

A

1. 質量 m〔kg〕の小球に長さ ℓ〔m〕の軽いひもをつけ，ひもの他端を天井に固定して振らせたところ，小球は単振動をした．小球が最も低い位置にあるときの小球の高さを 0 とすると，小球の最高到達点は高さ h〔m〕であった．以下の問いに答えよ．

1.　小球が最も低い位置を通過するときの小球の速さを求めよ．

2. 小球が最も低い位置を通過するときに小球にはたらく糸の張力を求めよ.

2. 図 10.20 のように，一端を水平面上の壁に固定されたばね定数 k〔N/m〕のばねの他端に質量 m〔kg〕の小球 A を取り付け，ばねを自然長から ℓ〔m〕だけ縮めて静かにはなしたところ，A は水平面上を運動し，水平面上の点 p からなめらかな斜面に入った.

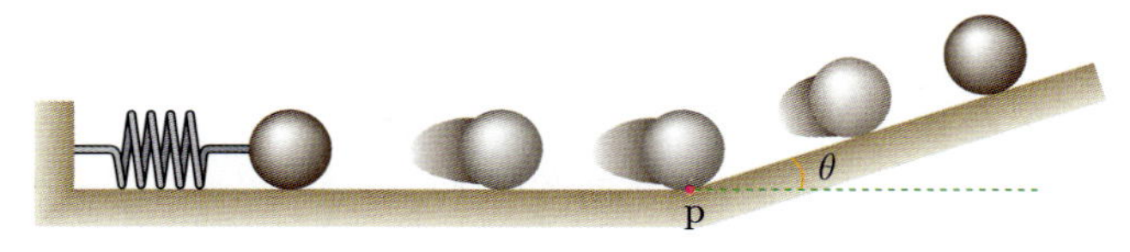

図 10.20

1. A が点 p を通過する直前の A の速さを求めよ.

2. A が斜面上で到達する最高点の高さを求めよ.

B

1. 図 10.21 のように，水平面とのなす角が θ〔rad〕のあらい斜面上の，水平面からの高さが h〔m〕の高さの点に，質量 m〔kg〕の小物体 A をおいて静かにはなしたところ，A は斜面に沿ってすべり出した. A と斜面との間の動摩擦係数が μ' であったとすると，A が斜面の下端に到達する直前の A の速さを，エネルギーの観点から求めよ.

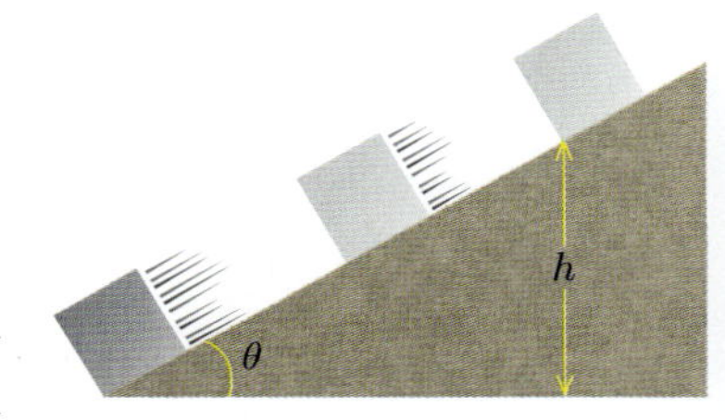

図 10.21

2. 図 10.22 のように，長さ ℓ〔m〕の軽いひもに質量 m〔kg〕の小球を取り付け，鉛直下向きとの角度 θ〔rad〕で振らせた. このとき，小球が最下点を通過する瞬間の速さを求めよ.

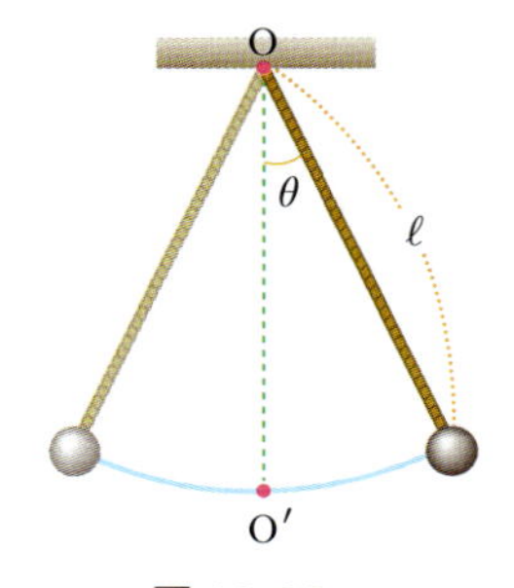

図 10.22

3. 質量 50 kg の人が高さ 300 m のタワーに歩いて登る. 以下の問いに答えよ.

1. この人がする仕事を求めよ.

2. 体脂肪 1 g を完全に燃焼させると 9 kcal の熱量になるといわれているが，ヒトのエネルギー燃焼効率は 25 %程度といわれている. この人がこの運動で減らせる体脂肪は何 g か. ただし，$1\,\mathrm{cal} = 4.2\,\mathrm{J}$ とする.

11 剛体の運動

第 3 章で剛体が静止するための条件について学んだ．この章では剛体が運動する場合を取り上げる．剛体は質点と同様にモデル化された物理概念であるが，われわれの身のまわりに存在する大きさをもった物体の運動は，剛体の運動としてみなされるものが多い．この章では，剛体の運動が重心の並進運動と重心のまわりの回転運動によって記述できることを学習する．

11.1 固定軸のまわりの剛体の運動

回転運動の運動方程式　剛体を質点の集合体として考え，この剛体がある決まった固定軸のまわりで回転しているとする．図 11.1 のように，剛体が固定軸 O のまわりを角速度 ω〔rad/s〕で回転する場合，剛体内の各質点は軸 O のまわりで単に円運動をしていることがわかる．そして，角速度 ω〔rad/s〕はすべての質点について共通であるから，この剛体の運動は角速度 ω〔rad/s〕だけで表されることになる．図 11.1 において，質量 m_i〔kg〕の i 番目の質点が軸 O から距離 r_i〔m〕だけ離れた点 P にあるとする．剛体の各質点は円の接線方向に運動するため，i 番目の質点に作用する力の $\overrightarrow{\mathrm{OP}}$ に直交する方向のみを考えればよい．i 番目の質点に作用する力は，外力と j 番目[77] の質点が i 番目の質点に及ぼす内力なので，それぞれの $\overrightarrow{\mathrm{OP}}$ に直交する方向の分力を F_i〔N〕および F_{ji}〔N〕とすれば，点 P にある質点の速さ v_i〔m/s〕は $v_i = r_i\omega$〔m/s〕の関係が成り立つので，この質点の運動方程式は

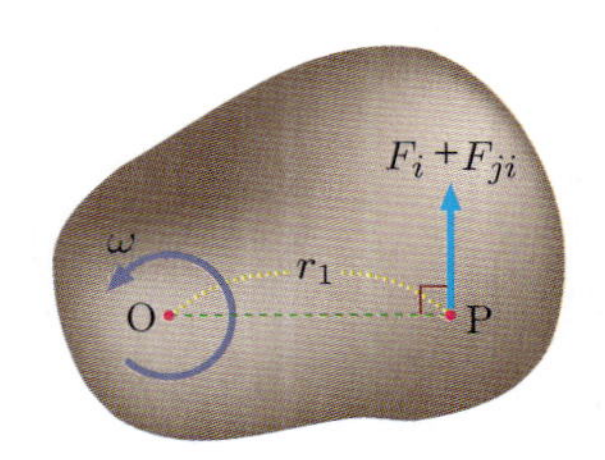

図 11.1　剛体の回転

[77] i 番目の質点に近接している質点である．

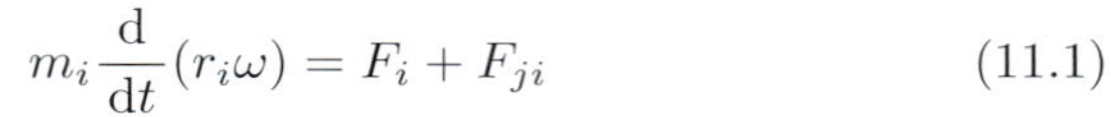

$$m_i \frac{\mathrm{d}}{\mathrm{d}t}(r_i\omega) = F_i + F_{ji} \tag{11.1}$$

と表される．剛体を構成する質点の総数を n とし，式 (11.1) の両辺に r_i〔m〕を掛けて，剛体のすべての質点について足し上げると，

$$\left(\sum_{i=1}^{n} m_i {r_i}^2\right)\frac{\mathrm{d}\omega}{\mathrm{d}t} = N \tag{11.2}$$

となる[78]．ただし，N〔N·m〕は力のモーメントの総和で

$$N = \sum_{i=1}^{n} r_i F_i \tag{11.3}$$

[78] i 番目と j 番目の質点は近接しており ($r_i \fallingdotseq r_j$)，作用反作用の法則から $F_{ji} = -F_{ij}$ である．よって，$r_iF_{ji} + r_jF_{ij} \fallingdotseq r_i(F_{ji} + F_{ij}) = 0$ となるので，式 (11.2) の右辺の内力項は省略した．

とおいた．ここで**慣性モーメント** I〔kg·m^2〕という重要な物理量

$$I = \sum_{i=1}^{n} m_i {r_i}^2 \tag{11.4}$$

を導入すると，式 (11.2) は

$$I \frac{\mathrm{d}\omega}{\mathrm{d}t} = N \tag{11.5}$$

となる．これが剛体の回転運動に対する運動方程式であり，$\dfrac{\mathrm{d}\omega}{\mathrm{d}t}$ を回転の**角加速度**とよぶ．また，回転角を θ〔rad〕とおくと，$\omega = \dfrac{\mathrm{d}\theta}{\mathrm{d}t}$ であるから，式 (11.5) は

$$I \frac{\mathrm{d}^2\theta}{\mathrm{d}t^2} = N \tag{11.6}$$

とも表される．式 (11.5) あるいは式 (11.6) は，力のモーメント N〔N·m〕が剛体に作用したとき，剛体に回転が起こるが，この回転は I〔kg·m^2〕が大きいほど起こりにくくなっていることを示している．逆に，剛体が回転している場合には，I〔kg·m^2〕が大きいほど回転を止めにくいことになる．すなわち慣性モーメント I〔kg·m^2〕は，回転運動に対する慣性の大きさを表す物理量であることがわかる．

図 11.2　皿を回すと，回転軸の方向を保とうという力がはたらくため，皿は棒から落ちてこない．

11.2 剛体のエネルギー

並進運動による運動エネルギー　剛体の運動は，重心の並進運動と重心のまわりの回転運動に分離することができる．まず，並進運動による運動エネルギーを求める．質量 M〔kg〕の剛体の重心が速さ V〔m/s〕で並進運動をしているとすると，剛体の並進運動による運動エネルギー K_{tr}〔J〕は

$$K_{\mathrm{tr}} = \frac{1}{2} MV^2 \tag{11.7}$$

と表される．

回転運動による運動エネルギー　つぎに固定軸のまわりをまわる剛体の回転運動エネルギーを求める．剛体を質点系と考えて，i 番目の質点の質量を m_i〔kg〕とし，その質点から回転軸までの距離を r_i〔m〕とする．剛体が固定軸のまわりを角速度 ω〔rad/s〕で回転しているとすると，i 番目の質点の速さ v_i〔m/s〕は $v_i = r_i\omega$ で与えられるから，この質点の運動エネルギーは $\dfrac{m_i(r_i\omega)^2}{2}$ となる．したがって，剛体全体の回転運動による運動エネルギー K_{rot}〔J〕は

$$K_{\mathrm{rot}} = \sum_{i=1}^{n} \frac{1}{2} m_i(r_i\omega)^2 = \frac{\omega^2}{2} \sum_{i=1}^{n} m_i {r_i}^2 = \frac{1}{2} I\omega^2 \tag{11.8}$$

となる．ここで，I〔kg·m^2〕は固定軸のまわりの慣性モーメントである．式 (11.8) は，式 (11.7) と似た形をしている．つまり，速さ V〔m/s〕の代わり

に角速度 ω〔rad/s〕が，質量 M〔kg〕の代わりに慣性モーメント I〔kg·m^2〕が対応していることがわかる．

剛体のエネルギー保存則　剛体の任意の運動を重心座標系[79]で表せば，剛体の運動エネルギー K〔J〕は，並進運動のエネルギーと重心を通る軸に対する回転運動のエネルギーの和によって与えられる．すなわち，式 (11.7) と式 (11.8) より

$$K = K_{\mathrm{tr}} + K_{\mathrm{rot}} = \frac{1}{2}MV^2 + \frac{1}{2}I\omega^2 \tag{11.9}$$

となる．また，剛体が重力場中にある場合，基準点から重心までの高さを z〔m〕とすると，剛体のもつ位置エネルギー U〔J〕は

$$U = mgz \tag{11.10}$$

である．ここで，g〔m/s^2〕は重力加速度の大きさである．したがって，剛体の運動に対するエネルギー保存則は

$$K + U = \frac{1}{2}MV^2 + \frac{1}{2}I\omega^2 + mgz = 一定 \tag{11.11}$$

となる．

[79] 重心座標系とは，重心を原点とする座標系のことである．

11.3　慣性モーメント

慣性モーメントの求め方　慣性モーメント I〔kg·m^2〕は式 (11.4) で定義され，剛体の形状，質量分布，回転軸のとり方で決まる定数である．しかし，剛体を限りなく細かい質点に分割したとき，これらの質点の質量は連続的に分布している．そこで，実際に剛体の慣性モーメントを計算する場合，各質点についての和は微小部分の質量 $\mathrm{d}m$〔kg〕の剛体全体にわたる積分となる．

$$I = \int_{剛体全体} r^2 \, \mathrm{d}m \tag{11.12}$$

ただし，$\mathrm{d}m = \rho \, \mathrm{d}V$ であり，ρ〔kg/m^3〕は微小部分の密度，$\mathrm{d}V$〔m^3〕はその体積である．

例題 11.1　棒の慣性モーメント

図 11.3 のように，質量 M〔kg〕，長さ ℓ〔m〕の一様な棒の重心 G を通り，棒に垂直な軸のまわりの慣性モーメントを求めよ．

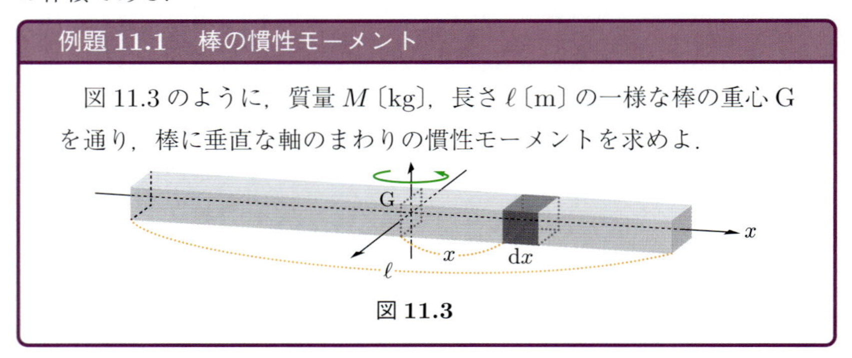

図 11.3

解　棒の重心 G を原点とする x 軸をとり，重心 G から距離 x〔m〕にある微小部分 $\mathrm{d}x$〔m〕の質量 $\mathrm{d}m$〔kg〕を考える．棒の線密度を ρ〔kg/m〕とおくと

$$\mathrm{d}m = \rho \, \mathrm{d}x \tag{11.13}$$

となるから，慣性モーメント I〔kg·m^2〕は，式 (11.12) より

$$I = \int_{剛体全体} x^2\,\mathrm{d}m = \rho \int_{-\ell/2}^{\ell/2} x^2 \mathrm{d}x = \frac{\rho \ell^3}{12} = \frac{M\ell^2}{12} \tag{11.14}$$

となる．ただし，$\rho\ell = M$ の関係を用いた．

例題 11.2　円板の慣性モーメント

図 11.4 のように，質量 M〔kg〕，半径 a〔m〕の一様な薄い円板の中心 O を通り，円板に垂直な軸のまわりの慣性モーメントを求めよ．

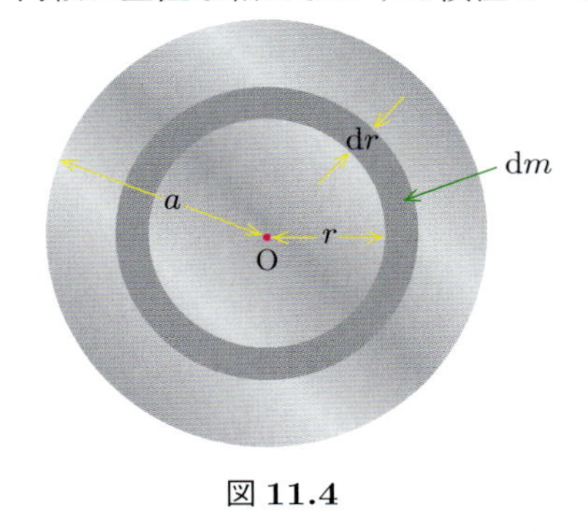

図 11.4

解　円板を中心 O から距離 r〔m〕にある幅 $\mathrm{d}r$〔m〕の同心の円輪に分けて考える．円板の面密度を ρ〔kg/m^2〕とおくと，円輪の質量 $\mathrm{d}m$〔kg〕は

$$\mathrm{d}m = \rho \cdot 2\pi r\,\mathrm{d}r \tag{11.15}$$

となるから，慣性モーメント I〔kg·m^2〕は，

$$I = \int_{剛体全体} r^2\,\mathrm{d}m = 2\pi\rho \int_0^a r^3\,\mathrm{d}r = \frac{\pi\rho a^4}{2} = \frac{Ma^2}{2} \tag{11.16}$$

となる．ただし，$\pi\rho a^2 = M$ の関係を用いた．

慣性モーメントに関する定理　任意の軸のまわりの慣性モーメントの計算は，円板や球体のような対称性の高い剛体の場合でも少々大変である．そこで，慣性モーメントの計算を容易にしてくれる 2 つの定理を説明する．

質量 M〔kg〕の剛体の重心 G を通る軸のまわりの慣性モーメントを I_G〔kg·m^2〕とおくと，この軸と平行でかつ距離 h〔m〕だけ離れた任意の軸のまわりの慣性モーメント I〔kg·m^2〕は

$$I = I_\mathrm{G} + Mh^2 \tag{11.17}$$

で与えられる．この I〔kg·m^2〕と I_G〔kg·m^2〕の関係を**平行軸の定理**という．

つぎに厚さが薄い一様な平板の慣性モーメントを考える．平板上の 1 点を通って平面に垂直な軸のまわりの慣性モーメントを I_z〔kg·m^2〕とし，この点を通り平面に沿って互いに垂直な x 軸と y 軸のまわりの慣性モーメントをそれぞれ I_x〔kg·m^2〕，I_y〔kg·m^2〕とすると

$$I_z = I_x + I_y \tag{11.18}$$

の関係がある．これを**直交軸の定理**という．

> **問 11.1**　質量 M〔kg〕，長さ ℓ〔m〕の一様な棒の端点を通り，棒に垂直な軸のまわりの慣性モーメントを式 (11.17) を用いて求めよ．
>
> **問 11.2**　質量 M〔kg〕，半径 a〔m〕の一様な薄い円板の中心を通り，円板の直径方向の軸のまわりの慣性モーメントを式 (11.18) を用いて求めよ．

11.4　実体振り子

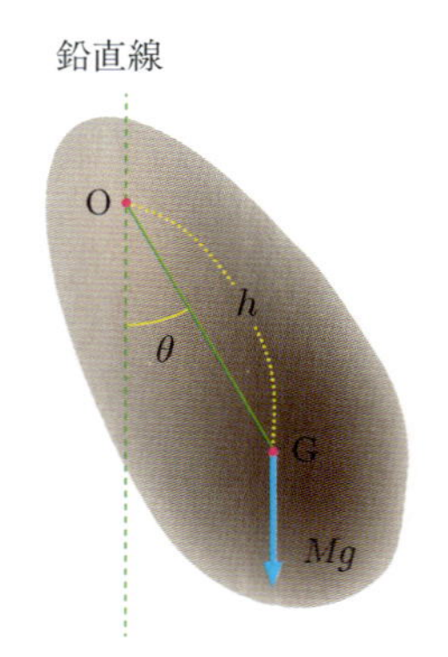

図 11.5　実体振り子

図 11.5 のように，剛体の重心 G を通らない固定された水平軸の点 O のまわりに回転できる剛体の運動を考える．

剛体の質量を M〔kg〕，固定軸から重心 G までの距離を h〔m〕，鉛直線と OG のなす角を θ〔rad〕，重力加速度の大きさを g〔m/s^2〕とすれば，点 O のまわりの重力 Mg による力のモーメント N〔N· m〕は

$$N = Mgh\sin\theta \tag{11.19}$$

となる．θ〔rad〕が増す方向を正にとれば，点 O のまわりの回転運動の運動方程式は式 (11.6) より

$$I\,\frac{\mathrm{d}^2\theta}{\mathrm{d}t^2} = -Mgh\sin\theta \tag{11.20}$$

となる．ここで，I〔kg·m^2〕は点 O のまわりの慣性モーメントである．振幅が小さいときは $\sin\theta \fallingdotseq \theta$ とおけるから，式 (11.20) は

$$\frac{\mathrm{d}^2\theta}{\mathrm{d}t^2} = -\frac{Mgh}{I}\theta \tag{11.21}$$

となる．式 (11.21) は第 9 章で学んだ単振動の方程式と同じ形をしているので，図 11.5 のような剛体の重心は単振動し，その周期 T〔s〕は

$$T = 2\pi\sqrt{\frac{I}{Mgh}} \tag{11.22}$$

となることがわかる．このような剛体による振り子のことを**実体振り子**とよぶ．

> **問 11.3**　図 11.5 において，実体振り子を単振り子と同じであると考えたときの単振り子の糸の長さを求めよ．

図 11.6　ヨーヨーは重力とひもの張力により並進運動を行いながら，力のモーメントにより回転運動する．

11.5　剛体の平面運動

斜面上を転がる円板　前節までは固定軸のまわりの剛体の回転をどのように扱うべきか学んできた．ここでは，あらい斜面をすべらずに転がり落ちる円板や球のように，固定されていない軸のまわりで回転し，剛体の重心が 1 つの平面内を運動する場合について考察する．

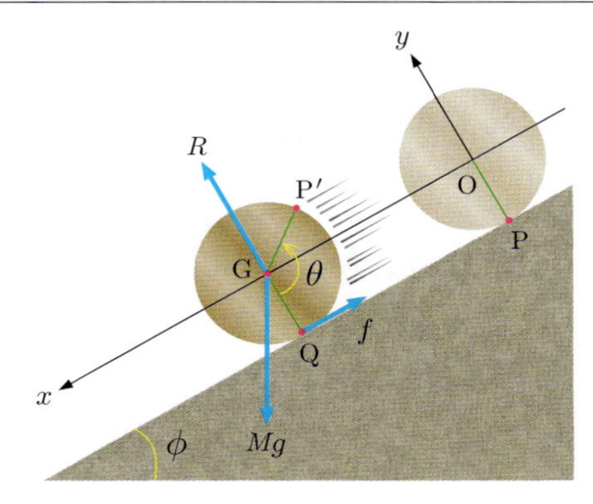

図 11.7　斜面上を転がる円板

図 11.7 のように，水平と角度 ϕ〔rad〕をなすあらい斜面上の点 P に，質量 M〔kg〕，半径 a〔m〕の一様な円板を静かに置いたところ，円板はすべることなく転がり落ちたとする．円板の重心のはじめの位置を原点 O とし，円板の重心を通り斜面に平行で下向きに x 軸をとり，これと垂直に y 軸をとる．円板に作用する垂直抗力の大きさ R〔N〕，摩擦力の大きさ f〔N〕，円板の重心 G のまわりの慣性モーメント I〔$\mathrm{kg{\cdot}m^2}$〕，重力加速度の大きさを g〔$\mathrm{m/s^2}$〕とすると，x 軸方向の重心の運動方程式は

$$M\,\frac{\mathrm{d}^2x}{\mathrm{d}t^2} = Mg\sin\phi - f \tag{11.23}$$

となり，y 軸方向の重心の運動方程式は

$$M\,\frac{\mathrm{d}^2y}{\mathrm{d}t^2} = R - Mg\cos\phi \tag{11.24}$$

となる．さらに，点 P から反時計回りを正とする円板の回転角を θ〔rad〕とすると，回転運動の運動方程式は式 (11.6) より

$$I\,\frac{\mathrm{d}^2\theta}{\mathrm{d}t^2} = af \tag{11.25}$$

となる．重心座標 y は一定という束縛条件から，式 (11.24) の左辺は 0 になるので，つぎのつり合いの関係が得られる．

$$R = Mg\cos\phi \tag{11.26}$$

また，θ〔rad〕だけ回転したときに斜面と接している円板上の点を点 Q，点 P で斜面と接していた円板上の点が点 P′ まで回転したとすると，円板はすべらないから $\overparen{\mathrm{P'Q}} = \overline{\mathrm{PQ}}$ である．よって，$x = a\theta$ が成り立つから

$$\frac{\mathrm{d}^2x}{\mathrm{d}t^2} = a\,\frac{\mathrm{d}^2\theta}{\mathrm{d}t^2} \tag{11.27}$$

と表されることを用いて，式 (11.23) と式 (11.25) より f〔N〕と θ〔rad〕を消去すると

$$\frac{\mathrm{d}^2x}{\mathrm{d}t^2} = \frac{Mga^2\sin\phi}{I + Ma^2} \tag{11.28}$$

を得る．円板の慣性モーメントは式 (11.16) より $I = \dfrac{1}{2}Ma^2$〔kg·m^2〕であるから，これを式 (11.28) に代入して

$$\frac{\mathrm{d}^2x}{\mathrm{d}t^2} = \frac{2}{3}\,g\sin\phi \tag{11.29}$$

となる．したがって，摩擦のある斜面を物体が転がり落ちるときの加速度は，摩擦のない斜面をすべり落ちるときの加速度 $g\sin\phi$ よりも小さくなる．また，式 (11.29) を式 (11.23) に代入して摩擦力 f〔N〕を求めると

$$f = Mg\sin\phi - M\cdot\frac{2}{3}g\sin\phi = \frac{1}{3}Mg\sin\phi \tag{11.30}$$

となる．

問 11.4　図 11.7 において，円板がすべらないための条件を求めよ．ただし，円板と斜面との間の静止摩擦係数を μ とする．

演習問題 11

A

1.　質量 M〔kg〕，半径 a〔m〕の一様な円環の中心を通り，円環のつくる平面に垂直な軸のまわりの慣性モーメントを求めよ．

2.　図 11.5 において，実体振り子の周期が最小となる固定軸から重心 G までの距離 h〔m〕を求めよ．ただし，剛体の重心 G を通る水平軸の周りの慣性モーメントを I_{G}〔kg·m^2〕とする．

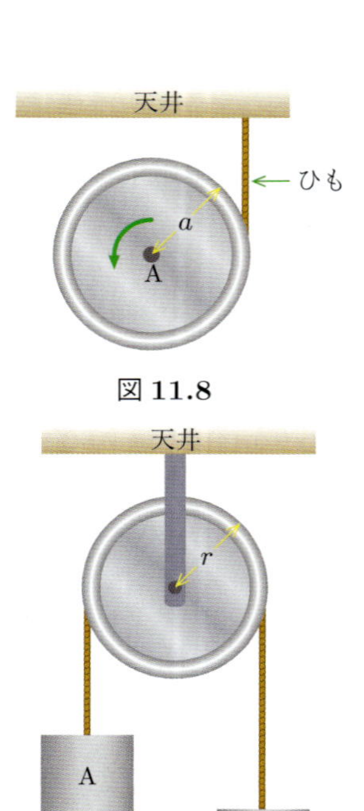

図 11.8
図 11.9

B

1.　質量 M〔kg〕，半径 a〔m〕の一様な球の中心を通る軸のまわりの慣性モーメントを求めよ．

2.　図 11.8 のように，天井に固定された軽いひもを，質量 M〔kg〕，半径 a〔m〕の一様な円板 A の周囲にまきつけ，A を鉛直にして静かにはなすと，A は回転しながら落下した．ただし，重力加速度の大きさを g〔m/s^2〕とし，A の重心のまわりの慣性モーメントを $\dfrac{Ma^2}{2}$〔kg·m^2〕とする．

(a)　A の加速度の大きさを求めよ．

(b)　ひもの張力の大きさを求めよ．

3.　図 11.9 のように，質量 M〔kg〕，半径 r〔m〕の一様な円板状の定滑車を天井に固定した．この定滑車に軽い糸をかけ，その両端に質量 m_1〔kg〕の物体 A と，質量 m_2〔kg〕($m_1 > m_2$) の物体 B をそれぞれつり下げて静かにはなすと，定滑車は回転を始めた．ただし，重力加速度の大きさを g〔m/s^2〕とし，定滑車の重心まわりの慣性モー

メントを I〔kg·m^2〕とする．

(a) A の加速度の大きさを求めよ．

(b) B を引く糸の張力の大きさを求めよ．

12 運動量

物体にはたらく力がわかれば，運動方程式を解くことで物体の運動のようすを記述することができる．しかし，自動車の衝突事故や野球のボールをバットで打つなどの衝突現象では，力が時間的に変化しかつその変化のようすもわからないため，運動の時間変化を表すことは困難である．この章では，運動量という概念を導入することによって，衝突現象における運動の変化を調べる方法について学習する．

12.1 運動量と力積

運動量　質量 m〔kg〕の小物体が速度 $\vec{v}$〔m/s〕で運動しているとき，質量と速度の積として

$$\vec{p} = m\vec{v} \tag{12.1}$$

という量を定義する．これを**運動量**とよび，物体の運動の「いきおい」を表す量である．速度がベクトル量なので，運動量は速度と同じ方向をもつベクトル量であり，その大きさ $p = |\vec{p}|$ の単位は〔kg·m/s〕である．

問 12.1　質量 1.5×10^3 kg の車が 20 m/s で走っているとき，車のもつ運動量を求めよ．

力積　図 12.1 のように，なめらかな水平面上を速度 $\vec{v}_1$〔m/s〕で運動している質量 m〔kg〕の小物体 A に，時刻 $t = t_1$〔s〕から時刻 $t = t_2$〔s〕までの短い時間 Δt〔s〕$(= t_2 - t_1)$ の間だけ一定の力 $\vec{F}$〔N〕を作用させたところ，A の速度が $\vec{v}_2$〔m/s〕となったとする．Δt〔s〕の間に A に生じている加速度 $\vec{a}$〔m/s^2〕は

$$\vec{a} = \frac{\vec{v}_2 - \vec{v}_1}{t_2 - t_1} = \frac{\vec{v}_2 - \vec{v}_1}{\Delta t} \tag{12.2}$$

図 12.1　ある短い時間だけ物体に作用する力

であるから，A の運動方程式 $m\vec{a} = \vec{F}$ より

$$m\vec{v}_2 - m\vec{v}_1 = \vec{F}\,\Delta t \tag{12.3}$$

となる．式 (12.3) の右辺で，$\vec{F}\,\Delta t$ で表される量のことを**力積**とよぶ．また，式 (12.1) より，$\vec{p}_1 = m\vec{v}_1$，$\vec{p}_2 = m\vec{v}_2$ とおくと，式 (12.3) は

$$\vec{p}_2 - \vec{p}_1 = \vec{F}\,\Delta t \tag{12.4}$$

と表される．したがって，式 (12.3) より，物体の運動量の変化はその時間内に作用した力積に等しいことがわかる．

問 12.2　なめらかな水平面上を質量 5.0 kg の物体が速さ 2.0 m/s で走っている．この物体の走っている向きに，15 N·s の力積を加えた後の物体の速さを求めよ．

図 12.2　ボールがラケットのガットに接触している時間が長ければ長いほどボールに与えられる力積は大きくなり，早いボールが打ち返される．

12.2 撃力と平均の力

撃力　物体同士の衝突のように，瞬間的に作用して，物体の速度を急激に変化させるような力を**撃力**とよぶ．撃力の場合，一般には力の大きさが時間とともに変化するため，各瞬間の力の状況はよくわからないが，撃力が物体に作用する前後の物体の運動量変化から力積を知ることができる．

図 12.3 の F-t グラフのように，時間的に変化する撃力 $\vec{F}$〔N〕を考え，この撃力が時刻 t_1〔s〕から時刻 t_2〔s〕までの短時間に質量 m〔kg〕の小物体に作用したときの力積を求める．

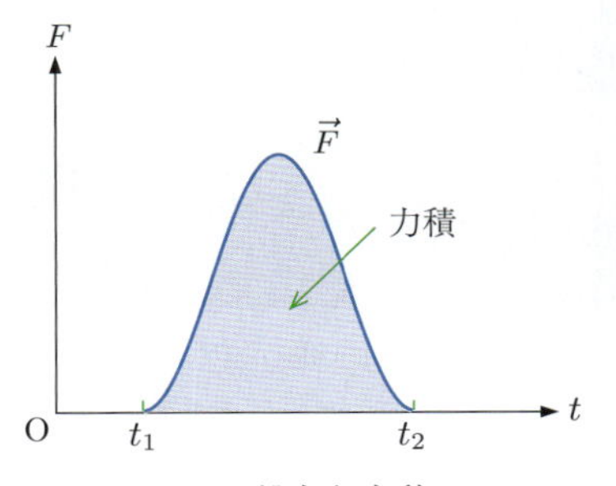

図 12.3　撃力と力積

ニュートンの運動方程式 $m\dfrac{\mathrm{d}\vec{v}}{\mathrm{d}t} = \vec{F}$ は，質量 m〔kg〕を一定としているから

$$\frac{\mathrm{d}(m\vec{v})}{\mathrm{d}t} = \vec{F} \tag{12.5}$$

と書き直すことができる．さらに，式 (12.1) を用いると式 (12.5) は

$$\frac{\mathrm{d}\vec{p}}{\mathrm{d}t} = \vec{F} \tag{12.6}$$

となるから，上式を積分することで小物体の運動量の変化を求めることができる．すなわち，式 (12.6) の両辺を t_1〔s〕から t_2〔s〕の間で積分して

$$\int_{t_1}^{t_2} \frac{\mathrm{d}\vec{p}}{\mathrm{d}t}\,\mathrm{d}t = \vec{p}(t_2) - \vec{p}(t_1) = \int_{t_1}^{t_2} \vec{F}\,\mathrm{d}t \tag{12.7}$$

が得られる．式 (12.7) の右辺は t_1〔s〕から t_2〔s〕までの力積を表しており，図 12.3 の時間的に変化する $\vec{F}(t)$〔N〕によって囲まれた面積に対応している．この力積を $\vec{I}$〔N·s〕とおくと

$$\vec{I} = \int_{t_1}^{t_2} \vec{F}\,\mathrm{d}t = \vec{p}(t_2) - \vec{p}(t_1) \tag{12.8}$$

となる．式 (12.8) は $\vec{F}$〔N〕の時間変化が具体的にわかっていなくとも，運動量の変化量から力積 $\vec{I}$〔N·s〕が計算できることを示している．

平均の力　一般的には，図12.3のように衝突時に作用している力は時間とともに変化する．そこで，次のような力の時間平均 $\overline{\vec{F}}$〔N〕を定義すると便利である．

$$\overline{\vec{F}} = \frac{1}{\Delta t}\int_{t_1}^{t_2} \vec{F}\,\mathrm{d}t \tag{12.9}$$

ここで，$\Delta t = t_2 - t_1$ である．式(12.9)を用いると式(12.8)は

$$\vec{I} = \overline{\vec{F}}\,\Delta t \tag{12.10}$$

と表すことができる．図12.4に示したこの $\overline{\vec{F}}$〔N〕は，実際は時間的に変化する $\vec{F}(t)$〔N〕が衝突時間 Δt〔s〕かけて物体に力積 $\vec{I}$〔N·s〕を与えるとき，$\vec{I}$ と同じ大きさの力積を同じ時間 Δt〔s〕かけて物体に与える一定の力であり，**平均の力**とよぶ．

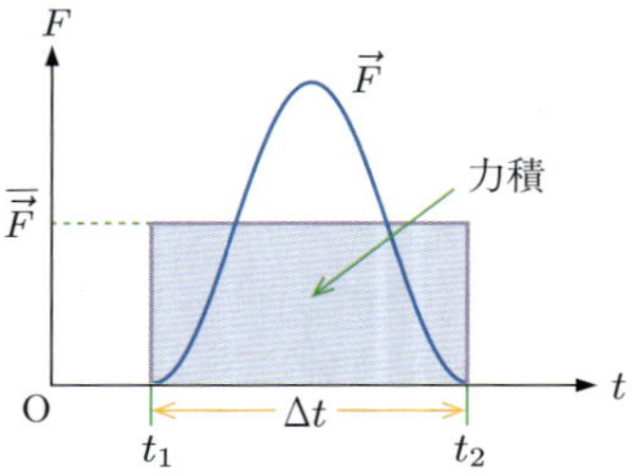

図12.4　平均の力と力積

図12.5　車が硬い壁に衝突すると，車の運動量のほとんどが車を破壊するために使われる．

例題12.1　人が地面から受ける平均の力の大きさ

質量60 kgの人が地面から高さ5.0 mの位置より飛び降りて静止した．人が地面に衝突してから静止するまで 1.0×10^{-2} sかかったとして，人に作用した平均の力の大きさを求めよ．ただし，重力加速度の大きさを $9.8\,\mathrm{m/s^2}$ とする．

解　人の質量を m〔kg〕，高さを h〔m〕，地面に衝突する直前の速さを v〔m/s〕，衝突時間を Δt〔s〕，重力加速度の大きさを g〔$\mathrm{m/s^2}$〕として，力学的エネルギー保存の法則を利用する．

はじめ，人は高さ h〔m〕の位置で静止していたので，地面を基準点としたときの力学的エネルギーは mgh〔J〕である．そして，地面に衝突する直前の高さは0で速さは v〔m/s〕より，そのときの力学的エネルギーは $\frac{1}{2}mv^2$〔J〕となる．よって，力学的エネルギー保存の法則より

$$mgh = \frac{1}{2}mv^2 \tag{12.11}$$

が成り立つので，衝突直前の速さ v〔m/s〕は

$$v = \sqrt{2gh} \tag{12.12}$$

となる．また，人は地面と衝突後に静止したので，衝突後に人がもつ運動量は0である．これより，人が衝突で地面から受けた力積 I〔N·s〕は

$$I = 0 - mv = -m\sqrt{2gh} \tag{12.13}$$

となる．したがって，人が地面から受ける平均の力の大きさ F〔N〕は式(12.13)を Δt〔s〕で割り

$$F = |\,I\,| = \frac{m\sqrt{2gh}}{\Delta t} \tag{12.14}$$

となるので，式(12.14)に与えられた数値を代入すると，力の大きさは 5.9×10^4 Nとなる．いま，人が片足で地面に着地したとして，骨折するかどうかを考えてみる．足の骨の断面積を $4.0 \times 10^{-4}\,\mathrm{m^2}$ とすると，骨が受ける単位面積あたりの力(**圧力**という)は $1.5\times10^8\,\mathrm{N/m^2}$ となる．骨は約 $10^8\,\mathrm{N/m^2}$ の圧力で折れてしまうので，質量60 kgの人が高さ5.0 mの高さから飛び降りた場合は骨折する可能性が大である．

問 12.3 撃力の時刻 t〔s〕における大きさが，次のように表されているとする．この撃力が時刻 0 から時刻 T〔s〕まで物体に作用したとき，物体に与えられた力積と平均の力を求めよ．

$$F(t) = 2\sin^2\left(\frac{\pi t}{T}\right) \tag{12.15}$$

問 12.4 質量 2.0×10^3 kg の自動車が速さ 24 m/s で壁に衝突して静止した．自動車が壁に衝突してから静止するまで 3.0×10^{-3} s かかったとして，自動車に作用した平均の力の大きさを求めよ．

12.3 運動量保存の法則

運動量の保存　図 12.7(a) のように，なめらかな直線上を質量 m_A〔kg〕，m_B〔kg〕の小球 A と B がそれぞれ速さ v_A〔m/s〕，v_B〔m/s〕($v_A > v_B$) で正の向きに運動している場合を考える．$v_A > v_B$ であるから，2 つの小球はいずれ図 12.7(b) のように衝突し，衝突時に接触している時間 Δt〔s〕の間に A と B は相互に力を及ぼしあう．その後，図 12.7(c) のように A と B の速さがそれぞれ $v_A{}'$〔m/s〕，$v_B{}'$〔m/s〕になったとする．

図 12.6　ビリヤード

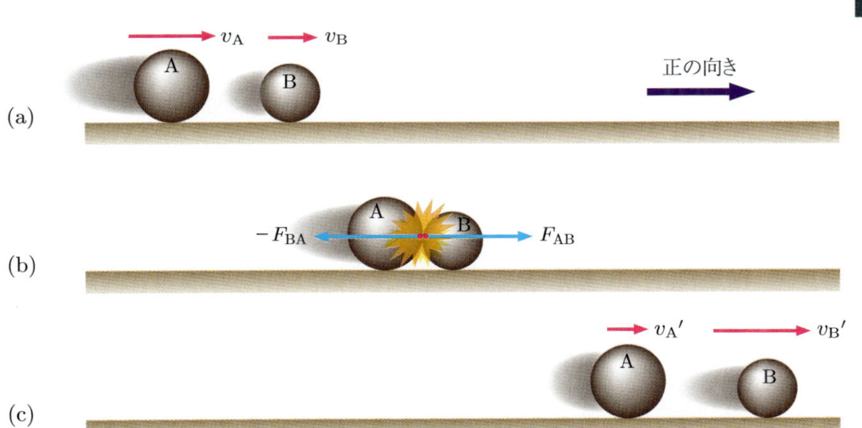

図 12.7　2 つの小球の衝突

B が A に及ぼす負の向きの力を $-F_{BA}$〔N〕とし，2 つの小球に内力[80]だけが作用しているとすると，衝突による A の運動量変化は

$$m_A v_A{}' - m_A v_A = -F_{BA}\,\Delta t \tag{12.16}$$

と表される．同様にして，A が B に及ぼす正の向きの力を F_{AB}〔N〕とすると，衝突による B の運動量変化は

$$m_B v_B{}' - m_B v_B = F_{AB}\,\Delta t \tag{12.17}$$

となる．作用反作用の法則より，F_{AB}〔N〕と F_{BA}〔N〕は大きさが等しく

80) 考えている対象物の間だけで相互作用する力を内力とよぶ．

$(F_{\mathrm{AB}} = F_{\mathrm{BA}})$，互いに反対方向を向いているから，式 (12.16) と式 (12.17) を辺々を加えて整理すると，次式が得られる．

$$m_{\mathrm{A}}v_{\mathrm{A}} + m_{\mathrm{B}}v_{\mathrm{B}} = m_{\mathrm{A}}v_{\mathrm{A}}' + m_{\mathrm{B}}v_{\mathrm{B}}' \tag{12.18}$$

式 (12.18) は，衝突後の A と B の運動量の和が衝突前の A と B の運動量の和に等しいことを表している．このように，考えている対象物に作用する力が内力のみで外力が作用しない場合，対象物の全運動量の和は時間変化しない．これを**運動量保存の法則**とよぶ．

上記では同一直線上を運動している場合を考えたが，2 次元あるいは 3 次元の運動の場合には，式 (12.18) を次式のベクトル量で考える必要がある．

$$m_{\mathrm{A}}\vec{v}_{\mathrm{A}} + m_{\mathrm{B}}\vec{v}_{\mathrm{B}} = m_{\mathrm{A}}\vec{v}_{\mathrm{A}}' + m_{\mathrm{B}}\vec{v}_{\mathrm{B}}' \tag{12.19}$$

問 12.5　x 軸上を正の向きに 4.0 m/s で運動する質量 0.80 kg の小球 A と，負の向きに 6.0 m/s で運動する質量 0.20 kg の小球 B が正面衝突し，一体となって運動した．このとき，衝突後の A と B の速度の向きと大きさを求めよ．

例題 12.2　平面内での物体の衝突

図 12.8 のように，x 軸上を正の向きに速度 $\vec{v}_{\mathrm{A}}$〔m/s〕で運動する質量 m〔kg〕の小球 A と y 軸上を正の向きに速度 $\vec{v}_{\mathrm{B}}$〔m/s〕で運動する質量 $2m$〔kg〕の小球 B が原点 O で衝突し，その後一体となって運動した．このとき，衝突後に一体となった物体の速度の向きと大きさを求めよ．ただし，A と B に外力は作用していないものとする．

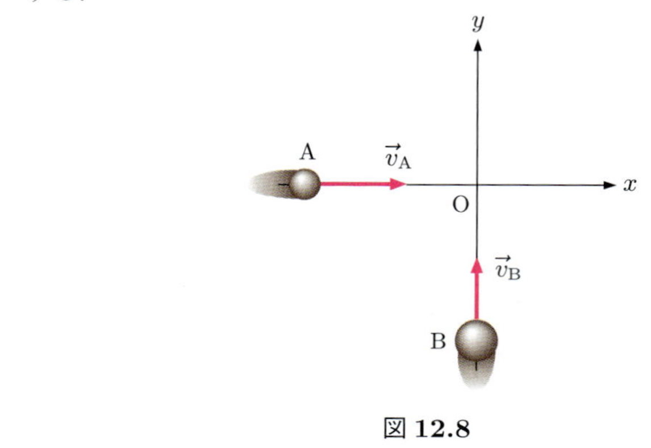

図 12.8

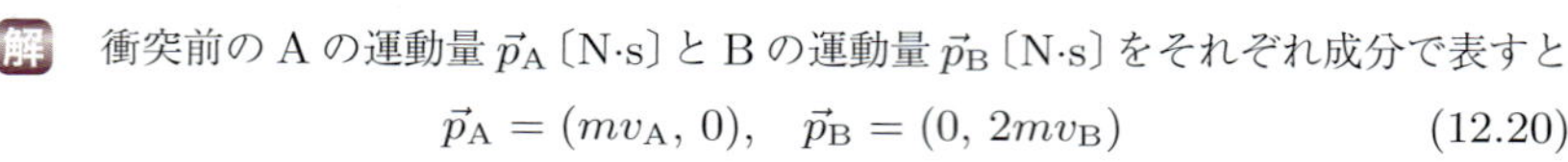

解　衝突前の A の運動量 $\vec{p}_{\mathrm{A}}$〔N·s〕と B の運動量 $\vec{p}_{\mathrm{B}}$〔N·s〕をそれぞれ成分で表すと

$$\vec{p}_{\mathrm{A}} = (mv_{\mathrm{A}},\ 0), \quad \vec{p}_{\mathrm{B}} = (0,\ 2mv_{\mathrm{B}}) \tag{12.20}$$

となる．また，図 12.9 のように，衝突後に一体となった物体の速度を $\vec{V}$〔m/s〕とおくと，物体の運動量 $\vec{P}$〔kg·m/s〕は

$$\vec{P} = (3mV_x,\ 3mV_y) \tag{12.21}$$

となる．

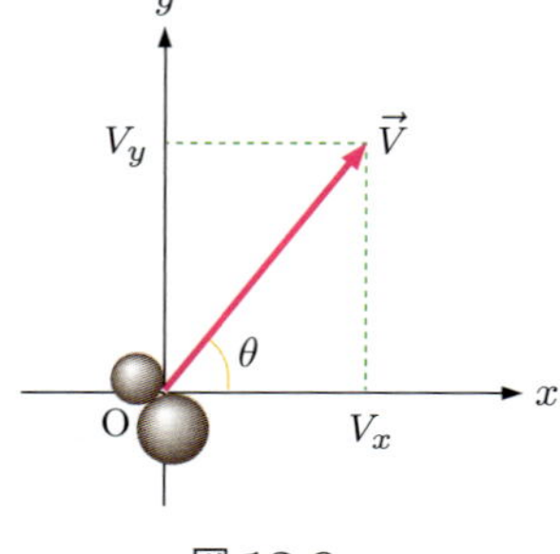

図 12.9

衝突の前後で運動量は変化しないので，式 (12.19) を成分で表せば

$$(mv_{\mathrm{A}},\ 2mv_{\mathrm{B}}) = (3mV_x,\ 3mV_y) \tag{12.22}$$

となる．したがって，衝突後の速度 $\vec{V}$〔m/s〕は

$$\vec{V} = (V_x,\ V_y) = \left(\frac{v_\mathrm{A}}{3},\ \frac{2v_\mathrm{B}}{3}\right) \tag{12.23}$$

と表されるので，速さ V〔m/s〕は

$$V = \frac{1}{3}\sqrt{{v_\mathrm{A}}^2 + 4{v_\mathrm{B}}^2} \tag{12.24}$$

のように求まる．また，x 軸と $\vec{V}$〔m/s〕のなす角を θ〔rad〕とすると，$\vec{V}$〔m/s〕の向きは

$$\tan\theta = \frac{V_y}{V_x} = \frac{2v_\mathrm{B}}{v_\mathrm{A}} \tag{12.25}$$

となる角度である．

12.4　はね返り係数

反発の度合いを表す量　図 12.7 のように，同一直線上を 2 つの小球 A, B が衝突するとき，衝突前後の速度の間にはどのような関係があるのかを考えてみる．図 12.10 のように，衝突前は相対速度の大きさ $|v_\mathrm{A} - v_\mathrm{B}| = v_\mathrm{A} - v_\mathrm{B}$ で互いに近づいていき，衝突後は相対速度の大きさ $|{v_\mathrm{A}}' - {v_\mathrm{B}}'| = {v_\mathrm{B}}' - {v_\mathrm{A}}'$ で互いに遠ざかっていくことがわかる．

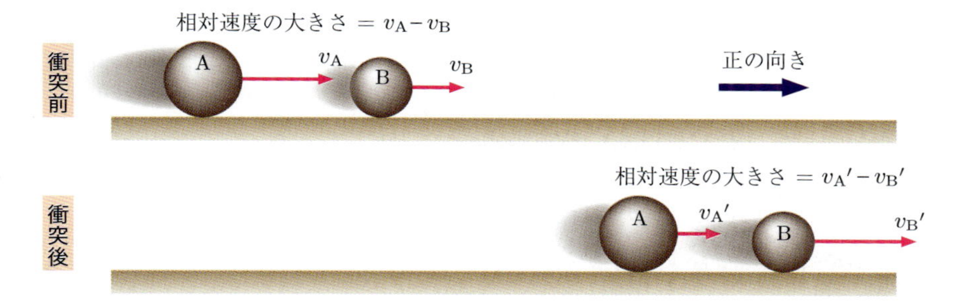

図 12.10　衝突前後の相対速度の大きさ

このとき，衝突における反発の度合いを表す量として，衝突前後の相対速度の大きさの比 e を次のように定義する．

$$e = -\frac{{v_\mathrm{A}}' - {v_\mathrm{B}}'}{v_\mathrm{A} - v_\mathrm{B}} \tag{12.26}$$

この e を**はね返り係数**あるいは**反発係数**とよぶ．一般に，衝突後の相対速度の大きさは衝突前の相対速度の大きさ以下なので，はね返り係数 e の範囲は $0 \leqq e \leqq 1$ である．$e = 1$ の衝突を**弾性衝突**とよび，衝突前の速さと同じ速さではね返る衝突である．現実の多くの物体の衝突では $0 \leqq e < 1$ であり，このような衝突を**非弾性衝突**とよぶ．特に，$e = 0$ の衝突を**完全非弾性衝突**とよび，衝突後にはね返らずに一体となって運動する．

例題 12.3　自由落下する物体と地面の衝突

地面からの高さが h〔m〕の位置より小球を自由落下させたところ，地面ではね返った．このとき，はね返った後の小球が到達する最高点の高さを求めよ．ただし，小球と地面の間のはね返り係数を e とする．

解　小球と衝突する相手は地面であるから，式 (12.26) で $v_{\mathrm{B}} = v_{\mathrm{B}}{}' = 0$ とし，衝突前後の小球の速さだけを考えればよい．重力加速度の大きさを g〔m/s^2〕として，例題 12.1 の結果を利用する．式 (12.12) より，衝突直前の小球の速さ v〔m/s〕は

$$v = \sqrt{2gh} \tag{12.27}$$

と表される．また同様にして，はね返った後の小球が到達する最高点の高さを h'〔m〕とすると，衝突直後の小球の速さ v'〔m/s〕は

$$v' = \sqrt{2gh'} \tag{12.28}$$

となる．衝突の前後で速度の向きが反転することに注意して，式 (12.26) で $v_{\mathrm{A}} = v$，$v_{\mathrm{A}}{}' = -v'$ とおくと

$$e = \frac{v'}{v} = \sqrt{\frac{h'}{h}} \tag{12.29}$$

となる．したがって，h'〔m〕は次のようになる．

$$h' = e^2 h \tag{12.30}$$

問 12.6　地面から高さ 5.0 m の位置より小球を自由落下させたところ，地面ではね返った．このとき，はね返った後の小球が到達する最高点の高さを求めよ．ただし，小球と地面の間のはね返り係数を 0.60 とする．

12.5　いろいろな衝突

直線上での 2 つの物体の衝突　図 12.11(a) のように，なめらかな直線上を正の向きに進む質量 m_1〔kg〕の物体 A と質量 m_2〔kg〕の物体 B が正面衝突した．衝突前の物体 A, B の速度をそれぞれ v_1〔m/s〕，v_2〔m/s〕($v_1 > v_2$)，両物体の間のはね返り係数を e とし，衝突後の A と B の速度を考える．

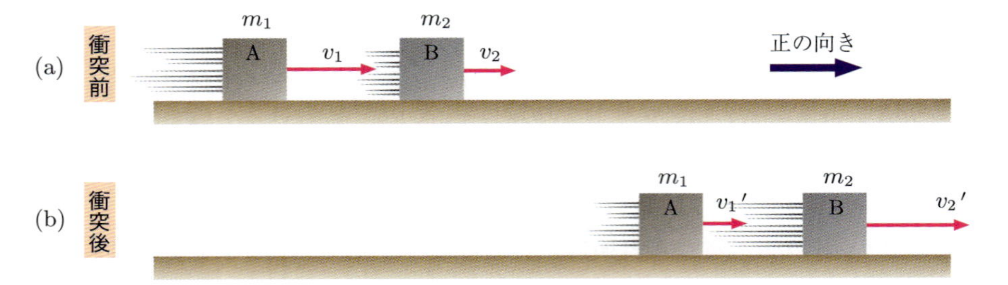

図 12.11　直線上での 2 つの物体の衝突

図 12.11(b) のように，衝突後の A と B の速度がそれぞれ $v_1{}'$〔m/s〕, $v_2{}'$〔m/s〕になったとすると，式 (12.18) の運動量保存の法則より

$$m_1 v_1 + m_2 v_2 = m_1 v_1{}' + m_2 v_2{}' \tag{12.31}$$

が成り立つ．また，はね返り係数の式 (12.26) より

$$e = -\frac{v_1{}' - v_2{}'}{v_1 - v_2} \tag{12.32}$$

となる．式 (12.31) と式 (12.32) を連立させて，$v_1{}'$〔m/s〕および $v_2{}'$〔m/s〕について解くと

$$\begin{aligned} v_1{}' &= \frac{(m_1 - em_2)v_1 + (m_2 + em_2)v_2}{m_1 + m_2} \\ v_2{}' &= \frac{(m_1 + em_1)v_1 + (m_2 - em_1)v_2}{m_1 + m_2} \end{aligned} \tag{12.33}$$

のように求まる．

特に，式 (12.33) で $e = 1$ とおいて弾性衝突の場合を考えると

$$v_1{}' = \frac{(m_1 - m_2)v_1 + 2m_2 v_2}{m_1 + m_2}, \quad v_2{}' = \frac{2m_1 v_1 + (m_2 - m_1)v_2}{m_1 + m_2} \tag{12.34}$$

となり，衝突後に 2 つの物体のもつ運動エネルギーの和は

$$\frac{1}{2} m_1 v_1{}'^2 + \frac{1}{2} m_2 v_2{}'^2 = \frac{1}{2} m_1 v_1{}^2 + \frac{1}{2} m_2 v_2{}^2 \tag{12.35}$$

となっていることがわかる．すなわち，弾性衝突では運動量だけでなく運動エネルギーも保存する．

一方，非弾性衝突 $(0 \leqq e < 1)$ では，衝突の前後で運動エネルギーは保存しない．

問 12.7 なめらかな直線上を右向きに速さ 2.0 m/s で進む質量 0.30 kg の小球 A が，左向きに速さ 4.0 m/s で進む質量 0.20 kg の小球 B と正面衝突した．この衝突のはね返り係数を 0.50 として，衝突後の A と B の速度をそれぞれ求めよ．

図 12.12 床で弾むボール

なめらかな面への斜め衝突　図 12.13 のように，小球 A がなめらかな水平面に斜めに衝突し，はね返る場合を考える．A が水平面に衝突する直前と直後の速度をそれぞれ $\vec{v}$〔m/s〕, $\vec{v}'$〔m/s〕とし，鉛直線と速度の向きとのなす角を，衝突する直前と直後でそれぞれ θ_1〔rad〕と θ_2〔rad〕であったとする．

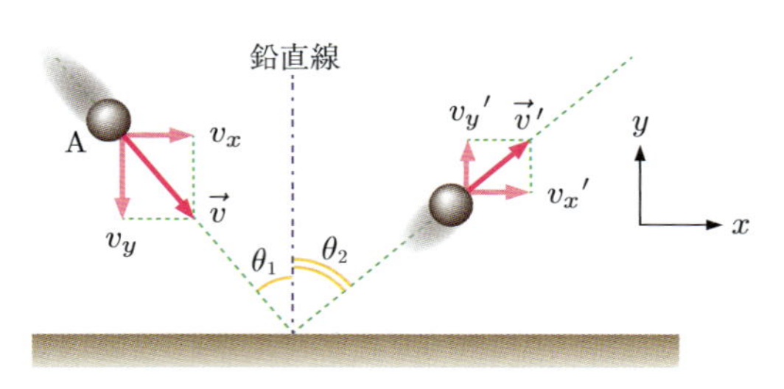

図 12.13 なめらかな水平面への斜め衝突

図 12.13 のように x-y 座標をとり，A が水平面と衝突する直前と直後の速度の x 成分と y 成分をそれぞれ v_x〔m/s〕，$-v_y$〔m/s〕および $v_x{}'$〔m/s〕，$v_y{}'$〔m/s〕とする．なめらかな水平面と衝突する場合，水平面と平行な x 方向には力を受けないから，A の速度の x 成分は変化しない．したがって，

$$v_x{}' = v_x \tag{12.36}$$

が成り立つ．一方，水平面と垂直な y 方向では，面から力積を受けるため，A の速度の y 成分が変化する．すなわち，A と水平面の間のはね返り係数を e とおくと

$$e = -\frac{v_y{}'}{-v_y} \tag{12.37}$$

が成り立つので，

$$v_y{}' = ev_y \tag{12.38}$$

となる．また，衝突前後の A の速度と鉛直線とのなす角は，それぞれ

$$\tan\theta_1 = \frac{v_x}{v_y},\quad \tan\theta_2 = \frac{v_x{}'}{v_y{}'} = \frac{\tan\theta_1}{e} \tag{12.39}$$

と表される．

特に，弾性衝突 $(e = 1)$ の場合，$v_y{}' = v_y$ となり，衝突前後の速さも等しくなり，θ_1〔rad〕と θ_2〔rad〕は等しくなる．

問 12.8　図 12.13 において，$\theta_1 = \dfrac{\pi}{4}$，$\theta_2 = \dfrac{\pi}{3}$ であったとき，小球と水平面の間のはね返り係数を求めよ．

演習問題 12

A

1. 質量 1.8×10^3 kg の自動車が速さ 36 km/h で壁に衝突して静止した．自動車が壁に衝突してから静止するまで 2.0×10^{-2} s かかったとして，自動車に作用した平均の力の大きさを求めよ．

2. 燃料を含めた質量 M〔kg〕のロケットが静止している．このロケットから質量 m〔kg〕の燃料を速さ v〔m/s〕で噴射したところ，この反動でロケットは動き出した．このときのロケットの速さを求めよ．

3. 地面からの高さが h〔m〕の位置より小球 A を自由落下させたところ，A は地面で衝突してはね上がり，再び落下した．ただし，重力加速度の大きさを g〔m/s^2〕とし，A と地面の間のはね返り係数を e とする．

(a)　A が地面に衝突するまでの時間を求めよ．

(b)　A が地面に衝突した直後の A の速さを求めよ．

(c)　地面に衝突した後の A が到達する最高点の高さを求めよ．

(d)　A が自由落下を始めてから地面に 2 回目の衝突をするまでの時間を求めよ．

B

1.　図 12.14 のように，水平面上の点 P から角度 θ〔rad〕，初速度 v〔m/s〕で小球 A を投げたところ，鉛直でなめらかな壁上の点 Q で壁と垂直に衝突し，A ははね返って水平面上の点 R に落下した．このとき，点 Q の真下の水平面上の点を点 O とすると，$\mathrm{OR} = \dfrac{2}{3}\mathrm{OP}$ であった．ただし，重力加速度の大きさを g〔m/s^2〕とし，すべての運動は同じ鉛直面内で起こるものとする．

(a)　A を投げてから壁と衝突するまでの時間を求めよ．

(b)　水平距離 OP〔m〕を求めよ．

(c)　A と壁の間のはね返り係数を求めよ．

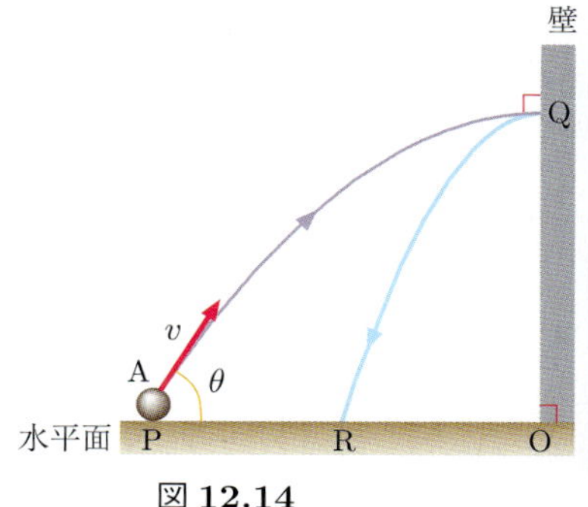

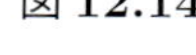

図 12.14

2.　図 12.15 のように，水平面と角 θ〔rad〕をなすなめらかな斜面がある．この斜面上の点 P から高さ h〔m〕の位置より質量 m〔kg〕の小球 A を自由落下させたところ，A は斜面に衝突し，水平方向にはね返った．ただし，重力加速度の大きさを g〔m/s^2〕とする．

(a)　A と斜面の間のはね返り係数を求めよ．

(b)　A が斜面から受ける力積の大きさを求めよ．

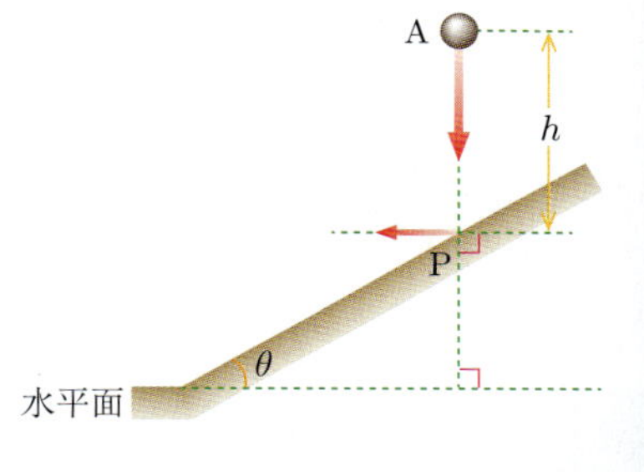

図 12.15

3.　なめらかな水平面上に質量 M〔kg〕の木材が静止している．この木材に水平方向から質量 m〔kg〕の弾丸を打ち込んだところ，木材は弾丸と一体となって速さ V〔m/s〕で動き出した．このとき，弾丸が木材に侵入した深さは ℓ〔m〕であった．

(a)　衝突直前の弾丸の速さを求めよ．

(b)　衝突で失われた運動エネルギーを求めよ．

(c)　木材が弾丸から受ける力の大きさを求めよ．ただし，弾丸が木材に侵入していくときに，弾丸と木材の間にはたらく力の大きさは一定であったとする．

13 流体の表し方

水や空気などのような液体や気体はある決まった形をもたず，容器の形に合わせて自由に変形することができる．この章では，このような性質をもつ液体や気体にはたらく力や運動の表し方について学習する．

13.1 静止流体

図 13.1 ハイヒールとゾウ

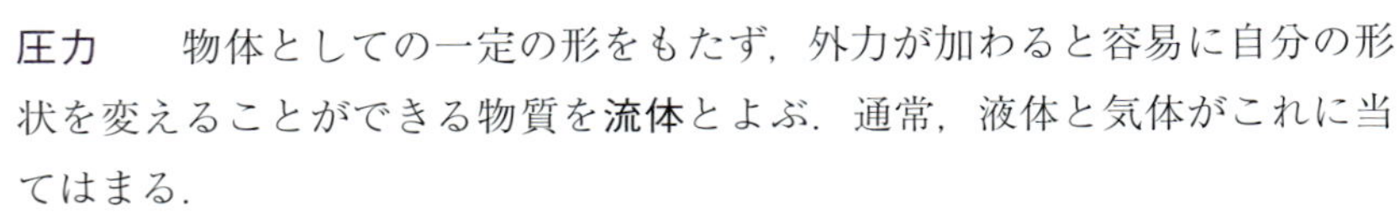

圧力 物体としての一定の形をもたず，外力が加わると容易に自分の形状を変えることができる物質を**流体**とよぶ．通常，液体と気体がこれに当てはまる．

静止している流体は，圧縮力に対しては弾性をもつが，接線応力 (ずれ応力) や引っ張り力を起こさせようとする外力に対してはほとんど抵抗を示さない．すなわち，静止流体内にある物体に作用する唯一の応力は，その物体を圧縮しようとする性質の応力で，**圧力**とよばれている．SI 単位系では応力の単位は〔N/m^2〕であり，これを**パスカル**〔Pa〕という単位で表す．したがって，面積 S〔m^2〕の面に，大きさ F〔N〕の力が面に垂直にはたらいているときの圧力の大きさ P〔Pa〕は

$$P = \frac{F}{S} \tag{13.1}$$

となる．

> **問 13.1** $3.0\,\mathrm{cm}^2$ の断面に，大きさ 9.0 N の力が面に立てた法線と 60 度のなす向きにはたらいている．このときの圧力の大きさを求めよ．

重力による圧力 静止している流体内で，高さの異なる 2 点での圧力を考える．図 13.3 のように，密度 ρ〔kg/m^3〕の流体中に，上面が水平な，底面積 S〔m^2〕，高さ h〔m〕の直方体を考える．この直方体には，上面を下向きに押す圧力 p_1〔Pa〕による力，直方体にはたらく重力，および下面を上向きに押す圧力 p_2〔Pa〕による力の 3 力が加わっている．したがって，重力加速度の大きさを g〔m/s^2〕とすると，鉛直方向の力のつり合いから，$p_2S = p_1S + \rho hSg$ となり

$$p_2 = p_1 + \rho gh \tag{13.2}$$

を得る．ただし，流体の密度は圧力によらず一定とした．

したがって，深さが h〔m〕だけ増すことによる圧力の変化 $p_2 - p_1$ は

$$p_2 - p_1 = \rho g h \tag{13.3}$$

と表される．特に，流体が水の場合には**水圧**とよばれる．水の密度は $10^3\,\mathrm{kg/m^3}$ であるから，水深が 10 m 深くなるごとに，水圧は約 10^5 Pa (≒1atm) ずつ大きくなる．

なお，静止流体内で，同一平面内のすべての点における圧力が等しいことも，水平方向のつり合いから証明することができる．

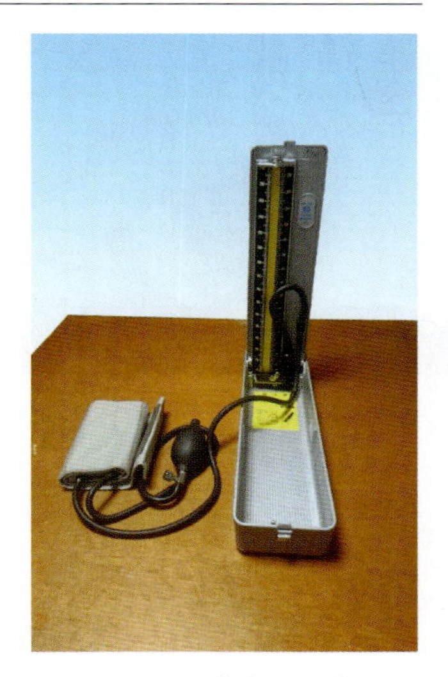

図 **13.2**　水銀血圧計

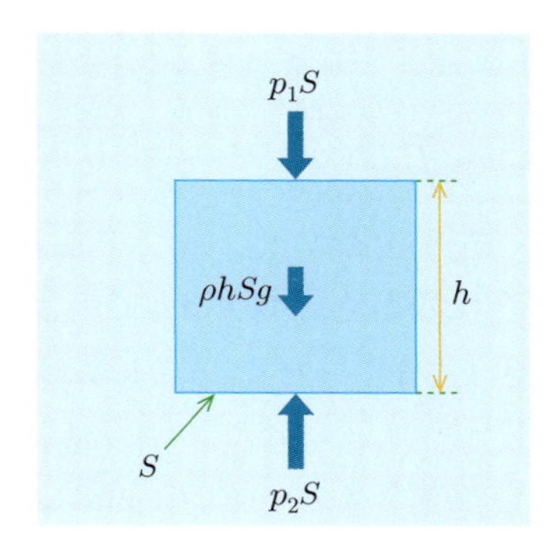

図 **13.3**　深さと圧力

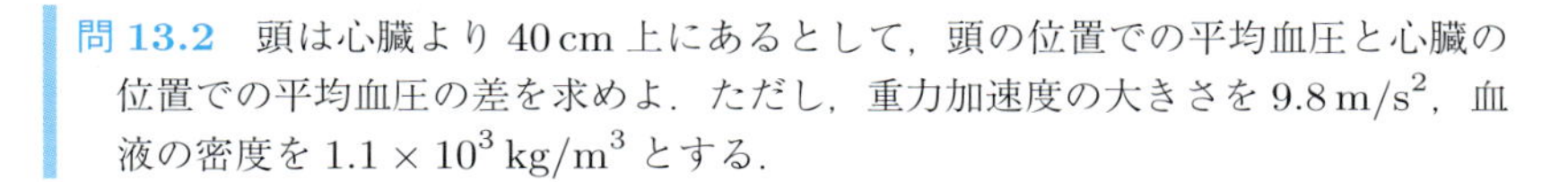

問 **13.2**　頭は心臓より 40 cm 上にあるとして，頭の位置での平均血圧と心臓の位置での平均血圧の差を求めよ．ただし，重力加速度の大きさを $9.8\,\mathrm{m/s^2}$，血液の密度を $1.1 \times 10^3\,\mathrm{kg/m^3}$ とする．

大気圧　地球は空気の層 (大気) に包まれている．空気にも質量があるので，地表にあるものはすべて，空気の重さによる圧力を受けている．この大気による圧力を**気圧**または**大気圧**とよぶ．標準大気圧の大きさは 1 気圧であり，図 13.4 のように，水銀柱 76 cm の底面に加わる圧力の値として定義される．その値は 1013 hPa であり，式 (13.3) の右辺に水銀の密度 $\rho = 13.6\,\mathrm{g/cm^3}$，重力加速度の大きさ $g = 9.8\,\mathrm{m/s^2}$，水銀柱の高さ $h = 76\,\mathrm{cm}$ を代入して得ることができる．

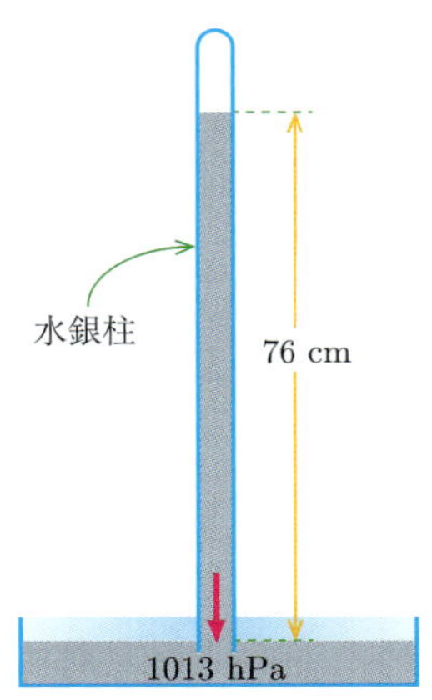

図 **13.4**　水銀気圧計

パスカルの原理　静止流体中の圧力は深さのみに依存することから，液面に加わるどのような圧力も減衰することなく流体中のすべての点に伝達されなければならない．これを**パスカルの原理**とよぶ．

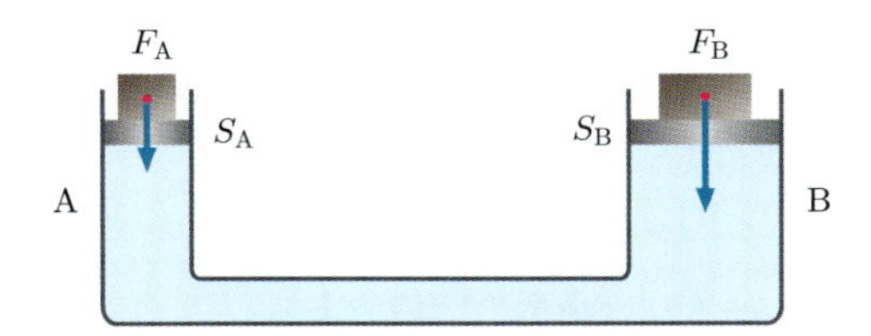

図 **13.5**　パスカルの原理

図 13.6　ジャッキで持ち上がっている車

パスカルの原理の重要な応用例は，ガソリンスタンドで使われているカーリフト(自動車を持ち上げる機械)である．図13.5のように，断面積がそれぞれ $S_{\rm A}$〔m^2〕，$S_{\rm B}$〔m^2〕のピストンをもつシリンダー A, B 内の流体が管でつながっている装置を考える．2つのピストンの底面の液体表面は同じ水平面上にあるとすれば，パスカルの原理により，ピストンに加わる圧力 P〔Pa〕は両側で同一である．A のピストンに加わる力を $F_{\rm A}$〔N〕とすると，このピストンの底面での力のつり合いの条件は $F_{\rm A} = PS_{\rm A}$ である．同様に，B のピストンに加わる力を $F_{\rm B}$〔N〕とすると，$F_{\rm B} = PS_{\rm B}$ である．これらの条件から圧力 P〔Pa〕を求め，両側のピストンで等しいとおくと

$$P = \frac{F_{\rm A}}{S_{\rm A}} = \frac{F_{\rm B}}{S_{\rm B}} \tag{13.4}$$

となる．式(13.4)より，$S_{\rm B}$〔m^2〕が $S_{\rm A}$〔m^2〕より大きければ，$F_{\rm B}$〔N〕は $F_{\rm A}$〔N〕より大きくなる．すなわち，小さい力で大きな力が出せることになる．自動車のオイルブレーキやフォークリフトなどもこの原理を利用している．

問 13.3　半径 20 cm のピストン A と半径 5.0 cm のピストン B からなるカーリフトがある．このカーリフトのピストン A に重さ 1.6×10^4 N の自動車を載せて持ち上げるために，ピストン B に加える力の大きさはいくらか．

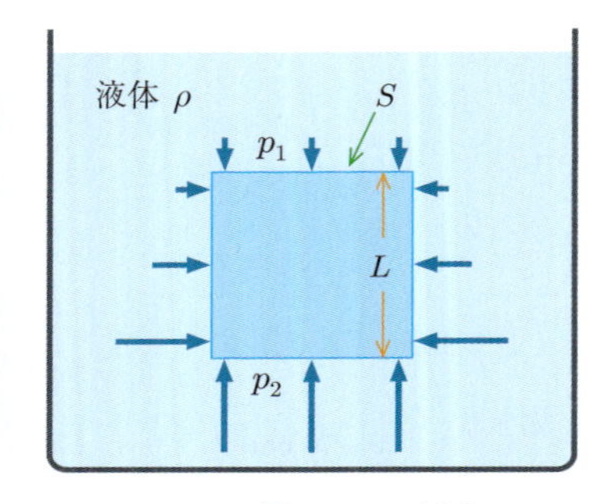

図 13.7　浮力

アルキメデスの原理　静止した液体の中にある物体の表面は，液体から圧力を受ける．この圧力は深いほど大きいので，鉛直上向きの力が物体に作用する．この力を**浮力**とよぶ．

図13.7のように，断面積 S〔m^2〕，高さ L〔m〕の直方体の物体を，密度 ρ〔kg/m^3〕の液体中に，上面が水平になるように沈めたとする．この物体の上面が下向きに受ける力の大きさ F_1〔N〕は，上面の位置での液体の圧力 p_1〔Pa〕による力であるから

$$F_1 = p_1 S \tag{13.5}$$

となる．同様に，物体の下面が上向きに受ける力の大きさ F_2〔N〕は，下面の位置での液体の圧力 p_2〔Pa〕による力である．下面の液体中の位置は上面より L〔m〕だけ深いので，F_2〔N〕は

$$F_2 = p_2 S = (p_1 + \rho L g)S \tag{13.6}$$

となる．ただし，g〔m/s^2〕は重力加速度の大きさである．物体の側面が受ける力はつり合うことから，物体が液体から受ける合力は上向きであり，その大きさ F〔N〕は

$$F = F_2 - F_1 = \rho L S g = \rho V g \tag{13.7}$$

となる．ただし，$V = SL$ は物体の体積である．式(13.7)で表された浮力の大きさは，物体を周囲と同じ液体で置きかえたときの，この液体部分にはたらく重力の大きさに等しい．したがって，液体中の物体が受ける浮力

図 13.8　海に浮かぶタンカー

の大きさは，物体が排除した液体の重さに等しい．これを**アルキメデスの原理**とよぶ．

問 13.4 密度 6.0×10^2 kg/m^3 の木材で一辺が 0.10 m の立方体をつくり，水に浮かべた．このとき，水面から上に出る木材の体積を求めよ．ただし，水の密度を 1.00×10^3 kg/m^3 とする．

13.2 運動流体

いろいろな流体　接線応力のはたらかない理想的な流体の運動について考える．このような流体を**完全流体**とよぶ．たとえば，水や空気は近似的に完全流体とみなしてよい場合が多い．また，密度が変化しない流体を**非圧縮性流体**とよぶ．

図 13.9 のように，運動流体中で，ある瞬間の各点における流体の速度が接線となるような曲線を**流線**とよび，これで流れの全体的なようすをみることができる．また，流線の集まりで 1 つの管をつくったとき，これを**流管**とよぶ．流体の速度や密度は時間とともに変化するが，各点での流体の速度と密度が変わらない流れを**定常流**とよぶ．定常流では流線が流体の道筋に一致し，流線の形状は時間的に変化しない．

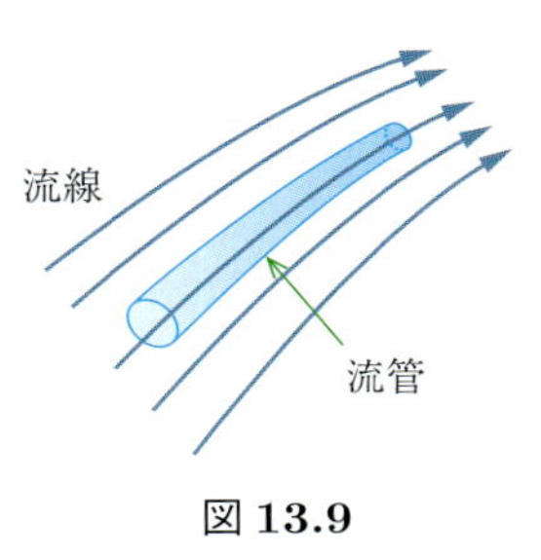

図 13.9

連続の式　太さが一様でない管の中を密度 ρ〔kg/m^3〕の定常流が流れている場合を考える．簡単のため，流管は図 13.10 のように水平に置かれているものとする．流管に垂直な断面積を S〔m^2〕，この S〔m^2〕を流体が通過するときの流速[81] を v〔m/s〕とすると，単位時間に S〔m^2〕を通過する流体の質量は ρvS〔kg/s〕であるから，ある 1 本の流管について

[81] 流れの速さのことを単に流速とよぶ．

$$\rho vS = 一定 \tag{13.8}$$

が成り立つ．これを**連続の式**とよぶ．特に，非圧縮性流体の場合，ρ〔kg/m^3〕が一定なので，式 (13.8) は

$$vS = 一定 \tag{13.9}$$

となる．式 (13.9) より，流体の速さは流管の太さに逆比例することがわかる．

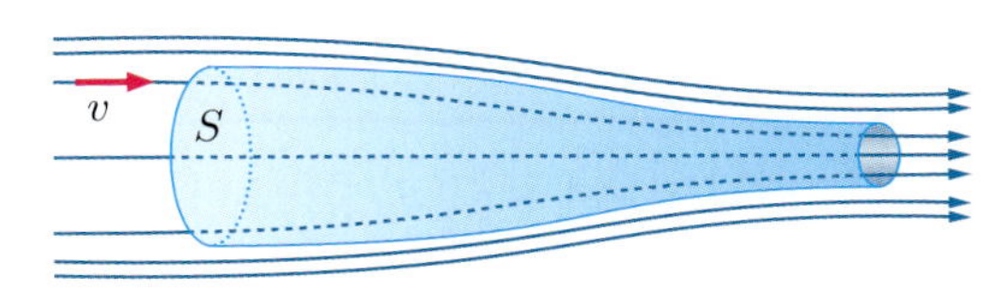

図 13.10 連続の式

ベルヌーイの定理　流体の流れにおいても，力学的エネルギー保存則が成り立つ．簡単のために，図 13.10 のように水平に置かれた流管を考える．

断面積 S〔m^2〕の場所での圧力を p〔Pa〕とすれば，この S〔m^2〕にはたらく力は pS〔N〕である．ここでの流速を v〔m/s〕とすると単位時間あたりの移動距離は v〔m〕であるから，流体が受ける仕事は pSv〔N·m〕である．また，流体の密度を ρ〔kg/m^3〕とすると，単位時間に S〔m^2〕を通過する流体の質量は ρvS〔kg/s〕である．したがって，ここでの運動エネルギーは $\frac{1}{2}(\rho vS)v^2$ である．これらのエネルギーは保存されているはずだから

$$pSv + \frac{1}{2}(\rho vS)v^2 = 一定 \tag{13.10}$$

となる．ここで，式 (13.9) を用いると

$$p + \frac{1}{2}\rho v^2 = 一定 \tag{13.11}$$

を得る．これを**ベルヌーイの定理**とよぶ．

図 13.11　ダムからの放水

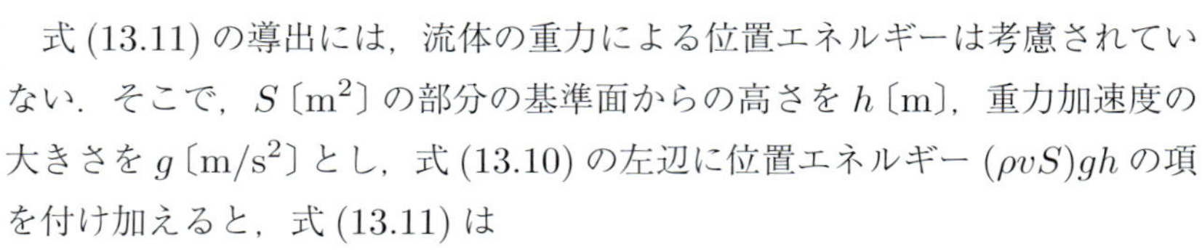

式 (13.11) の導出には，流体の重力による位置エネルギーは考慮されていない．そこで，S〔m^2〕の部分の基準面からの高さを h〔m〕，重力加速度の大きさを g〔m/s^2〕とし，式 (13.10) の左辺に位置エネルギー $(\rho vS)gh$ の項を付け加えると，式 (13.11) は

$$p + \frac{1}{2}\rho v^2 + \rho gh = 一定 \tag{13.12}$$

と書きかえられる．流体の重力による位置エネルギーも考慮した式 (13.12) をベルヌーイの定理とよぶことが多い．

例題 13.1　トリチェリの定理

図 13.12 のように，上部の開いている容器に入れた密度 ρ〔kg/m^3〕の流体が，液面から h〔m〕だけ下にある小さな穴から流れ出るときの速さを求めよ．ただし，重力加速度の大きさを g〔m/s^2〕とし，容器の断面積は穴に比べて十分大きいとする．

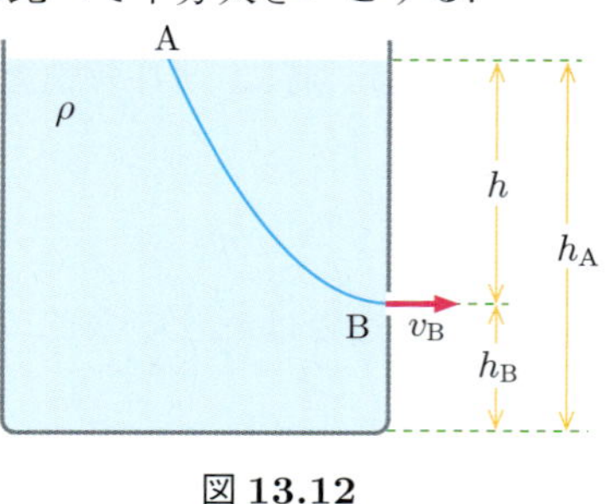

図 13.12

解　液面上の点 A，穴 B における圧力をそれぞれ p_A〔Pa〕，p_B〔Pa〕，流速を v_A〔m/s〕，v_B〔m/s〕，容器の底面からの高さを h_A〔m〕，h_B〔m〕とし，A から B への流線にベルヌーイの定理を適用すると

$$p_A + \frac{1}{2}\rho {v_A}^2 + \rho gh_A = p_B + \frac{1}{2}\rho {v_B}^2 + \rho gh_B \tag{13.13}$$

となる．容器の断面積は穴に比べて十分大きいので，流体は点 A で静止していると考えてよい．したがって，式 (13.13) で $v_A \fallingdotseq 0$，$h_A - h_B = h$，$p_A = p_B$ とおくと

$$v_B = \sqrt{2gh} \tag{13.14}$$

と求まる．式 (13.14) より，開いた容器から流体が流出する速度は，質点が h〔m〕だけ自由落下したときの速さに等しい．これを**トリチェリの定理**とよぶ．

13.3 粘性流体

粘性　これまでは接線応力のはたらかない完全流体を扱ってきた．しかし，現実の流体が流れる場合，流体内で各点の速度が異なると，流体内の流速を等しくしようとする接線応力が生じる．この性質を**粘性**とよぶ．また，この接線応力を**粘性力**とよんでいる．

図 13.13 のように，静止した平面壁に接して流れる粘性流体を考える．壁に接した部分の流速は 0 であり，壁から離れるにつれて流速 v〔m/s〕が速くなる．すなわち，v〔m/s〕は壁からの距離 y〔m〕に依存する．このとき，壁の面積 S〔m^2〕の部分が流体から受ける流れの方向の力 F〔N〕は速度勾配 $\dfrac{\mathrm{d}v}{\mathrm{d}y}$ に比例し，単位面積あたり

$$\frac{F}{S} = \eta \frac{\mathrm{d}v}{\mathrm{d}y} \tag{13.15}$$

と表される．ここで，比例係数 η は物質によって決まる定数で**粘性率**または**粘性係数**とよび，粘性率の単位は〔Pa·s〕が用いられる．

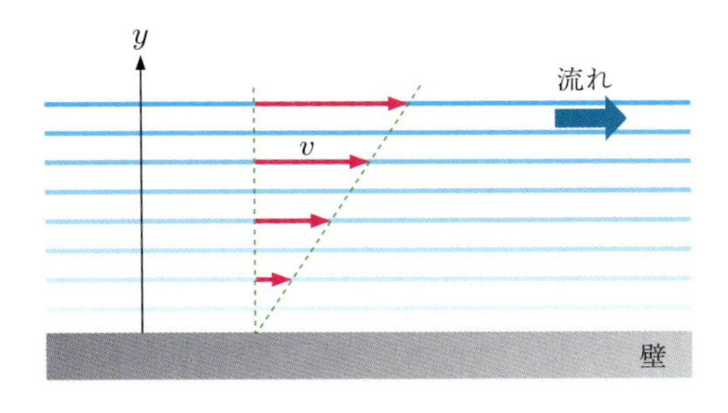

図 13.13　粘性と速度勾配

円管を流れる粘性流体　定常流は，隣接する粘性流体層が相互になめらかに流れ，各層の流体が入り乱れることがない．このような規則的で安定な流線をもつ流れを**層流**とよぶ．

図 13.14(a) のように，内半径 a〔m〕，長さ ℓ〔m〕の水平な管の中を密度 ρ〔$\mathrm{kg/m^3}$〕，粘性率 η〔Pa·s〕の粘性流体が流れているとする．流れの速度が小さければ層流が生じており，図 13.14(b) のように，管内の速度分布曲線は放物線となる．管の両端の圧力を p_1〔Pa〕，p_2〔Pa〕とすると，管の断面を通って単位時間に運ばれる流量 Q〔kg/s〕は

$$Q = \frac{\pi \rho a^4 \Delta p}{8 \eta l} \tag{13.16}$$

で与えられる．ただし，$\Delta p = p_1 - p_2$ は圧力差である．式 (13.16) をハー

ゲン-ポアズイユの法則とよび，この式を用いて粘性率 η〔Pa·s〕を測定することができる．

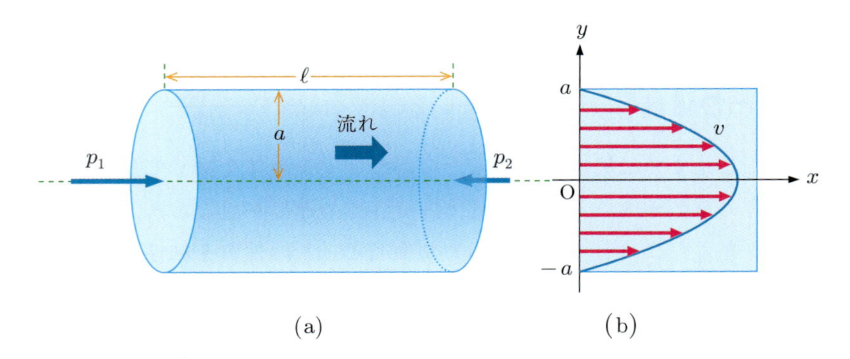

図 13.14　円管内の粘性流体

流れの相似則　流速がある値を超えると，流体の流れは層流から乱流とよばれる非常に不規則かつ無秩序な運動になり，ハーゲン-ポアズイユの法則が成り立たなくなる．層流から乱流に遷移するのは，実験上，物体の大きさを表す量 (半径，長さなど) を a〔m〕，流体の密度を ρ〔kg/m^3〕，粘性率を η〔Pa·s〕，平均の速さを $\overline{v}$〔m/s〕として

$$R = \frac{\rho a \overline{v}}{\eta} \tag{13.17}$$

で与えられる無次元数がある程度以上に大きくなったときである．この R を**レイノルズ数**とよぶ．水の場合，レイノルズ数がおよそ 2000 を超えると乱流になる．

物体の形が相似である場合，レイノルズ数が等しければ，物体のまわりの流れの状態も相似になる．飛行機を作って実験しなくても，その模型を作ってレイノルズ数が同じになるような速度で実験すればよい．これは模型を使っての風洞実験や水槽実験の結果を実物大のものに適用できる原理である．

> **問 13.5**　内部の直径 20 mm のまっすぐな血管内を粘性率 4.0×10^{-3} Pa·s の血液が平均流速 0.20 m/s で流れている．この流れのレイノルズ数を求めよ．ただし，血液の密度を 1.0×10^3 kg/m^3 とする．(第 28 回臨床工学技士国家試験問題より (一部改))

粘性抵抗と慣性抵抗　第 7 章で述べたように，静止流体中で運動する物体の速度があまり大きくないときには，物体は速度に比例する**粘性抵抗**を流体から受ける．これは粘性のために，流体が物体の表面に沿って相対速度を小さくする方向に力を及ぼすことによるものである．流体の粘性率を η〔Pa·s〕，物体の速度を v〔m/s〕，物体の大きさを表す典型的な量を L〔m〕とすると，粘性抵抗 F_η〔N〕は

$$F_\eta = CL\eta v \tag{13.18}$$

と表される．ただし，C は物体の形状による定数である．特に，半径 a〔m〕の球の場合の粘性抵抗 F_η〔N〕は

$$F_\eta = 6\pi a\eta v \tag{13.19}$$

となる．これを**ストークスの法則**とよぶ．

一方，物体の速度がある値以上に大きくなると，抵抗は速度の 2 乗に比例して増加するようになる．物体の後ろ側に渦が発生するため，この部分の圧力は前側に比べて低くなるので，物体は流れの方向に力を受ける．これを**慣性抵抗**とよぶ．また，物体の前後の圧力差によって生じる抵抗なので，**圧力抵抗**ともよばれている．流体の密度を ρ〔kg/m^3〕，流れと垂直な方向の物体の断面積を S〔m^2〕，物体の形状による定数を C' とすると，慣性抵抗 F_i〔N〕は次のように表される．

$$F_i = C'\rho S v^2 \tag{13.20}$$

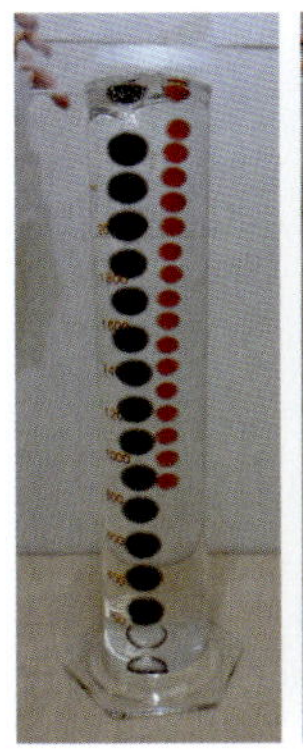
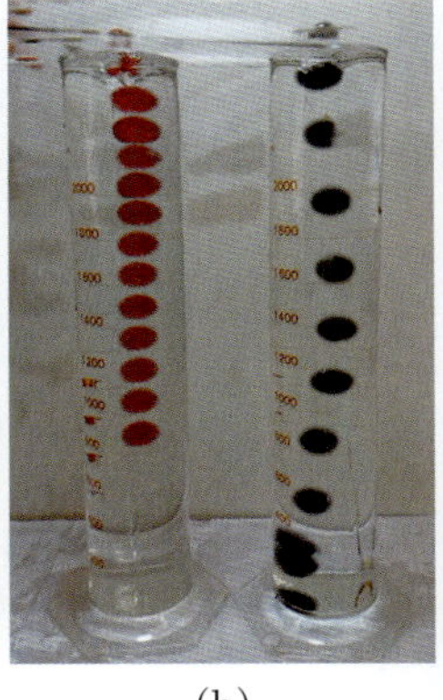

(a) (b)

図 13.15 (a) 合成洗濯のりを満たしたシリンダーのなかに大きさの異なるビー玉を同時に落下させたときのようす (b) 合成洗濯のり (左) と水 (右) をそれぞれ満たしたシリンダーのなかに大きさが同じビー玉を同時に落下させたときのようす

演習問題 13

A

1. 図 13.16 のように，体積の等しい球 A と B を軽い糸でつないで水に入れたところ，A のちょうど半分だけが水面から出た状態で静止した．水の密度を ρ〔kg/m^3〕，A の密度を $\frac{2}{3}\rho$〔kg/m^3〕とすると，B の密度はいくらか．

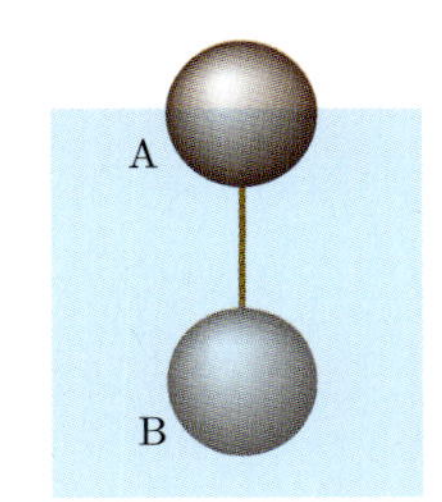

図 13.16

2. 図 13.17 のパイプ状の流路において，上流から下流に行くに従い断面積が半分になっている．上流に対して下流での流速と管路抵抗について正しいのはどれか．ただし，管路内の水の流れは層流を維持しているものとする．(第 28 回臨床工学技士国家試験問題より (一部改))

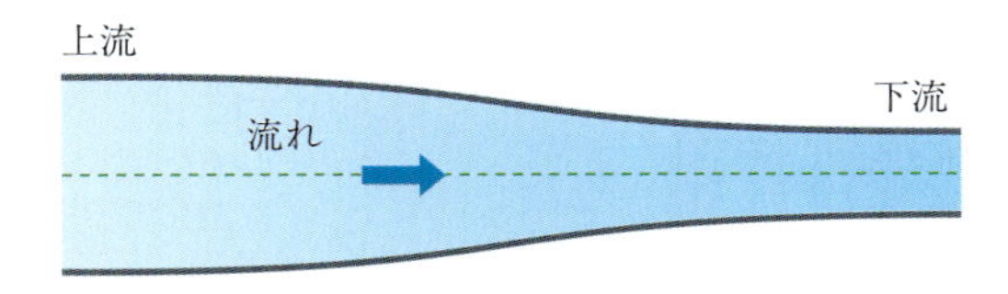

図 13.17

(a) 下流では流速は $\frac{1}{2}$ 倍になり，管路抵抗は $\frac{1}{16}$ 倍になる．

(b) 下流では流速は $\frac{1}{2}$ 倍になり，管路抵抗は $\frac{1}{4}$ 倍になる．

(c) 下流では流速は $\frac{1}{2}$ 倍になり，管路抵抗は $\frac{1}{2}$ 倍になる．

(d) 下流では流速は 4 倍になり，管路抵抗は 2 倍になる．

(e) 下流では流速は 2 倍になり，管路抵抗は 4 倍になる．

3. 水平に置かれた半径 0.10 cm，長さ 10 cm の円筒状の細管から毎秒 2.0×10^{-2} kg の水が流れ出た．このとき，細管の両端の圧力差を求めよ．ただし，水の密度を 1.0×10^{3} kg/m^{3}，水の粘性率を 1.3×10^{-3} Pa·s とする．

4. 粘性率 4.0×10^{-3} Pa·s の流体が内径 3.0 mm の直円管内を平均速度 12 cm/s で流れている．粘性率 1.0×10^{-3} Pa·s の流体を内径 9.0 mm の直円管内に流したときに，流れの状態が相似 (レイノルズ数が同じ) になる平均速度を求めよ．ただし，流体の密度はすべて等しいとする．

B

1. 水の深さが h〔m〕の水槽がある．この水槽の鉛直な側壁の最下端と，その真上で水槽の底面から $\dfrac{h}{2}$〔m〕の高さのところに小孔をあけたとき，2 つの小孔から流出する水の交わる位置を求めよ．ただし，水槽の水面の高さは一定に保たれているものとする．

2. 内半径 a〔m〕，長さ ℓ〔m〕の管が水平に置かれている．この管の両端に圧力差 Δp〔Pa〕を加えて密度 ρ〔kg/m^{3}〕，粘性率 η〔Pa·s〕の粘性流体を流した．
   (a) 管の中心軸からの距離を r〔m〕として，管内を流れる流体の速さを r〔m〕を用いて求めよ．
   (b) 単位時間に管内から流れ出る流量を求めよ．

14 熱の表し方

熱平衡，温度，熱の移動のような熱についての基本的な概念を学ぶ．また，比熱や潜熱について理解し，理想気体の状態方程式について学習する．

14.1 熱とは何か

熱の正体　日々の暮らしの中で，われわれは様々な機会に「熱」を感じ，経験している．お湯に手を入れれば熱いと感じるし，氷に触れば冷たいと感じるであろう．この「熱」の実体は，物体を構成する原子分子に分配されたエネルギーである．

たとえば固体を考えると，固体の各原子は，図 14.1(a) のようにある決まった位置に存在しているが，原子はこの位置にずっと留まっているわけではなく，格子の位置を中心として振動している．この振動は原子ごとにランダムであり，統一した動きではない．この振動のエネルギーが熱としてわれわれに知覚されるものとなる．

また，液体や気体では，図 14.1(b) のように各原子は定まった位置をもたず，自由にランダムな運動を行っている．固体の場合と同じく，この運動は統一された動きではない．やはりこのランダムな運動のエネルギーが熱の実体である．

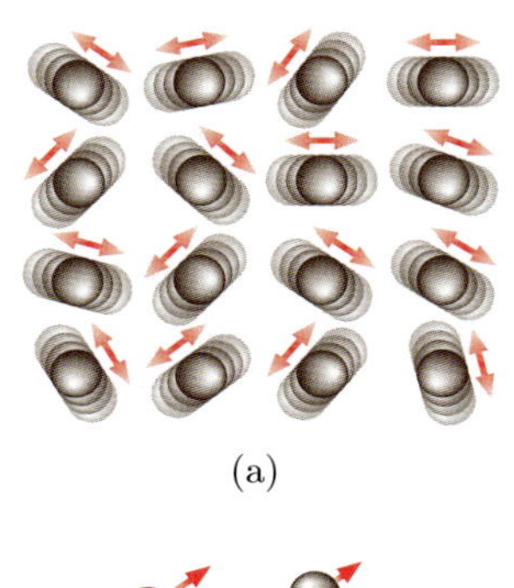

(a)

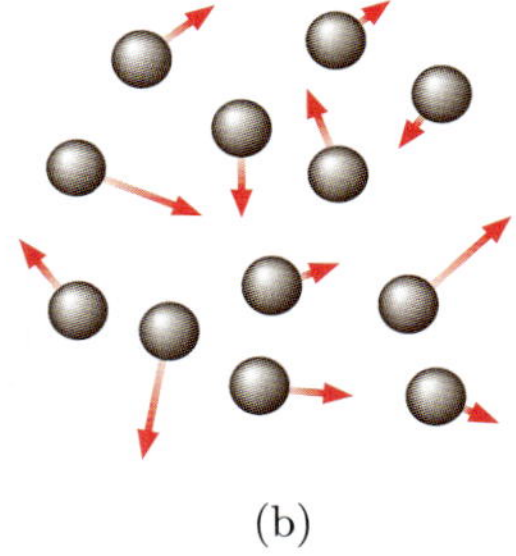

(b)

図 14.1　熱振動

このように，熱の実体は物体を構成する原子分子に「散らばってしまった」エネルギーのことであり，エネルギーが様々な形に変化していく過程において，最終的に行き着く形がこの熱エネルギーである．熱になってしまうと，そのエネルギーをすべて取り出して活用することはできず，一部しか使うことができない．

熱と温度・温度計　ある物体がどれほどの熱をもっているか，その物体の状態を表すのが**温度**である．温度が高い物体ほど多くの熱をもっており，高温の物体と低温の物体を接触させると，高温の物体から低温の物体に熱が移動し，やがて同じ温度になる．この状態を**熱平衡**という．

熱平衡に関しては，以下のような法則がある．

「物体 A と物体 B が熱平衡で，物体 B と物体 C がまた熱平衡であるなら，物体 A と物体 C もまた熱平衡である.」

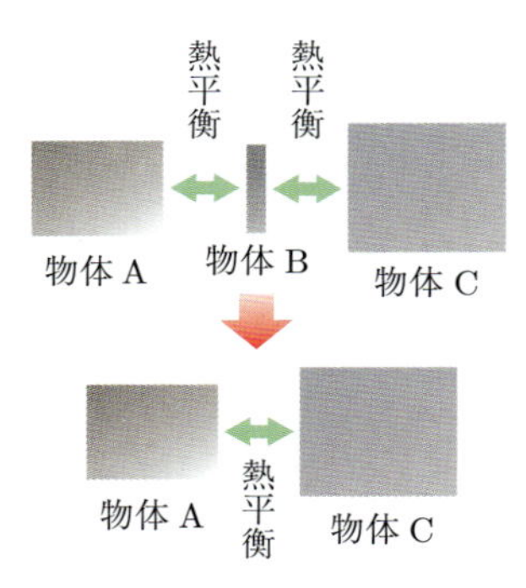

図 14.2　熱力学第 0 法則

これは**熱力学の第0法則**とよばれ，これより熱平衡にあるいくつかの物体の (熱に関する) 状態はすべて1つの指標，すなわち温度で指定することができることになる．

また，物体Aと物体Cを直接接触させなくても，物体Bを用い，熱平衡であるかどうかを調べることによって物体Aと物体Cの温度を比較することができる．物体Bのように用いられるものを**温度計**とよぶ．

物体の物理的性質，たとえば体積や電気抵抗値などは一般に温度により変化するので，これを利用して様々な温度計を作ることができる[82)]．

82) たとえば液体の体積膨張を利用した温度計や，金属や半導体の電気抵抗値の変化を利用した温度計がよく用いられている．

温度と熱量　われわれが日常もっともよく用いる温度は，1気圧における水の凝固点を0度，沸点を100度としたもので，**摂氏温度**〔°C〕とよばれる[83)]．

83) 海外では，水の融点を32度，沸点を212度として測る**華氏温度**〔°F〕が用いられることもある．

自然科学においては，先ほど示した原子分子の振動・運動がすべて失われる状態を仮に[84)]考え，その状態を0度とした**絶対温度**〔K〕を温度の基本として用いる．ただし，絶対温度は1度の間隔が摂氏温度と同じである．したがって，絶対温度は摂氏温度に対して0度である原点をずらしただけである．絶対温度 T〔K〕と摂氏温度 t〔°C〕の間には，

84) 実際には，有限回の操作で絶対0度には到達することはできない．

$$T = t + 273 \tag{14.1}$$

の関係がある．

問 14.1　摂氏 $28\,^\circ\mathrm{C}$ は，絶対温度で何度になるか．また，絶対温度で 330K は摂氏何度か．

図 14.3　アルコール温度計

物体の温度変化を調べることにより，そのとき移動したエネルギー量，すなわち**熱量**を知ることができる．水1gを1°Cだけ[85)]上昇させる熱量を 1 cal (カロリー) とよび，これが熱量の単位となる．

85) 摂氏温度と絶対温度は1度の間隔が同じであるため，絶対温度で考えてもよい．

問 14.2　2.5 kcal の熱量で 5.0×10^2 g の水を温めると温度上昇は何度になるか．

熱と仕事　熱はエネルギーの一形態である．したがって，ある物体に対して行われた仕事を熱に変換することが可能である．1843年にジュールは，つぎのような実験を行い，仕事と熱量の間に比例関係があることを見いだした．

図14.4のように，容器の内部に翼がついており，おもりがゆっくり落下するにつれてこの翼が回転する．これにより水がかき混ぜられるが，そのエネルギーはやがて摩擦によって熱に変換される．ジュールは，おもりの落下にともなう仕事と水の温度を調べ，水の温度上昇，つまり摩擦により発生する熱量 Q〔cal〕が仕事の量 W〔J〕と比例することを示した．比例係数を J〔J/cal〕とすれば，

$$W = JQ \tag{14.2}$$

であり，この J〔J/cal〕は**仕事当量**とよばれる．実験により，$J = 4.18605\,\mathrm{J/cal}$

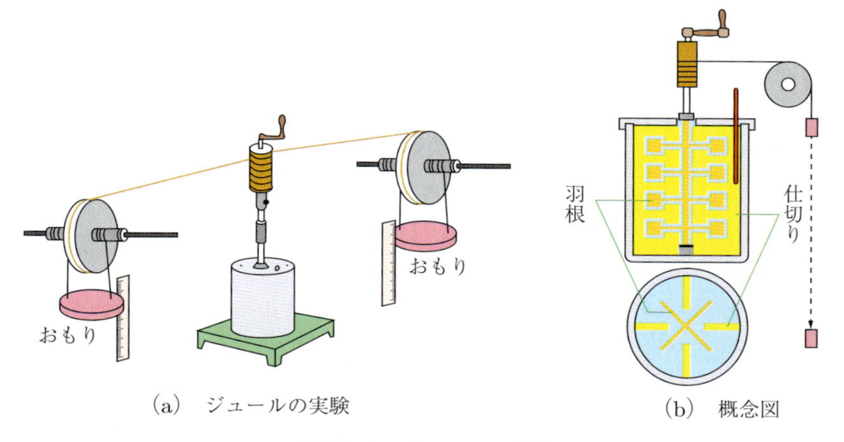

図 **14.4** ジュールの実験

図 **14.5** 対流

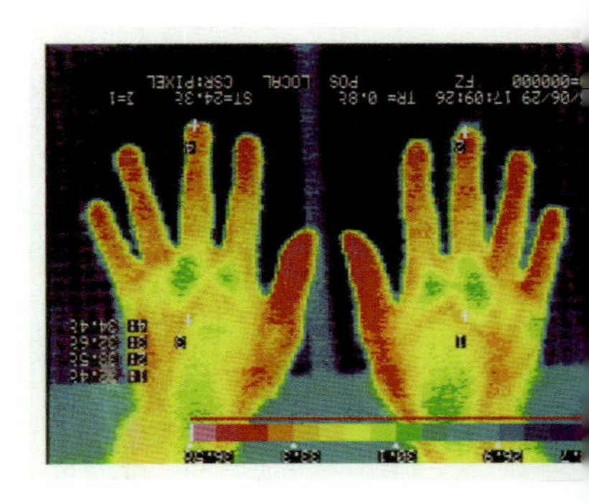

図 **14.6** サーモグラフィー

であることが求められている．

熱の移動　高温の物質と低温の物質があると，物質間に熱の移動が起こる．同じ物質内でも，そこに温度差があれば同様に高温の領域から低温の領域に熱が移動する．この熱の移動は主につぎの 3 つの方法で起こる．

- **熱伝導**　熱伝導は，高温物質内の原子分子の熱振動が，原子間力によって隣の原子分子に伝わり，やがて低温物質に到達するものである．特に金属では，金属内部で移動できる自由電子が熱も伝えるため，一般に金属は熱伝導が大きい．逆に，空気のように密度の低いものは熱振動が伝わりにくく，熱伝導が小さい．
- **対流**　液体や気体では，温度が上昇すると密度が小さくなり，相対的に軽くなるため高温の液体や気体は容器の上部へ移動し，逆に低温の液体や気体は下部へ移動する．このように，液体や気体の運動によって熱が伝わる現象を対流という[86]．
- **熱放射**　熱をもつ物体は，常にその熱エネルギーの一部を電磁波の形で外部に放出している．これを熱放射という．高温物質になるほど高いエネルギーの電磁波を放射するようになり，赤外線センサーなどを用いて調べることができるようになる[87]．さらに高い温度になると可視光を放射するようになる．太陽からの光は，そのほとんどが約 6000 K の高温物質が発する熱放射と考えることができる．

[86] 羽毛布団などでは，小さな空気の部屋を数多く作る形によって大きな対流を防ぐのと同時に，空気の小さい熱伝導を利用して保温性を高めている．

[87] サーモグラフィーはこれを可視化したもので，対象の体温などを赤外線放射量から判定し，画像化している．

14.2 比熱・潜熱

熱容量　ある物体に一定の熱量を与えたとき，どのくらい温度が上昇するかは，その物体の種類，質量などによって異なる．ある物体を 1°C 温度上昇させるのに必要な熱量を，その物体の**熱容量**という．熱量 ΔQ〔J〕を与えたときに物体の温度が ΔT〔K〕上昇したとすれば，その物体の熱容

量 H〔J/K〕は

$$H = \frac{\Delta Q}{\Delta T} \tag{14.3}$$

となる．熱容量 H〔J/K〕の大きい物体は，熱しにくく冷めにくい物体となる．

問 14.3 ある部屋からクーラーで 1.0×10^6 J の熱を奪ったところ，部屋の温度は 4.0 °C だけ下がった．このとき，この部屋の熱容量はいくらか．

比熱 熱容量は，たとえばあるポット内の水温を1度上げるには，というように特定の対象を扱うには便利だが，当然ながらポット内の水の量に依存する．これに対し，量に依存しないように，ある物質 1 g あたりの熱容量を考え，これをその物質の**比熱**とよぶ．m〔g〕の物質の熱容量が H〔J/K〕であったとすると，この物質の比熱 c〔J/(g·K)〕は

$$c = \frac{H}{m} \tag{14.4}$$

と計算される．

モル比熱 物質 1 g の熱容量ではなく，物質量，モル数〔mol〕を用い，物質 1 mol の熱容量としたものを**モル比熱**とよぶ．ただし，1 mol の物質量とは，構成する原子・分子の数がアボガドロ数 N_{A}〔/mol〕だけある分量のことをいう．ここで N_{A}〔/mol〕は，

$$N_{\mathrm{A}} = 6.02214076 \times 10^{23}\ \mathrm{mol}^{-1} \tag{14.5}$$

で与えられる．

物質量 n〔mol〕の物体の熱容量が H〔J/K〕であるとき，モル比熱 C〔J/(mol·K)〕は，

$$C = \frac{H}{n} \tag{14.6}$$

と計算される．

例題 14.1 異なる比熱をもつ物質

断熱容器に 25 °C の水 200 g が入っている．この中に 80 °C の金属球 60 g を入れ，十分時間が経過すると全体の温度は何度になるか．ただし，水の比熱を 4.2 J/(g·K)，金属球の比熱を 0.50 J/(g·K) とし，熱は水と金属球の間でのみやりとりされるものとする．

解 0 °C を基準に考える．25 °C の水 200 g の持つ熱量は 0 °C から考えると $(25\,°\mathrm{C}) \times \{4.2\ \mathrm{J/(g{\cdot}K)}\} \times (200\ \mathrm{g}) = 21000\ \mathrm{J}$，80 °C の金属球の持つ熱量は $80 \times 0.50 \times 60 = 2400\ \mathrm{J}$ となる．一方，水と金属球を足し合わせた熱容量，つまり全体の温度を 1 °C 上げるのに必要なエネルギーは，

$\{4.2\ \mathrm{J/(g{\cdot}K)}\} \times (200\ \mathrm{g}) + \{0.50\ \mathrm{J/(g{\cdot}K)}\} \times (60\ \mathrm{g}) = (840\ \mathrm{J/K}) + (30\ \mathrm{J/K}) = 870\ \mathrm{J/K}$

となるので，最初に水と金属球がもっていた熱量をこれで割れば，

$$\frac{23400\ \mathrm{J}}{870\ \mathrm{J/K}} = 26.8965\cdots \simeq 27\,°\mathrm{C}$$

と計算できる．

潜熱　多くの物体は熱すると，温度上昇にともなって固体 → 液体 → 気体のように変化していく．このように，物理的性質が不連続に変化する現象を**相転移**とよぶ．相転移をおこす際，たとえば水においては，0°C の氷から 0°C の水に変化させるためにはある一定の熱量が必要になる．これは図 14.7 のように，固体としてつながっている分子同士の結合を切って液体になるのに熱エネルギーを必要とするからで，**融解熱**とよばれる．同様に，水から水蒸気に変わる際にも熱エネルギーが必要となり，これを**気化熱**とよぶ[88]．こうした，相転移にともなって必要となる熱を**潜熱**とよぶ．

[88] 逆に，たとえば水から氷になる際には，融解熱と同じだけの熱量が放出されることになる．

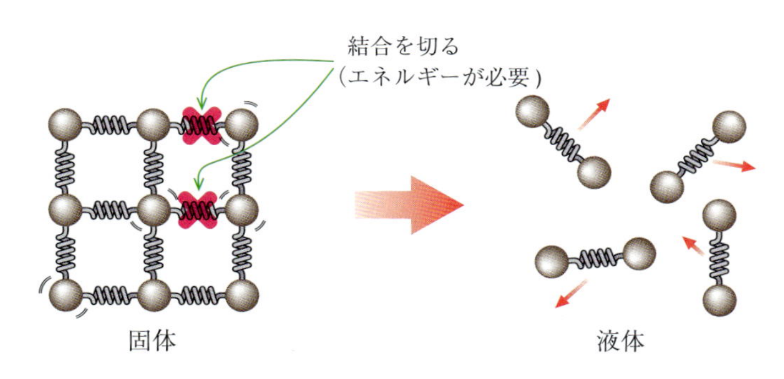

図 14.7　潜熱

図 14.8　氷から水へ

日常生活においても潜熱は様々な形で利用されている．たとえば，人がかく汗は，蒸発する際に気化熱を体表から奪うことによって，体の温度を下げる効果をもたらしている．

> **問 14.4**　安静時に 1 日の間で人体から蒸発によって失われる水分量 (不感蒸散) が $9.0 \times 10^{-4}\,\mathrm{m^3}$ であるとしたとき，この蒸発によって失われるエネルギーはいくらか．ただし，水の気化熱を $2.3 \times 10^3\,\mathrm{J/g}$，密度を $1.0 \times 10^3\,\mathrm{kg/m^3}$ とする．

14.3 状態方程式

ボイルの法則・シャルルの法則　図 14.9 のように，ピストンのついた容器に気体を封入し，外部からピストンに圧力を加える．温度を一定に保ちながら，ピストンに加える圧力を倍にすると，容器内の気体の体積がちょ

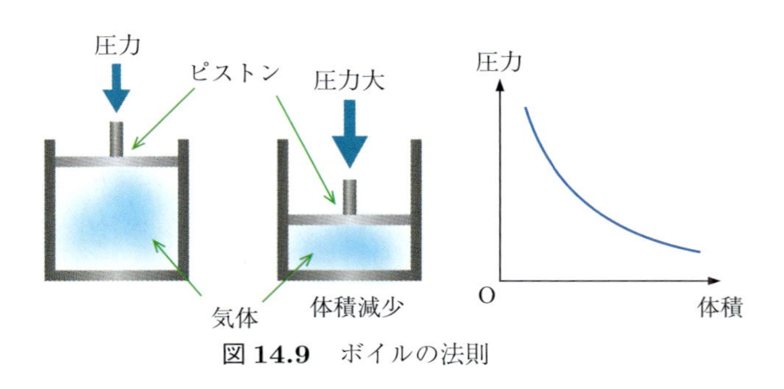

図 14.9　ボイルの法則

うど半分になる．

つまり，気体の体積 V〔m^3〕は，温度が一定の場合，気体の圧力 P〔Pa〕に反比例する．

$$PV = 一定 \tag{14.7}$$

これは1660年にボイルによって発見され，**ボイルの法則**とよばれる．

問 14.5　温度を保ったまま気体の圧力を $\dfrac{1}{3}$ にすると，体積は何倍になるか．

今度は，図14.10のように，気体に加える圧力を一定に保ちながら，気体に熱を加えて温度を上げてみる．すると，気体の体積 V〔m^3〕と絶対温度 T〔K〕の間に以下の関係があることが確かめられる．

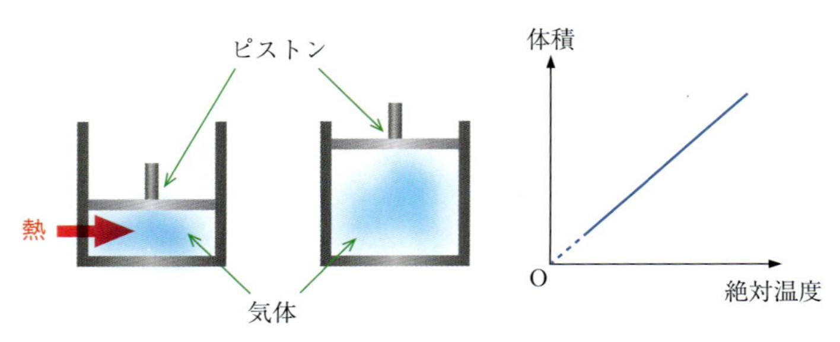

図 14.10　シャルルの法則

$$\frac{V}{T} = 一定 \tag{14.8}$$

これは1787年にシャルルによって発見され，**シャルルの法則**とよばれる．

問 14.6　圧力を保ったまま気体に熱を加え，気体の絶対温度を3倍にした．このとき，気体の体積は何倍になるか．

ボイル-シャルルの法則　ボイルの法則，シャルルの法則は以下のように1つにまとめられる．いま，ある気体が圧力 P_0〔Pa〕，体積 V_0〔m^3〕，温度 T_0〔K〕の状態にあったとする．この気体に圧力を加えたり熱を加えたりして，気体の状態が圧力 P〔Pa〕，体積 V〔m^3〕，温度 T〔K〕に変化したとしよう．このとき，以下の関係式が成立する．

$$\frac{PV}{T} = \frac{P_0V_0}{T_0} \tag{14.9}$$

式 (14.9) のような関係を**ボイル-シャルルの法則**とよぶ．

注意しなければいけないのは，ボイル-シャルルの法則はある種の近似である，という点である．これは，気体分子の体積が気体全体が占める体積に比べて十分小さく，また気体分子同士の相互作用が十分小さく，どちらも無視できる場合に成立することがわかっている．ボイル-シャルルの法則に厳密に従う気体を**理想気体**とよび，現実の気体，**実在気体**と区別して考える．

理想気体の状態方程式　式 (14.9) において，容器内に 1 mol の理想気体がある場合を考え，そのときの $\dfrac{PV}{T}$ の値を気体定数 R〔J/(mol·K)〕とよぶ．$R = 8.31\ \mathrm{J/(mol{\cdot}K)}$ という値が実験により求められている．

容器内に n〔mol〕の理想気体が入っている場合，1 mol の場合と比較して体積が n 倍になるので，気体定数を用いれば，

$$PV = nRT \tag{14.10}$$

という関係が成立することになる．式 (14.10) を**理想気体の状態方程式**とよぶ．

例題 14.2　理想気体の状態方程式

なめらかに動くピストンのついた断熱容器に理想気体を封入したところ，温度が 3.0×10^2 K，体積が 4.8×10^{-3} m^3，圧力が 1.0×10^5 Pa であった．この気体の温度を一定に保ったまま，ピストンを動かして圧力を 8.0×10^4 Pa にしたとき，気体の体積はいくらになるか．次に，外から熱を加えて，圧力を一定に保ったままピストンを移動させた．気体の温度が 4.5×10^2 K になったとき，体積はどのくらいになるか．

解　理想気体の状態方程式 (14.10) を用いて考える．

最初の状態では，$P = 1.0\times10^5$ Pa，$V = 4.8\times10^{-3}$ m^3，温度が 300 K であったので，

$$(1.0\times10^5\ \mathrm{Pa})\times(4.8\times10^{-3}\ \mathrm{m^3}) = 4.8\times10^2\ \mathrm{N{\cdot}m} = nR\times(300\ \mathrm{K})$$

という関係式が成立している．

1 回目の変化では式 (14.10) の右辺 nRT は変わらないので，変化後の体積を V'〔m^3〕と書くと，

$$(8.0\times10^4\ \mathrm{Pa})\times V'\,〔\mathrm{m^3}〕 = nR\times(300\ \mathrm{K}) = 4.8\times10^2\ \mathrm{N{\cdot}m}$$

であるので，

$$V' = \frac{4.8\times10^2\ \mathrm{N{\cdot}m}}{8.0\times10^4\ \mathrm{Pa}} = 6.0\times10^{-3}\ \mathrm{m^3}$$

と計算できる．

2 回目の変化では，変化後の体積を V''〔m^3〕と書けば，式 (14.10) の右辺 nRT が変化し，

$$\begin{aligned}(8.0\times10^4\ \mathrm{Pa})\times V''\,〔\mathrm{m^3}〕 &= nR\times(450\ \mathrm{K}) = nR\times(300\ \mathrm{K})\times\frac{450\ \mathrm{K}}{300\ \mathrm{K}}\\ &= (4.8\times10^2\ \mathrm{N{\cdot}m})\times1.5 = 7.2\times10^2\ \mathrm{N{\cdot}m}\end{aligned}$$

となるため，

$$V'' = \frac{7.2\times10^2\ \mathrm{N{\cdot}m}}{8.0\times10^4\ \mathrm{Pa}} = 9.0\times10^{-3}\ \mathrm{m^3}$$

と計算できる．

演習問題 14

A

1. 断熱容器内にある 20 °C の水 100 g に，40 °C のエチルアルコール 100 g を混ぜて十分時間が経過すると全体の温度は何度になるか．ただし水の比熱を 4.2 J/(g·K)，エチルアルコールの比熱を 2.4 J/(g·K) とし，熱は水とエチルアルコールの間でのみやりとりされるものとする．
2. −20 °C の氷 600 g と 10 °C の水 400 g を用いて氷枕を用意し，患者にあてたところ，氷枕の中はすべて 0 °C の水になった．このとき，患者からどの程度の熱量を奪ったと考えられるか．ただし，氷の比熱を 2.1 J/(g·K)，氷の融解熱を 3.4×10^2 J/g とし，熱は患者と氷枕の間でのみやりとりされるものとする．
3. 海面下 30 m において，ボンベで呼吸している人を考える．人体の肺の容量はだいたい 6.0×10^{-3} m^3 程度であり，ボンベを用いて肺いっぱいに呼吸ができているものとする．海面下 30 m の圧力を 4 気圧とし，空気を理想気体と考えたとき，もしこの肺の中にあった空気がそのまま 1 気圧の海面でも肺の中に存在するとしたらどの程度の容積になると考えられるか．

図 14.11　酸素ボンベ

4. ビニール袋に金属粉を 2.0 kg 封入し，高さ 3.0 m のところから床に自由落下させる操作を 30 回繰り返した．落下によって得られた運動エネルギーがすべて金属粉の熱に変換されたとすると，金属粉の温度は何度上昇するか．ただし，重力加速度を 9.8 m/s^2，金属粉の比熱を 0.50 J/(g·K) とする．
5. 「気体の圧力は体積に反比例し温度に比例する」という法則はどれか．(第 55 回臨床検査技士国家試験より)
   1. クーロンの法則　2. ストークスの法則　3. ニュートンの法則
   4. フレミングの法則　5. ボイル・シャルルの法則

B

1. 常温付近において，熱放射によって物体から失われる単位時間あたりのエネルギー W〔J〕は，その物体の絶対温度 T〔K〕の 4 乗と物体の表面積 S〔m^2〕に比例し，

$$W = aS\sigma T^4,\ \ \sigma = 5.67 \times 10^{-8} \mathrm{W/(m^2 \cdot K^4)} \tag{14.11}$$

となる (シュテファン-ボルツマンの法則)．ただし，a は物質に依存する定数である．表面積 S_h〔m^2〕，温度 T_h〔K〕の人間が温度 T_r〔K〕の部屋にいるとき，人間は $a\sigma S_h {T_h}^4$〔J〕の熱放射をすると同時

に $a\sigma S_h {T_r}^4$〔J〕の熱放射を受けると考えられる．このとき，人体が 1 秒間に失うエネルギーを計算せよ．ただし，$a = 0.75$, $S = 1.2\,\mathrm{m}^2$, $T_h = 310\,\mathrm{K}$, $T_r = 293\,\mathrm{K}$ とする．

2. 図 14.12 のように，容積の等しい 2 つの容器 A, B を細い管でつなぎ，内部に理想気体を封入したところ，気体の温度が $3.0 \times 10^2\,\mathrm{K}$，気体の圧力が $1.3 \times 10^5\,\mathrm{Pa}$ になった．つぎに，B のみを加熱し，B の温度を $3.5 \times 10^2\,\mathrm{K}$ にした．このとき，容器 A と B 内にある気体の物質量の比はいくらか．また，容器内の気体の圧力はいくらか．

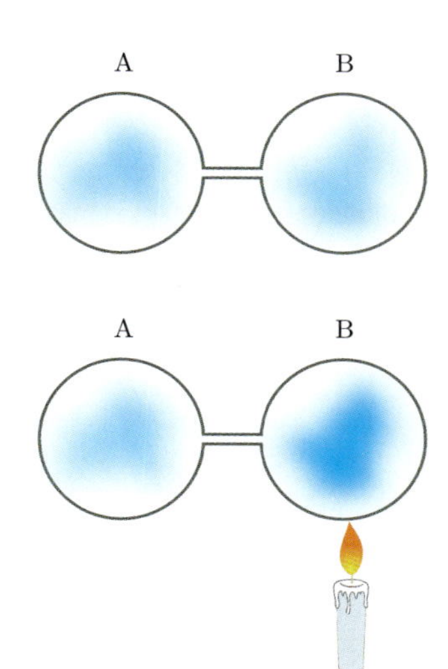

図 14.12

15 気体分子の運動

気体の圧力や内部エネルギーを気体分子の運動を通じて理解する．また，熱力学第 1，第 2 法則について学習し，エネルギー保存則やエントロピーの概念を学ぶ．

15.1 気体分子の運動

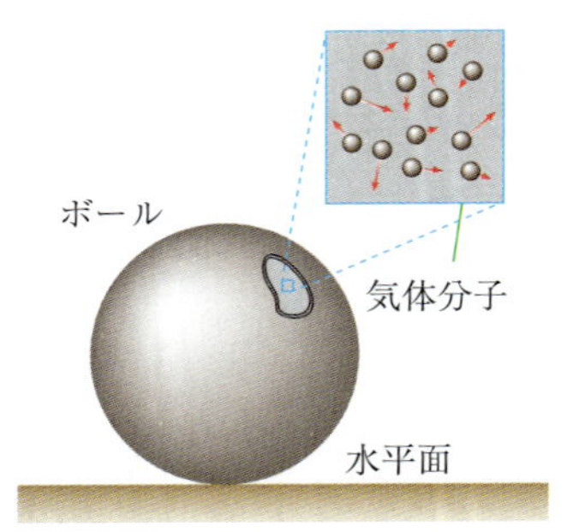

図 15.1　内部エネルギー

内部エネルギー　常温において，水平面上で静止したボールを考えよう．ボールは静止しているので，ボール自体の運動エネルギーは 0 であり，水平面を基準とすれば位置エネルギーも 0 である．このため，力学的エネルギーは 0 である．しかし，ボールの内部を詳細に見ると，図 15.1 のように中に存在する気体は温度に対応する運動を行っており，それに応じた熱エネルギーが存在する．つまり，ボール自体は静止しているものの，内部の気体分子はランダムな運動を行っている．

このように，その物体を構成する原子分子がもつ力学的エネルギーの総和を**内部エネルギー**とよぶ．

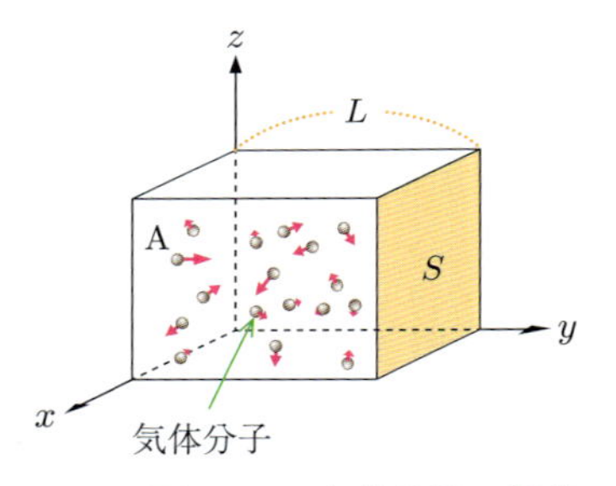

図 15.2　気体分子の運動

1 個の気体分子による力　気体を考えたとき，気体分子の運動がどのようにわれわれの知ることのできる物理量，つまり圧力や温度と関係しているのだろうか．

図 15.2 のように，断面積 S〔m^2〕，長さ L〔m〕の容器内に n〔mol〕の理想気体が封入されているとする．各気体分子はランダムに飛び回っているが，理想気体を考えているため分子同士の間に力ははたらかず，速度が変化するのは壁と衝突するときだけである．この衝突は，弾性衝突であるとする[89]．

質量 m〔kg〕のある気体分子 A に着目し，A が速度 $\vec{v} = (v_x, v_y, v_z)$ で運動しているとする．図 15.2 の右側の壁に衝突する場合，衝突によって A の運動量の x 成分が $mv_x - (-mv_x) = 2mv_x$ だけ変化する．A は単位時間，つまり 1 秒の間には $\dfrac{v_x}{2L}$ 回右側の壁に衝突[90] し，その度に $2mv_x$ だけの運動量変化があるので，1 秒間に $2mv_x \times \dfrac{v_x}{2L} = \dfrac{m{v_x}^2}{L}$ の運動量変化が生じている．ニュートンの運動の第 2 法則によれば，単位時間の運動量変化

[89] 壁を構成する原子や分子とのエネルギーのやりとりは考えず，衝突によって気体分子の運動エネルギーは失われないものとする．

[90] 分子が長さ L の間を往復することになるので，右側の壁には時間 $2L/v_x$ ごとに一度衝突することになるため．

が力に相当するため，右側の壁が A から受ける力 F_x〔N〕となるため，圧力 P_r〔Pa〕となる．

$$P_r = \frac{F_x}{S} = \frac{m{v_x}^2}{L} \cdot \frac{1}{S} = \frac{m{v_x}^2}{V} \tag{15.1}$$

ただし，V〔m^3〕は容器の体積である．

N 個の気体分子による圧力　容器内の気体分子の個数を N とし，この N 個の気体分子による圧力を考える．個々の気体分子はそれぞれ違う速度をもっているので，気体分子 1 個の運動を N 個の気体分子全体に拡張するために，気体分子全体の x 方向の速さ v_x〔m/s〕の 2 乗平均

$$\langle {v_x}^2 \rangle = \frac{{v_{1x}}^2 + {v_{2x}}^2 + \cdots}{N} \tag{15.2}$$

を用いて考えことにする．ただし，v_{ix}〔m/s〕は i 番目の気体分子の x 方向の速さである．これを用いれば，N 個の気体分子によって容器の右側の壁が受ける圧力 P〔Pa〕は

$$P = \frac{Nm\langle {v_x}^2 \rangle}{V} \tag{15.3}$$

と表すことができる．

気体分子の速さは，各成分を用いて $v^2 = {v_x}^2 + {v_y}^2 + {v_z}^2$ と表されるので，

$$\langle v^2 \rangle = \langle {v_x}^2 \rangle + \langle {v_y}^2 \rangle + \langle {v_z}^2 \rangle \tag{15.4}$$

である．しかし，気体分子は全体としては特定の方向に偏らず，ランダムに運動しているので，各方向の平均値は等しいとみなせる．

$$\langle {v_x}^2 \rangle = \langle {v_y}^2 \rangle = \langle {v_z}^2 \rangle \tag{15.5}$$

したがって，

$$\langle {v_x}^2 \rangle = \frac{1}{3} \langle v^2 \rangle \tag{15.6}$$

と表せるので，式 (15.3) は

$$P = \frac{Nm\langle v^2 \rangle}{3V} \tag{15.7}$$

となる．この式は図 15.2 の容器の右側の壁にかかる圧力を表しているが，気体分子の運動が特定の方向に偏っていないことから，すべての方向の圧力も表していることになる．

> **問 15.1**　体積が $2.0\,\mathrm{m}^3$ の容器に質量 $1.6 \times 10^{-27}\,\mathrm{kg}$ の水素原子を 2.0 mol 封入したところ，圧力が $1.0 \times 10^5\,\mathrm{Pa}$ になった．このとき，封入した水素原子の速さの 2 乗平均 $\langle v^2 \rangle$ はいくらか．

理想気体の内部エネルギー　式 (15.7) を理想気体の状態方程式式 (14.10) と比較すると，気体分子の数 N をモル数 n〔mol〕とアボガドロ数 N_A〔/mol〕を用いて $N = nN_\mathrm{A}$ と表せば，

$$\frac{N_\mathrm{A} m\langle v^2 \rangle}{3} = RT \tag{15.8}$$

が成立していることがわかる.

理想気体においては，気体の内部エネルギーは各気体分子がもつ運動エネルギーの総和になる[91]．式 (15.8) より，理想気体の内部エネルギー U〔J〕は，

[91] 気体分子同士に力がはたらかないので.

$$U = \sum_{i=1}^{N} \frac{1}{2} m{v_i}^2 = \frac{1}{2} mnN_A \langle v^2 \rangle = \frac{3}{2} nRT \tag{15.9}$$

と表される．式 (15.9) は，ある量の理想気体に対し，内部エネルギーが気体の温度にのみ依存することを表している.

問 15.2　37 °C の理想気体 2.0 mol がもつ内部エネルギーを計算せよ.

15.2 熱力学第 1 法則

気体のする仕事　図 15.3 のように，自由に動くピストンのついた容器に気体を封入し，外部から気体に熱を加えることを考える．ピストンには，外部の気体から圧力 P〔Pa〕がかかっており，容器内の気体の圧力もこれと等しくなってつり合いが成立している.

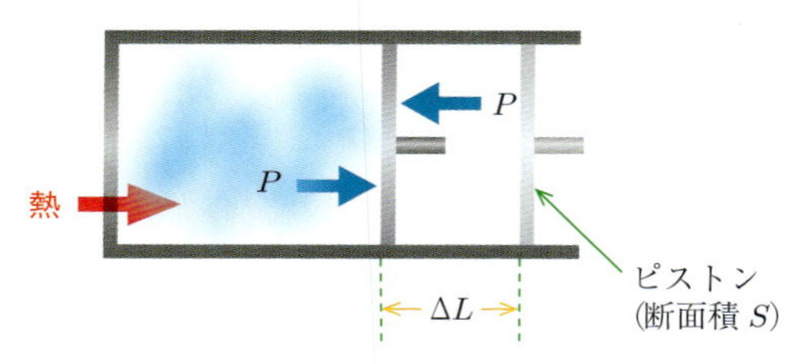

図 15.3　気体のする仕事

容器内の気体に熱が加わると，気体は膨張してピストンを押す．このとき，ピストンは外部の圧力 P〔Pa〕に逆らって移動することになるので，容器内の気体が外部の気体に対して仕事をすることになる．その結果，容器内の気体から外部の気体にエネルギーが移動することになる.

はじめ，容器の体積が V〔m^3〕であったとし，ピストンの断面積を S〔m^2〕とする．容器内の気体が膨張し，ピストンが ΔL〔m〕だけ移動したとしよう．ピストンには内部の気体から PS〔N〕だけの力がかかっているので，容器内の気体が外部に対してする仕事 W〔J〕は，

$$W = PS \cdot \Delta L = P\,\Delta V \tag{15.10}$$

となる．ここで，$S\,\Delta L = \Delta V$〔m^3〕は容器内の気体の体積変化である．この体積変化は正にも負にもなる，つまり気体は膨張するだけでなく圧縮されることもある．圧縮される場合は外から力を加えて気体を圧縮することになるので，気体は外部から仕事をされてエネルギーを得ることになる.

熱力学第 1 法則　　こうした気体のエネルギー収支に対して，エネルギーが保存することを示したのが**熱力学第 1 法則**である．

図 15.4 のように，自由に動くピストンのついた容器の中に気体を封入し，この気体に熱を加える，仕事をするなどの操作を行ったときの内部エネルギーの変化量 ΔU〔J〕を考える．

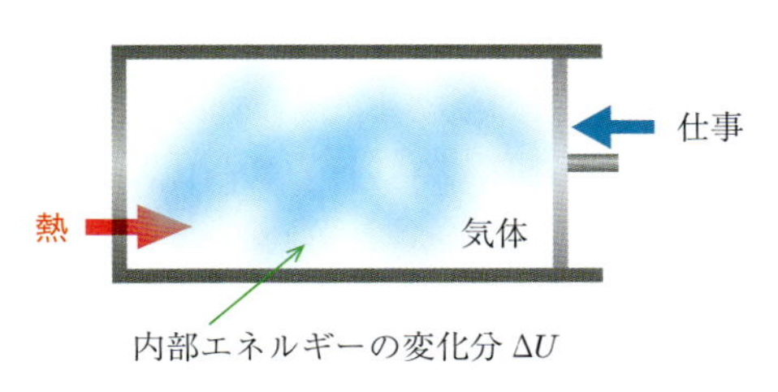

図 15.4　熱力学第 1 法則

気体がエネルギーを得るには，直接加熱するほかに，ピストンを押すことによって気体に仕事をし，エネルギーを加える方法がある．逆に気体がエネルギーを失うには，低温の物体を接触させるなどして熱を奪うほか，気体を膨張させ，外部に仕事をさせる方法もある．気体のもつ熱量は内部エネルギーによって表されるので，その変化分を ΔU〔J〕とすると，ΔU〔J〕は気体に加えた熱量 Q〔J〕と気体に加えた仕事 W〔J〕を用いて，

$$\Delta U = Q + W \tag{15.11}$$

と表すことができる．式 (15.11) を熱力学第 1 法則とよぶ．これは，熱というエネルギーの形を含めたエネルギー保存則と理解することができる．

問 15.3　なめらかに動くピストンがついた容器内の気体に対して，7.0×10^2 J の熱量を加えて熱したところ，気体は膨張してピストンを押し，3.2×10^2 J の仕事を行った．このとき，気体の内部エネルギーの増加分はいくらか．

摩擦や空気抵抗によって物体の速度が減少する場合，物体から運動エネルギーが失われる．このとき，失われたエネルギーは熱となって空気や床面などを温めることになる．たとえば，空気抵抗を考えれば，マクロな物体の運動エネルギーがミクロな空気の分子運動のエネルギーとなり，散らばる過程を表していると考えられる．エネルギーの形が変わるだけなので，全体で考えればエネルギーの総量は変化しない．したって，物体のもつエネルギーを考える場合は，マクロな力学的エネルギーだけでなく，熱によるエネルギーも合わせて考える必要がある．

問 15.4　質量 m〔kg〕の物体が速度に比例する空気抵抗 (比例係数を k〔N·s/m〕とする) を受けて運動し，終端速度に達したとする．このとき，1 秒間に発生する熱エネルギーはいくらか．ただし，重力加速度を g〔m/s^2〕とする．

例題 15.1　運動エネルギーから熱へ

高さ 1.0×10^2 m の滝の上から水が落下したとき，落下による運動エネルギーがすべて水の温度上昇に使われたとすると，水温は何度上昇するか．ただし，水の比熱を 4.2 J/(g·K) とし，重力加速度を 9.8 m/s^2 とする．

解　高さ 1.0×10^2 m で 1 kg の水がもつ位置エネルギーは

$$(1.0\,\mathrm{kg}) \times (9.8\,\mathrm{m/s^2}) \times (1.0 \times 10^2\,\mathrm{m}) = 980\,\mathrm{J}$$

である．これが全てこの 1 kg の水の温度上昇に使われたとすれば，温度上昇は

$$\frac{980\,\mathrm{J}}{\{4.2\,\mathrm{J/(g{\cdot}K)}\} \times (1000\,\mathrm{g})} = 0.2333\cdots \simeq 0.23\,^\circ\mathrm{C}$$

となる．

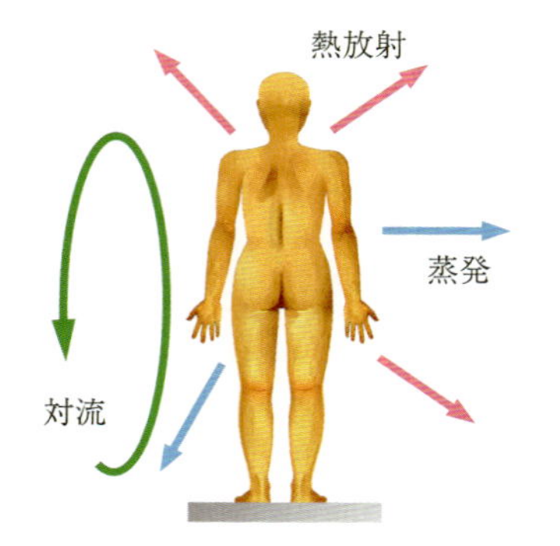

図 15.5　人体の熱損失

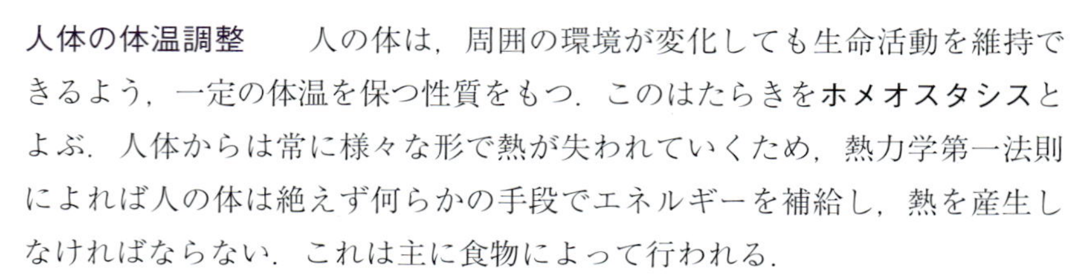

人体の体温調整　人の体は，周囲の環境が変化しても生命活動を維持できるよう，一定の体温を保つ性質をもつ．このはたらきを**ホメオスタシス**とよぶ．人体からは常に様々な形で熱が失われていくため，熱力学第一法則によれば人の体は絶えず何らかの手段でエネルギーを補給し，熱を産生しなければならない．これは主に食物によって行われる．

人体からの熱の損失は，(1) 皮膚から大気への対流による放熱，(2) 皮膚からの熱放射，(3) 汗などの水分蒸発による気化熱，などの機構があげられる．こうした機構によって失うエネルギー量は体の表面積に依存し，1 m^2・1 秒間あたり数十 J 程度であるが，これを補うだけの熱を食物より生成していることになる．安静な状態で，1 日に必要な最小エネルギー量は**基礎代謝量**とよばれ，体の大きさや性別などに依存する．たとえば日本人男子の標準体重 63.5 kg においては，基礎代謝量は約 1500 kcal とされているが，この値は個人の状態や周囲の環境にも依存する．

15.3　熱力学第 2 法則

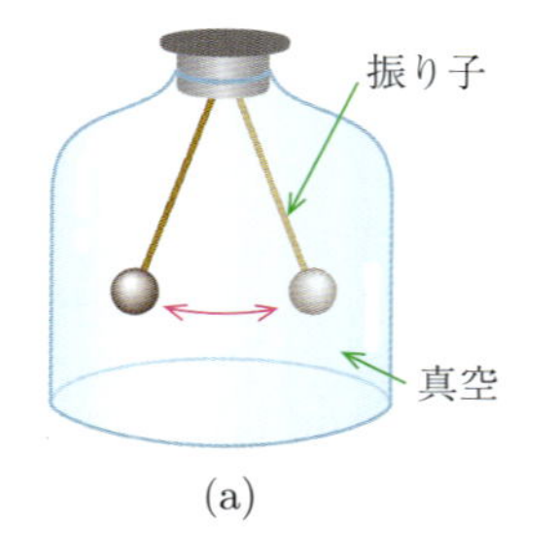

(a)

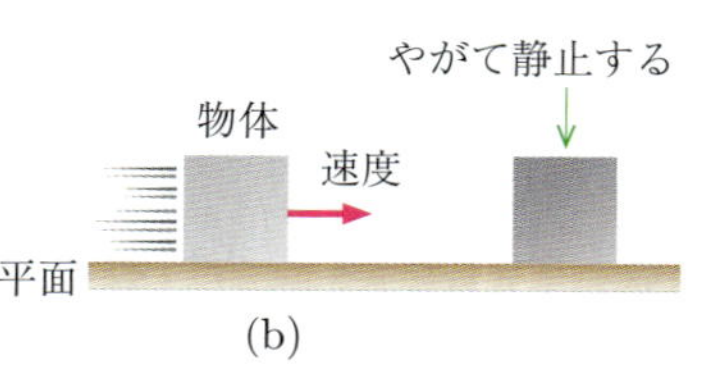

(b)

図 15.6　可逆変化と不可逆変化

可逆変化・不可逆変化　図 15.6(a) のように，地表に内部を真空にした容器を置き，振り子を設置する．この振り子は (空気抵抗がないので) エネルギーの損失がなく，振り子は一定時間ごとに元の位置に戻ってくる．このように，周囲に何も影響を残さず，元の状態に戻すことができる変化を**可逆変化**とよぶ．

一方，図 15.6(b) のように，あらい水平面上を運動する物体の運動を考える．この運動では，物体の運動エネルギーが摩擦によって熱に変わり，水平面を構成する分子の運動が大きくなる代わりに物体はやがて静止する．たとえば，熱い水平面においた物体が突然水平面の熱エネルギーを奪い，運動エネルギーを得て動き出す，というような変化は起こらないため，時間的

に逆向きの変化は起こらない．このように，逆向きの変化が起こらず，変化する前の状態にもどせないような変化のことを**不可逆変化**とよぶ．

エントロピー　このような不可逆変化を考えるのに，**エントロピー**という物理量が定義されている．

エントロピーは熱的な変化に対して定量的に定義できる量ではあるが，ここでは直感的な説明を用いる．以下のような気体の自由膨張の過程を考えよう．図 15.7(a) のように，壁によって 2 つの部屋に分けられた容器の片方の部屋に気体を封入し，もう片方の部屋を真空にする．その後，図 15.7(b) のように壁に穴を開けると，片方の部屋に閉じ込められていた気体はもう片方の部屋にも入り込み，やがて 2 つの部屋は同じ圧力になる．

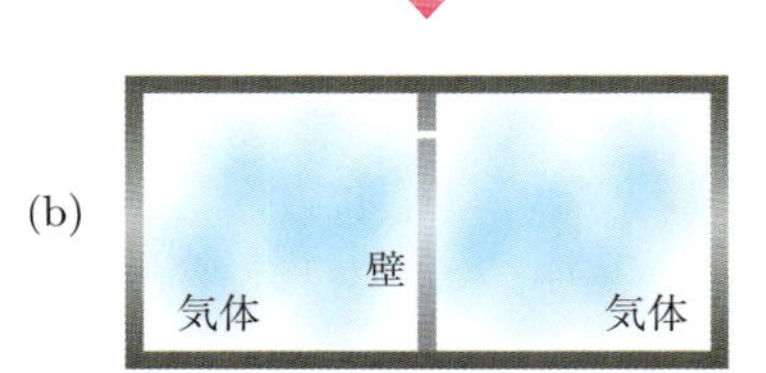

図 15.7　気体の自由膨張

逆に，(b) の状態から始めて，しばらく時間が経過したのち (a) の状態にもどる，という現象は観測されない．したがって，これは不可逆変化である．このとき，(b) の状態は (a) の状態より気体の分子が散らばっており，無秩序の度合いが高くなっている．エントロピーは，こうした無秩序の度合いを表す量であり，エントロピーが高い方がより無秩序な状態を表すことになる．上の例でいえば，(b) の状態のエントロピーは (a) の状態のエントロピーより高い，ということになる．

熱力学第 2 法則　**熱力学第 2 法則**は，このエントロピーを用いて以下のように書き表すことができる．

「閉じた系において，エントロピーは発生するのみで消滅しない．すなわち，エントロピーは増大する.」

これは**エントロピー増大の法則**ともよばれる．

たとえば，摩擦によって物体の運動エネルギーがミクロな水平面の熱エネルギーに変換されたとき，エネルギーは「散らばって」いくことになる．散らばっている方がよりエントロピーの高い状態であり，ここから何もせず自然にエントロピーが減少する，つまり摩擦によって生じた熱エネルギーが勝手により集まって物体を動かすということは起こらない．同様に，気体の自由膨張においても，エントロピーの高い図 15.7(b) の状態から勝手に (a) の状態にもどることはない．このように，一般に自然界の変化はより無秩序な状態に進んでいくことになる．

熱機関とその効率　外部から熱を供給され，仕事を行う機関を**熱機関**とよぶ．蒸気機関や，各種発電所において発生した熱をタービンの仕事に変換するものがこれに相当する．

外部からある熱機関に熱量 Q〔J〕が与えられ，仕事 W〔J〕をしたとき，$\dfrac{W}{Q}$ をこの熱機関の**熱効率**とよぶ．産業革命で蒸気機関が発明されて以来，なるべく大きな熱効率を得ることが目標であったが，最終的にこの熱効率を 1 にすることはできない，ということが熱力学第 2 法則により確認され

図 15.8　蒸気機関

た．上に示したように，一度散らばってしまった熱エネルギーを再びすべて集め直すことはできないのである．このように，熱エネルギーに変換されてしまうとその一部しか仕事として取り出すことができなくなるため，熱はエネルギーの最終形態と考えることができる．

演習問題 15

A

1. 大気中にある，なめらかに動く断面積 S〔m^2〕のピストンのついた断熱容器に気体が封入されている．この気体に対して，Q〔J〕の熱量を加えて熱したところ，気体は膨張してピストンを押し，ピストンが ΔL〔m〕だけ移動した．このとき，気体の内部エネルギーの増加分はいくらか．ただし，大気圧を P_0〔Pa〕とする．
2. 熱力学について正しいのを 2 つ選べ．(第 8 回臨床工学技士国家試験より改題)

   a. 熱力学の第 1 法則とは広い意味でのエネルギー保存則である．

   b. 熱力学の第 2 法則は，熱は完全に仕事に変換できることを意味している．

   c. 熱は低温体から高温体へ自ら移動できる．

   d. 物体が外圧に逆らって体積を増した場合内部エネルギーは増大する．

   e. 摩擦を伴う現象はすべて不可逆変化となる．
3. 熱機関の効率 η を表す正しい式はどれか．ただし，Q_1〔J〕：高熱源からの熱の吸収量，Q_2〔J〕：低熱源への熱の放出量とする．(第 9 回臨床工学技士国家試験より改題)

   (a)　$\eta = Q_1/Q_2$

   (b)　$\eta = Q_2/Q_1$

   (c)　$\eta = (Q_1 - Q_2)/Q_1$

   (d)　$\eta = (Q_1 - Q_2)/Q_2$

   (e)　$\eta = Q_1/(Q_1 - Q_2)$

B

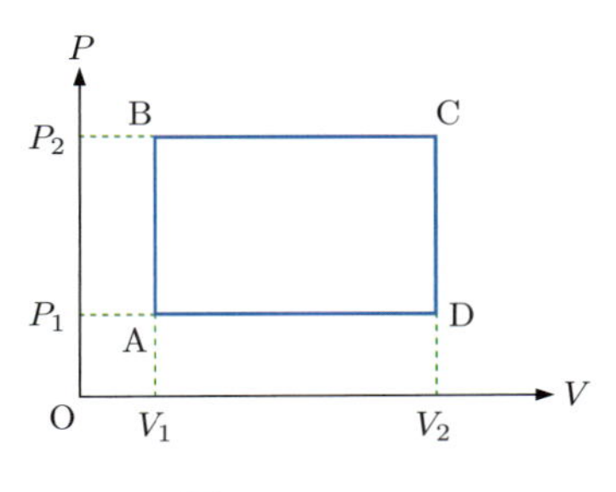

図 15.9

1. 自由に動くピストンのついた容器に，n〔mol〕の理想気体を封入し，外部と熱のやりとりをしながら図 15.9 のように気体を膨張させたり圧縮させたりした．はじめ，気体は A の状態にあり，その後 A→B→C→D→A のように変化した．

(1) A の状態において気体の温度はいくらか．

(2) A→B で気体が外部から吸収した熱量はいくらか．

(3) B→C で気体がした仕事はいくらか．

(4) C→D で気体が放出した熱量はいくらか．

(5) A→B→C→D→A で気体が外部にした仕事の量はいくらか．

2. なめらかに動く断面積 S〔m^2〕の軽いピストンがついた容器に理想気体を封入したところ，気体の温度は T〔K〕であった (状態 1)．気体の温度を一定にたもったまま，ピストンの上におもりを載せて気体を圧縮したところ，気体の体積は状態 1 の $\dfrac{1}{3}$ になった (状態 2)．このとき，おもりの質量はいくらか．つぎに，状態 2 の気体に熱を加え，気体の体積を状態 1 と同じにした (状態 3)．状態 3 における気体の温度はいくらか．ただし，大気圧を P_0〔Pa〕とする．

16 波の表し方

われわれの身近には，水面に立つ波や空気中を伝わる音波，あるいは電磁波の一種である光などの様々な波が存在している．この章では，このような波の基本的な性質や波のようすを表す方法について学ぶ．また，波のエネルギーとはどのようなものなのかを学習する．

16.1 波の性質

図 16.1 水面の波紋

波動 小石を静かな水面に落とすと，小石の落ちた点を中心として，水面の変動が波となって周囲に向かって拡がっていく．このように平衡状態にあった連続体の一部に変動が起こるとその部分に振動が生じ，その振動が周囲の部分にも伝えられていく物理現象を**波動**または**波**とよぶ．

水面の波において，水のように波を伝える物質を**媒質**とよぶ．空気中を伝わる音の場合は，空気が媒質である．波は単に運動の状態だけが伝わり，媒質の各部分は小さい範囲で周期運動をしている．また，媒質中の波が発生している場所を**波源**よび，媒質の各点を連ねた線を**波形**とよんでいる．

波を表す諸量 波は振動が伝わる物理現象であるから，平衡位置からの変位の時間変化が空間を進んでいくものとして表される．このとき，媒質中の各点が 1 秒間に振動する回数を**振動数** f〔Hz〕とよび，その逆数は 1 回の振動に要する時間であり，**周期** $T = \dfrac{1}{f}$〔s〕とよばれる．また，1 周期 T〔s〕の時間に波の進む距離を**波長** λ〔m〕とよぶ．したがって，波の速さ v〔m/s〕は T〔s〕, λ〔m〕, f〔Hz〕の間と

図 16.2 高波

$$v = \frac{\lambda}{T} = f\lambda \tag{16.1}$$

の関係がある．また，

$$\omega = \frac{2\pi}{T} = 2\pi f \tag{16.2}$$

の関係もあり，ω〔rad/s〕を**角振動数**とよぶ．

> 問 16.1 ある波の波源は 20 Hz で振動しており，波長は 0.30 m であった．この波の速さを求めよ．

問 16.2 通信周波数 1.5 GHz 帯の携帯電話が出す電磁波の波長を求めよ．ただし，光速を 3.0×10^8 m/s とする．(第 28 回臨床工学技士国家試験問題より (一部改))

16.2 正弦波

正弦波を表す式　波にはいろいろな波形のものがあるが，最も簡単で基本的な波形は単振動が伝わる波で，**正弦波**とよばれている．そして，正弦波は空間を伝わる波であるから，単振動のように時間だけでなく，位置の情報とともに表される．いま図 16.3 のように，x 軸上の原点 O$(x=0)$ において単振動が行われ，時刻 t〔s〕における変位 y〔m〕が

$$y(t) = A\sin\omega t = A\sin 2\pi f t \tag{16.3}$$

で表されるものとする．ここで，A〔m〕は変位の最大値で**振幅**とよぶ．この振動が速さ v〔m/s〕で x 軸の正の向きに伝わる場合を考える．

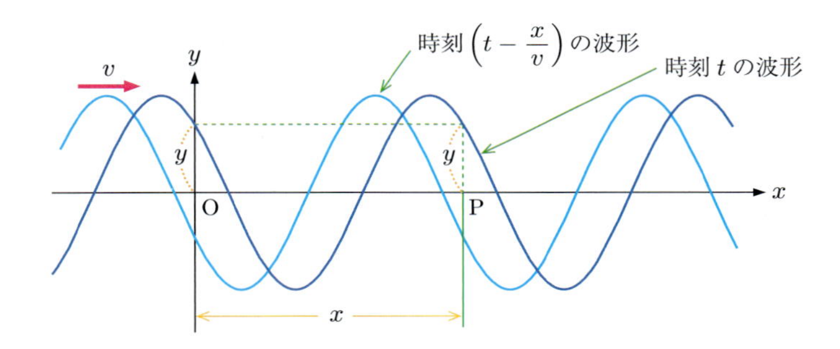

図 16.3　正弦波

位置 x〔m〕の点 P は $x=0$ の点 O よりも時間 $\dfrac{x}{v}$ だけ遅れて，O と同じ単振動を行う．したがって，P の時刻 t〔s〕における変位 y〔m〕は，O の時刻 $\left(t-\dfrac{x}{v}\right)$ における変位と等しい．すなわち，O の単振動を表す式 (16.3) において，時刻 t〔s〕を $\left(t-\dfrac{x}{v}\right)$〔s〕に置き換えることにより，P の時刻 t〔s〕における変位 y〔m〕は

$$y(x,t) = A\sin\omega\left(t-\frac{x}{v}\right) = A\sin 2\pi\left(\frac{t}{T}-\frac{x}{\lambda}\right) \tag{16.4}$$

と表される．ここで，式 (16.4) の最後の導出には式 (16.1) の関係を用いた．

また，式 (16.4) で $t=0$ とおくと，$y(0,x) = -A\sin\dfrac{\omega x}{v}$ となるが，これは $\dfrac{\omega x}{v} = 2\pi$ を 1 周期とする周期関数である．よって，$\dfrac{\omega\lambda}{v} = 2\pi$ が成り立つ．そこで

$$k = \frac{\omega}{v} = \frac{2\pi}{\lambda} \tag{16.5}$$

とおき，式 (16.4) に式 (16.5) を用いると，x 軸の正の向きに進む正弦波は

$$y(x,t) = A\sin(\omega t - kx) \tag{16.6}$$

と表すことができる．ここで，k〔rad/m〕のことを**波数**とよぶ．

また，x 軸の負の向きに進む正弦波は，式 (16.6) の x〔m〕を $-x$〔m〕に書き換えて

$$y(x,t) = A\sin(\omega t + kx) \tag{16.7}$$

と表される．

正弦波の表式において，sin の中身のことを**位相**とよび，位相によって媒質の変位が決定される．たとえば，式 (16.6) の位相が $\dfrac{\pi}{2}$〔rad〕のときの変位を山，$\dfrac{3\pi}{2}$〔rad〕のときの変位を谷とよぶ．

例題 16.1　正弦波を表す式

x 軸の正の向きに進む振幅 2.0 m，波長 8.0 m，周期 5.0 s の正弦波が，時刻 0 のときに図 16.4 のように表された．ただし，座標の原点 O($x=0$) と位置 x〔m〕の媒質につけた目印をそれぞれ P_0, P とし，時刻 t〔s〕における変位を y〔m〕とする．

(1)　P_0 の時刻 t〔s〕における変位を求めよ．

(2)　P_0 の時刻 t〔s〕における変位と等しくなる P の時刻 t'〔s〕を求めよ．

(3)　P の時刻 t〔s〕における変位を求めよ．

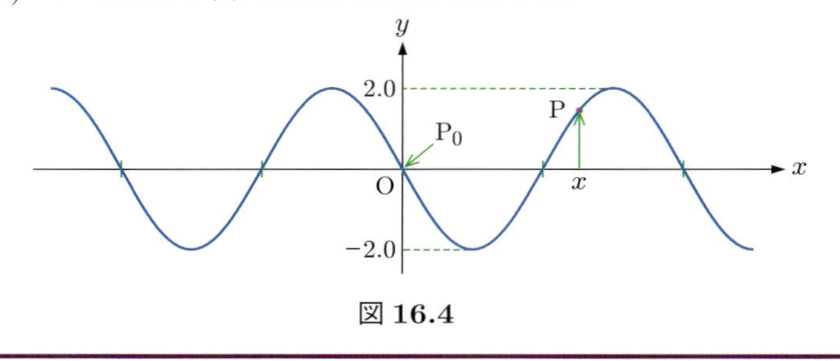

図 16.4

解　(1)　P_0 は，振幅 $A = 2.0$ m，周期 $T = 5.0$ s の単振動を行っているので，式 (16.3) より，時刻 t〔s〕における変位 y〔m〕は

$$y = 2.0\sin\frac{2\pi}{5.0}t \text{〔m〕} \tag{16.8}$$

となる．

(2)　波長 $\lambda = 8.0$ m であるから，波の速さ v〔m/s〕は $v = \dfrac{\lambda}{T} = \dfrac{8.0\,\text{m}}{5.0\,\text{s}} = 1.6$ m/s である．よって，波が原点 O から x〔m〕まで進むのに要する時間は $\dfrac{x}{v} = \dfrac{x}{1.6}$〔s〕となるから，求める時刻 t'〔s〕は

$$t' = t - \frac{x}{1.6} \text{〔s〕} \tag{16.9}$$

となる．

(3) P_0 の単振動を表す式 (16.8) において，時刻 t〔s〕を t'〔s〕で置き換えて

$$y = 2.0\sin\frac{2\pi}{5.0}t' = 2.0\sin 2\pi\left(\frac{t}{5.0} - \frac{x}{8.0}\right)〔\mathrm{m}〕 \tag{16.10}$$

となる．

問 16.3 図 16.5 に示す波形の音波を水中に発射した．その音波の波長を求めよ．ただし，水中における音速を 1.5×10^3 m/s とする．(第 28 回臨床工学技士国家試験問題より (一部改))

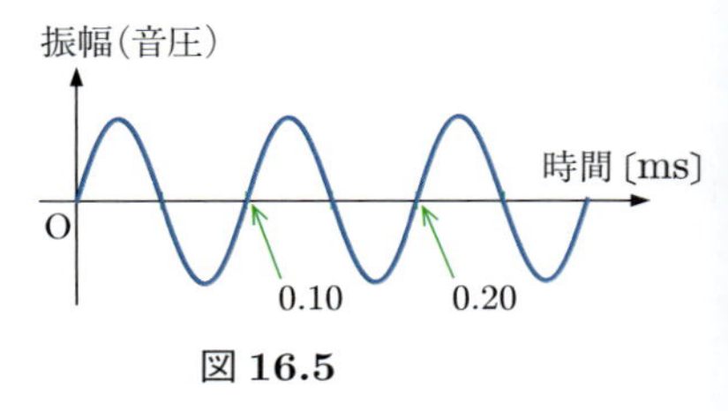

図 16.5

16.3 横波と縦波

波の種類　媒質の各部分の振動方向は波の種類によって異なるが，その振動方向と進行方向によって，図 16.6 のように 2 種類に分けられる．図 16.6(a) のように，波の進行方向と振動方向が垂直な波を**横波**とよぶ．水の波，弦を伝わる波や光などは横波である．また，図 16.6(b) のように，波の進行方向と振動方向が平行な波を**縦波**とよび，液体や気体中を伝わる音波がこれにあたる．縦波は，媒質に密度の疎な部分と密な部分を生じながら伝わっていくので**疎密波**ともよばれている．

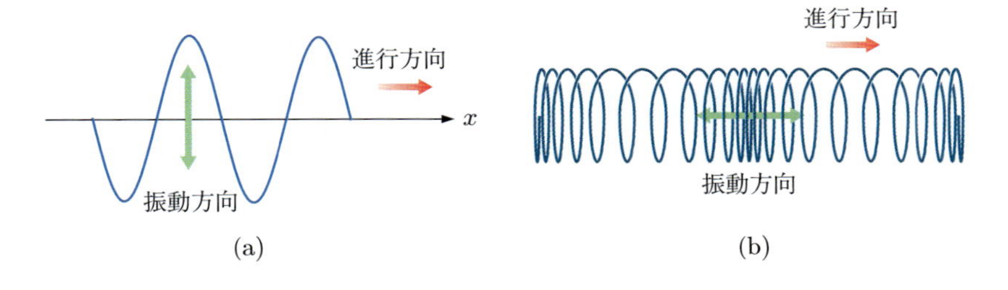

図 16.6　横波と縦波

16.4 波のエネルギー

波が運ぶエネルギー　波は振動が伝わる現象であるから，波を構成する媒質の各部分の振動がエネルギーをもつことは当然であるが，波の進行に伴ってエネルギーも移動することになる．この媒質中を伝わっていくエネルギーを**波のエネルギー**とよび，位置エネルギー (弾性エネルギー) と運動エネルギーの和である．

図 16.7 のように，面積 S〔m^2〕の領域を縦波が x 軸の正の向きに伝わっていくときの波のエネルギーを考える．この縦波が正弦波のとき，媒質の一部は単振動をしているので，時刻 t〔s〕における媒質の変位 x〔m〕は

$$x(t) = A\sin\omega t \tag{16.11}$$

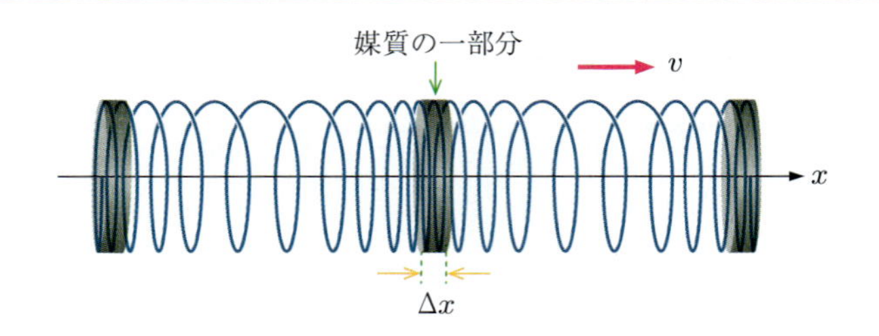

図 16.7　波のエネルギー

と表される．ただし，A〔m〕は振幅，ω〔rad/s〕は角振動数である．媒質の密度を ρ〔kg/m^3〕，媒質の一部分の長さを Δx〔m〕とすると，質量は $\rho S\,\Delta x$〔kg〕となるから，この部分がもつ弾性エネルギー U〔J〕は

$$U = \frac{1}{2}(\rho S\,\Delta x)\omega^2 x^2 = \frac{1}{2}(\rho S\,\Delta x)\omega^2 A^2 \sin^2 \omega t \tag{16.12}$$

となる．

また，媒質自体の振動の速さ v_x〔m/s〕[92] は，式 (16.11) を時間で微分して

[92] 媒質自体の速さであり，波の速さとは異なることに注意せよ．

$$v_x(t) = \omega A \cos \omega t \tag{16.13}$$

となるので，媒質の一部分がもつ運動エネルギー K〔J〕は

$$K = \frac{1}{2}(\rho S\,\Delta x){v_x}^2 = \frac{1}{2}(\rho S\,\Delta x)\omega^2 A^2 \cos^2 \omega t \tag{16.14}$$

となる．したがって，式 (16.12) と式 (16.14) より，単位体積あたりに媒質のもつ波のエネルギー E〔J/m^3〕は

$$E = \frac{U+K}{S\,\Delta x} = \frac{1}{2}\,\rho\omega^2 A^2 \cos^2 \omega t + \frac{1}{2}\,\rho\omega^2 A^2 \sin^2 \omega t = \frac{1}{2}\,\rho\omega^2 A^2 \tag{16.15}$$

となる．式 (16.15) より，波のエネルギーは振幅の 2 乗と角振動数の 2 乗に比例することがわかる．

波の強さ　　波がある断面を通るとき，単位時間に単位面積を流れるエネルギーのことを**波の強さ**または**波の強度**とよぶ．波の速さを v〔m/s〕とすると，波は単位時間で v〔m〕進むことになるから，断面積 S〔m^2〕を単位時間に通過する波の領域は，vS〔m^3〕である．式 (16.15) より，単位時間に S〔m^2〕を通過する波のエネルギーは $\frac{1}{2}\,\rho v S\omega^2 A^2$〔W〕であるから，波の強さ I〔W/m^2〕は

$$I = \frac{1}{2}\,\rho v\omega^2 A^2 \tag{16.16}$$

となる．

問 16.4　時刻 t〔s〕，位置 x〔m〕の関数として，媒質中の x 軸を進む波の変位が $y(x,t) = 0.30 \sin(4.0t - 2.5x)$ と表されている．このとき，波の強さを求めよ．ただし，媒質の密度を 1.2 kg/m^3 とし，数値は SI 単位であるとする．

演習問題 16

A

1. 1.0 MHz の超音波[93] が水中を進行するときの波長を求めよ．ただし，水中における音速を 1.5×10^3 m/s とする．(第 27 回臨床工学技士国家試験問題より (一部改))

[93] 20 kHz より高い振動数の音を超音波とよぶ．

2. 時刻 t〔s〕，位置 x〔m〕の関数として，x 軸の正の向きに進む正弦波が $y(x,t) = 4.0\sin\pi\left(\dfrac{t}{2.0} - \dfrac{x}{3.0}\right)$ と表されている．ただし，数値は SI 単位であるとする．

(a)　この正弦波の振幅，周期，波長，速さを求めよ．

(b)　位置 $x = 3.0$ m の媒質の時刻 5.0 s における変位を求めよ．

B

1. x 軸の正の向きに速さ v〔m/s〕で進む振幅 A〔m〕，周期 T〔s〕の正弦波が，時刻 0 のときに図 16.8 のように表された．ただし，座標の原点 $\mathrm{O}(x = 0)$ と位置 x〔m〕の媒質につけた目印をそれぞれ P_0, P とし，時刻 t〔s〕における変位を y〔m〕とする．

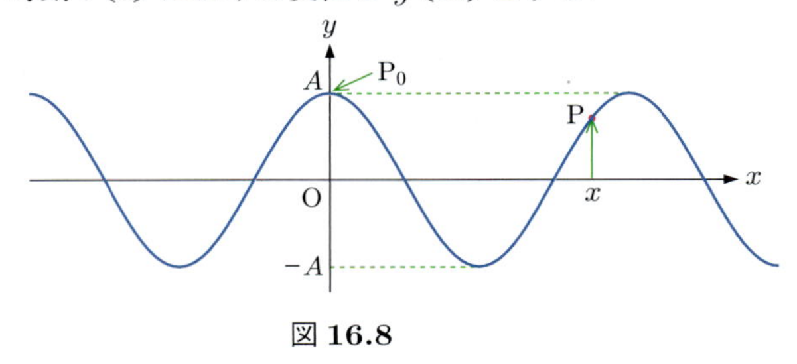

図 16.8

(a)　P_0 の時刻 t〔s〕における変位を求めよ．

(b)　P の時刻 t〔s〕における変位を求めよ．

17 波の進み方1

この章では，波特有の性質である重ね合わせの原理について学ぶ．また，重ね合わせの原理を用いると，定常波や媒質の異なる境界面で起こる反射という現象が説明できることを学習する．

17.1 波の重ね合わせ

波の重なり　図 17.1(a) のように，同じ媒質中を単独の波[94] A と波 B が互いに反対方向に進んでいる場合を考える．

94) このような単独の山または谷だけの波を**孤立波**または**パルス波**とよぶ．

図 17.1(b) のように，波 A と波 B はやがて衝突するが，重なった部分の媒質の変位は波 A の変位 y_1 と波 B の変位 y_2 の和 $y_1 + y_2$ となる．これを波の**重ね合わせの原理**とよび，波特有の現象であって粒子には見られない特徴である．そして，重なった後，それぞれの波は破壊されることも変化することもなく，図 17.1(c) のように元の波の形で進んでいく．これを**波の独立性**とよぶ．

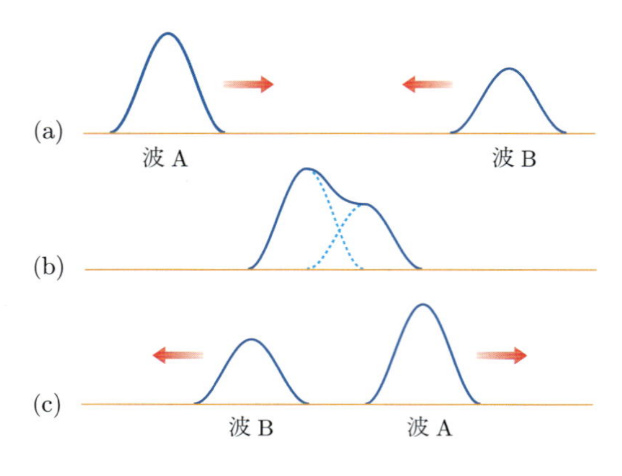

図 17.1　波の重ね合わせ

例題 17.1　三角形の波形をした孤立波の衝突

図 17.2 のように，三角形の波形をした孤立波 A, B が互いに反対方向に速さ 2.0 m/s で直線上を進んでいる．点 p の 1.0 秒後，1.5 秒後，2.0 秒後の変位を求めよ．ただし，数値は SI 単位である．

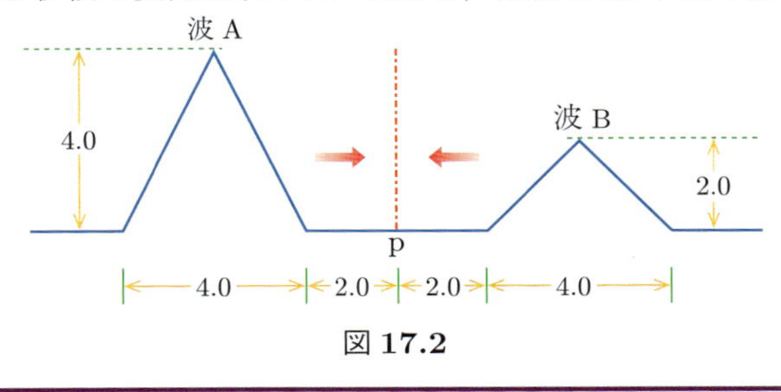

図 17.2

解　波 A と波 B は互いに独立に進んでいき，1.0 秒後，1.5 秒後，2.0 秒後には，図 17.3 のような位置にある．点 p では，A と B の変位の和となるので，順に，0 m，3.0 m，6.0 m となる．

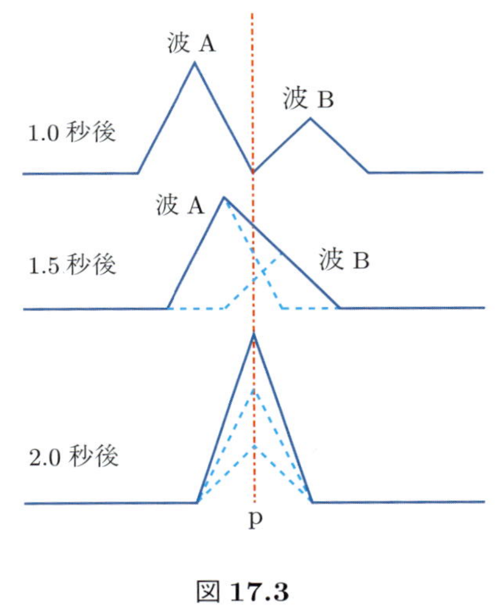

図 17.3

17.2　周波数解析

生体信号の解析　人から発せられる生体信号を処理し，解析することにより，健康状態の把握や疾病の診断に活用されている医療機器が数多くある．特に，生体信号の中で体温，心電図，脳波などの時間的に変化する値を連ねた信号を時系列信号とよぶ．この時系列信号は周波数の異なる正弦波の和である．そして，時系列信号の解析には，以下に示す様々な方法が用いられている．

(1)　フーリエ変換：周波数成分を分析するための手法である．周期的に変化する複雑な波形が，どのような周波数特性をもつ正弦波の要素からなるかを調べることができる．

(2)　パワースペクトル：フーリエ変換で得られた周波数成分に対して，成

分ごとに強度 (振幅の 2 乗) を計算することにより，信号が周波数ごとに含んでいるエネルギーを調べることができる．

(3) 自己相関関数：ある信号とそれを一定時間ずらした信号との整合性を測る尺度である．不規則な雑音に埋もれた周期的な信号の周期特性を抽出することができる．また，自己相関関数をフーリエ変換することによってパワースペクトルが求められる．この方法は，脳波の解析などで用いられている．

17.3 定常波

移動しない波　前節では 2 つの孤立波の重なりを考えたが，ここでは 2 つの正弦波の重ね合わせを調べてみる．

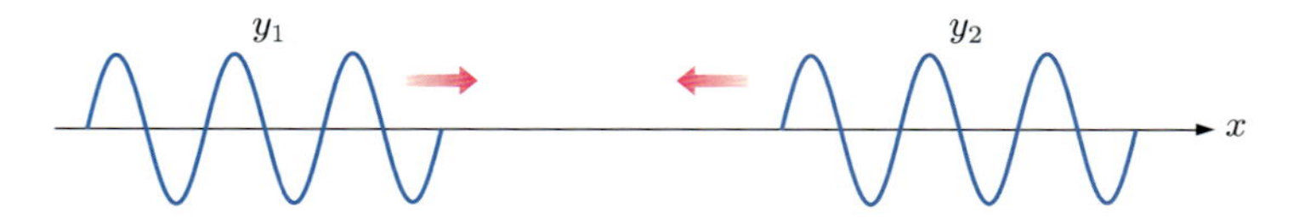

図 17.4　互いに反対方向に進行する正弦波

図 17.4 のように，直線上を振幅 A〔m〕，角振動数 ω〔rad/s〕，波数 k〔rad/m〕が同じである 2 つの正弦波 y_1〔m〕と y_2〔m〕が，互いに反対方向に進んでいるとする．それぞれの正弦波は

$$y_1(x,t) = A\sin(\omega t - kx) \tag{17.1}$$

$$y_2(x,t) = A\sin(\omega t + kx) \tag{17.2}$$

と表すことができるので，重ね合わせの原理により，このときできあがる合成波 y〔m〕は

$$y(x,t) = y_1(x,t) + y_2(x,t) = 2A\cos kx \sin \omega t \tag{17.3}$$

となる．ここで，公式 $\sin a + \sin b = 2\sin\left(\dfrac{a+b}{2}\right)\cos\left(\dfrac{a-b}{2}\right)$ を用いた．式 (17.3) から，x〔m〕の位置で $2A\cos kx$〔m〕という振幅をもつ単振動をしていることがわかる．そして，x〔m〕のどの値の点でも同じ位相で振動しているので，波はいずれの方向にも移動しない．たとえば，振幅 $2A\cos kx_n = 0$ となる x_n〔m〕は

$$kx_n = (2n+1)\frac{\pi}{2} \qquad (n = 0, 1, 2, \cdots) \tag{17.4}$$

を満たすが，時間に依存しないので移動することはない．つまり，式 (17.3) で表される波は進行していない波となっている．このような波は，式 (17.1) や式 (17.2) で表される進行波に対して**定常波**とよぶ．

図 17.5 のように，定常波では，振幅が 0 の位置は常に振幅が 0 となる．このような位置を**節**とよぶ．また，節と節の中間の，振幅が最大の位置を

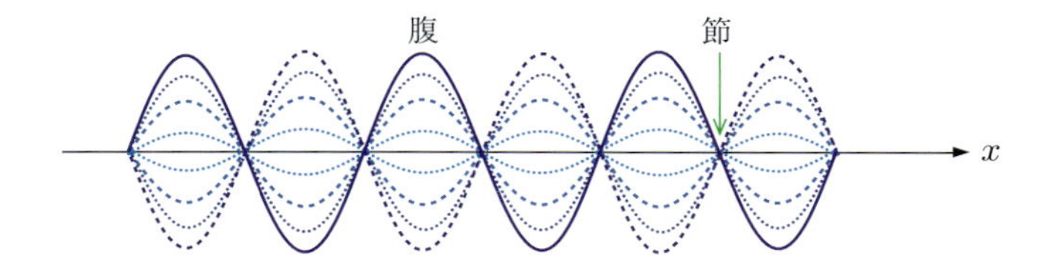

図 17.5 定常波

腹とよぶ．いま，1つの節とその隣にある節をそれぞれ x_1〔m〕，x_2〔m〕とすると，その差は

$$kx_2 - kx_1 = k(x_2 - x_1) = \pi \tag{17.5}$$

である．ここで，波の波長を λ〔m〕とおくと，$k = \dfrac{2\pi}{\lambda}$ の関係より

$$x_2 - x_1 = \frac{\pi}{k} = \frac{\lambda}{2} \tag{17.6}$$

となる．すなわち，隣り合う節の距離は半波長であることがわかる．

問 17.1　水面上で 12 cm 離れた 2 点 S_1, S_2 から波長 4.0 cm で振幅の等しい波が同位相で送られている．線分 S_1S_2 上に並んだ節の個数を求めよ．

17.4 波の反射

波の反射と透過　　図 17.6 のように，ある媒質中を進んでいる波が別の媒質へ進むと，境界面で波の一部分は反射し，一部分は別の媒質に入っていく．このとき，境界面に入射する波を**入射波**，境界面で反射してはね返ってくる波を**反射波**，境界面から別の媒質に入っていく波を**透過波**とよぶ．

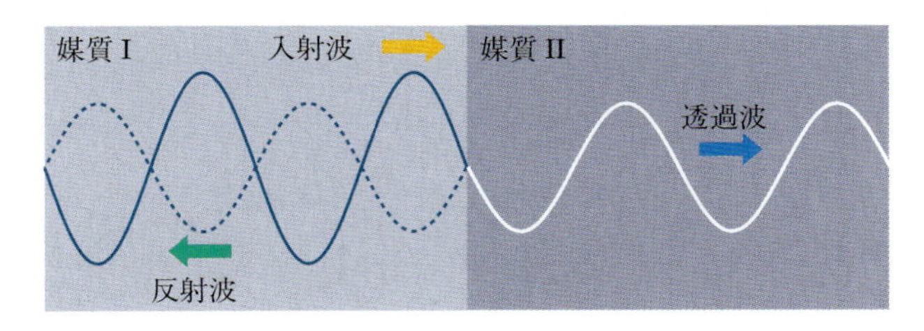

図 17.6 境界面での反射

媒質の異なる境界面に波が達したとき，入射波がもっていたエネルギーの一部が反射され，一部は境界面を越えて透過するため，反射波と透過波の振幅は入射波の振幅よりも小さくなる．

入射波の波の強さ I〔W/m^2〕に対する反射波の波の強さ I_r〔W/m^2〕の比を**反射率** R とよび，入射波の波の強さ I〔W/m^2〕に対する透過波 I_t〔W/m^2〕の波の強さの比を**透過率** T とよぶ．すなわち

$$R = \frac{I_\mathrm{r}}{I}, \qquad T = \frac{I_\mathrm{t}}{I} \tag{17.7}$$

と表される．また，境界面でのエネルギー保存により

$$R + T = 1 \tag{17.8}$$

が成り立つ．

固定端反射と自由端反射　波は媒質の異なる境界面で反射されることはすでに述べたが，はね返り方によって反射波の位相が変化する場合と変化しない場合がある．簡単のため，入射波が境界面ですべて反射波となってはね返ってくるときを考える．

図 17.7(a) のように，入射波の先頭が山で境界面に入ったときに，反射波の先頭が谷となってはね返ってくる場合があり，このような反射を**固定端反射**とよぶ．山で入ったものが谷で戻ってくるので，反射波の位相が入射波の位相に対して変化していることになる．この現象を表すのに，図 17.7(b) のように境界面の右側に反射波となる仮想的な波を考え，この波が入射波と同じ速さで境界面に向かって近づくと考える．すると，入射波とこの仮想的な反射波がそれぞれ進んだとしても，境界面で振幅が必ず正負逆転している状態で出会うことになる．したがって，入射波と仮想的な反射波を境界面で重ね合わせると，合成波の振幅は常に 0 となる．

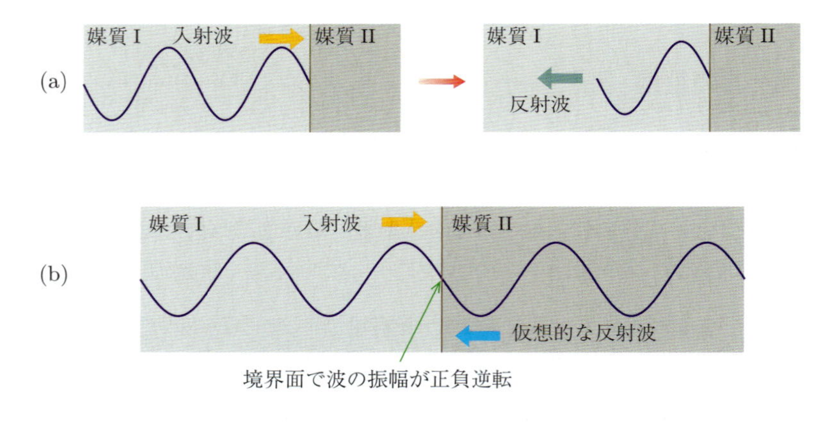

図 17.7　固定端反射とその考え方

図 17.8(a) のように，入射波の先頭が山で境界面に入ったときに，反射波の先頭が山となってはね返ってくる場合があり，このような反射を**自由端反射**とよぶ．山で入ったものが山で戻ってくるので，反射波の位相は入射波の位相と同じである．固定端反射と同様に，境界面の右側に反射波となる仮想的な波を図 17.8(b) のように考え，この波が入射波と同じ速さで境界面に向かって近づくと考える．すると，入射波とこの仮想的な反射波がそれぞれ進んだとしても，境界面で波形の傾きが必ず正負逆転している状態で出会うことになる．したがって，入射波と仮想的な反射波を境界面で重ね合わせると，合成波の波形の傾きは常に 0 となる．また，合成波の振幅は入射波と仮想的な反射波の振幅の和となる．

(a)

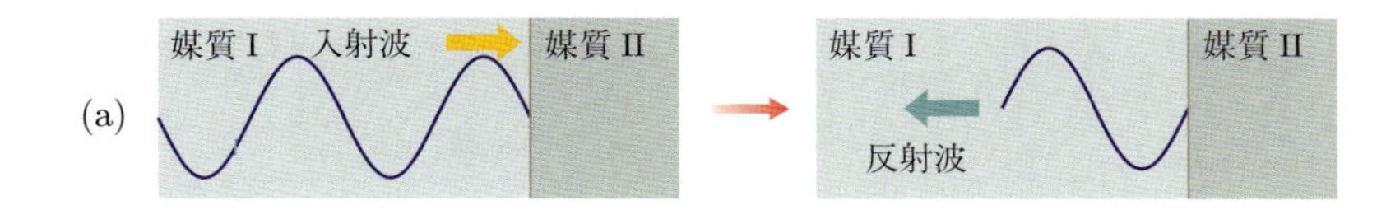

(b)

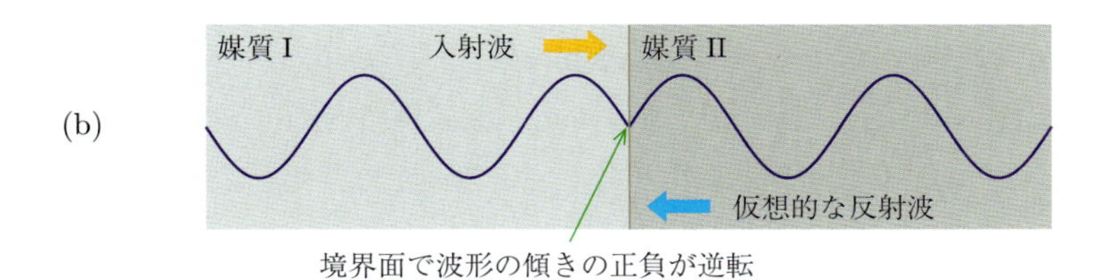

図 17.8 自由端反射とその考え方

例題 17.2 固定端反射における反射波の位相

入射波を正弦波として，固定端反射での入射波と反射波の位相差を求めよ．

解 境界を $x = 0$ の位置とし，入射方向に x 軸をとり，入射波 y_1〔m〕，反射波 y_2〔m〕はそれぞれ

$$y_1 = A\sin(\omega t - kx), \qquad y_2 = A\sin(\omega t + kx + \delta) \tag{17.9}$$

で表されるとする．ただし，A〔m〕は振幅，ω〔rad/s〕は角振動数，k〔rad/m〕は波数，δ〔rad〕は入射波と反射波の位相差である．このとき，入射波と反射波の合成波 y〔m〕は

$$y = y_1 + y_2 = A\sin(\omega t - kx) + A\sin(\omega t + kx + \delta) \tag{17.10}$$

となる．

固定端反射では，$x = 0$ で $y = 0$ であるから

$$\begin{aligned} y &= A\sin\omega t + A\sin(\omega t + \delta) \\ &= A\{(1 + \cos\delta)\sin\omega t + \sin\delta\cos\omega t\} = 0 \end{aligned} \tag{17.11}$$

となる．式 (17.11) が任意の時刻 t で成り立たなければならないから，$\cos\delta = -1$ かつ $\sin\delta = 0$ となる．よって，$\delta = \pi$ となる．

演習問題 17

A

1. 図 17.9 のように，x 軸上を三角形の波形をした孤立波 A, B が互いに反対方向に速さ 2.0 m/s で x 軸上を進んでいる．A, B の先端が接触してから 1.0 秒後の合成波の波形を作図せよ．ただし，数値は SI 単位である．

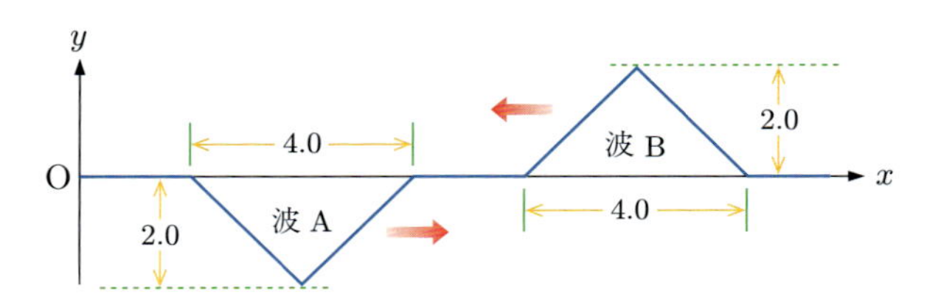

図 17.9

2.　図 17.10 のように，x 軸上を 2 つの正弦波 A, B が互いに反対方向に速さ 2.0 m/s で進み，重なり合って定常波ができたとする．ただし，数値は SI 単位である．

(a)　隣り合う節の間隔を求めよ．

(b)　腹の位置における振動の振幅と周期を求めよ．

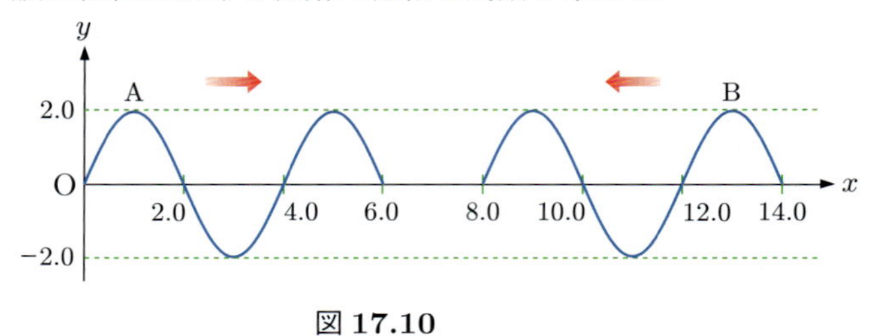

図 17.10

B

1.　図 17.11 のように，波源 S_1, S_2 を出発した 2 つの正弦波 A, B が互いに反対方向に速さ v〔m/s〕で x 軸上を進み，重なり合う．ただし，S_1, S_2 からそれぞれ ℓ_1〔m〕, ℓ_2〔m〕にある点を P とし，S_1, S_2 の単振動の変位 y〔m〕が，振幅を A〔m〕，周期を T〔s〕として，$y = A\sin\dfrac{2\pi}{T}t$ と表されるものとする．

(a)　点 P の媒質の時刻 t〔s〕における A による変位と B による変位をそれぞれ求めよ．

(b)　点 P における A と B の位相差を求めよ．

(c)　S_1 と S_2 の間に定常波ができた．点 P が定常波の腹だったとすると，(b) で求めた位相差は π の何倍になるか求めよ．

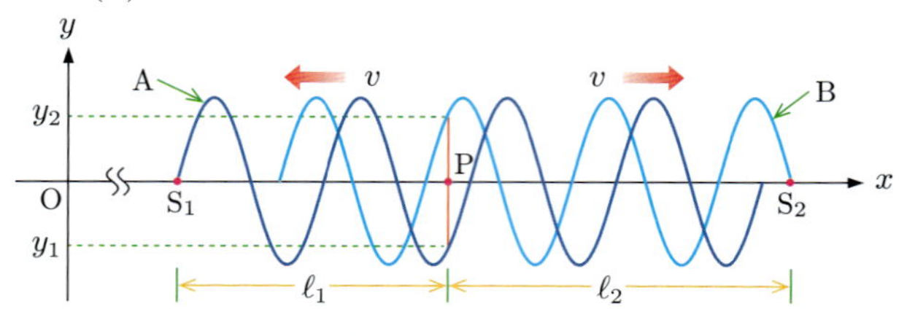

図 17.11

2.　入射波を正弦波として，自由端反射での入射波と反射波の位相差を求めよ．

18 波の進み方2

前章では直線状の媒質を伝わる波を扱ったが，この章では平面的あるいは空間的に拡がって進んでいく波について学習する．また，反射，屈折，回折などの波の一般的な性質がホイヘンスの原理で説明できることを学ぶ.

18.1 ホイヘンスの原理

波面の伝搬　静かな水面に小石を落とすと，小石が落ちた地点を波源として，波は円形状に拡がっていく．これは3次元の空間でも同じであり，等方等質の媒質中であれば，1点の波源からの波は球面状に拡がっていくことになる．拡がる波の各地点の内，山なら山，あるいは谷なら谷の点を結んだ線を**波面**とよび，波の進行方向と波面とは常に直交している．直線上の海岸に打ち寄せる波のように波面が平面ならば**平面波**とよび，波面が球面ならば**球面波**とよぶ.

波の伝搬のしかたは，直感的な方法によって理解することができる．ホイヘンスは，波面上には無数の点状の波源があると考え，そこから送り出される球面波を**素元波**と名付けた．そして,「ある時刻における波面から出た素元波に共通する面 (包絡面) が，つぎの瞬間の波面となる」と考えた．これを**ホイヘンスの原理**とよぶ．図 18.1 のように，波面 S_1 上のすべての点から出た素元波は，新しい波面 S_2 をつくる.

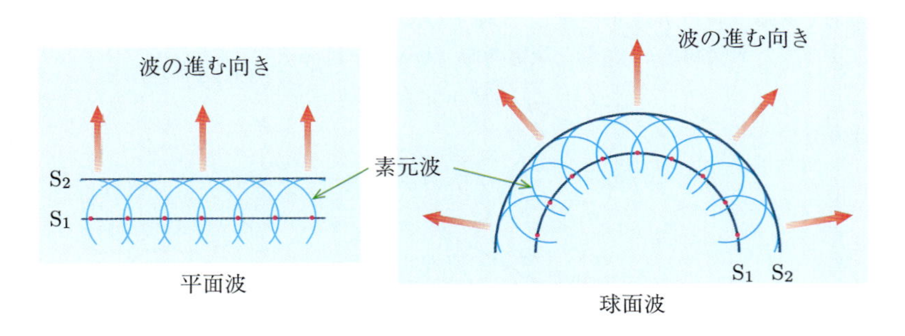

図 18.1　波面の伝播

18.2　反射の法則

反射の法則　図 18.2 のように，波面 S_1 で示した平面波が境界面の鉛直線に対して角 i〔rad〕で異なる媒質に入射すると，鉛直線と角 j〔rad〕をなす方向へ波面 S_2 となって反射する．このとき，i〔rad〕を**入射角**，j〔rad〕を**反射角**とよび

$$i = j \tag{18.1}$$

の関係が成り立つ．これを波の**反射の法則**とよぶ．

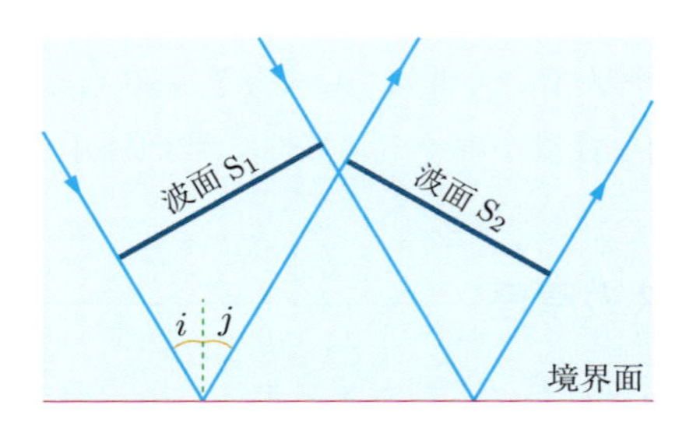

図 18.2　反射の法則

例題 18.1　ホイヘンスの原理による反射の説明

反射の法則をホイヘンスの原理を用いて説明せよ．

解　図 18.3 のように，入射波の波面が AB に達した瞬間，点 A からは反射の素元波が生じる．その後，境界面 AD 上では A に近い方から次々と素元波が生じ，波は円形状に拡がっていく．こうして，AD 上の各点を中心として，半径の異なる無数の半円がつくられる．入射波と反射波は同じ媒質中を進むので，2 つの波の速さは等しい．そのため，点 B が境界面上の点 D に達するときには，A から出た素元波は A を中心とし，BD の長さに等しい半径をもつ円 O の周上まで進んでいることになる．

ホイヘンスの原理により，AD 上の A に近い方から次々に出た素元波に共通する面が，このときの反射面の波面となる．これは D から円 O に引いた接線 DC に相当する．波の進行方向と波面とは直交するので，△ADB と △DAC はともに直角三角形である．斜辺 AD が共通で，DB = AC なので，△ADB ≡ △DAC となる．したがって，入射角を i〔rad〕，反射角を j〔rad〕とすると

$$i = \angle \mathrm{DAB} = \angle \mathrm{ADC} = j$$

が成り立つ．

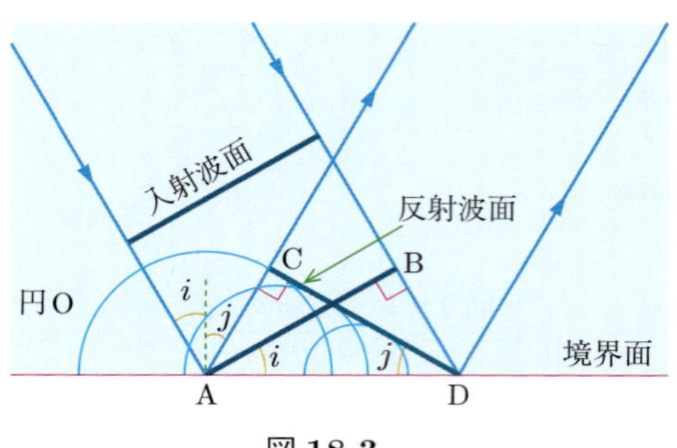

図 18.3

18.3 屈折の法則

屈折の法則 図 18.4 のように，媒質 I 中を進む波面 S_1 が境界面の鉛直線に対して角 i〔rad〕で媒質 II に入射すると，鉛直線と角 r〔rad〕をなす方向へ波面 S_2 となって媒質 II の中へ進んでいく．このとき，i〔rad〕を**入射角**，r〔rad〕を**屈折角**とよび，入射角 i〔rad〕の正弦と屈折角 r〔rad〕の正弦の比の値は，i〔rad〕の値によらず一定で

$$\frac{\sin i}{\sin r} = n_{12} \tag{18.2}$$

の関係が成り立つ．これを波の**屈折の法則**とよぶ．ここで，一定値 n_{12} を，媒質 I に対する媒質 II の**相対屈折率**または単に**屈折率**とよぶ．

入射波と屈折波を比べてみると，媒質が異なっても振動数は同じであるが波長は異なり，波の進む速さも異なることがわかる．一般に，波が屈折するのは，媒質によって波の進む速さが異なるためである．媒質 I と媒質 II における波の速さをそれぞれ v_1〔m/s〕，v_2〔m/s〕，波長を λ_1〔m〕，λ_2〔m〕とすると媒質 I に対する媒質 II の屈折率 n_{12} は

$$n_{12} = \frac{\sin i}{\sin r} = \frac{v_1}{v_2} = \frac{\lambda_1}{\lambda_2} \tag{18.3}$$

と表される．

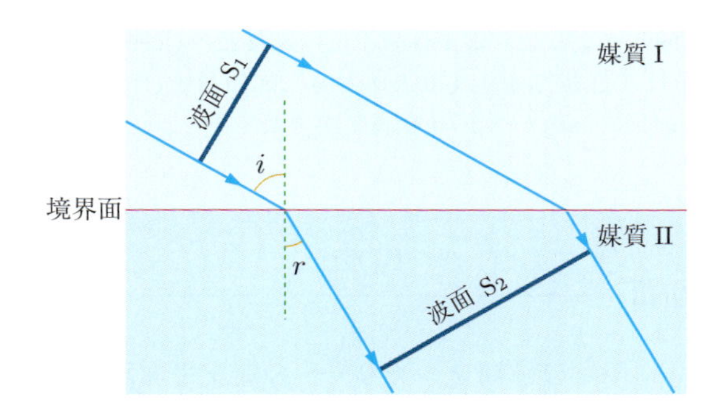

図 18.4 屈折の法則

例題 18.2 ホイヘンスの原理による屈折の説明

屈折の法則をホイヘンスの原理を用いて説明せよ．

解 図 18.5 のように，入射波の波面が AB に達した瞬間，点 A からは媒質 II へ進む素元波が生じる．その後，境界面 AD 上では A に近い方から次々と生じる素元波は，媒質 II の中へ円形状に拡がり，半径の異なる無数の半円がつくられる．いま媒質 I と媒質 II における波の速さをそれぞれ v_1〔m/s〕，v_2〔m/s〕とし，点 B が境界面上の点 D まで進むのに要する時間を t〔s〕とすると，$\mathrm{BD} = v_1 t$ であり，その間，A から出た素元波は A を中心とする半径が $v_2 t$ の円 O の周上まで進んでいる．

ホイヘンスの原理により，AD 上の A に近い方から次々に出た素元波に共通する面が，このときの屈折波の波面となる．これは D から円 O に引いた接線 DC に相当する．したがって，入射角を i〔rad〕，屈折角を r〔rad〕とすると，2 つの直角三

角形△ADBと△DACにおいて，∠DAB = i，∠ADC = r であるから

$$\sin i = \frac{\mathrm{BD}}{\mathrm{AD}} = \frac{v_1 t}{\mathrm{AD}} \tag{18.4}$$

$$\sin r = \frac{\mathrm{AC}}{\mathrm{AD}} = \frac{v_2 t}{\mathrm{AD}} \tag{18.5}$$

となる．よって，式 (18.4) を式 (18.5) で辺々割ると

$$\frac{\sin i}{\sin r} = \frac{v_1}{v_2} \tag{18.6}$$

となる．

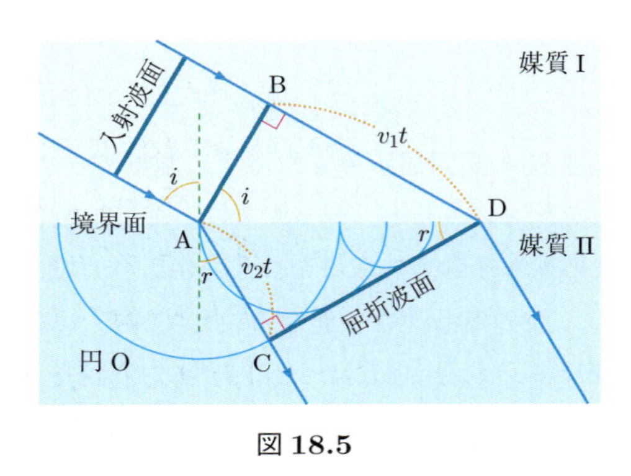

図 18.5

問 18.1　ある波は，媒質 I 中を速さ 3.0 m/s で進み，媒質 II 中を速さ 4.0 m/s で進む．このとき，媒質 I に対する媒質 II の屈折率を求めよ．

問 18.2　図 18.4 のように，波が媒質 I から媒質 II へと屈折して進む．媒質 I に対する媒質 II の屈折率が 1.4 であるとき，屈折角 r〔rad〕を求めよ．ただし，入射角 i〔rad〕は，$\sin i = 0.70$ を満たす角とする．

18.4　波の回折

波の回り込み　　障壁に隙間をつくり，その間を平面波が通り抜けていく場合を考える．隙間の幅を平面波の波長と同じぐらいに狭くすると，図 18.7(a) のように，波は障壁の裏側へも伝わっていく．これは，つくられる素元波が少ないために，隙間を中心とする円形状の波面が形成されるから

図 18.6　防波堤の開口部における海の波の回折

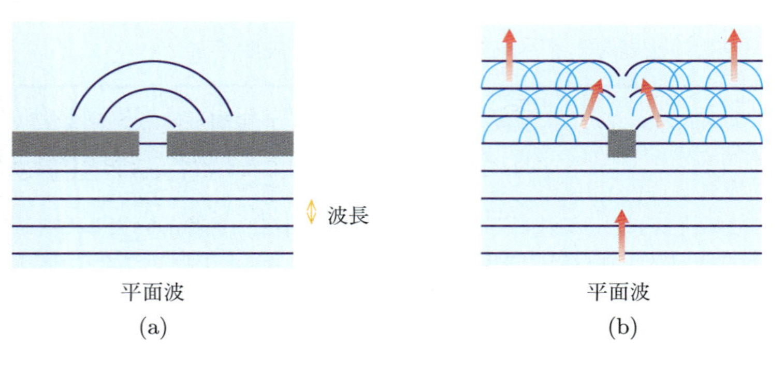

図 18.7　波長と同程度の隙間と障害物を進む波面

である．このように，障壁の裏側に波が回り込む現象を**波の回折**とよぶ．また，図 18.7(b) のように，障壁の隙間の代わりに小さい障害物を置いて波をさえぎる場合にも，同様な現象が起こる．障害物が平面波の波長と同程度の大きさだと，多数の素元波が形成されて，障害物の裏側にも波が回り込んでいくことになる．

一方，図 18.8(a) のように，隙間の幅を平面波の波長に比べて十分に広くすると，障壁の裏側には波のほとんどがこない場所ができる．これは，つくられる素元波が多いために，波の大半はそのまま向きを変えずに進んでいくからである．この現象は，図 18.8(b) のように，大きな障害物によって波をさえぎる場合にもみることができる．障害物が平面波の波長に比べて大きいと，障害物近傍では波面が十分に形成されず，障害物の裏側に回折して進んでいく波はほとんどなくなる．

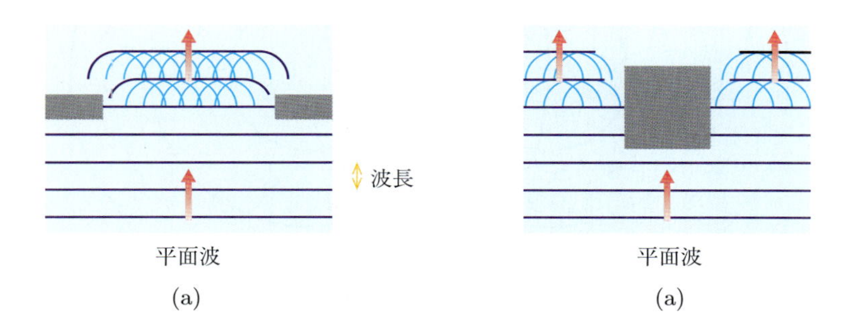

図 18.8 波長よりも大きい隙間と障害物を進む波面

回折の利用 回折という波特有の性質を利用した測定装置として，X 線回折装置がある．X 線回折装置は，試料に X 線を照射した際に，X 線が原子のまわりにある電子によって散乱，干渉した結果生じる回折を解析する．測定物質の原子の大きさに近い波長を使うことで，原子レベルでの物質の構造を調べることができる．

この X 線回折装置を用いた例として，アスベストの分析がある．アスベストは耐熱性や耐久性に優れているだけでなく，非常に安価であるため，過去には学校やビルの耐火材料や断熱材として広く使われていた．しかし，空中に飛散した石綿繊維を長期間大量に吸入すると，肺癌や中皮腫の誘因となることが指摘されたことにより，現在では原則使用禁止となっている物質である．規制以来，基本的にはアスベストによる健康被害はなくなったとされているが，規制以前に建築された学校やビルもいまだに数多く存在している．このため，これらの建物を解体する際には建築資材の事前の検査が必要である．また，建築材料を安全に再利用する際にも，X 線回折装置によるアスベストの分析は欠かせないものとなっている．

18.5 波の干渉

波の強め合いと弱め合い　波の山と山が一致すればさらに高い山になり，波の谷と谷が一致すればさらに深い谷となる．また，波の山と谷では，打ち消し合って平坦になる．このように，2つ以上の波が重ね合わさって，ある場所では常に強め合い，別の場所では常に弱め合う現象を**波の干渉**とよぶ．定常波も波の干渉の一例である．

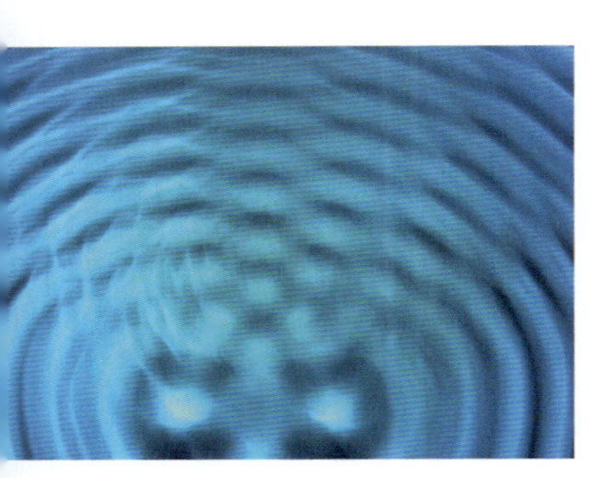

図 18.9　2つの波源から発生する水面波の干渉

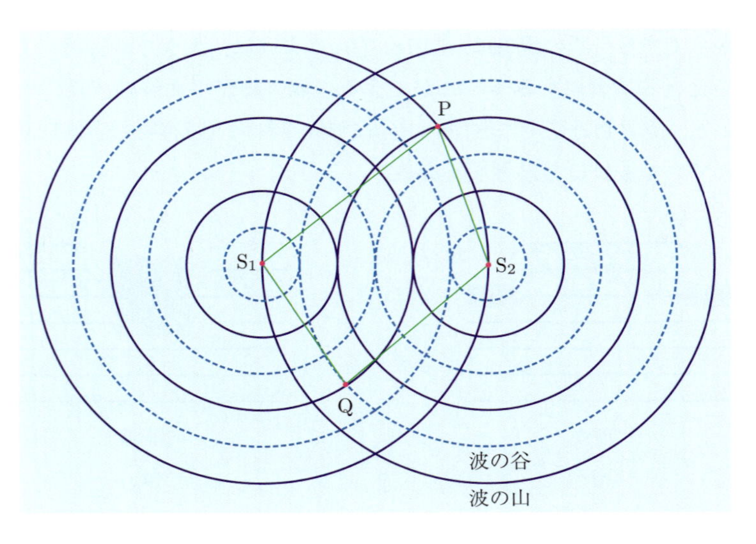

図 18.10　波の干渉

図18.10のように，2つの波源 S_1, S_2 を水面に置き，振幅と位相が同じである波を送り出す．すると，S_1, S_2 で発生した円形の波はそれぞれ独立性を保ちながら進み，互いに重なり合って水面に定常波が現れる．このとき，点Pのように，S_1 から出た波の山の波面と S_2 から出た波の山の波面が交差する場所は，2つの波が常に強め合い，水面は大きく振動する．すなわち，2つの波源から出る波の波長を λ〔m〕とすると，S_1, S_2 からの距離の差が

$$|\,S_1P - S_2P\,| = m\lambda \qquad (m = 0, 1, 2, \cdots) \tag{18.7}$$

となる点Pは強め合う．なぜなら，式 (18.7) を満たす場所では，2つの波の位相が山と山，谷と谷というように常に同位相となるからである．

また，点Qのように，S_1 から出た波の山の波面と S_2 から出た波の谷の波面が交差する場所は，2つの波が常に弱め合い，水面はほとんど振動しない．すなわち，S_1, S_2 からの距離の差が

$$|\,S_1P - S_2P\,| = (2m + 1) \cdot \frac{\lambda}{2} \qquad (m = 0, 1, 2, \cdots) \tag{18.8}$$

となる点Qは弱め合う．式 (18.8) を満たす場所では，2つの波の位相が山と谷，谷と山というように常に逆位相となる．

なお，S_1, S_2 から出る波の位相が逆位相となっている場合には，条件式は逆となり，式 (18.7) は弱め合う点，式 (18.8) は強め合う点を表す式となる．

問 18.3 図 18.11 のように，水面上で 6.0 cm 離れた 2 つの波源 S_1, S_2 から同位相で波長 2.0 cm の波が送り出されている．ただし，図の実線と破線はある瞬間における波の山の波面および谷の波面をそれぞれ表している．

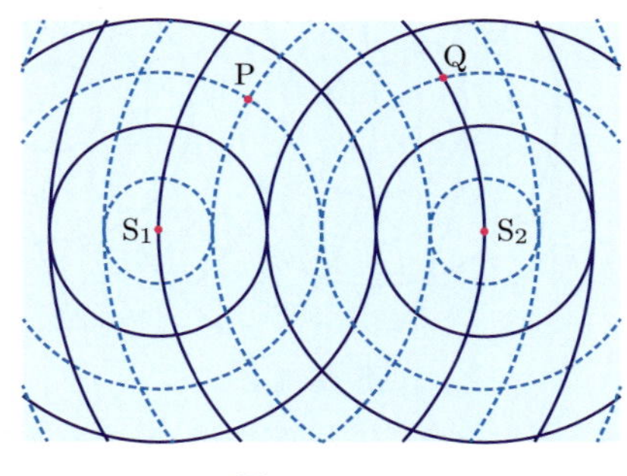

図 18.11

(1) 図中の点 P, Q は，2 つの波が強め合う点か，弱め合う点か．

(2) S_1 と S_2 の間にある弱め合う点を連ねた双曲線の本数を求めよ．

演習問題 18

A

1. 媒質 I から媒質 II へ波が入射している．媒質 I 中の波の速さを v_1〔m/s〕，振動数を f〔Hz〕，媒質 II 中の波の速さを v_2〔m/s〕とする．

(a) 媒質 I 中と媒質 II 中の波の波長をそれぞれ求めよ．

(b) 媒質 I に対する媒質 II の屈折率を求めよ．

2. 図 18.12 のように，波が媒質 I から媒質 II へと屈折して進む．ただし，媒質 I での波の波長を 0.51 m，波の速さを 0.68 m/s とし，$\sqrt{3} = 1.7$ とする．

(a) 媒質 I に対する媒質 II の屈折率を求めよ．

(b) 媒質 II での波の波長と速さを求めよ．

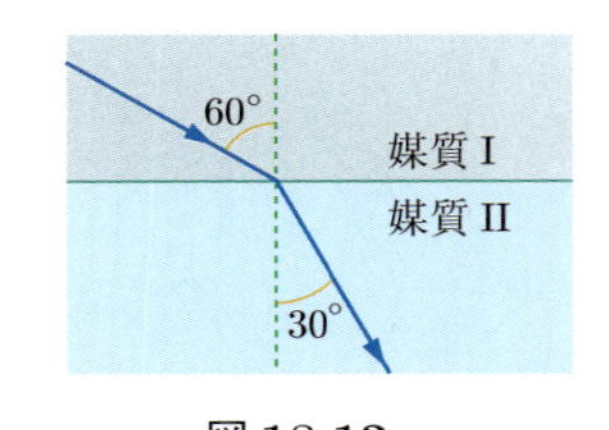

図 18.12

B

1. 図 18.13 のように，x-y 座標上の点 $S_1(0, d)$，$S_2(0, -d)$ から同位相で波長 λ〔m〕の波が送り出されているとき，式 (18.7) で表される 2 つの波が強め合う点を連ねた曲線を求めよ．ただし，座標の単位は〔m〕とする．

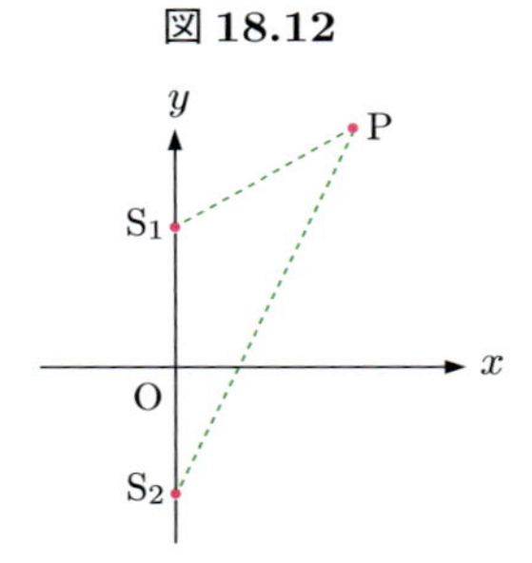

図 18.13

2. 図 18.14 のように，水面上で 10.5 cm 離れた 2 つの波源 S_1, S_2 から

逆位相で波長 3.0 cm の波が送り出されている．ただし，図の実線と破線はある瞬間における波の山の波面および谷の波面をそれぞれ表している．

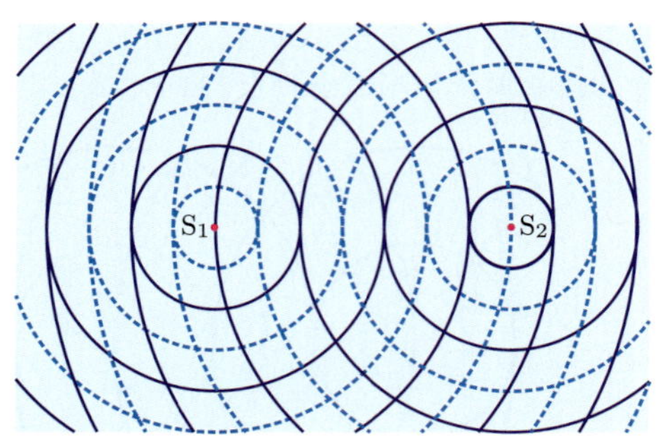

図 18.14

(a)　線分 S_1S_2 の中点は，2 つの波が強め合う点か，弱め合う点か．

(b)　S_1, S_2 からの距離の差が 7.5 cm である点は，強め合う点か，弱め合う点か．

(c)　弱め合う点を連ねた曲線を図に示せ．

19 音波1

音は媒質の密度が振動し伝わる疎密波 (縦波) である．この章では，波としての音の性質について学んだ後，弦の振動と気柱の振動について学習する．

19.1 音の伝わり方

音波　空気や水などの流体に力が加わり，密な領域ができるとその領域はもとの状態にもどろうとしてまわりの流体を押す．すると，そのまわりの部分が密になり元の状態にもどろうとしてさらにまわりの流体を押す．このようにして，順次流体の密度の変化が伝わっていく**疎密波** (縦波) が音波である．流体では，ずれ方向に対する復元力がないため横波は伝わらない．

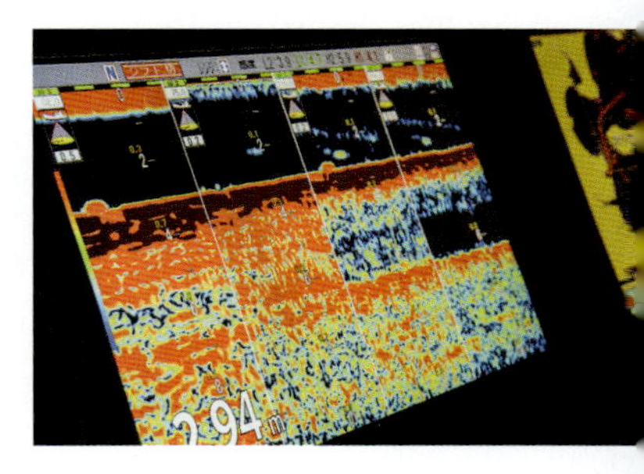

図 19.1　魚群探知機

$0\,°\mathrm{C}$ の空気中での音の速さ (音速) は $331.5\,\mathrm{m/s}$ であり，気温が上昇するにつれて速さは増す．空気中での音速 v〔m/s〕は，気温を $t\,°\mathrm{C}$ とすると，

$$v = 331.5 + 0.6t \tag{19.1}$$

で与えられる．

流体中の音速は，密度を ρ〔$\mathrm{kg/m^3}$〕，体積弾性率を K〔$\mathrm{N/m^2}$〕として

$$v = \sqrt{\frac{K}{\rho}} \tag{19.2}$$

で与えられ，密度が小さいほど速くなる．ヘリウムガスは空気よりも密度が小さいので音速は大きく $20\,°\mathrm{C}$ でおよそ $970\,\mathrm{m/s}$ である．一方，水は気体よりも密度は大きいが，体積弾性率が気体より非常に大きいため音速は $1500\,\mathrm{m/s}$ となり，気体中よりもはるかに大きくなる．

問 19.1　$20\,°\mathrm{C}$ の空気中を伝わる音の速さを求めよ．

音の 3 要素　音の性質は高さ，強さ (大きさ)，**音色**で決まり，人は音を聞いたときこれらを識別して違いを聞き分ける．

音の高さ低さは音波の振動数の違いに対応しており，振動数が大きい音は高い音，振動数が小さい音は低い音である．人の耳で聞くことのできる音の振動数は，およそ $20\,\mathrm{Hz}$ から $20\,\mathrm{kHz}$ である．この領域より低い振動数の音は，人には単なる振動として感じられる．また，これより高い振動数の音を**超音波**という．

音の強さ I〔W/m^2〕は，単位面積を単位時間あたりに通過する音波のエネルギーで定義される．波のエネルギーは振幅の2乗に比例するので，振幅が大きいほど強い音となる．音の強さを表すのに I そのものよりも，**音の強さのレベル**を用いることが多い．これは，人が聞くことができる最も小さい音の強さを $I_0 = 10^{-12}$ W/m^2 として次のように表される．

$$\text{音の強さのレベル〔dB〕} = 10 \log \left(\frac{I}{I_0} \right) \qquad (19.3)$$

dBは，**デシベル**あるいはディービーと読む．目安としては，ささやき声がおよそ20dB，普通の会話はおよそ60dB，高架線ガード下がおよそ100dBである．

人は同じ高さの音でも，バイオリンとギターの音を異なる音として認識する．これは，バイオリンとギターで音波の波形が異なりその違いを識別しているためである．このような違いを音色という．一般に基本振動数の正弦波にその整数倍の振動数の正弦波を重ね合わせることで，どのような波形も作ることができる．これをフーリエの定理という．また，波形を異なる振動数の正弦波に分解することをフーリエ分解，分解した成分をフーリエ成分という．フーリエ成分の強さを見ることで，波形の違いや特徴を調べることが出来る．

問 19.2　50dBの音波の強さは30dBの音波の強さの何倍か求めよ．

19.2 弦の振動

弦の振動　ピアノ，ギター，バイオリンなどの弦楽器は，弦を振動させることでまわりの空気を振動させて音波をつくる．図19.2のように，両端を固定した弦のある場所を振動させるとそこが波源となり，横波が左右に伝わっていく．弦の両端で波は固定端反射をし，1つの波源から出た波が重なり合い，両端が節となる定常波ができる．

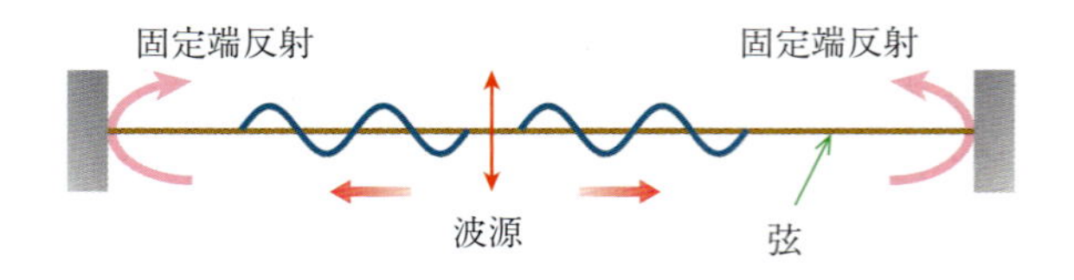

図 19.2　弦の振動

定常波の波長を λ〔m〕とすると，定常波の節と節の間の長さ(腹1個の長さ)は $\frac{\lambda}{2}$ である．弦の両端が節になるためには，図19.3のように，弦の長さ L〔m〕の中に $\frac{\lambda}{2}$ が整数個含まれていなければならない．したがって，

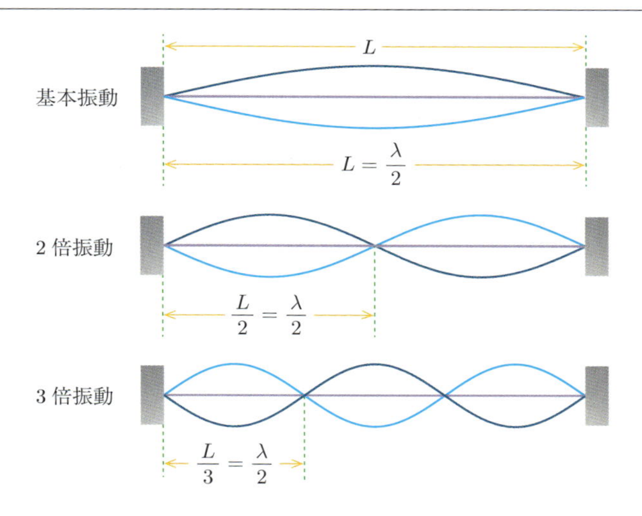

図 19.3 弦の定常波と固有振動

自然数を $n = 1, 2, 3, \cdots$ として $L = n\dfrac{\lambda}{2}$ となるので，長さ L の弦に生じる腹の数が n 個の定常波の波長 λ_n は，次式で与えられる．

$$\lambda_n = \frac{2L}{n} \quad (n = 1, 2, 3, \cdots) \tag{19.4}$$

また，弦を伝わる波の速さを v〔m/s〕とすると，弦の振動数 f_n〔Hz〕と λ_n の間には $v = f_n\lambda_n$ の関係が成り立つ．よって，f_n は

$$f_n = \frac{nv}{2L} \quad (n = 1, 2, 3, \cdots) \tag{19.5}$$

と表せる． 弦に定常波が生じたとき，それらを弦の**固有振動**といい，そのときの振動数 f_n を**固有振動数**という．また，$n = 1, 2, 3, \cdots$ のときの振動を各々**基本振動**，**2 倍振動**，**3 倍振動**，$\cdots$，という．

図 19.4 ピアノの弦

弦を伝わる波の速さ v は，線密度を σ〔kg/m〕，弦の張力を T〔N〕として

$$v = \sqrt{\frac{T}{\sigma}} \tag{19.6}$$

で与えられる．弦を強く張り張力 T を大きくすると v は大きくなり，また，弦の直径を小さくして線密度 σ を小さくすると v は大きくなる．したがって，式 (19.5) より，弦の長さが一定の場合，弦の張力，あるいは線密度を変えることで弦の固有振動を変えることができる．

弦の振動では，基本振動と同時に他の倍振動も生じる．基本振動が最も強いときには他の倍振動が生じていても基本振動数で音の高さが決まる．また，固有振動の重ね合わせによって生じる音波の波形が弦の振動によって生じる音の音色となる．

問 19.3 長さが 0.60 m の弦を張り，腹が 3 個できるように振動させたところ，振動数は 50 Hz であった．このときの波長，および弦を伝わる波の速さを求めよ．

19.3 気柱の振動

気柱の振動　フルートやクラリネットなどの管楽器は，管内に空気を吹き込み，管内の空気を振動させて定常波をつくることで音波を発生させる．管内の空気のことを気柱，このときの振動を気柱の固有振動という．弦の振動と同様に，気柱の振動でも基本振動と同時に他の倍振動が生じる．基本振動が最も強いときには他の倍振動が生じていても基本振動数で音の高さが決まり，固有振動の重ね合わせによって生じる音波の波形がその管楽器の音色となる．

閉管内の気柱の振動　試験管のように一端が閉じた閉口端，他端が開いた開口端になっている管を**閉管**という．閉管の開口端に息を吹き込むと，閉口端に向かって進む波と閉口端で反射した波とが重なり合い定常波が生じる．閉口端は空気が動けないので固定端に，開口端は空気が自由に動けるので自由端となる．したがって，図19.5のように閉管内の気柱に生じる定常波は閉口端では節，開口端では腹になる[95)]．実際の音波は縦波であるが，図19.5では横波として描いてある．

[95)] 厳密には開口端の少し外側に腹がある．この腹と開口端との距離を**開口端補正**という．

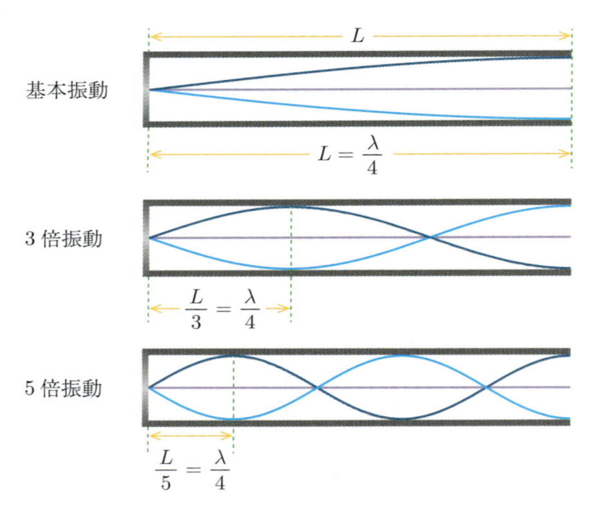

図19.5　閉管内の気柱の定常波と固有振動

図19.6　瓶笛

定常波の波長を λ〔m〕とすると，閉管の長さ L〔m〕の中には節から腹までの長さ $\frac{\lambda}{4}$ が奇数個含まれていなければならない．したがって，自然数を $n = 1, 2, 3, \cdots$ として $L = (2n-1)\frac{\lambda}{4}$ となるので，長さ L の閉管に生じる節の数が n 個の定常波の波長 λ_n は，次式で与えられる．

$$\lambda_n = \frac{4L}{2n-1} \quad (n = 1, 2, 3, \cdots) \tag{19.7}$$

また，音波の速さを v〔m/s〕とすると，固有振動の振動数 f_n〔Hz〕と λ_n の

間には $v = f_n\lambda_n$ の関係が成り立つ．よって f_n は

$$f_n = \frac{(2n-1)v}{4L} \quad (n = 1, 2, 3, \cdots) \tag{19.8}$$

と表せる．$n = 1$ の場合が基本振動で n が 2 以上が倍振動である．閉管内の気柱の固有振動では，倍振動数は基本振動数の奇数倍になる．

例題 19.1　閉館内の気柱の振動

弦や気柱の振動に限らず，多くの物体の振動は固有振動をもっている．固有振動数と等しい振動数でゆすり続けると振動は次第に大きくなる．この現象を共振または共鳴という．耳の外耳道を閉管と考えると，外耳道の 4 倍の波長の音が共鳴し，よく聞こえることになる．外耳道の長さを 25 mm，音の速さを $v = 350\,\mathrm{m/s}$ として，もっとも聞き取りやすい音の波長と周波数を求めよ．

　波長 $\lambda = 4 \times 0.025\,\mathrm{m} = 0.10\,\mathrm{m}$

周波数 $f = \dfrac{v}{\lambda} = \dfrac{350\,\mathrm{m/s}}{0.10\,\mathrm{m}} = 3.5 \times 10^3\,\mathrm{Hz}$

開管内の気柱の振動　図 19.8 のように両端が開口端になっている管を**開管**という．開管に息を吹き込んだ場合にも，音波が重なり合い定常波が生じる．開口端は空気が自由に動けるので自由端である．したがって，図 19.8 のように開管内の気柱に生じる定常波は両端で腹になる．図 19.8 も縦波を横波として描いている．

定常波の波長を λ〔m〕とすると，開管の長さ L〔m〕の中には腹から腹までの長さ $\dfrac{\lambda}{2}$ が整数個含まれていなければならない．したがって，自然数を $n = 1, 2, 3, \cdots$ として $L = n\dfrac{\lambda}{2}$ となるので，長さ L の開管に生じる節

図 19.7　管楽器 (トランペット)

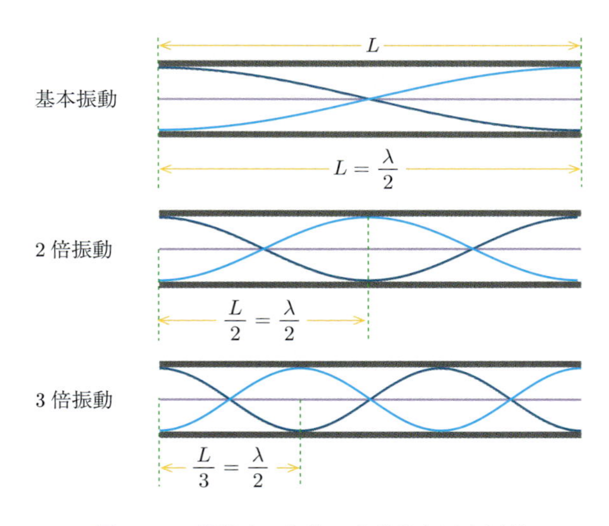

図 19.8　開管内の気柱の定常波と固有振動

の数が n 個の定常波の波長 λ_n は，次式で与えられる．

$$\lambda_n = \frac{2L}{n} \quad (n = 1, 2, 3, \cdots) \tag{19.9}$$

また，音波の速さを v〔m/s〕とすると，固有振動数 f_n〔Hz〕は

$$f_n = \frac{nv}{2L} \quad (n = 1, 2, 3, \cdots) \tag{19.10}$$

と表せる．$n = 1$ の場合が基本振動で n が 2 以上が倍振動である．開管内の気柱の固有振動では，倍振動数は基本振動数の整数倍になる．

> **問 19.4**　長さ 0.2 m の開管の基本振動から出ている音の振動数を求めよ．ただし，音速を 340 m/s とする．

演習問題 19

A

1. 音波の強さが 2 倍違うと何 dB 違うか求めよ．また，20 倍違うと何 dB 違うか求めよ．ただし，$\log 2 = 0.301$ とする．

2. 長さが L〔m〕の弦を張り，ある振動数のおんさを鳴らして接触させたところ，腹が 5 個できた．弦を伝わる波の速さを v〔m/s〕とし，おんさの振動数を求めよ．

B

1. 0.34 m の開管の開口付近に音源を置き，振動数を 0 Hz から次第に大きくしていく．ただし，音速を 340 m/s とする．

(1) 最初に共鳴する音の波長を求めよ．

(2) 4 回目に共鳴する音の振動数を求めよ．

2. 図 19.9 のように，開管にピストンをはめ込んだ閉管の開口付近に音源を置き，振動数 500 Hz の音を出す．

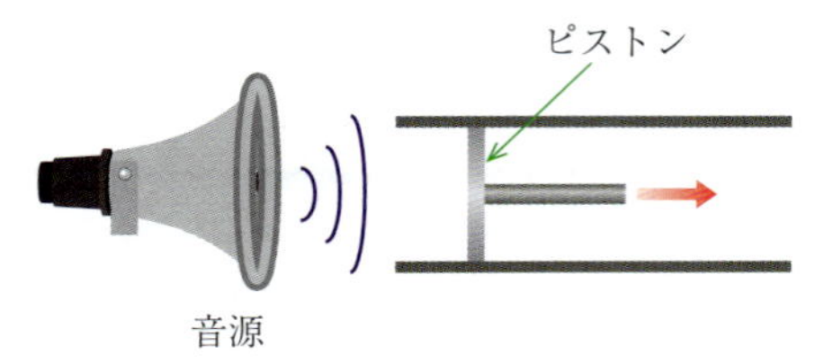

図 19.9

(1) ピストンを引き出していくと閉管の長さがはじめ 17.0 cm のときに共鳴した．音速を求めよ．

(2) さらにピストンを引き出していくと次に閉管の長さが L〔m〕のときに共鳴した．L を求めよ．

(3) 閉管の長さを L にしたまま，振動数を 500 Hz から次第に大きくしていくと，再び共鳴が起こった．このときの振動数を求めよ．

3. 開管の開口付近に音源を置いたときと，他端をふさいで閉管としたときで，基本振動数の差が 500 Hz であった．ただし，音速を 340 m/s とする．

(1) この管の長さを求めよ．

(2) 閉管のときの基本振動数を求めよ．

20 音波2

近づいてきた救急車のサイレンの音が，自分の前を通り過ぎた後に高い音から低い音に変わるのを経験した人は多いと思う．一般に，音源が移動したり観測者が移動すると，静止した音源が出す振動数とは異なった振動数が観測される．このような現象を**ドップラー効果**という．この章では，観測される音の振動数が，様々な状況でどのように変わるかについて学習する．

20.1 ドップラー効果

図 20.1　サイレンのドップラー効果

音源が運動する場合のドップラー効果　音源 S が振動数 f〔Hz〕の音を出しながら速さ v_S〔m/s〕で移動するとき，静止している観測者 O が聞く音の振動数を考える．媒質である空気が静止している限り，音源の移動に関係なく音の速さは一定であり，以降，風などはなく，空気は静止しているものとする．

図 20.2 で空気中での音の速さを V〔m/s〕，S から出た音が O に到達する

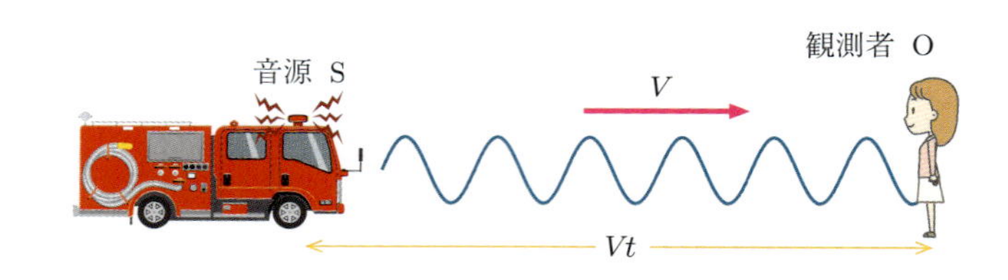

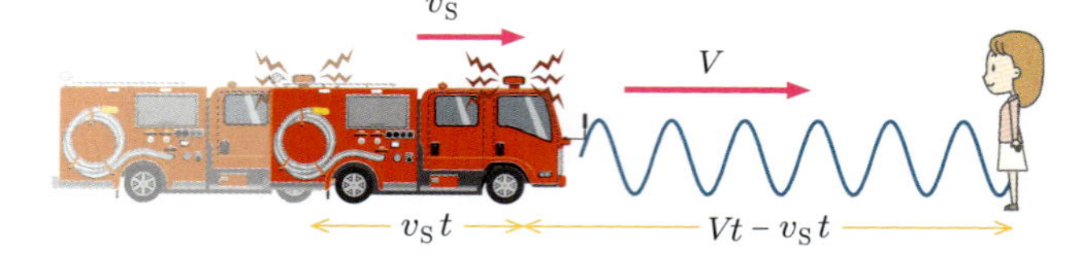

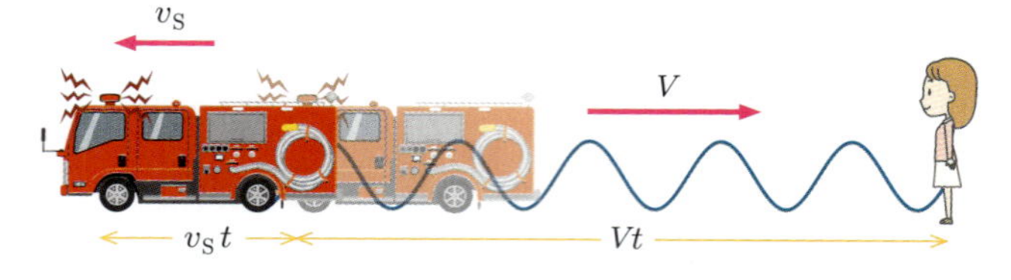

図 20.2　音源が運動する場合のドップラー効果

までの時間を t〔s〕とすると，音源が静止しているとき，音源から観測者までの距離は Vt〔m〕である．

Sが音を出すと同時にOに近づくとすると，音がOに到着したときのSとOの間の距離は $Vt - v_{\mathrm{S}}t$ となる．したがって，音波は静止していたときに比べて圧縮された形になり，図20.2のように波長が短くなる．このとき，Sは静止していた時と同じ ft 回振動した分の音波を出すので，波長 λ'〔m〕は

$$\lambda' = \frac{Vt - v_{\mathrm{S}}t}{ft} = \frac{V - v_{\mathrm{S}}}{f} \tag{20.1}$$

と表される．よって，Oが聞く音の振動数 f' は

$$f' = \frac{V}{\lambda'} = \frac{V}{V - v_{\mathrm{S}}} f \tag{20.2}$$

となる．

一方，Sが音を出すと同時にOから遠ざかるとすると，音がOに到着したときのSとOの間の距離は $Vt + v_{\mathrm{S}}t$ となる．この場合，音波は引き延ばされた形になるため，図20.2のように波長が長くなり，

$$\lambda' = \frac{Vt + v_{\mathrm{S}}t}{ft} = \frac{V + v_{\mathrm{S}}}{f} \tag{20.3}$$

と表される．よって，Oが聞く音の振動数 f' は

$$f' = \frac{V}{\lambda'} = \frac{V}{V + v_{\mathrm{S}}} f \tag{20.4}$$

となる．

音源が近づくときには $f' > f$ であるので高い振動数の音が観測され，音原が遠ざかるときには $f' < f$ であるので低い振動数の音が観測されることになる．

問 20.1 振動数740 Hzの警笛を鳴らしながら30 m/sの速さで電車が遠ざかるとき，静止している観測者には何Hzの音として聞こえるか求めよ．ただし，音速を340 m/sとする．

観測者が運動する場合のドップラー効果 振動数 f の音を出す静止した音源Sがあり，観測者Oが速さ v_{O}〔m/s〕で運動する場合に観測される音の振動数を考える．Sが動く場合には，音波の波長が変化することによってドップラー効果が生じる．一方，Sが静止している場合には，図20.3のように音波自体の波長は変化せず，Oが運動することによって，Oが観測する単位時間あたりの振動が変化してドップラー効果が生じる．

図20.3のようにSから出ている音波はOが静止していれば，t〔s〕の間に Vt〔m〕だけOを通過し，この部分の音波をOは観測することになる．一方，OがSから遠ざかる場合，Oも $v_{\mathrm{O}}t$〔m〕移動するので音波の $(V - v_{\mathrm{O}})t$ の部分がOを通過し，Oによって観測される．この t の間にOが観測する振動の数は波長を λ〔m〕とすると $\dfrac{(V - v_{\mathrm{O}})t}{\lambda}$ である．したがって，Oが

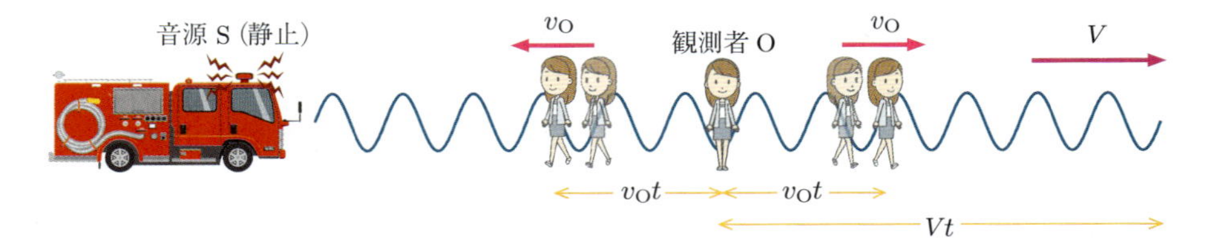

図 20.3　観測者が運動する場合のドップラー効果

聞く振動数 f'〔Hz〕は，次式で表される．

$$f' = \frac{(V - v_O)t}{\lambda t} = \frac{V - v_O}{\lambda} \tag{20.5}$$

S は静止しているので $\lambda = \dfrac{V}{f}$ が成り立ち，観測される振動数は

$$f' = \frac{V - v_O}{V} f \tag{20.6}$$

となる．O が S に近づく場合は，音波の $(V + v_O)t$ の部分が O を通過し，O によって観測されるので

$$f' = \frac{V + v_O}{V} f \tag{20.7}$$

となる．

観測者が近づくときには $f' > f$ であるので高い振動数の音が観測され，観測者が遠ざかるときには $f' < f$ であるので低い振動数の音が観測されることになる．

> **問 20.2**　振動数 880 Hz の音を出す静止した音源に 20 m/s の速さで近づいたとき，何 Hz の音として聞こえるか求めよ．ただし，音速を 340 m/s とする．

音源と観測者が運動する場合のドップラー効果　図 20.4 のように音源が速さ v_S で観測者に近づき，観測者が速さ v_O で遠ざかる場合を考える．音源が運動することによって音源からの音波の振動数は式 (20.2) より，

$$f' = \frac{V}{\lambda'} = \frac{V}{V - v_S} f \tag{20.8}$$

と変化する．この振動数の音波を観測者は遠ざかりながら聞く．観測される音波の振動数 f'' は式 (20.6) より，

$$f'' = \frac{V - v_O}{V} f' = \frac{V - v_O}{V - v_S} f \tag{20.9}$$

で与えられる．なお，音源が遠ざかる場合には v_S を $-v_S$ に，観測者が近づく場合には v_O を $-v_O$ とする．

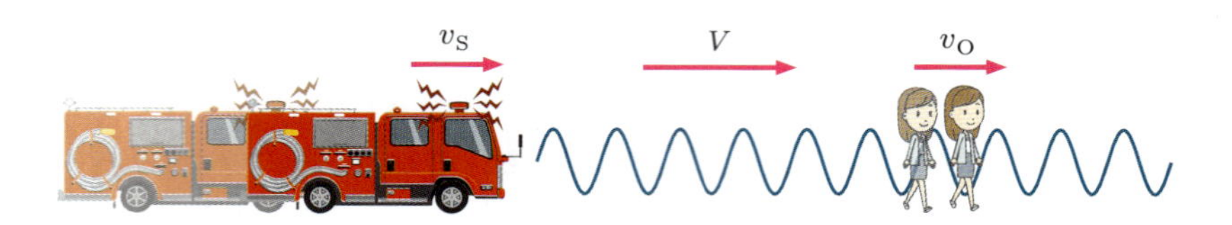

図 20.4　音源と観測者が運動する場合のドップラー効果

反射体が動く場合のドップラー効果　静止した音源から音を出し，動いている物体に反射させた後に静止してその音を観測する場合を考える．図 20.5 のように，音の速さを V, 音源の振動数を f とし，反射体が速さ v_{R}〔m/s〕で音源と観測者に近づくとする．このとき，観測者が聞く音の振動数を f' とする．

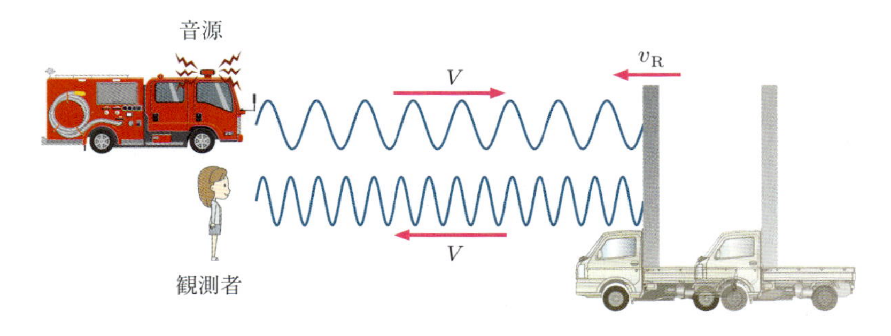

図 20.5　反射体が動く場合のドップラー効果

まず，反射体は音を観測者として受け取ることになる．音源に近づくことに注意して，式 (20.7) を用いると受け取る音波の振動数 f_{R}〔Hz〕は

$$f_{\mathrm{R}} = \frac{V + v_{\mathrm{R}}}{V} f \tag{20.10}$$

となる．反射体は，この f_{R} の振動数の音を出しながら観測者に近づくので，式 (20.2) より，観測者が聞く音の振動数は

$$f' = \frac{V}{V - v_{\mathrm{R}}} f_{\mathrm{R}} = \frac{V + v_{\mathrm{R}}}{V - v_{\mathrm{R}}} f \tag{20.11}$$

で与えられる．

図 20.6　スピードガンによる速度違反の取り締まり

問 20.3　振動数 440 Hz の音を出す音源をもった観測者が静止していて，その観測者に向かって反射体が速さ 20 m/s で近づいている．反射体に反射した音が観測者に何 Hz として聞こえるか求めよ．ただし，音速を 340 m/s とする．

斜め方向のドップラー効果　音源が，音源と観測者を結ぶ線に対して斜め方向に動き，観測者が静止している場合を考える．

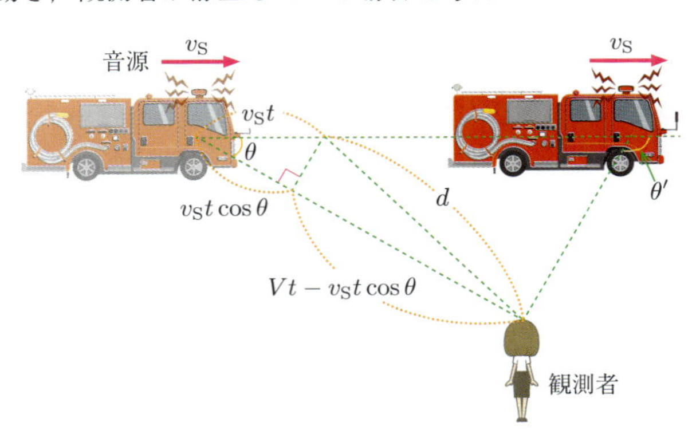

図 20.7　斜め方向のドップラー効果 (音源が動く場合)

図20.7のように，音源と観測者を結ぶ線と音源が進む方向のなす角が θ のときに出た音が観測者に到達するまでの時間を t とする．音が観測者に到達したときの音源と観測者の間の距離 d〔m〕は図20.7より，

$$d = \sqrt{(v_S t \sin\theta)^2 + (Vt - v_S t\cos\theta)^2} = t\sqrt{V^2 + {v_S}^2 - 2Vv_S\cos\theta} \tag{20.12}$$

である．t の間に音源は ft 回振動した分の音を出しているので，波長 λ' は次式で与えられる．

$$\lambda' = \frac{t\sqrt{V^2 + {v_S}^2 - 2Vv_S\cos\theta}}{ft} = \frac{\sqrt{V^2 + {v_S}^2 - 2Vv_S\cos\theta}}{f} \tag{20.13}$$

よって測者が観測する音波に振動数 f' は

$$f' = \frac{V}{\lambda'} = \frac{V}{\sqrt{V^2 + {v_S}^2 - 2Vv_S\cos\theta}}f \tag{20.14}$$

となる．ここで $v_S \ll V$ であるならば，式(20.14)は

$$f' = \frac{V}{V - v_S\cos\theta}f \tag{20.15}$$

と表せる．これは，式(20.2)において，音源が観測者の方向に $v_S\cos\theta$ の速さで近づくとして得られる式と同じである．

いまの場合，音源と観測者を結ぶ線と音源が進む方向のなす角を考えているので，近づく場合と遠ざかる場合を区別する必要はなく，たとえば，音源が観測者を過ぎた後も音源と観測者を結ぶ線と音源が進む方向のなす角(たとえば図20.7の θ')を式(20.14)の θ に代入すれば，符号も含めて正しい値が求まる．

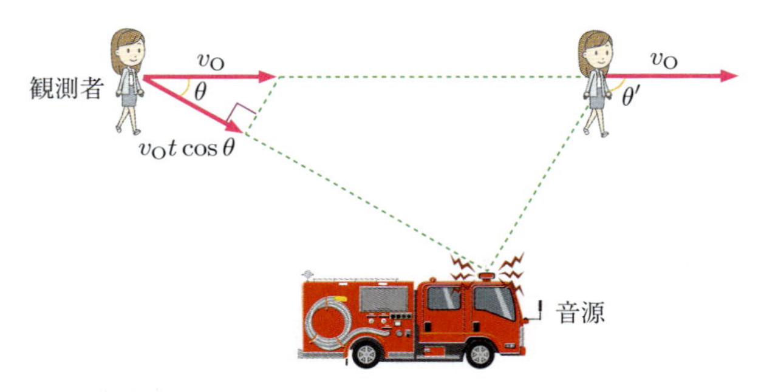

図20.8　斜め方向のドップラー効果(観測者が動く場合)

図20.8のように，観測者が斜めに運動する場合も，$v_O \ll V$ であるならば，音源と観測者を結ぶ線と観測者の運動方向のなす角から，その方向への速度の成分を考え，観測者が観測する音波の振動数を求めることができる．観測者が観測する音波の振動数 f' は式(20.7)より，

$$f' = \frac{V + v_O\cos\theta}{V}f \tag{20.16}$$

となる．

例題 20.1　超音波血流計 (ドップラー法)

超音波血流計は，図 20.9 のように，血管に対して角度 θ〔rad〕で超音波を入射し，血液からの反射波を観測することによって血流の速度 v〔m/s〕を見積もる測定器である．音源の振動数と反射波の振動数の差が Δf〔Hz〕のとき，体内での音速 V〔m/s〕を用いて v を表せ．ただし，$v \ll V$ とする (体内では V は約 1500 m/s，v はせいぜい数 m/s である)．

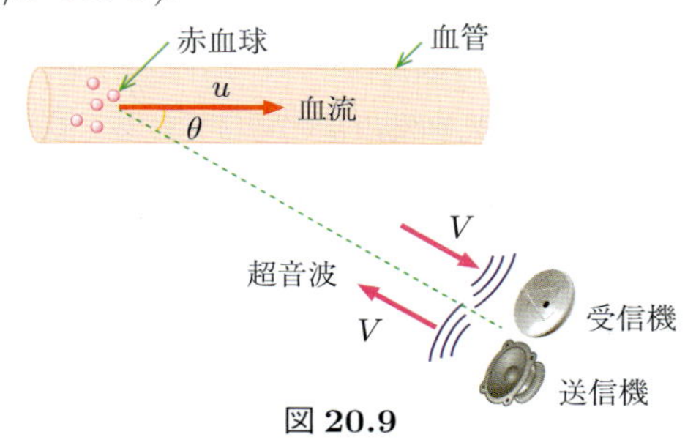

図 20.9

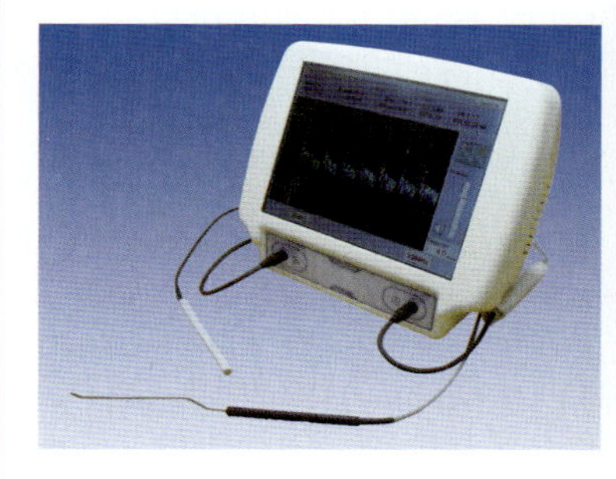
図 20.10　超音波血流系

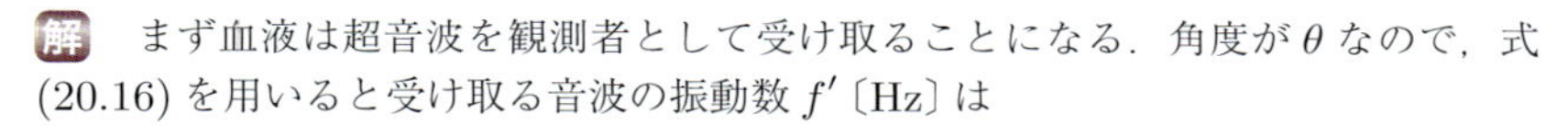
解　まず血液は超音波を観測者として受け取ることになる．角度が θ なので，式 (20.16) を用いると受け取る音波の振動数 f'〔Hz〕は

$$f' = \frac{V + v\cos\theta}{V} f \tag{20.17}$$

血液は，この f' の振動数の音を出しながら角度 θ で受信機に近づくので，式 (20.15) より，受信機が受け取る超音波の振動数 f_{d} は

$$f_{\mathrm{d}} = \frac{V}{V - v\cos\theta} f' = \frac{V + v\cos\theta}{V - v\cos\theta} f \tag{20.18}$$

となる．よって振動数の差は

$$\Delta f = f_{\mathrm{d}} - f = \frac{2v\cos\theta}{V - v\cos\theta} f \simeq 2f\frac{v\cos\theta}{V} \tag{20.19}$$

と表されるので，血流の速度 v は

$$v = \frac{V}{2f\cos\theta}\Delta f \tag{20.20}$$

と求まる．

風がある場合のドップラー効果　風がある場合のドップラー効果を考える．空気が静止している場合，音波はどの方向にも同じ速さで伝わり広がっていく．しかし，風が吹いている場合，空気全体が移動することになり，その中での音速は空気の速さだけ変化する．たとえば図 20.4 において，右方向に v_{W}〔m/s〕の一様な風が吹いている場合，観測者が聞く音の振動数 f' は，

$$f' = \frac{V + v_{\mathrm{W}} - v_{\mathrm{O}}}{V + v_{\mathrm{W}} - v_{\mathrm{S}}} f \tag{20.21}$$

となる．

演習問題 20

A

1. 音源が一定の振動数の音を出しながら一定の速度で走行している．静止している人に向かって走っているとき，人に聞こえる音の振動数は550 Hzであった．また，通り過ぎて人から遠ざかるとき，人に聞こえる音の振動数は450 Hzであった．音速を340 m/sとして音源の速さを求めよ．

2. 静止した音源が一定の振動数の音を出している．観測者が一定の速度で音源に向かって走っているとき，人に聞こえる音の振動数は550 Hzであった．また，通り過ぎて音源から遠ざかるとき，人に聞こえる音の振動数は450 Hzであった．音速を340 m/sとして観測者の速さを求めよ．

3. 問20.3で10 m/sの風が観測者から反射体の方向に吹いているとき，観測者が聞く音の振動数を求めよ．

B

1. 振動数が440 Hzの音を出す音源をもった観測者が，速さ20 m/sで壁に向かって近づいている．ただし，音速を340 m/sとする．

(1) 壁が静止しているときに壁に反射した音が観測者に何Hzとして聞こえるか求めよ．

(2) 壁も20 m/sで観測者の方向に運動するときに反射体に反射した音が観測者に何Hzとして聞こえるか求めよ．

2. 柱の上の静止した音源から振動数が680 Hzの音が出ている．図20.11のように，柱から6 m/sで遠ざかる観測者が，柱から10 m，音源から20 m離れた地点で聞く音の振動数を求めよ．ただし，音速を340 m/sとする．

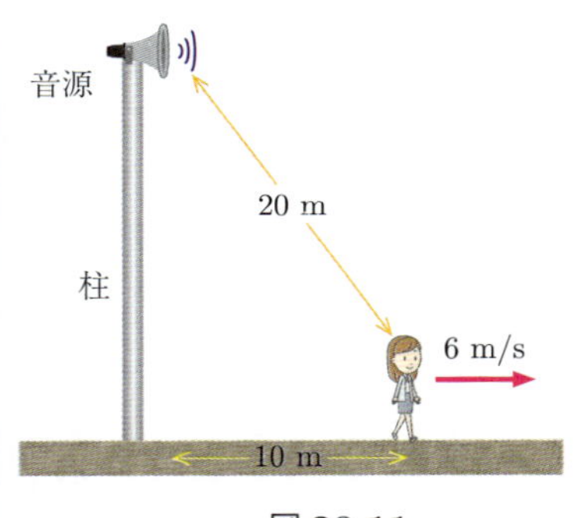

図 20.11

21 光波 1

光は電磁波とよばれる波の一種である．この章では，波としての光の基本的な性質を学習する．

21.1 光のいろいろな性質

光波　光は**電磁波**とよばれる波の一種であり，進行方向に対して垂直な方向に電場と磁場の強さが振動して伝わる横波である．波を特徴づける物理量は，速さ，振動数，周期，波長，振幅などであり，光もこれらの量で特徴づけられることになる．

光の波長の違いは，われわれの目には色の違いとして認識される．目に見える光の波長はおよそ 400 nm から 700 nm の間であり，**可視光**とよばれる．400 nm の光は紫の光として，700 nm の光は赤い光として認識される．電磁波は波長によって分類され，表 21.1 のように名称がつけられている．

表 21.1　電磁波の名称と波長

名称	波長〔m〕
電波	$10^{-4} \sim$
赤外線	$10^{-4} \sim 7.7 \times 10^{-7}$
可視光	$7.7 \times 10^{-7} \sim 3.8 \times 10^{-7}$
紫外線	$3.8 \times 10^{-7} \sim 10^{-10}$
X 線	$10^{-10} \sim 10^{-12}$
γ 線	$10^{-12} \sim$

太陽光や白熱電球など，高温物体からの光は可視光のほぼ全域を含んでいる．このような光は，人の眼には白色に見えるので**白色光**という．それに対して単一の波長の光を**単色光**という．

電磁波は他の波と異なり，媒質の存在しない真空中でも伝わることができ，真空中での速さ c〔m/s〕は波長によらず

$$c = 2.99792458 \times 10^{8}\ \mathrm{m/s} \tag{21.1}$$

である．

光の反射と屈折　光は電磁波という波であるので，波の反射と屈折の法則にしたがう．光の場合には，真空中から他の媒質に入射するときの真空に対する相対屈折率を**絶対屈折率**あるいは単に**屈折率**という．

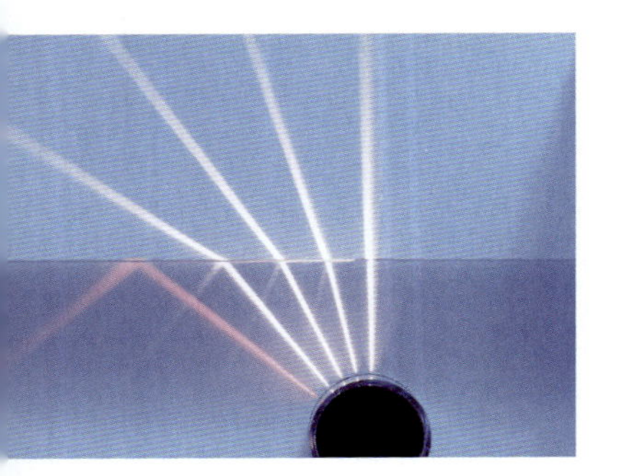

図 21.1　光の屈折

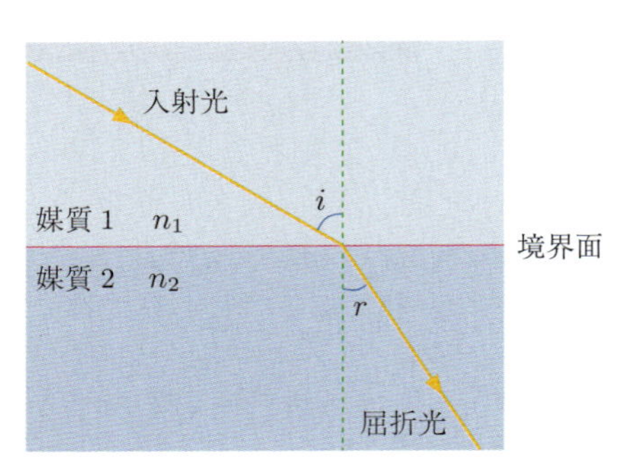

図 21.2　光の屈折

図 21.2 のように，媒質 1 から媒質 2 へ光が入り，境界面で屈折する場合を考える．媒質 1 での光の速さを v_1〔m/s〕，屈折率を n_1，媒質 2 での光の速さを v_2〔m/s〕，屈折率を n_2 とすると，真空での光の速さ c を用いて

$$n_1 = \frac{c}{v_1}, \qquad n_2 = \frac{c}{v_2} \tag{21.2}$$

が成り立つ．また，入射角を i〔rad〕，屈折角を r〔rad〕とすると，光の屈折の法則は

$$n_{12} = \frac{\sin i}{\sin r} = \frac{v_1}{v_2} = \frac{n_2}{n_1} \tag{21.3}$$

となる．ここで，n_{12} は媒質 1 に対する媒質 2 の屈折率である．いくつかの物質の絶対屈折率を表 21.2 にまとめる．

表 21.2　物質の絶対屈折率

物質	絶対屈折率
空気	1.000292
水	1.333
エチルアルコール	1.362
石英ガラス	1.459
ダイヤモンド	2.420

式 (21.2) より，屈折率 n の媒質中での光の速さは，真空中の速さの $\frac{1}{n}$ 倍である．したがって，媒質中で L〔m〕進むのにかかる時間は $\frac{nL}{c}$〔s〕であり，真空中の n 倍となる．この時間に真空中で進む距離に換算した nL を**光学距離**あるいは**光路長**という．媒質中を進む光を考える場合，実際の距離よりも光学距離を用いた方が便利な場合がある．

光は屈折率が異なる物質の境界で反射をするが，屈折率が小さな物質から大きな物質へ向かう境界での反射は，位相が半波長 (π) だけ変化する**固定端反射**である．一方，屈折率が大きな物質から小さな物質へと向かう境界での反射は，位相が変化しない**自由端反射**である．

問 21.1　屈折率 1.3 の物質中を進む光の速さを求めよ．また，この物質中の 1.0 m の光学距離を求めよ．

全反射　図 21.3 のように，光が屈折率の大きな媒質 2 から小さな媒質 1 へ入射する場合，屈折の法則により，入射角より屈折角のほうが大きくなる．このため，入射角を次第に大きくしていくとある入射角で屈折角が $\frac{\pi}{2}$ となる．このときの入射角 i_c〔rad〕を臨界角という．**臨界角**より大きい入射角では，入射光はすべて反射され，屈折光はなくなる．このような現象を**全反射**とよぶ．媒質 1 の屈折率を n_1，媒質 2 の屈折率を n_2，媒質 1 に対する媒質 2 の相対屈折率を n_{12}，媒質 2 に対する媒質 1 の相対屈折率を n_{21} とすると，次式が成り立つ．

$$n_{21} = \frac{1}{n_{12}} = \frac{n_1}{n_2} = \frac{\sin i_c}{\sin \frac{\pi}{2}} = \sin i_c \tag{21.4}$$

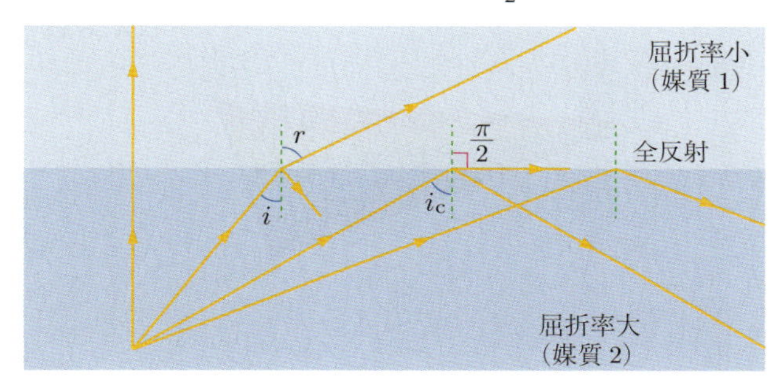

図 21.3　全反射

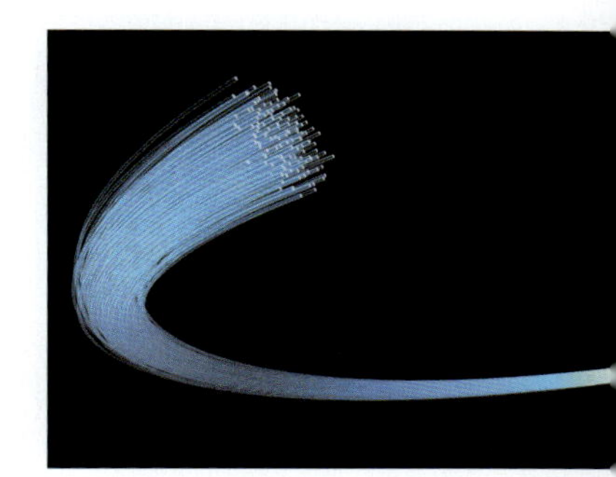

図 21.4　光ファイバーは全反射を利用して光を伝送する．

問 21.2　屈折率が 1.5 のガラスから空気へ向かう光の臨界角を i_c として，$\sin i_c$ を求めよ．

光の散乱　大きさが波長程度以下の小さな粒子に光が当たると，その粒子を中心として球面波が発生し，四方に向かって光が広がっていく．これを**光の散乱**という．大気中の気体分子は光の波長よりも小さく，光はそれらによって散乱される．気体分子のような小さな粒子による散乱では，波長が長い光ほど散乱されにくく，波長が短い光ほど散乱されやすくなることがわかっている．したがって，太陽光が大気中を通過する際，波長の短い青色に比べて，波長の長い赤色の方が散乱されずに直進する割合は大きくなる．

昼間の晴れた空が青いのは，大気で散乱されやすい青い光を見ているためである．また，夕焼けや朝焼けが赤く見えるのは，太陽光が通過する大気の層が長くなり，青い光は散乱されて弱まり，透過しやすい赤い光を見ているためである．

一方，光の波長と同程度以上の大きさの粒子に散乱される場合には，どの波長も同程度に散乱される．雲を構成する水滴は可視光の波長より大きく，すべての波長の可視光が散乱される．そのため，雲は白く見えることになる．

光の分散　物質内での光の速さは波長によって異なる．したがって，式(21.2) より，屈折率も光の波長によって異なり，このような現象を**分散**とよぶ．通常の光学材料は，波長が短いほど屈折率が増加する**正常分散**を示す．逆に，波長が短いほど屈折率が減少する分散を**異常分散**という．

図21.6のように，太陽光などの白色光をプリズムにあてて屈折させると，波長よって屈折率が異なるため，いろいろな波長の光に分解されることになる．このように，波長に依存して光が分離される現象を**分光**とよび，分けられた光をスペクトルとよぶ．白色光のスペクトルは可視光域の波長を連続的に含んでいるので**連続スペクトル**とよばれる．一方，水銀ランプやナトリウムランプの出す光は，特定の波長の光が線状に現れるので**線スペクトル**とよばれる．

図 21.5　虹

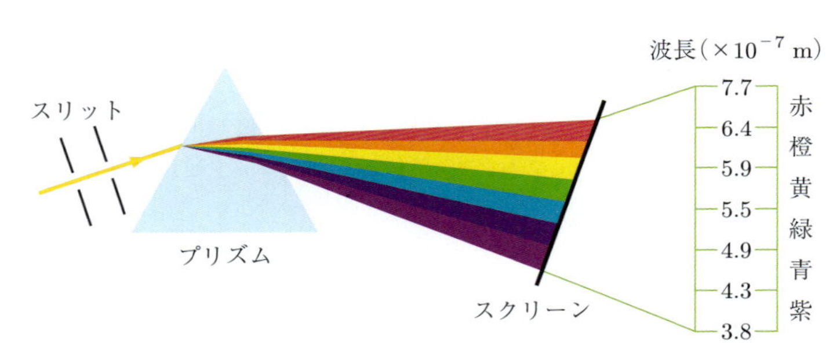

図 21.6　プリズムによる分光

偏光　光は電磁波であり，進行方向に対して垂直な方向に電場と磁場の振動が進む横波である．たとえば，電場の振動を考えた場合，その振動方向は様々な方向を向くことができ，太陽光などの自然な光は，いろいろな方向に振動する光を含んでいる．自然な光がある振動方向の光のみを透過させる偏光フィルターを透過すると特定の振動方向のみを含むことになる．このようなある特定の振動方向のみを含んだ光を**偏光**とよぶ．それに対し，いろいろな方向の振動を含んだ光を**無偏光**とよぶ．偏光のうち，図21.7のように直線状に振動しながら伝わる波を**直線偏光**，回転しながら伝わる波を**円偏光**といい，縦横比が1でない円偏光を**楕円偏光**という．

物体に光を反射させて偏光を作り出すこともできる．図21.8のように，屈折光と反射光のなす角が直角になる場合，反射光は振動方向が反射面に平行な方向のみに振動する偏光となる．このときの入射角を**ブリュースター角**という．

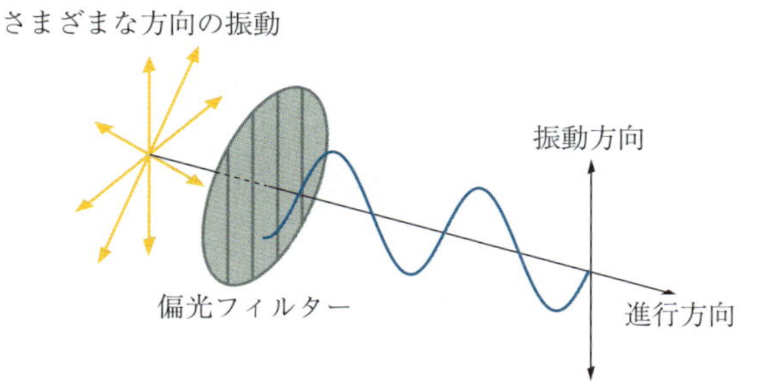

図 **21.7** 偏光フィルターと直線偏光

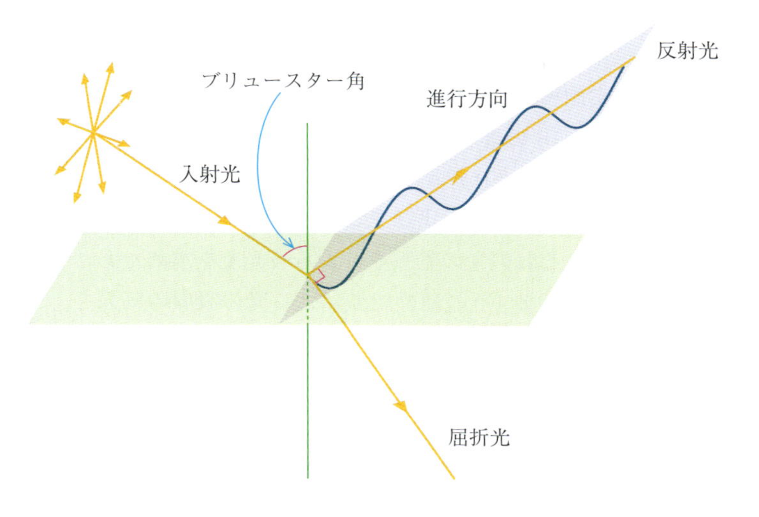

図 **21.8** ブリュースター角と偏光

図 **21.9** 反射による偏光

問 21.3 偏光板を通して水面を見るとどう見えるか述べよ．

光の吸収　光を物体に当てると一部は反射し，一部は物質内を進むことになるが，物質内に入った光は吸収され，進んだ距離とともに減衰する．

図 21.10 のように，厚さ d〔m〕の試料を透過する場合を考える．一般に，光の吸収における減衰の割合は指数関数的であり，入射光の強さを I_0〔W/m^2〕，透過光の強さを I〔W/m^2〕とすると，

$$I = I_0 \mathrm{e}^{-\mu d} \tag{21.5}$$

の関係が成り立っている．ここで μ〔m^{-1}〕は減衰の割合を表す量で**吸収係数**とよばれる．また，$\log\left(\dfrac{I_0}{I}\right)$ は試料によって光がどれだけ吸収されたかを表す量であり，**吸光度**あるいは**光学濃度**とよばれている．式 (21.5) より

$$\log\left(\frac{I_0}{I}\right) = 0.434\mu d \tag{21.6}$$

となる．ただし，$0.434 \simeq \log \mathrm{e}$ である．

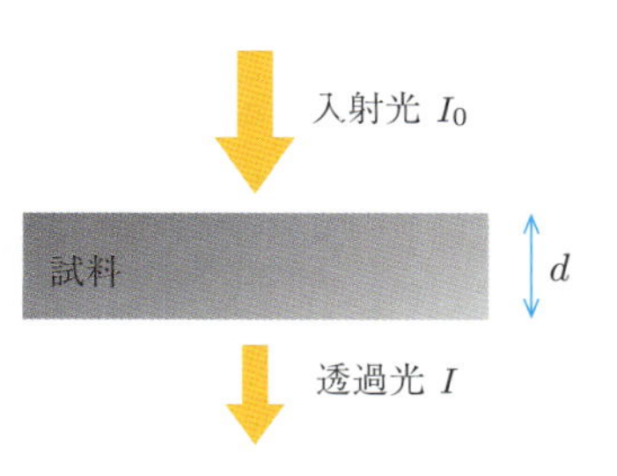

図 **21.10** 物質による光の吸収

吸光度は，試料の中に含まれている光を吸収する物質の量にも依存する．単位体積あたりのモル数を c〔$\mathrm{mol/m^3}$〕として，式 (21.6) は，

$$\log\left(\frac{I_0}{I}\right) = \varepsilon c d \tag{21.7}$$

と書き換えられる．ここで，ε〔$\mathrm{m^2/mol}$〕は，物質の量にはよらず，物質の種類と入射した光の波長で決まり，**モル吸光係数**とよばれる．また，式 (21.7) の関係を**ランベルト-ベールの法則**という．

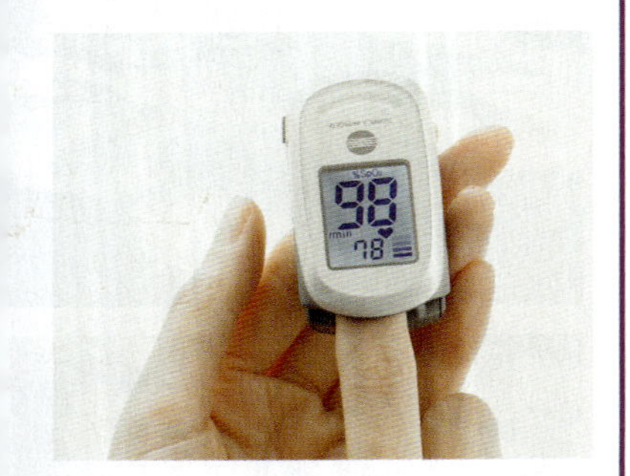

図 21.11　動脈の血中酸素飽和度を測定する指先測定型パルスオキシメータ

例題 21.1　酸素飽和度

血中ヘモグロビンは酸素化ヘモグロビン ($\mathrm{O_2Hb}$) と還元ヘモグロビン (Hb) の状態で存在する．各々のモル濃度を $c_{\mathrm{O_2Hb}}$，c_{Hb} とすると，血液中の酸素飽和度 (S) は，

$$S = \frac{\mathrm{O_2Hb}\ \text{の量}}{\mathrm{O_2Hb}\ \text{の量} + \mathrm{Hb}\ \text{の量}} = \frac{c_{\mathrm{O_2Hb}}}{c_{\mathrm{O_2Hb}} + c_{\mathrm{Hb}}} \tag{21.8}$$

で表される．波長の異なる光1および光2を指先に入射し，その透過光を測定した．それぞれの光の動脈血による吸光度を求めたところ A_1，A_2 であったとする (その他の組織による光の吸収の効果を排除できたとする)．酸素飽和度 S を A_1, A_2 で表せ．ただし，光1, 2に対する，$\mathrm{O_2Hb}$ と Hb のモル吸光係数を $\varepsilon^1_{\mathrm{O_2Hb}}$，$\varepsilon^1_{\mathrm{Hb}}$，$\varepsilon^2_{\mathrm{O_2Hb}}$，$\varepsilon^2_{\mathrm{Hb}}$ とする．

解　ランベルト-ベールの法則より，動脈の太さを d として

$$A_1 = \varepsilon^1_{\mathrm{O_2Hb}} c_{\mathrm{O_2Hb}} d + \varepsilon^1_{\mathrm{Hb}} c_{\mathrm{Hb}} d$$

$$A_2 = \varepsilon^2_{\mathrm{O_2Hb}} c_{\mathrm{O_2Hb}} d + \varepsilon^2_{\mathrm{Hb}} c_{\mathrm{Hb}} d$$

である．上2式より，

$$S = \frac{c_{\mathrm{O_2Hb}}}{c_{\mathrm{O_2Hb}} + c_{\mathrm{Hb}}} = \frac{\varepsilon^2_{\mathrm{Hb}} A_1 - \varepsilon^1_{\mathrm{Hb}} A_2}{(\varepsilon^2_{\mathrm{Hb}} - \varepsilon^2_{\mathrm{O_2Hb}}) A_1 - (\varepsilon^1_{\mathrm{Hb}} - \varepsilon^1_{\mathrm{O_2Hb}}) A_2} \tag{21.9}$$

と求まる．

演習問題 21

A

1. 屈折率 1.3 の物質中を進む光の速さは屈折率 1.6 の物質中を進む光の速さの何倍か答えよ．また，同じ距離を進んだとき，光路長は何倍か答えよ．
2. (1) 屈折率 n の液体中の深さ h〔m〕の点に物体を置き，真上付近から見るとする．このときの見かけの深さを求めよ．

(2) 表面に傷のついた物体の上に屈折率 1.5 のガラスを置く．真上付近から見たところ，傷が 1.0 cm 近づいて見えた．ガラスの厚さを求めよ．

3. 図 21.12 のように，境界面が平行な媒質 1, 2, 3 の中を光が透過する．
(1)　媒質 1 に対する 2 の屈折率を求めよ．
(2)　媒質 2 に対する 3 の屈折率を求めよ．
(3)　媒質 1 に対する 3 の屈折率を求めよ．

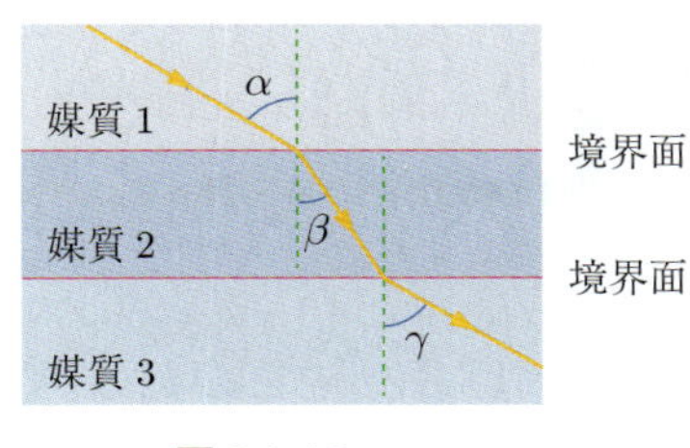

図 21.12

B

1. ガラス板に入射角 θ〔rad〕で入射した光がガラス板から出てくるときの屈折角を求めよ．

2. 水面を円板で覆うことによって，深さ h〔m〕の水の底にある光源を，空気中のどこからも見えないようにすることができる．円板の最小の半径を求めよ．ただし，空気の屈折率を 1，水の屈折率を n とする．

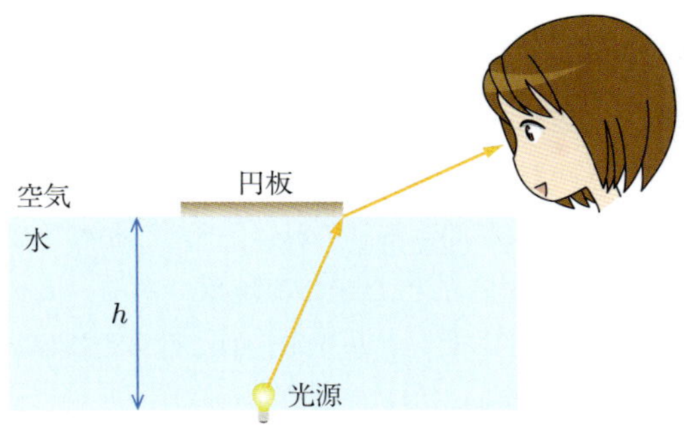

図 21.13

22 光波2

波には重ね合わせの原理があるため，同じ2つの波を重ね合わせたとき，場所によって，強め合うところと弱め合うところができる．このような現象を干渉という．光も波であるため干渉が起こり，明るくなったり暗くなったりする現象が観察される．この章では，いくつかの光の干渉の例とその応用について学習する．

22.1 光の干渉

ヤングの実験　図22.1のように，光源から出た波長 λ〔m〕の単色光を単スリット S_0 で回折させた後，2本の複スリット S_1, S_2 を通してスクリーンに当てると，明暗の縞模様ができる．これは，S_1 を通った光と S_2 を通った光がスクリーン上で干渉することで起こる現象である．この実験は光が波であることを実証するためにヤングが1801年に行った実験であり，この実験を**ヤングの干渉実験**という．

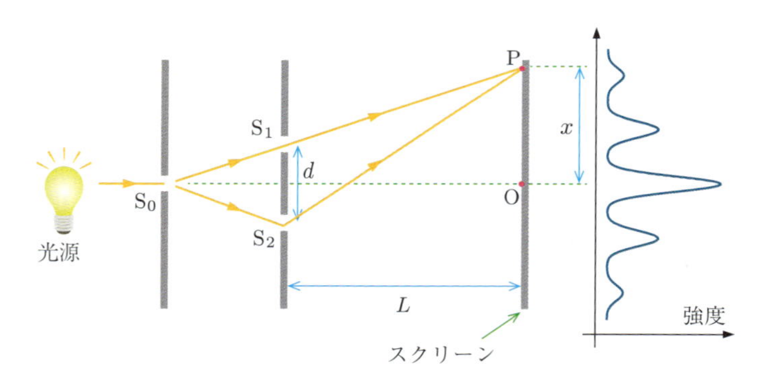

図 22.1　ヤングの実験

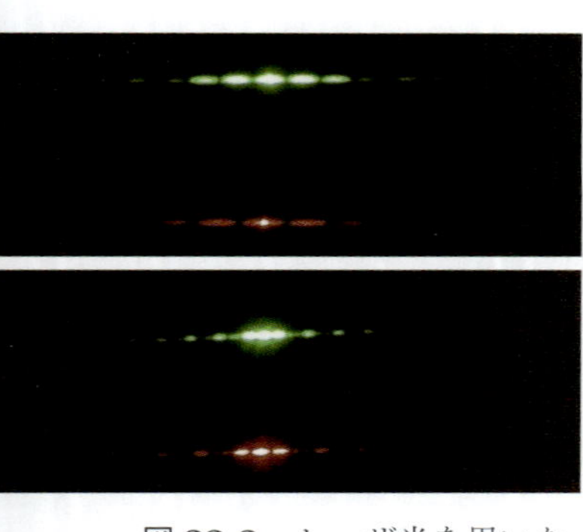

図 22.2　レーザ光を用いたヤングの実験

S_1, S_2 の間隔を d〔m〕，複スリットからスクリーンまでの距離を L〔m〕とする．また，S_1, S_2 から等距離のスクリーン上の位置を点Oとし，そこから距離 x〔m〕離れたスクリーン上の点Pでの明暗を考える．S_1 を通った光と S_2 通った光の山と山，あるいは谷と谷が重なる位置では，光は強め合い明るくなる．一方，山と谷が重なる位置では，光は弱め合い暗くなる．2本のスリット S_1, S_2 が S_0 から等しい距離にある場合，同じ位相の波が S_1, S_2

から広がるので，S_1, S_2 からの距離の差が波長 λ の整数倍の位置で光は強め合い，半波長の奇数倍の位置で光は弱め合う．つまり，m を整数として

$$|S_2P| - |S_1P| = m\lambda \tag{22.1}$$

を満たす位置で明るい縞ができ，

$$|S_2P| - |S_1P| = (2m+1)\frac{\lambda}{2} \tag{22.2}$$

を満たす位置で暗い縞ができる．スクリーン上にできるこのような縞模様を干渉縞という．

図 22.1 より，スリット S_1 から P までの距離は

$$|S_1P| = \sqrt{L^2 + \left(x - \frac{d}{2}\right)^2} \tag{22.3}$$

であり，S_2 から P までの距離は

$$|S_2P| = \sqrt{L^2 + \left(x + \frac{d}{2}\right)^2} \tag{22.4}$$

である．ここで $L \gg d, x$ とし，$a \ll 1$ のときに成り立つ式 $(1+a)^z \simeq 1+za$ を用いると，$|S_2P| - |S_1P|$ は

$$|S_2P| - |S_1P| \simeq \frac{xd}{L} \tag{22.5}$$

と求まる．したがって，式 (22.1) より

$$x = m\,\frac{L\lambda}{d} \tag{22.6}$$

で明るい縞，式 (22.2) より

$$x = (2m+1)\frac{L\lambda}{2d} \tag{22.7}$$

で暗い縞ができることになる．隣り合う干渉縞の間隔 Δx は

$$\Delta x = \frac{L\lambda}{d} \tag{22.8}$$

となる．干渉縞の明るさは，図 22.1 の強度のグラフのように，点 O で最も明るく，点 O から遠ざかると暗くなる．これは，光源からの距離が遠くなるためである．

問 22.1 ヤングの実験において赤色と青色の干渉縞の間隔が広いのはどちらか答えよ．

くさび形の空気層による光の干渉 図 22.4 のように，2 枚の平面ガラスを重ねて一端に紙片をはさみ，真上から波長 λ〔m〕の単色光を入射する．すると，上のガラスの下面で反射する光と下のガラスの上面で反射する光が干渉し縞模様が見える．

ガラスが接してる点から x〔m〕の位置での干渉を考える．この位置での空気層の厚さを d〔m〕とすると 2 つの光の光路差は $2d$ となる．また，ガラスの下面での反射は自由端反射のため位相のずれは生じないが，ガラスの上面での反射は固定端反射のため位相が π (半波長) だけずれる．したがっ

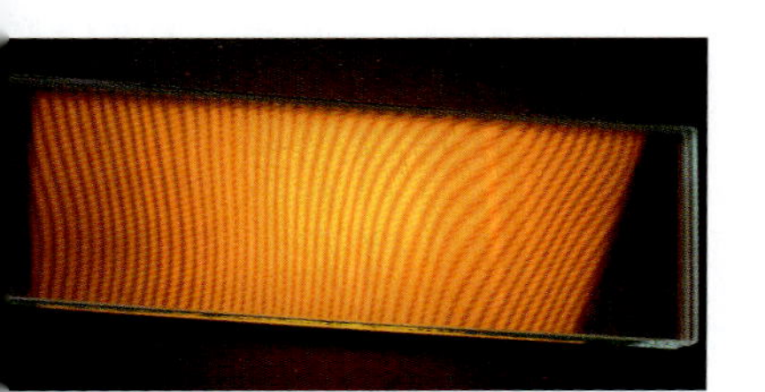

図 22.3　2枚の平面ガラスと干渉

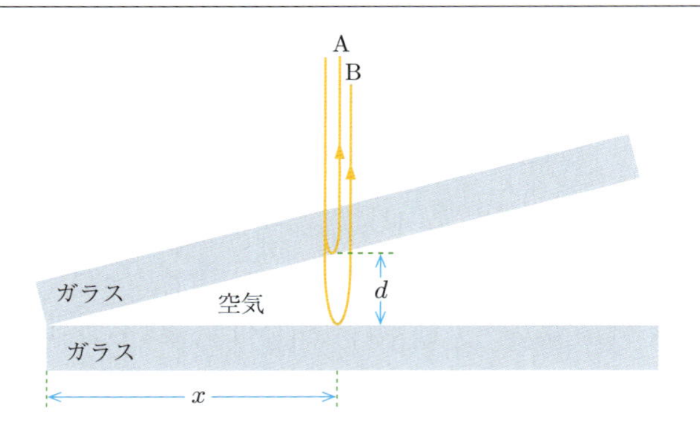

図 22.4　くさび形の空気層による光の干渉

て，距離の差 $2d$ が半波長の奇数倍で強め合うことになる．すなわち，m を 0 以上の整数として，

$$2d = (2m+1)\frac{\lambda}{2} \tag{22.9}$$

の関係を満たしていれば，反射光は強め合って明るくなる．また，

$$2d = m\lambda \tag{22.10}$$

の関係を満たしているとき，反射光は弱め合って暗くなる．

問 22.2　図 22.4 において縞の間隔 Δx を λ，x および d を用いて表せ．

薄膜による光の干渉　油膜やシャボン玉の表面を見ると，様々な色に色づいているのが観測される．これは薄膜による光の干渉によるものであり，見る角度によって特定の波長の光が強められるためである．

図 22.6 のように，波長 λ〔m〕の単色光を屈折率 n，厚さ d〔m〕の薄膜に斜めに入射する場合を考える．その中で，たとえば，abde と進む薄膜の表面で反射される光 A と，a′b′cde と進む薄膜の裏面で反射する光 B が重ね合わさり観測されることになる．光 abde と光 a′b′cde は，bd 間と b′cd 間

図 22.5　薄膜による光の干渉

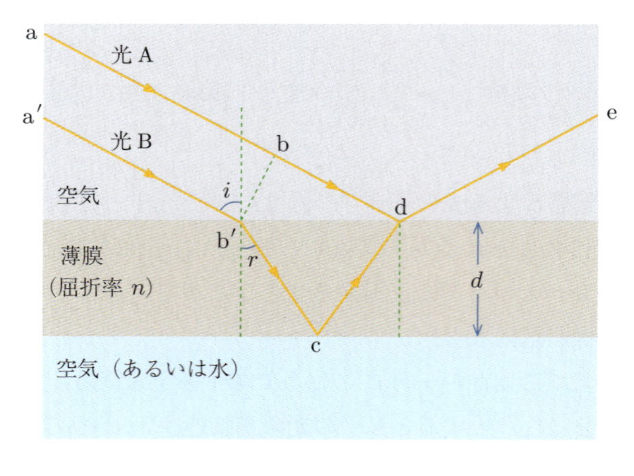

図 22.6　薄膜による光の干渉

以外は空気中を同じ距離だけ進むので，bd 間と b′cd 間での位相差を見積もれば光が強め合うか弱め合うかがわかることになる．ただし，物質中での波長は $\dfrac{\lambda}{n}$ となるので，同じ距離であっても空気中と物質中で位相の変化が異なってしまう．したがって，物質内でも真空中での波長 λ を用いて位相の変化を見積もるために，実際の距離の代わりに光学距離を用いて位相差を見積もることになる．

薄膜表面への入射角を i とすると，bd 間の光学距離 $|\mathrm{bd}|$ は $n = \dfrac{\sin i}{\sin r}$ を用いて

$$|\mathrm{bd}| = |\mathrm{b'd}|\sin i = 2d\tan r \cdot n\sin r \tag{22.11}$$

となる．また，b′cd 間の光学距離 $|\mathrm{b'cd}|$ は

$$|\mathrm{b'cd}| = 2n\frac{d}{\cos r} \tag{22.12}$$

である．したがって光学距離の差は

$$|\mathrm{b'cd}| - |\mathrm{bd}| = \frac{2nd}{\cos r}\left(1 - \sin^2 r\right) = 2nd\cos r \tag{22.13}$$

となる．薄膜裏面での反射は自由端反射のため位相のずれは生じないが，薄膜表面での光の反射は固定端反射のため位相が π (半波長) だけずれる．したがって，光学距離の差 $2nd\cos r$ が半波長の奇数倍で強め合うことになる．すなわち，m を 0 以上の整数として，

$$2nd\cos r = (2m+1)\frac{\lambda}{2} \tag{22.14}$$

のとき，反射光は強め合って明るくなる．また，

$$2nd\cos r = m\lambda \tag{22.15}$$

のとき，反射光は弱め合って暗くなる．

太陽光などの白色光が薄膜に斜めに入射した場合，薄膜を見る方向によって屈折角 r が変わり，式 (22.14) の条件を満たす波長の光が明るくなる．したがって，見る方向によって強め合う光の色も変化し，虹色の干渉模様が観測されることになる．

> **問 22.3** 薄膜による光の干渉を観察したとき，青色と赤色のどちらが手前でどちらが奥に見えるか答えよ．

干渉計を用いた距離の測定　干渉の応用のひとつに，干渉計による距離の測定がある．干渉計を図 22.8 に示す．単色光源から出た光がハーフミラーによってミラー 1 とミラー 2 に向かう 2 つの光に分割される．ミラー 1 に向かった光はミラーで反射し，ハーフミラーを透過して光検出器に向かう．ミラー 2 に向かった光はミラーで反射した後，ハーフミラーで再び反射し，光検出器に向かう．この 2 つの経路を進んだ光が重ね合わさり干渉することになる．2 つの経路の光路差によって検出器で検出される光は強くなったり弱くなったりするのだが，光路差 $2d$〔m〕が 1 波長ずれるたびに強弱が一

図 22.7　重力波望遠鏡 KAGURA (国立天文台) はレーザ干渉計を利用している．写真は長さ3キロメートルのL字型の腕をもった大型レーザ干渉計の一部．

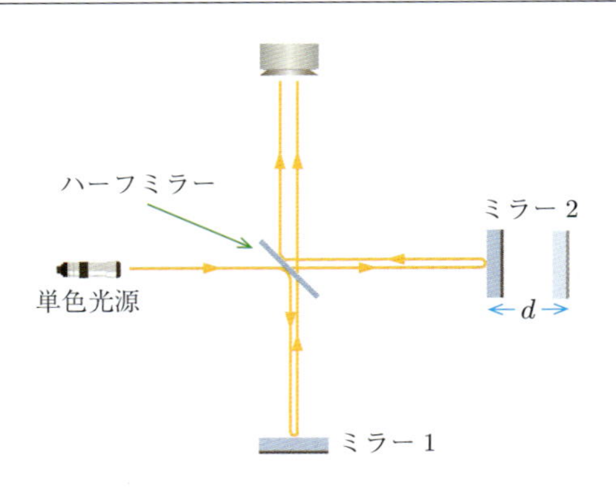

図 22.8　干渉計

度繰り返され，元の強さに戻る．したがって，ミラーを動かしたときに強弱が何回繰り返されたかを測定することによって，波長の $\frac{1}{4}$ 程度の精度で移動距離を見積もることができる．たとえば 600 nm の可視光を用いれば，150 nm の精度で距離が測定でき，紫外線などの短い波長の光を用いれば，より高精度の測定が可能となる．干渉計を用いるこの方法は，非接触で高精度の距離測定が可能なため，物質表面の凹凸や形状の測定，あるいは重力波の検出など，距離を測定する多くの分野で利用されている．

例題 22.1　干渉計

図 22.8 で単色光源の波長が λ〔m〕とする．$2d = L$ (=一定) として，検出器で検出される光 (干渉信号) が強いときの条件を波数 $k = \frac{2\pi}{\lambda}$ を用いて表せ．また，k を変化させると検出される光の強度はどのように変化するか述べよ．

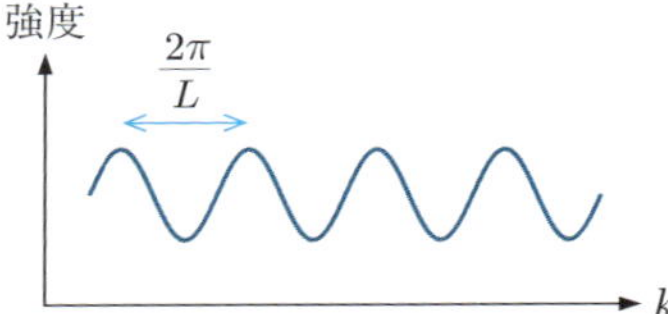

図 22.9

解　ミラーおよびハーフミラーでの反射は固定端反射であることに注意すると，m を正の整数として，

$$L = m\lambda \tag{22.16}$$

のとき強い光が検出される．k を用いると

$$L \cdot k = 2\pi m \tag{22.17}$$

である．したがって，k が $\frac{2\pi}{L}$ 変化するたびに強弱が繰り返される (つまり，強度のピークからピークまでの波数変化から L を見積もることができる)．

オプティカル・コヒーレンス・トモグラフィー　オプティカル・コヒーレンス・トモグラフィー (OCT) は近赤外線を光源とした干渉計を用いて，生体内部の断層像を非接触，非侵襲的に撮像する技術である．1990 年代初頭に開発されて以降，目覚ましい発展を遂げてきた．現在では，高速，高分解能の OCT が実現されており，眼科，歯科，皮膚科などの多くの医療現場や研究現場で用いられ大きな成果をあげている．

OCT は図 22.8 においてミラー 2 の場所に生体試料を置く形になる．図 22.10 のように，生体の奥行方向に構造があるとそこで入射光が反射あるいは散乱され，干渉計によって干渉信号が検出される．反射 (散乱) の位置は例題 22.1 での L に相当し，光源の波数 k を変化させ，干渉信号の強弱の変化を見ることで見積もることができる．入射光を横方向に移動させることで 1 枚の断層像が完成する．OCT の分解能は $\sim 10\,\mu$m，画像侵達が皮膚などで数 mm 程度である．皮膚の OCT 断層像を図 22.11 に示す．OCT による測定に最も適した臓器は眼であり，前眼部から眼底部まで撮像が可能で，現在，OCT は眼科診断になくてはならない装置となっている．

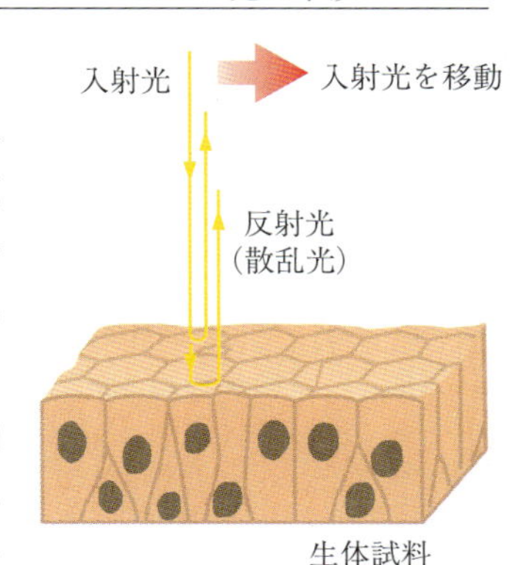

図 22.10　生体試料

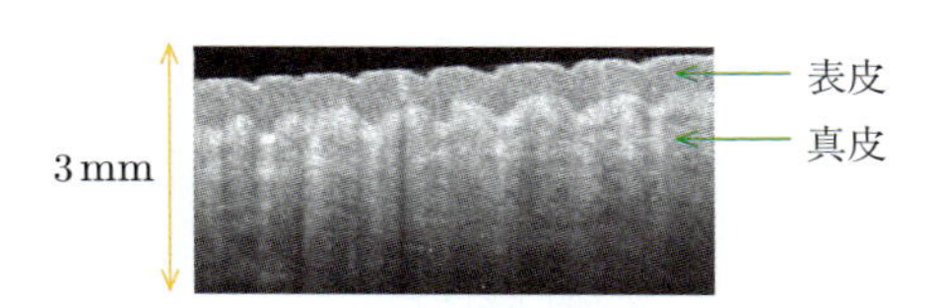

図 22.11　皮膚の OCT 断層像

演習問題 22

A

1. ヤングの実験において，複スリットの間隔が 0.12 mm，スクリーンまでの距離が 2.0 m であった．このときスクリーン上の干渉縞の間隔が 8.0 mm であったとすると，光の波長はいくらか求めよ．

2. 図 22.1 ような，ヤングの実験を考える．

(1) 複スリットとスクリーンの間の距離 L を大きくすると縞の間隔はどうなるか答えよ．

(2) S_1, S_2 の間隔 d を大きくすると縞の間隔はどうなるか答えよ．

(3) 複スリットとスクリーンの間を屈折率 n の物質で満たすと縞の間隔はどうなるか答えよ．

3. 図 22.4 のような，くさび形の空気層による干渉を考える．波長 6.0×10^{-7} m の単色光を真上から当てて上から観察すると，縞の間隔は 1.5 mm であった．

(1)　$x = 20\,\mathrm{cm}$ での層の厚さを求めよ．

(2)　ガラスの間の層をの水 (屈折率 1.33) で満たした．縞の間隔を求めよ．

B

1.　図 22.12 のように，半径 R〔m〕の平凸レンズを平面ガラスの上に置く．真上から波長 λ〔m〕の単色光を入射し，上から観察すると，レンズと平面ガラスの接点 O を中心とする同心円の状の明暗の縞模様が見えた．点 O から x〔m〕離れた点 A での層の厚さを d〔m〕とし，$d \ll R$ とする．

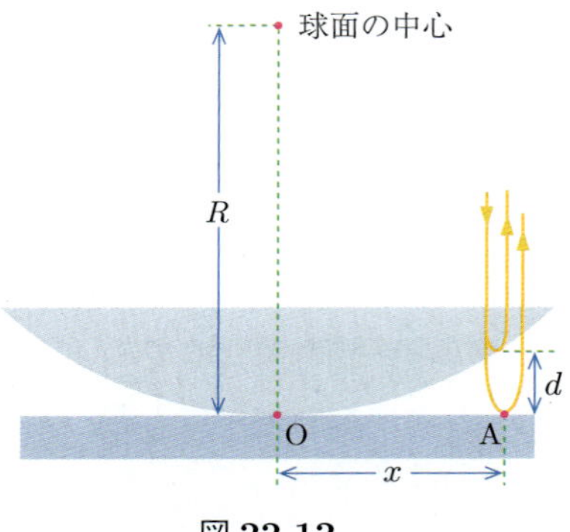

図 22.12

(1)　d を R と x を用いて表せ．

(2)　m を 0, 1, 2, 3, $\cdots$ として，A 点が暗くなるとき，x を R, λ, m を用いて表せ．

2.　図 22.1 ような，ヤングの実験を考える．ただし，S_0 と S_1 の間に屈折率 n，厚さ D〔m〕の透明な板を S_0 と S_1 を結ぶ直線に垂直に置く．また，入射する単色光の波長を λ〔m〕とする．

(1)　干渉縞の位置は，透明な板を置いた後，どちらへどれだけ移動するか求めよ．

(2)　透明な板を置く前と後で干渉縞の位置が一致するとき，透明な板の最小の厚さを求めよ．

23 光波 3

レーザ (laser) は，放射の誘導放出による光増幅という意味の **L**ight **A**mplification by **S**timulated **E**mission of **R**adiation の頭文字をとったものである．最初のレーザは，マイクロ波の振動数 (1〜30 GHz) 領域で研究され，その後，波長を短くする努力がなされた．セオドア・H・メイマンが人造ルビーを用いて可視光 (赤ピンク色) でのレーザ発振に世界で初めて成功し，それを受け，短期間のうちに波長や性質の異なる多くのレーザが開発された．現在，レーザは，情報通信分野はもちろん，プリンタ，スキャナーなどの身近なものから医療や最先端の研究に至るまで様々なところで利用されている．この章では，レーザの原理，レーザ光の性質，レーザにはどんな種類のものがあるのかなどを学習する．

図 23.1 レーザ光

23.1 レーザの原理

光の吸収と放出　物質は原子で構成されており，その原子は正電荷をもつ原子核と負電荷をもつ電子で成り立っている．電子は原子核のまわりの電子殻とよばれる決まった軌道を回っており，それ以外の軌道を回ることは許されない．それぞれの軌道を回る電子は，対応した特定のエネルギーをもち，それによって原子のエネルギー状態が決まる．したがって，原子はエネルギー準位とよばれるその原子特有のとびとびのエネルギー状態をとることになる．

原子は通常，最もエネルギーの低い状態にあり，この状態を基底状態とよぶ．原子に外からエネルギーを与えると最外殻の電子はエネルギーの高い状態に遷移し，それにより原子は励起状態とよばれるエネルギー準位の高い状態に移ることになる．原子が励起状態にとどまる時間は短く，自発的にエネルギーの低い状態へと遷移し，準位間のエネルギー差に相当するエネルギーを光として放出する．このような過程を光の**自然放出**とよぶ．高い方のエネルギー準位を E_2〔J〕，低い方のエネルギー準位を E_1〔J〕，自然放出される光の振動数を ν〔Hz〕とすると，これらの間には

$$E_2 - E_1 = h\nu \tag{23.1}$$

の関係がある．ここで，h はプランク定数で $h = 6.62607015 \times 10^{-34}$ J·s

である．

光を原子に入射した際に引き起こされる過程としては，**光の吸収**と**誘導放出**という 2 つの過程を考えることができる．低いエネルギー状態 E_1 にある原子に振動数 $\nu = \dfrac{E_2 - E_1}{h}$ の光が入射すると光のエネルギーを吸収し，高いエネルギー状態 E_2 に遷移する．一方，高いエネルギー状態 E_2 ある原子に振動数 $\nu = \dfrac{E_2 - E_1}{h}$ の光が入射すると原子は低いエネルギー状態 E_1 に遷移し，入射光と同じ振動数，同じ位相の光が放出される．この過程を誘導放出とよぶ．この過程では入射光は吸収されずに同じ振動数，同じ位相の放射光と重なり合って 2 倍に増幅されることになる．光の吸収と放出のようすを図 23.2 に示す．

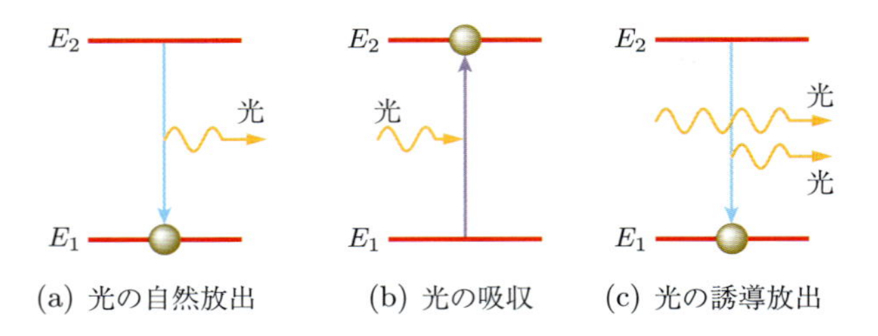

図 23.2　光の吸収と放出

問 23.1　エネルギー準位間の遷移によって放出される光の波長が 1.06 μm であった．準位間のエネルギー差を求めよ．

レーザ発振の原理　レーザ光は位相が整然とそろった光であり，それをつくるために誘導放出と光の共振器を利用する．図 23.2 で示した通り，誘導放出によって同じ振動数，位相の光が増幅される．しかしながら，ほとんどの原子が基底状態であるならば，光の吸収が誘導放出を上回り，光の増幅は起こらない．したがって，レーザ発振が起こるためには多くの原子を励起状態にする必要がある．それによって誘導放出が次々に起こり，位相の一致した光が増幅される．

さらに，位相の一致した光を連続的につくりレーザ発振を得るために，図 23.3 のようにレーザ媒質の両端に 2 枚の鏡を平行に向かい合わせた光の共振器を利用する．自然放出によって放出された光はレーザ媒質内を進み，その間，誘導放出によって増幅される．増幅された光は，片方の反射鏡にたどり着き，逆方向に反射される．反射された光は再び増幅されながら進み，もう一方の反射鏡にたどり着き，また反射される．2 枚の反射鏡の中を繰り返して往復する光の波は，両端が固定された定常波として閉じ込められ，位相がそろった状態で増幅される．位相のそろった光が連続的に増幅されながら往復を繰り返し，わずかに透過する反射鏡からビームとして出力される．

光がレーザ媒質内を x 方向に Δx〔m〕進むとき，強度 I〔W〕が $I + \Delta I$ に変

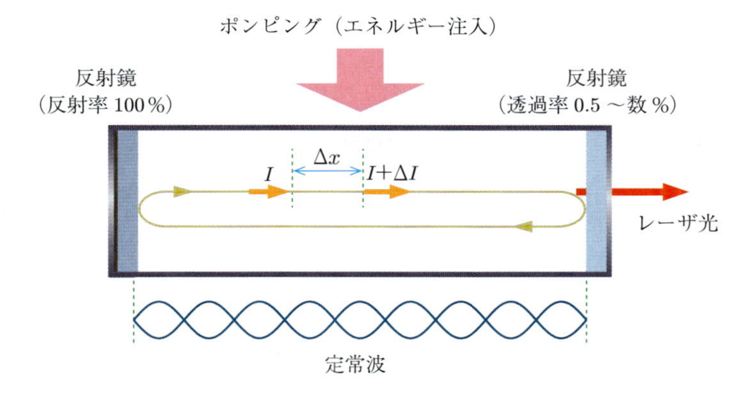

図 23.3 光の共振器

化したとする．図 23.2(b) の光の吸収による強度の変化は，I とエネルギー状態 E_1 にある原子の数 N_1 と Δx に比例するので，比例係数を β〔m^{-1}〕とすると，$\Delta I = -\beta N_1 I\,\Delta x$ である．また，図 23.2(c) の誘導放出による強度変化は，I とエネルギー状態 E_2 にある原子の数 N_2 と Δx に比例し，比例係数は β で同じであるので $\Delta I = \beta N_2 I\,\Delta x$ である．したがって，強度の変化 ΔI は

$$\Delta I = \beta(N_2 - N_1)I\,\Delta x \tag{23.2}$$

となる．光の増幅が起こる条件は，$\Delta I > 0$ より $N_2 > N_1$ である．自然状態では $N_1 > N_2$ であるので外からエネルギーを注入し，E_1 のエネルギー状態の原子を E_2 のエネルギー状態にあげる必要がある．このエネルギー注入を**ポンピング**という．ポンピングの方法はレーザ媒質によって異なり，放電 (気体レーザ)，光の照射 (個体レーザ)，電流 (半導体レーザ) 等がある．また，ポンピングによって分布が $N_2 > N_1$ になっている状態を**反転分布**という．

23.2 レーザ光の性質

単色性　レーザ光は単色光であり，理想的にはある 1 つの波長のみを含んだ光である．光速を c〔m/s〕とすると波長 λ〔m〕は振動数 ν〔Hz〕と $\nu = \dfrac{c}{\lambda}$ の関係があるので，ある 1 つの振動数を含んだ光と言い換えることもできる．実際のレーザ光の振動数は，ある範囲の振動数を含んでおり，単色光といっているのはその範囲が狭いということである．

式 (23.1) より，放出される光の振動数は，原子によって決まるとびとびのエネルギー状態の差によって正確に決まる．したがって，ナトリウムランプや水銀ランプなどの放電管からも，使用している物質特有の振動数幅の狭い線スペクトルの光が放射される．しかしながら，実際には原子の熱運動によるドップラー効果など，いくつかの要因によってある程度の幅をもった光となる．共振器を利用することによって，レーザ光は放電管からの光よりもさらに振動数の範囲が狭くなった単色光になっている．

指向性　レーザ光は共振器内を何度も往復することによって増幅される．したがって，共振器内の反射鏡と垂直な方向以外に進む光は減衰し，共振器と平行な方向に進む光だけが増幅されることになる．その結果，レーザ光は四方八方に進む電球などの自然光と異なり，一方向にビームとなって直進する光となる．これをレーザは**指向性**がよいという．

レーザ光も波の一種であるため回折によって広がる．レーザ光の直径を a〔m〕，波長を λ〔m〕とすると，$\lambda \ll a$ ならば広がる角度 θ〔rad〕は

$$|\theta| \lesssim \frac{\lambda}{a} \tag{23.3}$$

となることが知られている．たとえば，633 nm のレーザー光の直径が 3.0 mm だとすると，θ は 2.1×10^{-4} rad となり，1 km 先でも 20 cm 程度にしか広がらない．

> **問 23.2**　波長が 1.06 μm の赤外レーザの放射光の直径が 2.0 mm だったとする．回折する角度を求めよ．

可干渉性　光は干渉性を有する．しかしながら，図 23.4 のように，白熱電球などの自然光は波長も位相もバラバラな光が切れ切れに放出されるため，わずかな光路差でも干渉しなくなる．一方，レーザ光は時間的にも空間的にも位相がそろっているので，可干渉性が極めてよい光である．可干渉の長さを**コヒーレンス長**または**可干渉長**という．

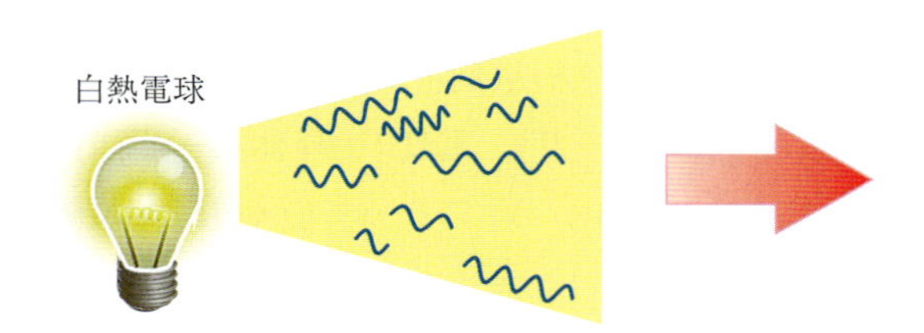

自然光（波長も位相もそろっていない）

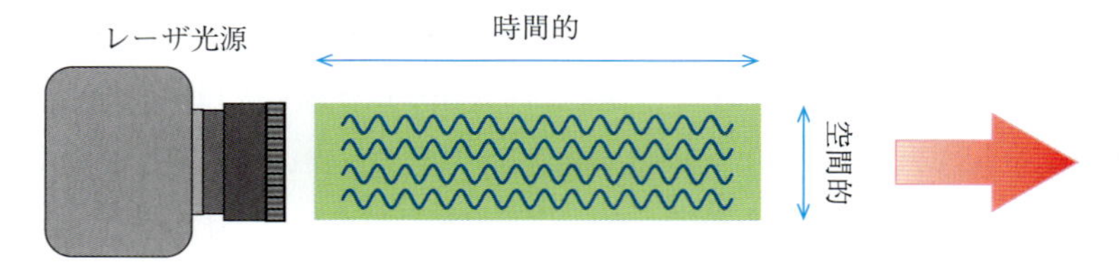

レーザ光（波長も位相もそろっている）

図 23.4　レーザ光の可干渉性

コヒーレンス長 L_{C}〔m〕はレーザ光の振動数幅 $\Delta\nu$〔Hz〕から見積もることができる．光の干渉において光路差を ℓ〔m〕とし，振動数が ν の光の干

渉と $\nu + \Delta\nu$ の光の干渉を考える．各々の干渉後の位相の差は

$$2\pi \frac{\nu + \Delta\nu}{c} \cdot l - 2\pi \frac{\nu}{c} \cdot l = 2\pi \frac{\Delta\nu}{c} \cdot l \qquad (23.4)$$

である．この位相の差が 2π になるところで干渉性が失われるとすると，コヒーレンス長は

$$L_c \simeq \frac{c}{\Delta\nu} = \frac{\lambda^2}{\Delta\lambda} \qquad (23.5)$$

となる．$\Delta\lambda$ は $\Delta\nu$ に対応するレーザ光の波長幅である．

収束性　レーザ光は単色性，指向性がよいため，レンズを用いて小さい直径内に集光することができる．

光の屈折率は波長によって異なるため，レンズの焦点距離も波長によって異なり，いろいろな波長の光を含んでいる自然光は1点に集光するのが難しい．一方，レーザ光はひとつの波長しか含んでいないので，1点に集光することができる．さらに，レーザ光は指向性がよいので，光源から射出された光は平行に近く，レンズによる理想的な集光が可能となる．

たとえば，豆電球の光よりも出力の弱い $1\,\mathrm{mW}$ 程度のレーザ光を $10\,\mu\mathrm{m}^2$ 程度の円内に集光した場合，エネルギー密度は $10\,\mathrm{kW/cm^2}$ 程度になる．これは，太陽表面のエネルギー密度 (約 $7\,\mathrm{kW/cm^2}$) と同程度である．レーザメスやレーザ加工機は，このような性質を利用したものである．

問 23.3　出力が $5.0\,\mathrm{W}$ のレーザ光を $0.020\,\mathrm{mm}^2$ のスポットに集光した場合のエネルギー密度を求めよ．

23.3 レーザの種類

気体レーザ　気体レーザはレーザ媒質として気体を用いるレーザで原子レーザ，分子レーザ，イオンレーザなどに分けられる．代表的な気体レーザには，発振波長が $632.8\,\mathrm{nm}$ の He-Ne(原子) レーザ，$514.5\,\mathrm{nm}$ と $488.0\,\mathrm{nm}$ の Ar(イオン) レーザ，$10.6\,\mu\mathrm{m}$ の CO_2(分子) レーザなどがある．

気体レーザでは気体を管内に封入し，管の前後に電極を取り付け電圧をかけて放電する．管内の電子は電場によって加速され，気体に衝突し，気体はより高いエネルギー状態に励起される．それによって反転分布が実現され，レーザ発振が起こる．実際には，効率よく反転分布を実現するためにレーザ媒質の他に補助的なガスを一緒に封入するなどの工夫がなされている．He-Ne レーザでは Ne 原子がレーザ媒質で He 原子が補助的なガスである．CO_2 レーザでは，補助的なガスとして N_2 と He を用いている．

固体レーザ　固体レーザはガラス，ルビー，YAG (イットリウム・アルミニウム・ガーネット) などからなる棒状の結晶に Cr^{3+} (クローム)，Nd^{3+} (ネジウム)，Ho^{3+} (ホルミウム) などのイオンをドープしたものをレーザ媒質として用いる．代表的な固体レーザには発振波長が $1.06\,\mu\mathrm{m}$ の Nd-YAG

レーザ，発振波長が 2.1 μm の Ho-YAG レーザ，発振波長が 0.694 μm のルビーレーザなどがある．

固体レーザは単位体積内に含まれるレーザ媒質の量が多いため，気体レーザに比べて高出力のレーザ光を発振させることができる．また，混入するイオンの種類を変えることによって，様々な特徴をもった固体レーザの開発が可能となる．

半導体レーザ　半導体レーザは気体レーザや固体レーザに比べて小型で軽量，低電圧で低消費電力，大量生産が可能などの特徴があり，通信，計測など様々な分野で利用されている．

図 23.5　半導体レーザ

半導体結晶では，電子は価電子帯とよばれる幅をもったエネルギー状態を満たしている．価電子帯の上には，禁止帯とよばれる電子が存在できないエネルギー範囲があり，さらにその上に伝導帯とよばれる幅をもったエネルギー状態が存在する．半導体では，価電子帯は電子によって完全に満たされているので，絶対零度では電気を伝えない．

不純物のない半導体は絶縁体に近いが，半導体結晶に母体結晶よりも価電子が多い不純物を混入すると，原子の結合に必要のない電子が余り，これが自由電子として電流の担い手となる．逆に，価電子が少ない不純物を混入すると，原子の結合に必要な電子が不足し，価電子帯に電子の穴に対応する正の電荷の正孔 (ホール) が生じ，これが電流の担い手になる．前者を n 型半導体，後者を p 型半導体という．

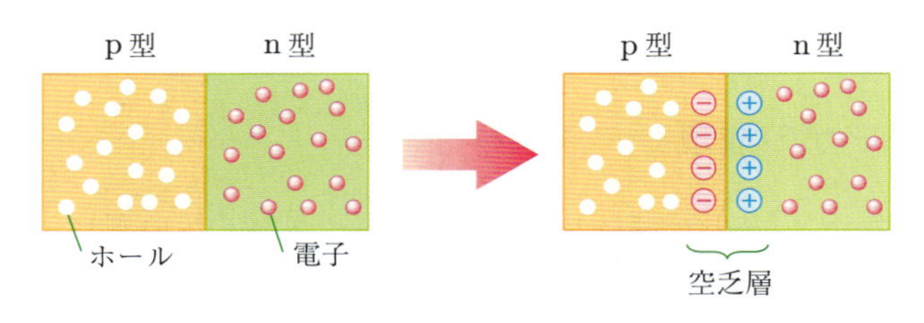

図 23.6　pn 接合

半導体への不純物を調整し，図 23.6 のように p 型と n 型が隣接した pn 接合を作ることができる．接合付近ではホールと電子が打ち消しあい電子もホールも存在しない空乏層ができる．空乏層の p 型の領域には負電荷，n 型の領域には正電荷が残る．したがって，p 型より n 型の方が電位が高くなり，ホールと電子の打ち消しあいを妨げる電位障壁ができることになる．

p 型が正，n 型が負になるように電圧をかけると，電位障壁が低くなり，正孔は p 型から n 型に流れ込み電子は n 型から p 型に流れ込む．流れ込んだ正孔と電子は境界付近で再結合して伝導体と価電子帯とのエネルギー差に相当する波長の光を放出する．その光に刺激され誘導放出が起こる．pn 接合の端面にミラーを作っておけば，放出された光がミラーの間を往復し，レーザ発振が起こる．この場合，ポンピングは電流によって行われることになる．実際の半導体レーザは，活性層とよばれる物質を p 型と n 型で挟んだ構造をしている．

23.4 医療への応用

現在，レーザは医療の様々な分野で利用されている．診断用機器への応用も多く話題も豊富であるが，ここでは，治療用機器への応用に関して述べる．

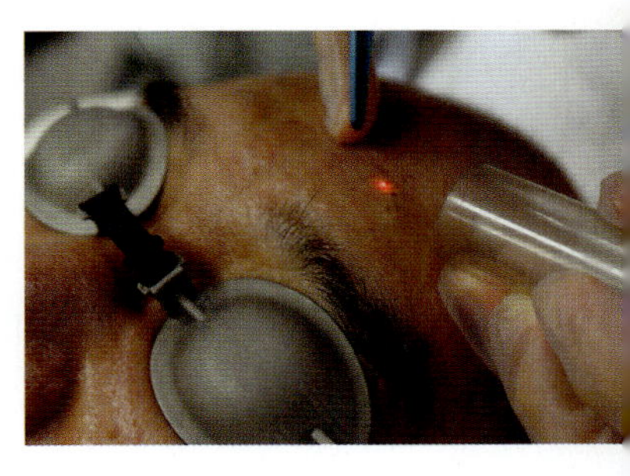

図 **23.7** レーザメス

最も早く実用化された治療用レーザ機器は，Ar レーザを用いた眼底凝固装置，CO_2 レーザや Nd-YAG レーザを用いたレーザメスである．

Ar レーザの波長は 514.5 nm で水に吸収されにくく眼底治療に適している．眼の水晶体や硝子体に吸収されないため，それらに影響を与えず網膜に達することができる．また，ヘモグロビンによく吸収されるため出血があった場合も熱凝固による止血が可能になる．たとえば，網膜光凝固術は，網膜の病的な部位をレーザによって凝固させることで病気の進行と悪化を防ぐ治療法である．元の状態に戻すものではないが，重要な治療法のひとつである．

CO_2 レーザは水に吸収されやすく，皮膚などの組織表層の蒸散による切開や凝固などに用いられる．Nd-YAG レーザは水による吸収が弱いので組織を切る能力は CO_2 レーザほどではないが，組織深くまで到達し，凝固，止血をすることができる．これらは，非接触で微小部分の切断も容易なため，患者への負担を最小限に抑えた治療が可能となる．

上で述べた 3 つのレーザは，組織に光エネルギーが吸収され熱エネルギーに変換される現象を利用している．一方，ArF エキシマレーザ (193 nm) は，高い光子エネルギーにより化学結合を切断し蒸散させる光化学的な作用を利用している．主に角膜形状を精細に加工して補正する，屈折矯正手術に用いられる．

その他にも，あざの治療や除痛治療など，様々な分野でレーザは利用されている．

演習問題 23

A

1. 振動数の幅が 5.0 kHz のレーザ光のコヒーレンス長を求めよ．
2. 式強度 I_0 の光がレーザ媒質内を x〔m〕進んだときの光の強度を式 (23.2) より求めよ．ただし，N_1, N_2, β は一定とする．
3. 焦点距離 f〔m〕のレンズを用いて波長 λ〔m〕，直径 D〔m〕の平行光

を集光したときのスポットサイズ R〔m〕は

$$R = \frac{4\lambda}{\pi}\frac{f}{D} \tag{23.6}$$

で与えられる．波長 $1.06\,\mu$m，強度 1.0 mW，直径 5.0 mm のレーザ光を焦点距離 50 mm のレンズに入射したときのスポットでのエネルギー密度を求めよ．

B

1. エネルギー E_1 の原子数が N_1 個，E_2 の数が N_2 個とする．環境の温度が絶対温度で T ならば

$$\frac{N_2}{N_1} = \exp\left[-\frac{E_2 - E_1}{kT}\right]$$

の関係があることが知られている．ただし，k はボルツマン定数である．上式より，反転分布が実現するのはどのような状態か考察せよ．

24 レンズの性質

レンズは光の屈折現象を利用し，光を集めたり拡散したりして物体の像をつくるものである．レンズの利用は紀元前にさかのぼり，現在では，望遠鏡や顕微鏡，カメラ，眼鏡など幅広く利用されている．この章では，レンズの基礎といくつかの応用例について学習する．

24.1 レンズ

レンズを通る光の進み方　レンズは2つの球面にはさまれた形をしている．レンズを形作る2つの球面の半径は等しい必要はなく，むしろ異なる半径の球面ではさまれた形のレンズが一般的である．また，曲面が球面でない (非球面) レンズもある．しかし，ここでは簡単のため，同じ半径の2つの球面で形作られるレンズについて考えることにする．

レンズは，中央部が周辺部より厚い凸レンズと中央部が周辺部より薄い凹レンズの2種類に大別される．レンズを形作る2つの球面の中心を結ぶ直線を光軸とよぶ．また，レンズから見て光源 (物体) のある側をレンズの前方，その反対側をレンズの後方という．レンズに入射する光はレンズに入るときと出るときでレンズ表面で2度屈折するが，簡単のために1度の屈折で描くことにする．

凸レンズは次の3つの性質をもつように作られている．(図 24.2)

(a)　光軸と平行に凸レンズに入射した光線はレンズを通過後，レンズの後方の光軸上の1点Fに集まる．点Fを**焦点**とよぶ．

図 24.1　いろいろなレンズ

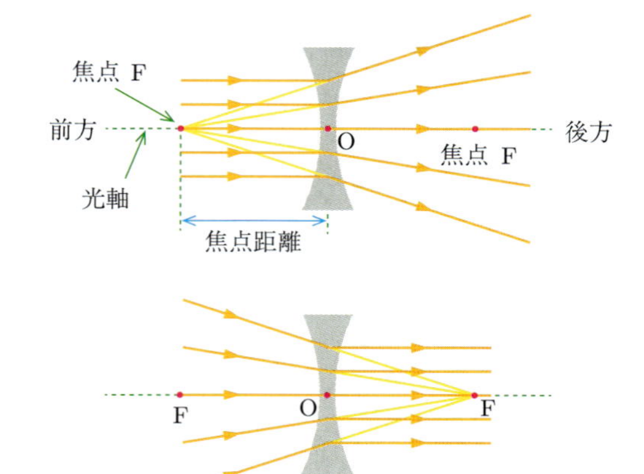

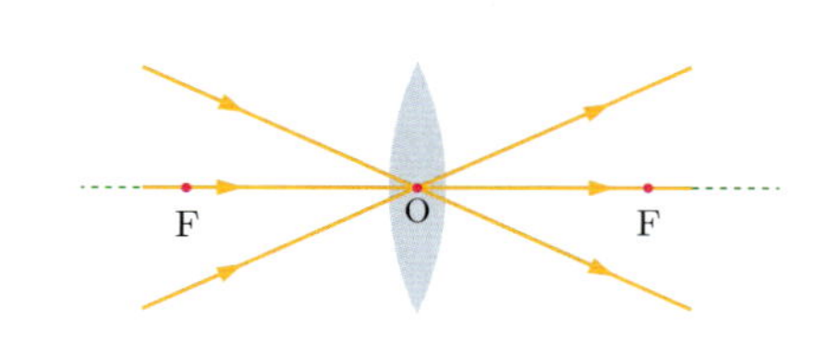

図 **24.2**　凸レンズ

図 **24.3**　凹レンズ

(b)　焦点 F を通過してレンズに入射した光線はレンズを通過後，光軸と平行に進む．

(c)　レンズの中心 O を通過する光線は向きを変えず直進する．

焦点はレンズの前方と後方に 2 つ存在し，レンズの中心から焦点までの距離を**焦点距離**という．いまの場合，焦点距離は前方も後方も同じである．

凹レンズに入射した光線は，つぎのような進み方をする (図 24.3).

(a)　光軸と平行に凹レンズに入射した光線はレンズを通過後，レンズの前方の光軸上の 1 点 F から広がるように進む．点 F を凹レンズの焦点とよぶ．

(b)　後方の焦点 F に向かうようにレンズに入射した光線はレンズを通過後，光軸と平行に進む．

(c)　レンズの中心 O を通過する光線は向きを変えず直進する．

24.2　レンズによる像

凸レンズによる実像　図 24.4 のように，凸レンズの焦点の外側に物体 AA′ を置くと，物体の 1 点から出てレンズを通過した光はレンズの後方で再び 1 点で集まり，物体の像 BB′ ができる．レンズ後方から覗くと BB′ の位置に上下左右の向きが逆の倒立像が見える．実際に光が集まってできる像を**実像**とよび，実像の位置にスクリーンを置くと倒立像が映ることになる．

焦点距離を f〔m〕，レンズと物体間の距離を a〔m〕，レンズと像までの距

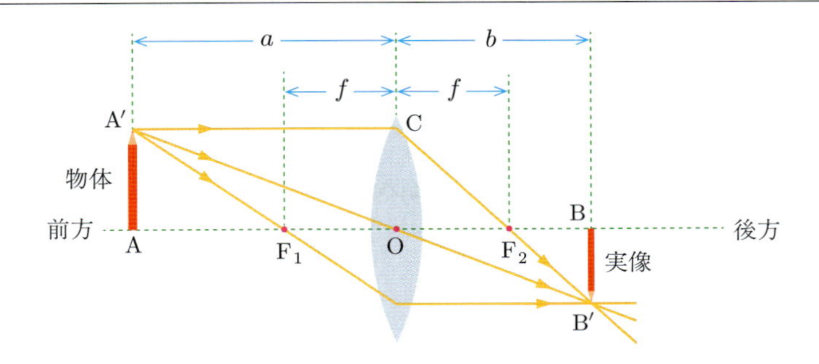

図 24.4　凸レンズによる実像

図 24.5　スクリーンに映った凸レンズの実像

離を b〔m〕とすると

$$\frac{1}{a}+\frac{1}{b}=\frac{1}{f} \tag{24.1}$$

が成り立つ．また，物体の大きさに対する像の大きさを倍率といい，倍率 m は次式で表される．

$$m=\frac{b}{a} \tag{24.2}$$

式 (24.1)，式 (24.2) は，つぎのように求まる．図 24.4 において，$\triangle \mathrm{OAA'} \backsim \triangle \mathrm{OBB'}$ より $\dfrac{\mathrm{BB'}}{\mathrm{AA'}}=\dfrac{b}{a}$ であるので式 (24.2) が求まる．また，$\triangle \mathrm{OCF_2} \backsim \triangle \mathrm{BB'F_2}$ より $\dfrac{\mathrm{BB'}}{\mathrm{OC}}=\dfrac{b-f}{f}$ である．$\mathrm{OC}=\mathrm{AA'}$ と $\dfrac{\mathrm{BB'}}{\mathrm{AA'}}=\dfrac{b}{a}$ を代入すると $\dfrac{b}{a}=\dfrac{b}{f}-1$ となり，これを変形すると式 (24.1) が求まる．

> **問 24.1**　焦点距離が 3.0 cm の凸レンズの光軸上で，レンズの前方 4.0 cm の位置に物体を置いたところ，後方に実像ができた．レンズから像までの距離と倍率を求めよ．

凸レンズによる虚像　図 24.7 のように，凸レンズと焦点の間に物体 AA′ を置くと，物体の 1 点から出てレンズを通過した光は広がって進むので実像はできない．しかしながら，レンズ後方から見るとレンズ前方の BB′ の 1 点から出た光のように見え，BB′ の位置に物体と同じ向きの正立像が見えることになる．この像は，実際に光が集まってできる像ではなく**虚像**とよばれる．虚像の位置にスクリーンを置いても像は映らない．

焦点距離を f，レンズと物体間の距離を a，レンズと像までの距離を b とすると

$$\frac{1}{a}-\frac{1}{b}=\frac{1}{f} \tag{24.3}$$

が成り立つ．また，倍率 m は次式で表される．

$$m=\frac{b}{a} \tag{24.4}$$

式 (24.3)，式 (24.4) は，つぎのように求まる．図 24.7 において，$\triangle \mathrm{OAA'}$

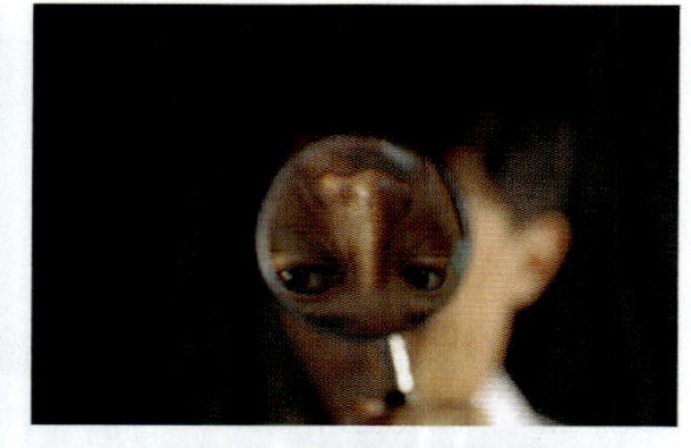

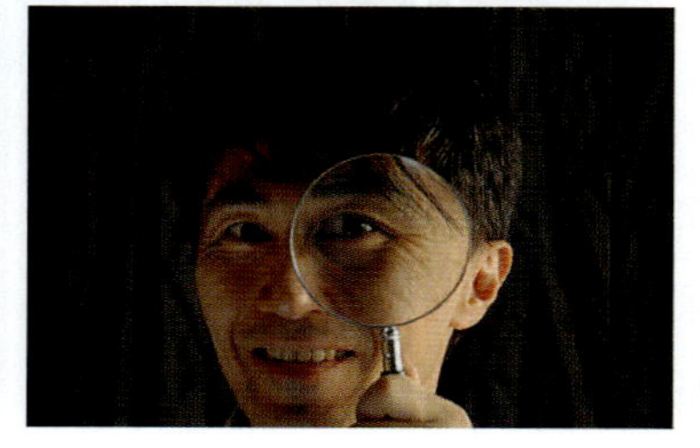

図 24.6　凸レンズをのぞいて見た実像と虚像

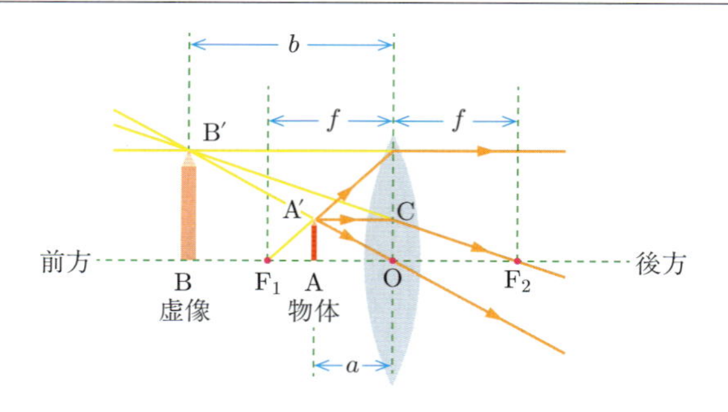

図 24.7　凸レンズによる虚像

$\backsim \triangle$OBB′ より $\dfrac{\mathrm{BB'}}{\mathrm{AA'}} = \dfrac{b}{a}$ であるので式 (24.4) が求まる．また，$\triangle \mathrm{OCF_2} \backsim \triangle \mathrm{BB'F_2}$ より $\dfrac{\mathrm{BB'}}{\mathrm{OC}} = \dfrac{b+f}{f}$ である．OC = AA′ と $\dfrac{\mathrm{BB'}}{\mathrm{AA'}} = \dfrac{b}{a}$ を代入すると $\dfrac{b}{a} = \dfrac{b}{f} + 1$ となり，これを変形すると式 (24.3) が求まる．

問 24.2　焦点距離が 3.0 cm の凸レンズの光軸上で，レンズの前方 2.0 cm の位置に物体を置いたところ，前方に虚像が見えた．レンズから像までの距離と倍率を求めよ．

凹レンズによる像　図 24.9 のように，凹レンズの前方に物体 AA′ を置くと，物体の 1 点から出てレンズを通過した光は広がるので実像はできない．しかし，レンズ後方から見ると BB′ から光が出たように見え，BB′ の位置に物体と同じ向きの正立像が見える．凹レンズの場合は，物体の位置が焦点の内側でも外側でも虚像が見える．

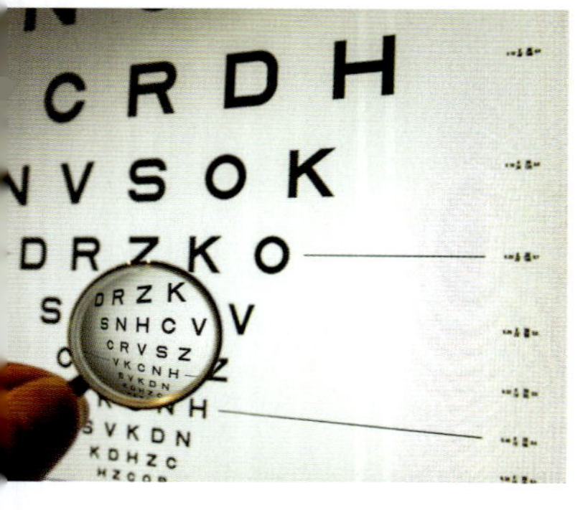

図 24.8　凹レンズをのぞいて見た虚像

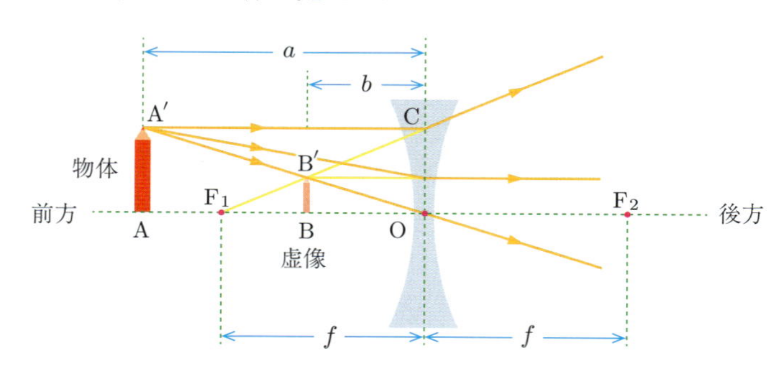

図 24.9　凹レンズによる虚像

焦点距離を f，レンズと物体間の距離を a，レンズと像までの距離を b とすると

$$\frac{1}{a} - \frac{1}{b} = -\frac{1}{f} \tag{24.5}$$

が成り立つ．また，倍率 m は次式で表される．

$$m = \frac{b}{a} \tag{24.6}$$

式 (24.5)，式 (24.6) は，つぎのように求まる．図 24.9 において，$\triangle \mathrm{OAA'} \backsim \triangle \mathrm{OBB'}$ より $\dfrac{\mathrm{BB'}}{\mathrm{AA'}} = \dfrac{b}{a}$ であるので式 (24.6) が求まる．また，$\triangle \mathrm{OCF_1} \backsim \triangle \mathrm{BB'F_1}$ より $\dfrac{\mathrm{BB'}}{\mathrm{OC}} = \dfrac{f-b}{f}$ である．$\mathrm{OC} = \mathrm{AA'}$ と $\dfrac{\mathrm{BB'}}{\mathrm{AA'}} = \dfrac{b}{a}$ を代入すると $\dfrac{b}{a} = 1 - \dfrac{b}{f}$ となり，これを変形すると式 (24.5) が求まる．

問 24.3　焦点距離が 4.0 cm の凹レンズの光軸上で，レンズの前方 6.0 cm の位置に物体を置いたところ前方に虚像が見えた．レンズから像までの距離と倍率を求めよ．

眼の構造とはたらき　われわれにとって，レンズを使った最も身近なものは眼である．図 24.10 は眼の構造の模式図である．眼に届いた光は，角膜で大きく屈折して眼の中に入り，続いて眼房水を通過して水晶体で再び屈折する．光の量は虹彩によって瞳孔を変えることで調節される．光はその後，硝子体を通過して網膜上で結像し，その情報は視神経を通って脳に送られる．

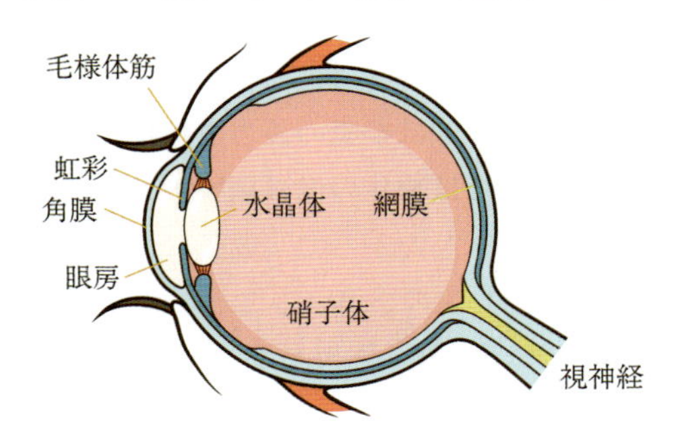

図 24.10　眼の構造 (模式図)

表 24.1　眼の各部位の空設立

物資	屈折率
角膜	1.38
眼房水	1.34
水晶体	1.41
硝子体	1.34
空気	1.00
水	1.33

眼の各部位の屈折率を表 24.1 に示す．眼全体での光の屈折を考えると，大部分が空気と角膜の境界で生じる．これは，角膜と空気との屈折率の差がもっとも大きいためである．水晶体の屈折率は眼の部位の中ではもっとも大きいが，その前後の眼房水と硝子体との差が小さいため水晶体による光の屈折の寄与は角膜よりも小さい．

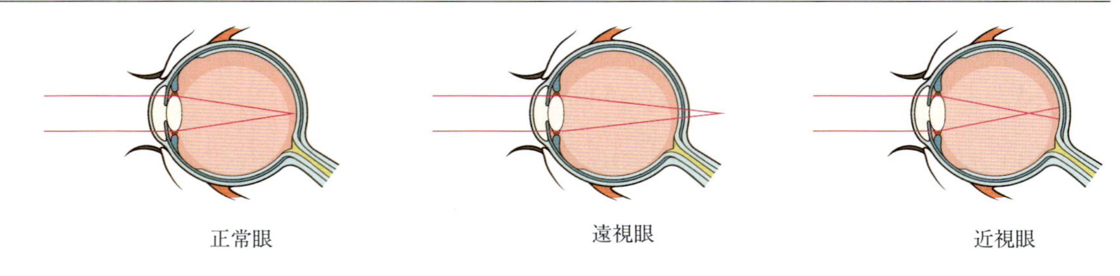

図 24.11　正常眼，遠視眼，近視眼

水晶体は凸レンズの形をしており，焦点調節の補助レンズとしてはたらく．水晶体は弾力性があり，まわりの毛様体筋が弛緩することによって放射状に外方向に引っ張られると薄くなり，焦点距離が長くなる．逆に毛様体筋が緊張すると水晶体が厚くなり，焦点距離が短くなる．正常な眼は，遠くの物体の像を網膜上に結ぶ．このとき，毛様体筋は弛緩し水晶体は薄い状態である．近くの物体を見るとき，眼は水晶体を厚くし結像位置を前に移動し，物体の像を網膜上に結ぶ．

図 24.11 は，正常眼，遠視眼，近視眼についての結像のようすを表している．遠視眼では遠くの物体の像は網膜の後方で結ばれ，網膜上ではぼやけた像になる．逆に，近視眼では物体の像は網膜の前方で結ばれ，網膜上での像はぼやけたものになる．したがって，矯正に使うレンズは，遠視眼では凸レンズ，近視眼では凹レンズを用いることになる．

屈折異常の度合いは，矯正に用いられるレンズの屈折力 P〔D〕で表され，焦点を f〔m〕として，

$$P = \frac{1}{f} \tag{24.7}$$

で定義される．P の単位 D はディオプターとよばれる．P は凸レンズの場合は正，凹レンズの場合は負と定義されており，たとえば，焦点距離 0.5 m の凸レンズは 2 D，焦点距離 0.5 m の凹レンズは -2 D，となる．

演習問題 24

A

1.　焦点距離が f〔cm〕の凸レンズの前方 a〔cm〕の位置に物体を置いた．

(1)　虚像が見える場合の a と f の関係を示せ．

(2)　物体より大きい実像が見える場合の a と f の関係を示せ．

(3)　物体より小さい実像が見える場合の a と f の関係を示せ．

2.　焦点距離が 3.0 cm の凹レンズの光軸上で，レンズの前方の位置に物体を置いたところ前方に $\dfrac{1}{3.0}$ 倍の虚像が見えた．レンズから物体ま

での距離とレンズから像までの距離を求めよ．

3. 水中で目を開けたとき，近視の状態か，遠視の状態か？その理由を考えよ．

B

1. 光源とスクリーンを 50 cm 離して固定し，図 24.12 のように，凸レンズを光源からスクリーンまで光軸に平行に移動させる．光源とレンズの距離が 20 cm で 1 度目の実像が生じ，さらにレンズを移動させたところ，スクリーン上に 2 度目の実像が生じた．2 度目の実像が生じたときの光源とレンズの距離を求めよ．また，レンズの焦点距離を求めよ．

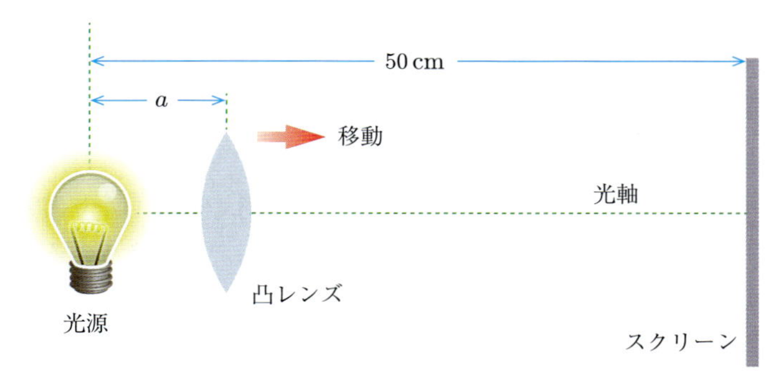

図 24.12

2. 焦点距離 $f_1 = 4.0$ cm の凸レンズ 1 の後方 22 cm に，焦点距離 $f_2 = 3.0$ cm の凸レンズを同じ光軸上に置き，凸レンズ 1 の前方 5.0 cm の位置に物体 A を置いた．
   (1) 凸レンズ 1 による，A の像 A′ が生じる位置を求めよ．
   (2) 凸レンズ 2 による，A′ の像 A″ が生じる位置を求めよ．
   (3) この組み合わせレンズによる倍率を求めよ．

25 静電場

この章では，電気的な性質をもつ粒子，電荷について学び，クーロンの法則，電場，電位について学習する．また，物質内で電荷がどのように振る舞うか学習し，静電誘導や誘電分極といった現象を理解する．

25.1 電気とは

誰しも，冬場にセーターを脱いだり，下敷きをこすったりした際にパチパチ音がしたり，何かを引きつけたり，といった現象を経験したり観察したことがあるだろう．摩擦によって生じるこの現象は，そのとき生じる力である**静電気力**によって引き起こされ，古くから知られている現象である[96]．

[96] 昔，琥珀などを用いて静電気を観察していたことから，電気的，という英語の単語 electric は琥珀のギリシャ語 elektron がその語源になっている．

静電気力の源を**電荷**とよぶ．電荷には正の電荷と負の電荷があり，同符号の電荷には反発する力，すなわち斥力がはたらく．異符号の電荷には引き合う力，すなわち引力がはたらく．この電荷のもつ電気の量は**電気量**とよばれ，クーロン〔C〕という単位で表す．

2 種類の物質をこすり合わせると，片方の物質に正の電気が生じ，もう片方に負の電気が生じる．このように電気が生じた状態を**帯電**とよび，物質が帯電した結果，上に示したような現象が起こると考えられる．

この電荷の正体は，物体を構成する原子そのものにある．一般に，各種の原子は図 25.1 のように，中心に**原子核**とよばれる正の電気量をもつ粒子があり，その周囲を**電子**とよばれる負の電気量をもつ粒子が回っている．さらに原子核は，正の電気量をもつ**陽子**と，電気量をもたない**中性子**から構成されている．通常は，原子核のもつ正の電気量と電子のもつ負の電気量は等しく，全体でみれば電気的に中性になっている．2 つの物質をこすり合わせると，どちらかの物質の電子がはがれ落ち，もう一方の物質に移動する．電子を多くもつことになった物質が負に帯電し，電子を失った物質が正に帯電することになる．しかし，もともと電気的に中性であったので，それぞれの物質には同じ電気量の電気が生じ，トータルでは電気量の総和は変化しないことになる．これを**電気量保存の法則**とよぶ．

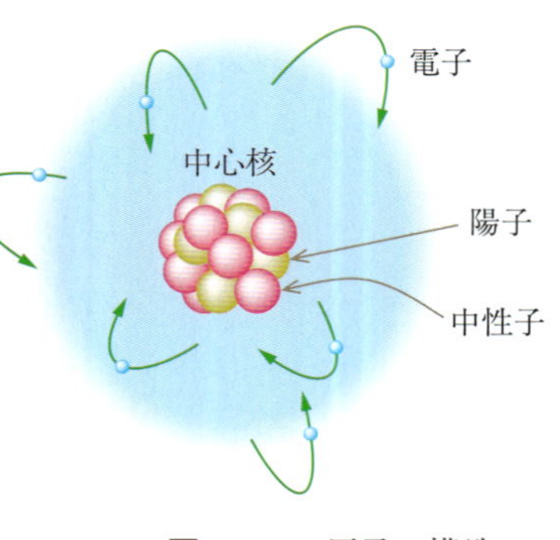

図 25.1　原子の構造

電子のもつ電気量の絶対値を**電気素量** e〔C〕とよぶ．陽子のもつ電気量の絶対値もこれに等しく，電気の移動はこの大きさの整数倍でしか生じないことになる．

$$e = 1.6 \times 10^{-19}\,\mathrm{C} \tag{25.1}$$

クーロン力　大きさが無視できる電荷のことを**点電荷**とよぶ．これは力学で扱った質点と同じようなものと考えられる．電気量 q_1〔C〕と q_2〔C〕の2つの電荷の間にはたらく力 F〔N〕は，それぞれの電気量に比例し，電荷間の距離 r〔m〕の2乗に反比例する．すなわち，

$$F = k\,\frac{q_1 q_2}{r^2} \tag{25.2}$$

これは**クーロンの法則**とよばれる．ここで，k〔$\mathrm{N{\cdot}m^2/C^2}$〕は**クーロンの法則の比例定数**とよばれ，電荷の間にある物質などによってその大きさが変化する．真空中での値は，特別に k_0〔$\mathrm{N{\cdot}m^2/C^2}$〕と書かれ，

$$k_0 = 9.0 \times 10^9\,\mathrm{N{\cdot}m^2/C^2} \tag{25.3}$$

という値が求められている．

問 25.1　真空中で $10\,\mu\mathrm{C}$ と $20\,\mu\mathrm{C}$ の点電荷が 0.50 m 離れている．この電荷間にはたらく力はいくらか．(第25回臨床工学技士国家試験問題より改題)

帯電列　2つの物質をこすり合わせたとき，どちらの物質が正に帯電し，どちらが負に帯電するかは，物質の構造などで決定される．実験によってこの順序を定めたものを**帯電列**とよび，代表的なものを示すと以下のようになる．

毛皮 > ガラス > 雲母 > 絹 > 木綿 > 琥珀 > 金属 > エボナイト
> ポリエチレン > 塩化ビニル > サランラップ

列の左側にある物質の方が正に帯電しやすく，右側にある物質が負に帯電しやすい．また，帯電列でより遠くに離れている物質同士をこすり合わせるとより強く帯電する[97]．

[97] 実際には材質としての性質だけでなく，表面のようすなどその物質の状態にも依存するため，帯電列で近い物質同士の場合にはこの順序通りにならないこともあり，帯電列を厳密に定めるのは困難である．

問 25.2　塩化ビニルのパイプと毛皮をこすりあわせると，負に帯電するのはどちらか．

25.2 物質の電気的性質

自由電子　多くの物質は固体として存在する際，**結晶構造**とよばれるある決まった配列にしたがって規則正しく並んで存在している．このような構造をとると，物質によっては原子核から電子が一部はがれ落ち，結晶内を自由に移動できるようになる．このように物質内で自由に移動できる電子のことを**自由電子**とよぶ．

自由電子がつねに存在していれば，その物質は電気を通すことができる．**金属**はつねに自由電子をもつので，電気をよく通す[98]．金属のように，電気を通す物質を**導体**とよぶ．一方で，自由電子が存在せず，電気を通さない

[98] これにより熱もよく伝導する．

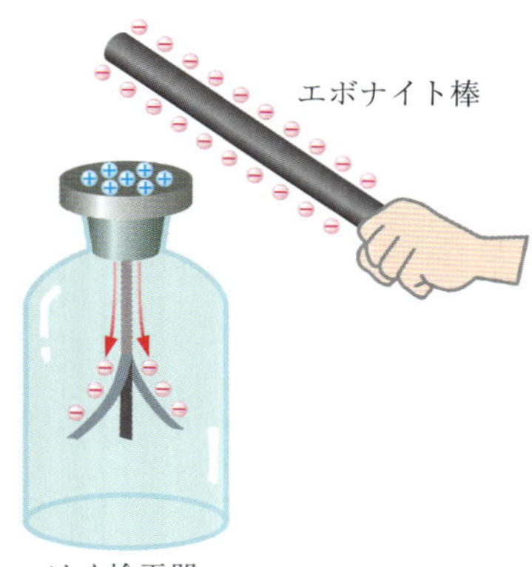

(a)

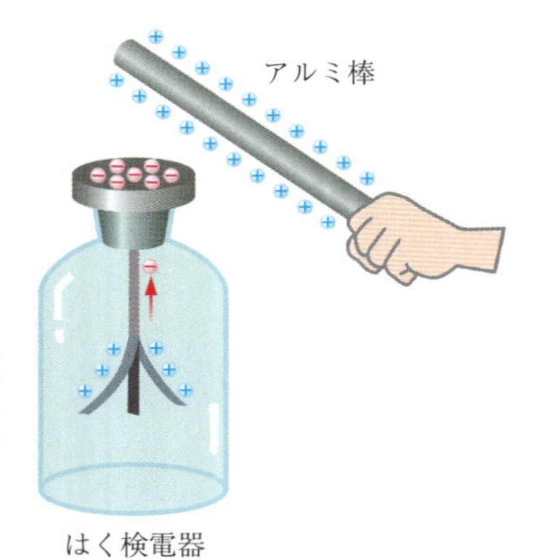

(b)

図 25.2 はく検電器

図 25.3 はく検電器

物質を**不導体**または**絶縁体**とよぶ．導体と不導体の中間にあり，温度が低いときには自由電子がなく電気を通さないが，温度が上がると外部から熱エネルギーをもらって一部の電子が自由電子となり，電気を通すようになる物質がある．こうした性質をもつ物質を**半導体**とよぶ．したがって，半導体は温度によって大きく電気的な性質を変えるため，温度計によく利用されている．

静電誘導　帯電した物体を導体に近づけると，導体の表面に近づけた電荷と異符号の電荷が現れる．これは導体内の自由電子が，近づいた電荷から引力または斥力を受けて移動する結果起こる現象で，**静電誘導**とよばれる．

静電誘導を簡単に観察できる装置として，**はく検電器**がある．たとえば，図 25.2(a) のように負に帯電したエボナイト棒を近づけると，導体内の自由電子がエボナイト棒表面の負電荷から斥力を受け，導体内でできるだけ遠ざかろうとする．その結果，下側のはくに電子がたまり，互いに斥力を受けてはくが開く．また，図 25.2(b) のように正に帯電したアルミ棒を近づけると，導体内の自由電子はアルミ棒の正電荷から引力を受け，導体内でなるべく近づこうとする．その結果，下側のはくは電子が不足して正に帯電し，互いに斥力を受けてはくが開く．このように，近づけた物体が帯電しているかどうかを，はくの開き具合で調べることができる．

誘電分極　不導体においては，物体内の電子は物体を構成する原子に束縛されており，物体内を自由に移動することができない．このため，静電誘導は起こらない．しかし，帯電した物質を不導体に近づけると，やはり不導体の表面に近づけた電荷と異符号の電荷が現れる．これを**誘電分極**とよぶ．

誘電分極は，物体を構成する原子の内部で電気的な偏りが生じることが，その原因である．たとえば，図 25.4(a) のように，電気的に中性である原子にたとえば負電荷を近づけると，原子内の電子は負電荷から遠ざかり，原子核は近づこうとする．その結果，電子と原子核の平均的な位置にずれが生じることになる．こうしたずれを**分極**とよぶ．このように，不導体の各原

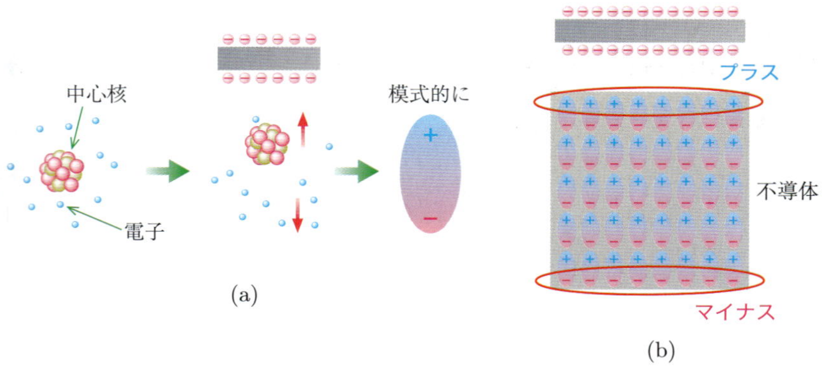

図 25.4 誘電分極

子に分極が生じるため，図 25.4(b) のように不導体内部では正負の電荷が打ち消し合って影響が外に現れないが，不導体表面には近づけた電荷と異符号の電荷が残ることになる．誘電分極では，静電誘導ほど大きな電荷が物体表面に現れるわけではないが，こすった下敷きで髪の毛をひきつける現象などは誘電分極の結果であり，日常でよく目にする現象である．

静電誘導も誘電分極も，物体表面に電荷が現れる点は同じだが，大きく違う点は，その現れた電荷を外に取り出すことができるかどうかである[99]．

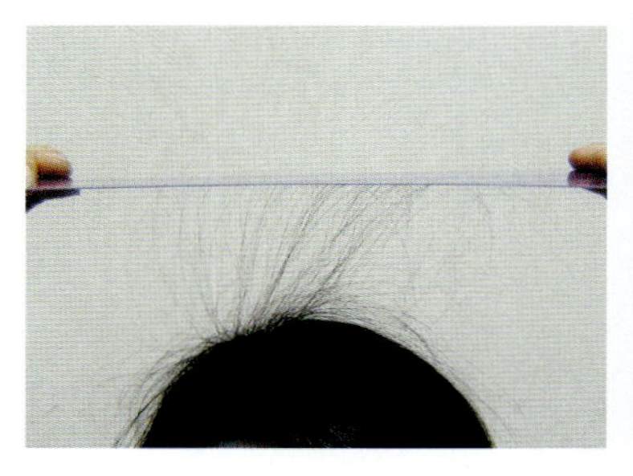

図 25.5　静電気

[99] 静電誘導の場合は，電荷を取り出すことができるが，誘電分極の場合には，電荷を取り出すことはできない．

25.3　電場

遠隔作用と近接作用　　電気の力や重力のように，互いに離れた物体同士が力をおよぼし合う状態を考える．このとき，2 つの考え方がある．

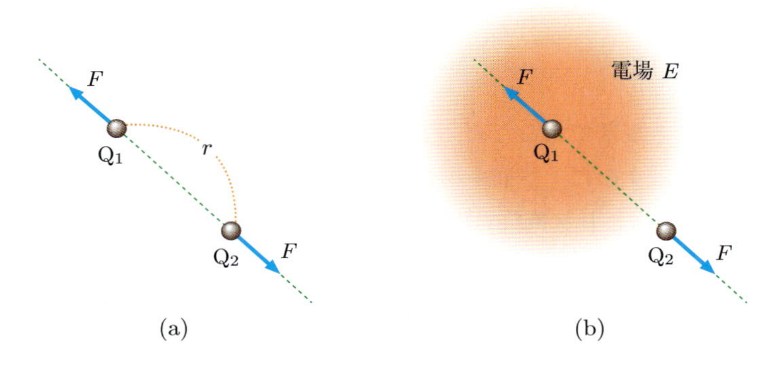

図 25.6　遠隔作用と近接作用

遠隔作用という考え方では，電荷 Q_1 と Q_2 が直接影響をおよぼしあって力を受ける，と考える．このとき受ける力の大きさは式 (25.2) で表される．

一方，**近接作用**という考え方では，Q_1 と Q_2 が直接力をおよぼし合うのではなく，まず Q_1 が周囲の空間の状態を変化させ，この変化した空間から Q_2 が力を受ける，という考えかたをする．

上の例では，Q_1 によって変化した空間は電気的な性質を帯びたことになり，電荷に対して影響を与えるようになる．このように変化した空間を一般に**場**とよび，電気的な場を**電場**とよぶ．電場の大きさが E〔N/C〕のとき，電場中にある電気量 q〔C〕の電荷は電場から大きさ qE〔N〕の力を受ける．最終的に生じる力の大きさはどちらの考え方でも同じであるが，現在ではこの近接作用の考え方が正しいということがわかっている．他の力でも同様であり，たとえば重力の影響を伝える場を重力場とよんでいる．

問 25.3　真空中の電場内に 3 μC の電荷を置いたとき，0.12 N の力がはたらいた．この点の電場の強さはいくらか．(第 17 回臨床工学技士国家試験問題より改題)

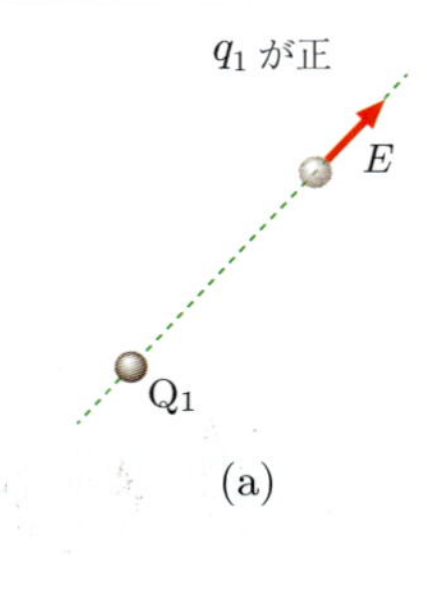

(a)

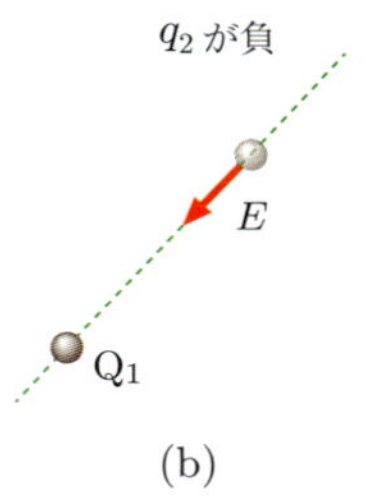

(b)

図 25.7　点電荷のつくる電場

点電荷による電場　r〔m〕だけ離れた，それぞれ電気量 q_1〔C〕と q_2〔C〕をもつ点電荷 Q_1 と Q_2 がおよぼす力の大きさが式 (25.2) になるには，点電荷 Q_1 のつくる電場の大きさ E〔N/C〕を

$$E = k\,\frac{q_1}{r^2} \tag{25.4}$$

と定義すればよい．Q_2 が電場から受ける力の大きさ F〔N〕は

$$F = q_2 E \tag{25.5}$$

となり，式 (25.2) に等しくなる．ただし，力がベクトルであるため，電場もベクトルとして考える必要がある．電場のベクトルとしての方向は，q_2〔C〕が正であるときの力の方向と同じであるため，図 25.7 のようになる．または，電場は 1 C の電荷にはたらく力と考えてもよい．

問 25.4　真空中にある 4.0 C の点電荷が，距離 2.0 m 離れた点につくる電場の大きさはいくらか．

25.4 電気力線

電場はベクトル量であるため，単純に図に表すことができない．この空間のようすを表すのに，空間中の各点における電場のベクトルを線で結んだものをつくり，これを**電気力線**とよぶ．たとえば，図 25.8(a) は正の電荷がつくる電場のようすを，図 25.8(b) は負の電荷がつくる電場のようすを表す電気力線である．電荷が 2 つある場合には，それぞれの電荷がつくる電場のベクトルとしての和が最終的な電場のようすを決める．図 25.8(c) がたとえば正負の電荷があるときの電気力線である．

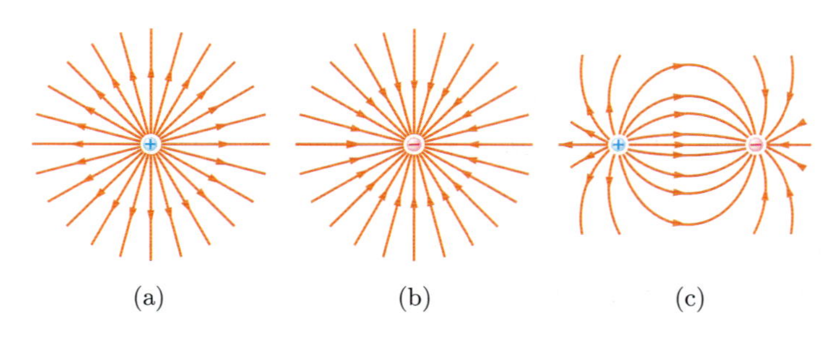

(a)　(b)　(c)

図 25.8　電気力線

25.5 電位

電位　電場中にある電荷に力がはたらけば，電荷は運動をはじめる．これにより，電荷は速度をもつようになるため，運動エネルギーを得ることになる．これは地表での重力の場合と同じであり，電荷が「電気的に高い」

ところから「電気的に低い」ところへ移動し，その過程で運動エネルギーを得た，と考えることができる．この「電気的に高い (低い)」という状態を表すのが**電位**である．

地表での重力の場合と比較してみよう．図 25.9(a) のように，1 N の重さの物体を 1 m 持ち上げたとき，物体は 1 J の位置エネルギーを獲得する．

電気の場合には,「電気的な高さ」をボルト〔V〕という単位で表す．図 25.9(b) のように，1 C の電荷が 1 J のエネルギーを獲得する「高さ」が 1 V である．たとえば，1 N/C の強さの一様な電場がある場合，1 C の電荷を電場中に置き，電場から受ける力に逆らって 1 m 移動させたときに 1 V の電位を獲得することになる．

ただし，重力の場合と同様に，電位も測るときにどこを基準にするかによって，その絶対値が変化する．つまり，その絶対値よりもある点とある点の電位の差，電位差が重要となる．

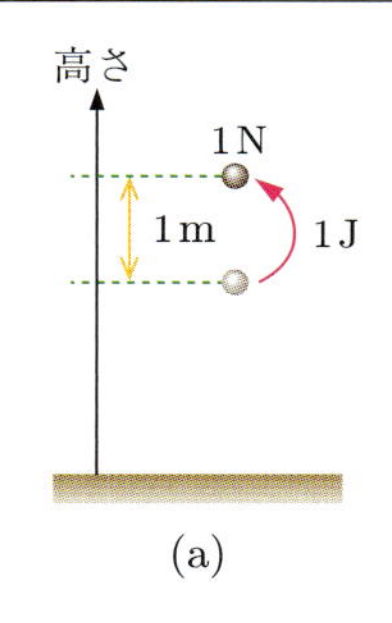

(a)

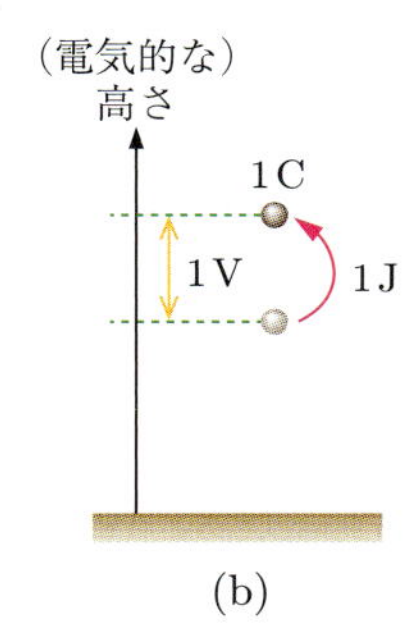

(b)

図 25.9 電位

> **問 25.5** 生物の細胞において，細胞膜の内側と外側の電位差を膜電位とよぶ．ある神経細胞の細胞膜の厚さを $1.0\,\mu$m，膜電位を 70 mV としたとき，この神経細胞膜中の電場の強さはいくらか．ただし，細胞膜中で電場の強さは一定であるとする．

点電荷による電位　電位は，単位電荷が電場中のある点 A からある点 B まで運動したときに，単位電荷が獲得する運動エネルギーと同じ大きさである．したがって，力学での議論によればこれは点 A から点 B まで，単位電荷が (電場から受ける力から) なされた仕事の量を計算すればよい．特に，点電荷のつくる電場，つまり単位電荷が受ける力の大きさは式 (25.2) で与えられるので，この力が単位電荷にする仕事は

$$\int_{\mathrm{A}}^{\mathrm{B}} E\,\mathrm{d}R = \int_{\mathrm{A}}^{\mathrm{B}} k\,\frac{q_1}{r^2}\,\mathrm{d}r \tag{25.6}$$

として計算することができる．

点電荷のつくる電場は無限遠にならないと 0 にならないため，万有引力の場合と同様に無限遠を電位の基準にとると都合がよい．したがって，電気量 q_1〔C〕の点電荷のつくる電位 V〔V〕は，1 C の電荷が点電荷から距離 r〔m〕の位置から基準点，つまり無限遠まで移動したときに電場がする仕事の量で定めることができる．

$$V = \int_r^{\infty} E\,\mathrm{d}r = \int_r^{\infty} k\,\frac{q_1}{r^2}\,\mathrm{d}r = k\,\frac{q_1}{r} \tag{25.7}$$

正の電荷の周囲では電位は正となり，負の電荷のまわりでは電位は負になる．

> **問 25.6** 真空中にある 4.0 C の点電荷から距離 2.0 m 離れた点における電位はいくらか．ただし，電位の基準を無限遠にとるものとする．

例題 25.1　直線上に固定された点電荷

図 25.10 のように，x 軸上の点 a に 2.0 C の点電荷が，点 b に -1.0 C の点電荷が固定されている．

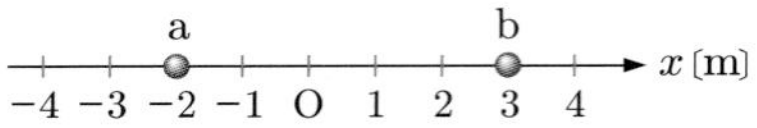

図 25.10

(1) 2 つの点電荷の間にはたらく力の大きさを答えよ．

(2) 原点 O における電場の大きさを答えよ．電場の向きは x 軸の正負どちらの向きになるか．

(3) ab 間で電位が 0 になる点はどこか．ただし，電位の基準は無限遠にとるものとする．

解　(1) 式 (25.2) を用いて，はたらく力の大きさは，

$$F = \left| \left(9.0 \times 10^9\,\mathrm{N{\cdot}m^2/C^2}\right) \times \frac{(2.0\,\mathrm{C}) \times (-1.0\,\mathrm{C})}{\{(3\,\mathrm{m}) - (-2\,\mathrm{m})\}^2} \right| = 7.2 \times 10^8\,\mathrm{N}$$

と計算される．

(2) 点 a にある電荷が原点 O につくる電場は，式 (25.4) を用いて，x 軸の正の方向に大きさ

$$E_\mathrm{a} = \left(9.0 \times 10^9\,\mathrm{N{\cdot}m^2/C^2}\right) \times \frac{2.0\,\mathrm{C}}{(2.0\,\mathrm{m})^2} = 4.5 \times 10^9\,\mathrm{N/C}$$

となる．同様に，点 b にある電荷が原点 O につくる電場は，やはり x 軸の正の方向に大きさ

$$E_\mathrm{b} = \left(9.0 \times 10^9\,\mathrm{N{\cdot}m^2/C^2}\right) \times \frac{-1.0\,\mathrm{C}}{(3.0\,\mathrm{m})^2} = -1.0 \times 10^9\,\mathrm{N/C}$$

となる．したがって，2 つの電荷が原点 O につくる電場の大きさは，

$$\left(4.5 \times 10^9\,\mathrm{N/C}\right) + \left(1.0 \times 10^9\,\mathrm{N/C}\right) = 5.5 \times 10^9\,\mathrm{N/C}$$

と計算される．

(3) ab 間において，電位が 0 になる点の x 座標を X〔m〕とする．点 a にある電荷による，$x = X$ での電位は，式 (25.7) を用いて，

$$\begin{aligned} V_\mathrm{a} &= \left(9.0 \times 10^9\,\mathrm{N{\cdot}m^2/C^2}\right) \times \frac{2.0\,\mathrm{C}}{X\,[\mathrm{m}] - (-2\,\mathrm{m})} \\ &= \left(9.0 \times 10^9\,\mathrm{N{\cdot}m^2/C^2}\right) \times \frac{2.0\,\mathrm{C}}{X\,[\mathrm{m}] + (2.0\,\mathrm{m})} \end{aligned}$$

となる．同様に，点 b にある電荷による，$x = X$ での電位は，

$$V_\mathrm{b} = \left(9.0 \times 10^9\,\mathrm{N{\cdot}m^2/C^2}\right) \times \frac{-1.0\,\mathrm{C}}{(3\,\mathrm{m}) - X\,[\mathrm{m}]}$$

となる．したがって，$V_\mathrm{a} + V_\mathrm{b} = 0$ となる点の座標 X〔m〕は，

$$V_\mathrm{a} + V_\mathrm{b} = 0 = \left(9.0 \times 10^9\,\mathrm{N{\cdot}m^2/C^2}\right) \times \left\{ \frac{2.0\,\mathrm{C}}{X\,[\mathrm{m}] + (2\,\mathrm{m})} + \frac{-1.0\,\mathrm{C}}{(3\,\mathrm{m}) - X\,[\mathrm{m}]} \right\}$$

$$\longrightarrow 2.0\,\mathrm{C} \times \{(3\,\mathrm{m}) - X\,[\mathrm{m}]) + (-1\,\mathrm{C})\{X\,[\mathrm{m}] - (2\,\mathrm{m})\} = 0$$

$$\therefore \quad X = \frac{4}{3}\,\mathrm{m} \simeq 1.3\,\mathrm{m}$$

と計算できる．

演習問題 25

A

1. サランラップとアルミ棒をこすり合わせたところ，アルミ棒が 6.4×10^{-9} C に帯電した．このとき，サランラップはどう帯電したか．また，どちらからどちらに何個の電子が移動したと考えられるか．

2. 6 cm 離れた 2 点 A, B にそれぞれ Q〔C〕，$4Q$〔C〕の正の点電荷がある．3 個目の点電荷を線分 AB 上に置くとき，これにはたらく力がつりあう点 A からの距離はいくらか．(第 26 回臨床工学技士国家試験より改題)

3. 一様な電場 E〔N/C〕の中に，質量 m〔kg〕で電気量 q〔C〕の点電荷 Q を静かに置いたところ，Q は動き出した．このとき，Q の加速度はいくらか．また，Q が動き出してから t 秒間に Q が移動した距離と，その間に下がった電位はいくらか．

B

1. 図 25.11 のように，真空中にある x 軸上の点 a に 4.0 C の点電荷が，点 b に -2.0 C の点電荷が固定されている．

(1) 点電荷の間にはたらく力の大きさはいくらか．

(2) 原点 O における電場の大きさはいくらか．

(3) ab 間で電位が 0 になる点はどこか．ただし，電位の基準を無限遠にとるものとする．

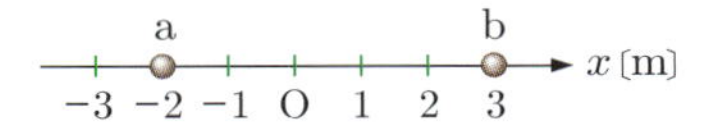

図 25.11

2. 図 25.12 のように，真空中の平面上に 1 辺の長さが r〔m〕の正方形 abcd がある．点 a と点 d には正の電気量 q〔C〕の点電荷が固定され，点 b には負の電気量 $-q$〔C〕の点電荷が，点 c には正の電気量 $2q$〔C〕の点電荷が固定されている．このとき，正方形 abcd の中心点 e での電場の大きさはいくらか．また，点 e での電位はいくらか．

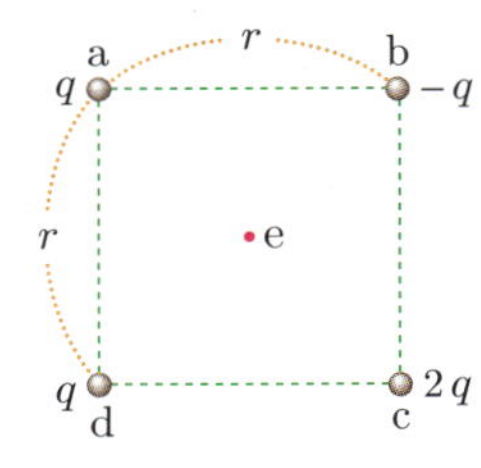

図 25.12

3. 空気は絶縁体であるが，距離に応じた高い電圧がかかると絶縁が壊れ，電気を通してしまう (放電する) ようになる．これは絶縁破壊とよばれ，雷がその代表例である．空気においては，絶縁破壊を起こす電圧と距離の関係は大まかに 3.0×10^6 V/m といわれている (つまり 1 m の距離をはさんで 3.0×10^6 V の電圧がかかると絶縁が破壊される)．いま，雷雲が 1 km の高さにあるとしたとき，絶縁破壊を起こすために必要な電圧はどのくらいになるか．また，距離が 1 mm であった場合，絶縁破壊を起こすのに必要な電圧はいくらか．

図 25.13 雷

26 電流と磁場

この章では，オームの法則，電流について学び，ジュール熱の発生する原理を理解する．また，磁気力，磁場について学習し，時間変化を通じた電気と磁気の関係を理解する．

26.1 電流とジュール熱

電流　電荷が移動し，流れをつくっているものを**電流**とよぶ．導体内を流れる電子による電流以外にも，電解液中の正イオン，負イオンの運動であったり，がん治療などに使われる陽子線なども電流と考えることができる．

電流の大きさは導体の断面など，ある面を単位時間に通過する電気量で表し，その単位はアンペア〔A〕とよばれる．SI 単位系では，この〔A〕が電磁気現象の基本となる単位であり，1 A で 1 秒間に移動する電気の量を 1 C と定義している．

多くの場合，電子の流れが電流を形成しているが，電子は負の電気量をもっているため，電子の実際の速度ベクトルの方向と，電流の方向は逆向きになる．

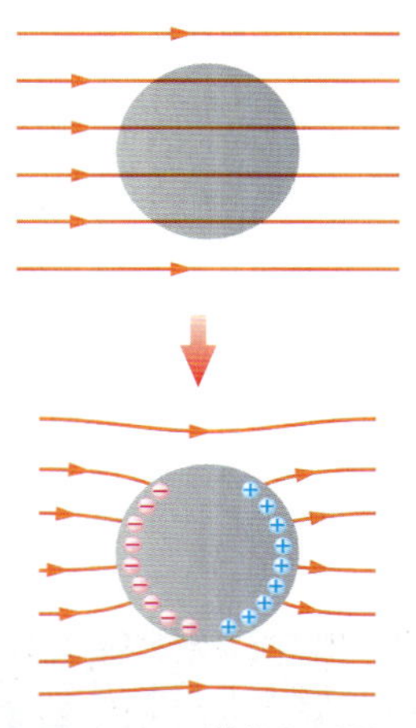

図 **26.1**　導体と電場

> **問 26.1**　ある導体を 1 A の電流が流れているとき，この導体の断面を 1 秒間に通過する電子の数はいくらか．

導体内の電場と電流　導体に外部から電場がかかると，前の章で見たように内部の自由電子が移動し，導体表面に電荷が現れる (静電誘導)．この電荷は図 26.1 のように導体内の電場を打ち消してしまうので，導体内部に電場が入り込むことができない．

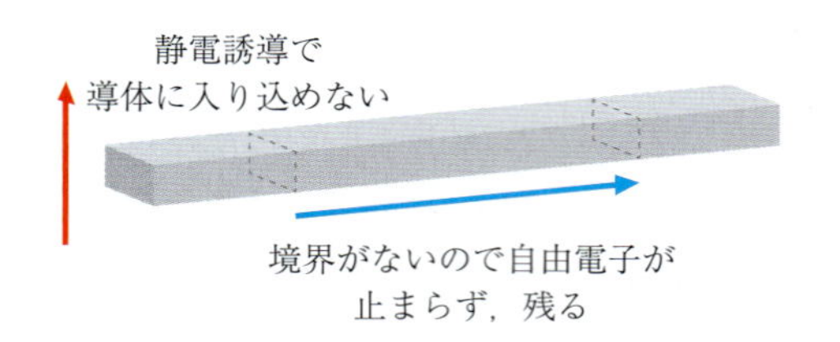

図 **26.2**　境界のない方向をもつ導体

ところが，図 26.2 のように，導体がひとつながりになっていて，境界がない方向があると，自由電子の移動は止まらず流れ続けることになる．こうして，導体をひとつながりにして外部から電池などで電場を与えることにより，電流を流し続けることができるようになる．

ジュール熱　図 26.3 のように，断面積 S〔$\mathrm{m^2}$〕の導体中を電気量 q〔C〕の多数の電荷が一定の速さ v〔m/s〕で移動している状態を考える．

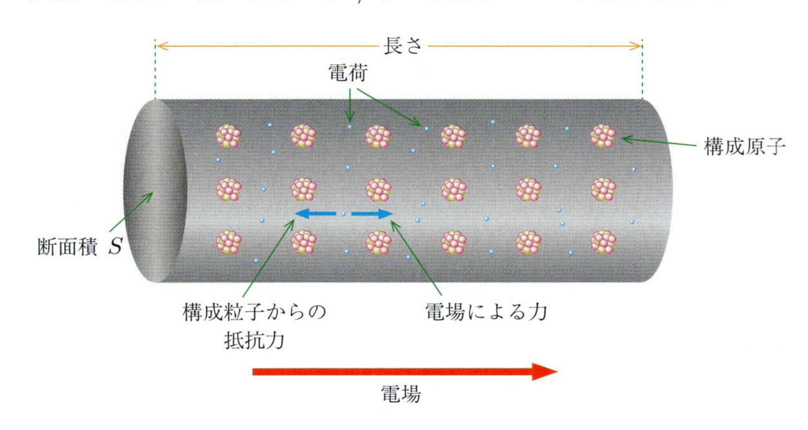

図 26.3　導体中の電荷の流れ

電荷を移動させる力は電場から得られることになるが，電場が存在すれば電荷は加速されていくはずである．しかし実際には，電荷は平均として一定の速度で運動していると考えられる．これは，導体を構成する原子分子によって電荷が抵抗力を受けながら運動していることを意味する[100]．

導体内の単位体積にある電荷の数を n 個とすると，1 秒間に断面を通過する電荷の数は nvS 個になるので，電流 I〔A〕は

$$I = qnvS \tag{26.1}$$

となる．導体内に一定の電場 E〔N/C〕があるとき，長さ L〔m〕の導体の一部を考えると，この考えている導体部分の両端の電位差 V〔V〕は

$$V = EL \tag{26.2}$$

で与えられる．このとき，導体内の電荷は電場から受ける力，すなわち大きさ qE〔N〕と同じだけの抵抗力を受けていると考えられる．したがって，考えている導体部分に存在する電荷の数が nSL 個であるから，電流全体が受ける抵抗力の大きさ F〔N〕は

$$F = qnSLE \tag{26.3}$$

と計算できる．この力を受けながら各電荷は単位時間に v〔m〕[101] だけ移動するので，電流が単位時間に抵抗力からされる仕事 P〔J/s〕は

$$P = qnvSLE = IV \tag{26.4}$$

と計算することができる．つまり，電流は単位時間あたり IV のエネルギーを電場から得るかわりに同じだけのエネルギーを失いながら運動している

[100] この抵抗力と，電場から受ける力がちょうどつり合う，終端速度で運動していることになる．

[101] 1 秒 $\times v$〔m/s〕$= v$〔m〕

ことになる．この失われたエネルギーは導体の構成原子が吸収することになり，やがて熱に変換される．電流によって発生するこの熱のことを**ジュール熱**とよぶ．t 秒間に発生するジュール熱 W〔J〕は

$$W = IVt \tag{26.5}$$

で与えられる．

また，単位時間あたりになされた電気的な仕事 (仕事率)，すなわち式 (26.4) を**電力**とよび，その単位〔J/s〕を特別にワット〔W〕という単位で表す．これは家電の消費電力などの表記でわれわれがよく目にするものである．

> **問 26.2**　4.0 V の電位差で導体に電流を流したところ 1.2 A の電流が流れた．この導体で 1 分間に発生するジュール熱はいくらか．

26.2　オームの法則

導体に電位差 V〔V〕を与えて電流 I〔A〕を流したとき，V〔V〕と I〔A〕の間には比例関係があることが確かめられている．比例係数を R〔Ω〕とすれば，

$$V = R \cdot I \tag{26.6}$$

と書き表すことができる．式 (26.6) を**オームの法則**とよび，比例係数 R を**電気抵抗**，または単に**抵抗**とよぶ．電気抵抗の単位は〔V/A〕であるが，これをオーム〔Ω〕という単位で表す．

電気抵抗の大きさ，**電気抵抗値** (または抵抗値) はその導体の面積 S〔m^2〕に反比例し，長さ L〔m〕に比例する．すなわち，

$$R = \rho \frac{L}{S} \tag{26.7}$$

ここで，ρ〔Ω·m〕は**抵抗率**とよばれ，物質ごとに決まる量である．抵抗率が小さい物質ほど抵抗値が小さく，よく電流を流す物質ということになる．

> **問 26.3**　抵抗率 2.66×10^{-8} Ω·m の導線がある．断面積が 2.00 mm^2，長さが 500 m であるときの抵抗値はいくらか．(第 64 回診療放射線技師国家試験問題より改題)

例題 26.1　オームの法則と電力

電圧 100 V で 500 W の電熱器がある．電圧を変えずに針金の長さを半分にした場合の電力はいくらか．(第 56 回臨床検査技士国家試験より改題)

解　電圧 V〔V〕がかかっているとき，電力 P〔W〕は流れる電流 I〔A〕を用いて $P = IV$ であるが，オームの法則から抵抗値が R〔Ω〕だとすれば

$$P = IV = I^2 R$$

となる．針金の長さを半分にすれば抵抗値は半分になり，電圧が変化しなければ電流値は 2 倍になる．したがって，その場合の電力 P'〔W〕は $P' = (2I)^2 \dfrac{R}{2} = 2I^2R$ と元の 2 倍となるため，電力は 1000 W になる．

26.3 磁気

磁気の力，**磁気力**もわれわれにはなじみの深いものである．金属などが磁気力を発生させるようになることを**帯磁**する，または**磁化**するといい，磁化した物体を一般に**磁石**とよぶ．磁石はたとえば方位磁針，スピーカーなどに日常的にもよく利用されている．

磁石にはもっとも強く力のはたらく**磁極**が存在し，かならず 2 つの磁極がペアで現れる．磁石を方位磁針として利用したときに北を向く磁極を **N 極**，南を向く磁極を **S 極**とよぶが，電気の場合と同様，同じ磁極同士の間には斥力がはたらき，違う磁極の間には引力がはたらく[102]．磁極の強さは**磁気量**とよばれ，ウェーバ〔Wb〕という単位で表す．磁気量は N 極の場合を +，S 極の場合を − と選ぶ．

[102] 方位磁針が北を向くのは地球が大きな磁石としての作用をもっているからで，北極が S 極となっているため方位磁針の N 極を引きつけることによる．

距離 r〔m〕だけ離れた 2 つの磁極 m_1〔Wb〕と m_2〔Wb〕同士の間にはたらく磁気力の大きさ F〔N〕は，電荷同士の間にはたらく力と同じ形の式で表すことができる．

$$F = k_{\mathrm{m}} \frac{m_1 m_2}{r^2} \tag{26.8}$$

式 (26.8) も**クーロンの法則**とよばれる．k_{m}〔$\mathrm{N \cdot m^2/Wb^2}$〕は比例係数であり，電気の場合と同じく間にある物質によってその値が変化する．真空中での値は

$$k_{\mathrm{m}} = 6.33 \times 10^4\ \mathrm{N \cdot m^2/Wb^2} \tag{26.9}$$

という値が求められている．

図 26.4　方位磁石

問 26.4　真空中で，磁気量 4.0 Wb と 6.0 Wb をもつ 2 つの棒磁石の N 極，S 極を 3.0 m の距離に置いたとき，はたらく力の大きさはいくらか．

26.4 磁場

磁気力の場合にも，近接作用としての場を考える必要がある．磁気的な場のことを**磁場**とよぶ．

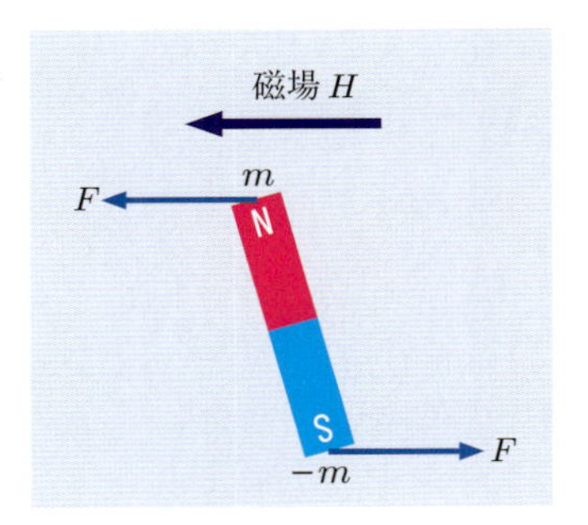

図 26.5　磁場

電気のときと同じように考えれば，図 26.5 のように，磁場中にある磁気量 m〔Wb〕の磁極が受ける力が F〔N〕のとき，磁場の強さ H〔N/Wb〕は

$$H = \frac{F}{m} \tag{26.10}$$

と定義すればよい．ただし電場と同様，磁場もベクトル量であり，磁場の向

きは磁気量1 Wb の磁極，すなわち (プラスなので) N 極の受ける力の向きに等しい．

> **問 26.5**　x 軸上に大きさ 4.0×10^{-3} Wb の N 極を置いたところ，負の方向に大きさ 2.0×10^{-2} N の力を受けた．このとき，磁場の強さと向きを求めよ．

26.5　磁力線

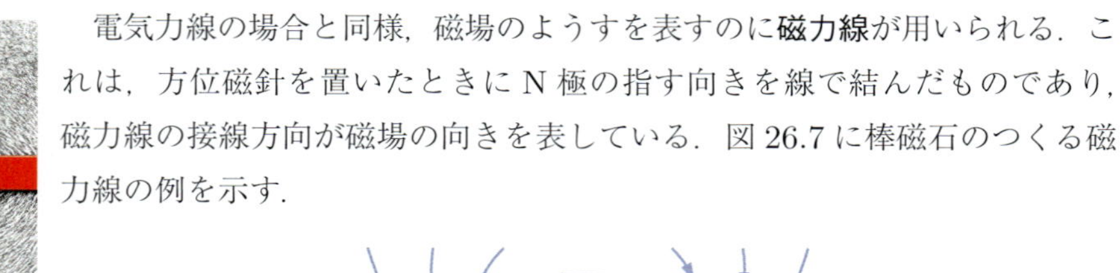

電気力線の場合と同様，磁場のようすを表すのに**磁力線**が用いられる．これは，方位磁針を置いたときに N 極の指す向きを線で結んだものであり，磁力線の接線方向が磁場の向きを表している．図 26.7 に棒磁石のつくる磁力線の例を示す．

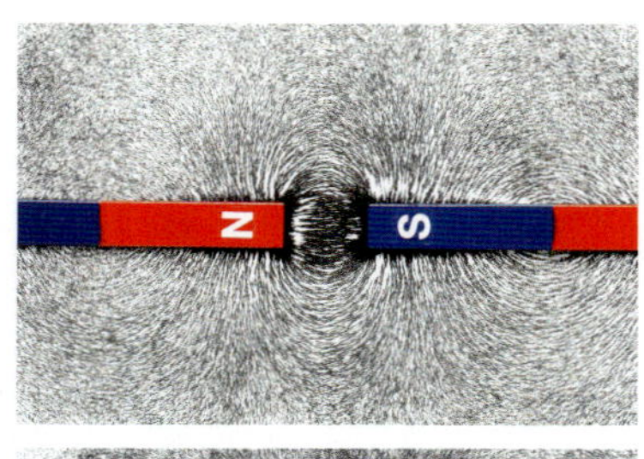

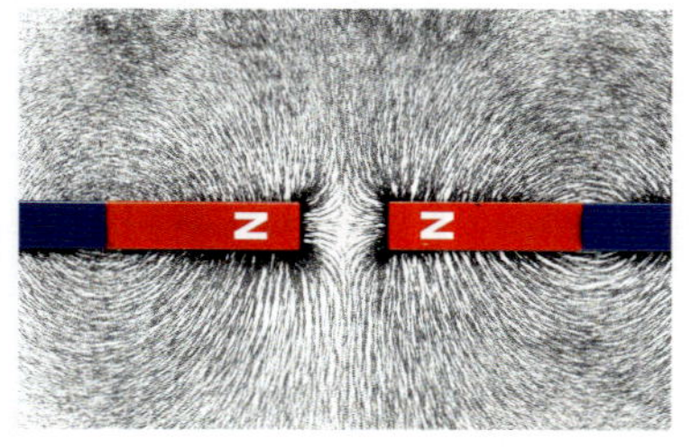

図 **26.6**　磁力線のようす

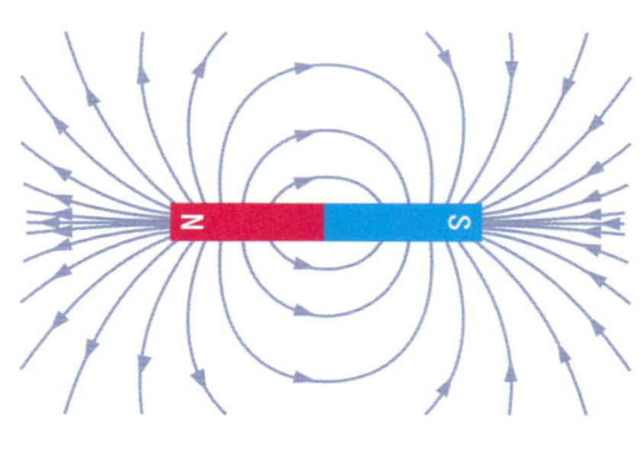

図 **26.7**　磁力線

26.6　物質の磁気的性質

物質はその種類によって，磁石に引きつけられるものとそうでないものがある．磁気力を受けるということはその物体が磁化している，ということであるが，磁化しやすい物体のことを**磁性体**とよぶ．磁性体には，大別して以下の3種類のものが存在する．

- **強磁性体**　外から磁場をかけた場合に磁場と同じ方向に強く磁化するものを強磁性体とよぶ．外部からかけた磁場を取り除いても磁化が残り，磁石として利用できる．鉄，コバルト，ニッケルなどがある．
- **常磁性体**　外から磁場をかけた場合に磁場と同じ方向に弱く磁化するが，外部からの磁場を取り除くと磁化が消えるものを常磁性体とよぶ．マンガン，アルミなど多くの物質が常磁性体である．
- **反磁性体**　外から磁場をかけた場合に磁場と逆の向きに磁化し，外部からの磁場を取り除くと磁化が消えるものを反磁性体とよぶ．金，銀，銅などが反磁性体である．

26.7 電気と磁気の関係

電気と磁気は一見何の関わりもないように見えるが，力の大きさや性質などがよく似ており，奥に深い関係があることを伺わせている．実際，電気と磁気は時間という変数を介して表裏一体の関係にあり，電気側に何らかの時間変化 (電流が流れる，電場の強さが変化する，など) が起こると磁場など磁気側の何らかの現象が生じる．逆に，磁気側に何らかの時間変化 (磁石を移動させる，など) が起こると電場など電気側の何かが発生することになる．われわれは日常的にこの現象を用いた装置を多く利用しており，現代人の生活にかかせないものとなっている．

電流のつくる磁場　電流とは電荷の移動であるので，電気側の時間変化と考えられる．そのため，電流が流れると，その周囲には磁場が発生する．

- **直線電流**　図 26.8 のように，長いまっすぐな導線に電流が流れているとき，その周囲には導線を中心として同心円状の磁場が発生する．磁場の向きは電流の流れる向きに右ねじを進めるために右ねじを回す方向になる．これを**右ねじの法則**とよぶ．

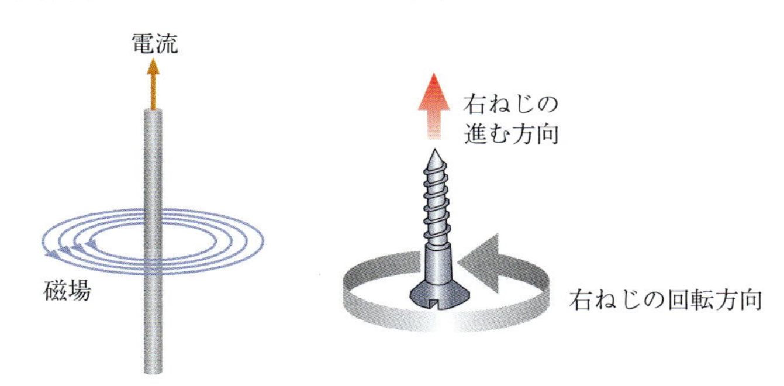

図 26.8　直線状の電流のつくる磁場

このときの磁場の強さ H〔N/Wb〕は，電流の大きさ I〔A〕に比例し，電流からの距離 r〔m〕に反比例する．

$$H = \frac{I}{2\pi r} \tag{26.11}$$

式 (26.11) を見ると，磁場の単位は〔N/Wb〕だけでなく〔A/m〕と書いてもよいことがわかる．

> **問 26.6**　2.0 A の電流がまっすぐに流れている．この電流から 0.80 m 離れた点における磁場の強さを求めよ．

- **円形電流**　図 26.9 のように，導線を円形にして (コイルとよばれる) 電流を流すと，導線の各部分で右ねじの法則にしたがう同心円状の磁場がつくられる．

円の中心においては，すべての部分からつくられる磁場が同じ方向

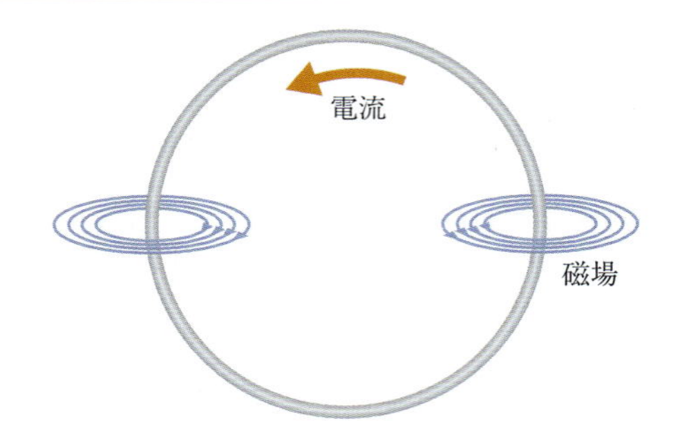

図 26.9　円形電流のつくる磁場

を向き，強い磁場がつくられる．中心における磁場の強さを H〔A/m〕とすると，半径 r〔m〕の円周上を電流 I〔A〕が流れるとき，

$$H = \frac{I}{2r} \tag{26.12}$$

と表される．

問 26.7　半径 0.15 m の円周上を 4.0 A の電流が流れている．このとき，円の中心部での磁場の強さはいくらか．

- **ソレノイド**　図 26.10 のように，コイルの表面を絶縁し，一様な密度で密接させて何回も巻いたものを**ソレノイド**とよぶ．このようにすると，それぞれのコイルがつくる磁場がさらに強め合い，ソレノイドの内部により強い磁場をつくることができる．

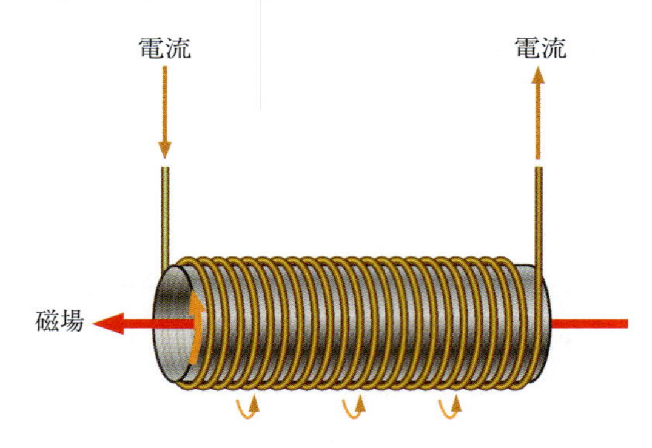

図 26.10　ソレノイドのつくる磁場

ソレノイドが単位長さあたり n 回巻いてあり，電流 I〔A〕を流したとき，ソレノイド内部の磁場の強さ H〔A/m〕は

$$H = nI \tag{26.13}$$

と表される．

問 26.8　全長 0.40 m で 1.8×10^3 回巻いてあるソレノイドがある．このソレノイドに 1.2 A の電流を流したとき，ソレノイド内部を貫く磁場の強さはいくらか．

電流が磁場から受ける力　　電流が磁場をつくる結果，外部に別の磁場があると，電流はその磁場から磁気力を受けるようになる．たとえば，図 26.11 のように磁場中に直線電流が存在すると，この電流は図 26.11 の矢印の方向に力を受けるようになる．

このとき，力の方向は図 26.12 のような**フレミングの左手の法則**により表すことができる．左手の親指，人差し指，中指をそれぞれ直角に向けたとき，親指を電流の向き，人差し指を磁場の向きに向けると，中指が電流が受ける力の方向を指し示す．この力を利用しているのがモーターであり，磁場中にあるコイルに電流を流してコイルを回転させている．

電流が受けるこの力は，実際には導体内部を流れる電荷が磁場から受ける力であり，これを**ローレンツ力**とよぶ．力の方向はやはりフレミングの左手の法則にしたがう．

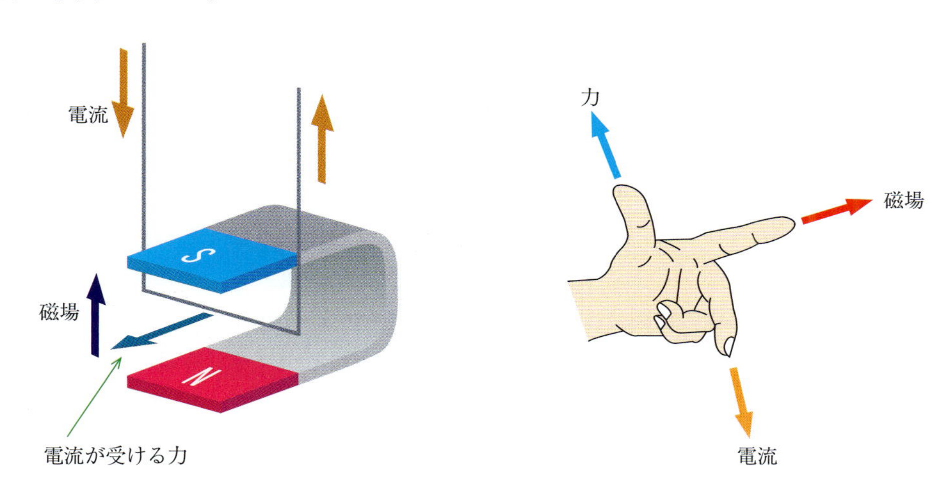

図 26.11　電流が磁場から受ける力

図 26.12　フレミングの左手の法則

電磁誘導　　これまでとは逆に，磁石を移動させるなど磁気側に時間変化を生じさせると，電場を発生させることができる．この現象を**電磁誘導**とよぶ．

たとえば，図 26.13 のように，棒磁石をコイルに近づけたり遠ざけたりすると，コイルに電流が発生する．

図 26.13(a) のように N 極を近づけると，コイルが受ける磁場が変動して強くなるので，コイルに電場が発生する．このとき，電場の向きは，電場によって流れる電流がつくる磁場が，磁石による磁場の増加分を減らそうとする方向に生じることになる．つまり，変化を妨げる方向に電場が発生し，電流が流れ，その電流が外部からの磁場の変動を打ち消そうとするのである．N 極を遠ざける図 26.13(b) の場合では逆の向きに電流が流れるようになる．この場合には，減っていく磁石による磁場を増やそうとする方向に電場が発生し，電流を流すことになる．この法則は**レンツの法則**とよばれている．

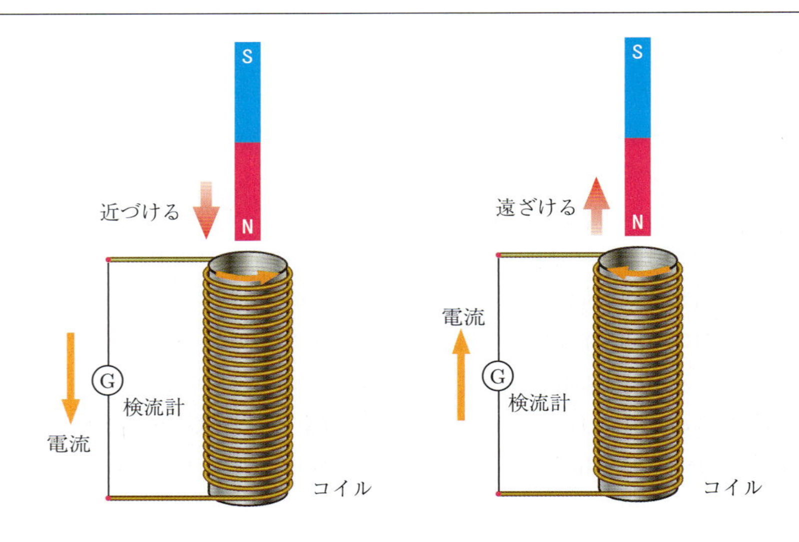

図 26.13　電磁誘導

こうして外部磁場の変動によって生じる電場による電位差を**誘導起電力**とよび，そのとき流れる電流を**誘導電流**とよぶ．磁石を移動する速度が速ければ，つまり磁場の時間変動が大きければ，発生する電場は大きくなり，より大きな誘導電流が流れる．磁極がより強い磁気量をもっていても同様に時間変動が大きくなるので大きな誘導電流が流れる．これは**ファラデーの電磁誘導の法則**とよばれている．現在われわれが利用している電気は水力，火力，原子力などの発電を用いてつくられるが，それらはみなこの電磁誘導を用いて回転するエネルギーを電気に変える形でつくられている．

演習問題 26

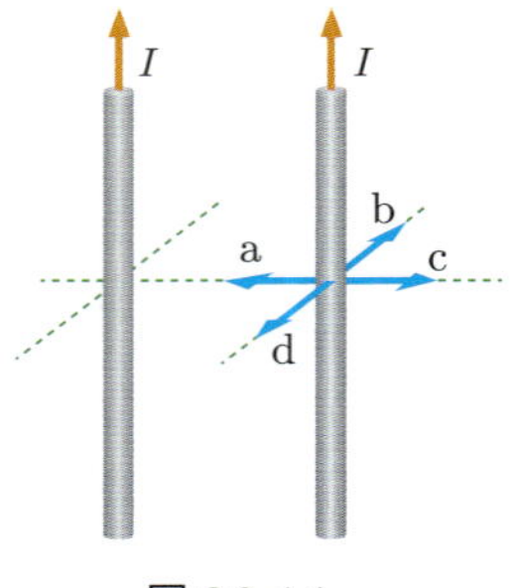

図 26.14

A

1. 抵抗値 R〔Ω〕の電気抵抗がある．この抵抗と比べて長さが 2 倍，太さが 2 倍の抵抗の電気抵抗値はいくらか．

2. 図 26.14 のように，2 本の平行な直線電流があり，それぞれ矢印の方向に大きさ I〔A〕の電流が流れている．このとき，右側の電流が受ける力の方向は図の abcd のうちどれか．

3. SUICA などの非接触 IC カードでは，カードリーダーが変動する磁場を発生し，カード自体にはコイルと IC チップが内蔵されている．このことから，非接触 IC カードの仕組みを説明してみよ．

B

1. 式 (26.1) から式 (26.4) の議論において，電荷が受ける抵抗力が電荷

の速度 v〔m/s〕に比例するとしたとき，電流と電位差の関係を示せ．ただし，電荷の受ける抵抗力の比例係数を k〔N·s/m〕とする．

2. 図 26.15 のように，平面上にある一辺の長さが r〔m〕の正方形の各頂点に，細くて十分に長い導線 A, B, C, D を通し，B には上から下に大きさ I〔A〕の電流を，A, C には下から上に大きさ $2I$〔A〕の電流を，D には下から上に大きさ I〔A〕の電流を流した．このとき，正方形の中心点 a における磁場の強さはいくらか．

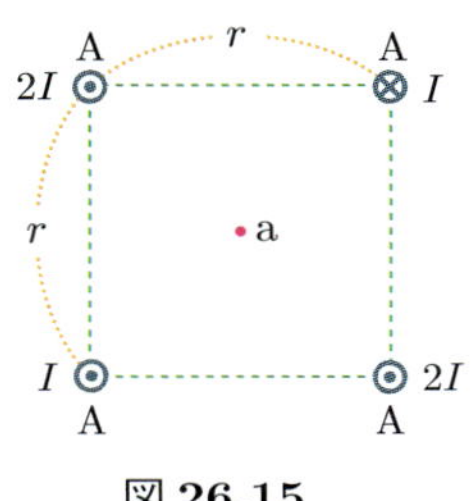

図 26.15

3. 下の表は，人体の皮膚から皮膚へ電流が流れた際の反応を表しており，マクロショックとよばれる．離脱電流を超える電流が流れると，筋肉が収縮したままになるため電線などを離すことができなくなり，たいへん危険な状態となる．人体の抵抗値を $2.0 \times 10^3\,\Omega$ としたとき，離脱電流に達する電圧を計算せよ．また，皮膚が濡れていると，抵抗値が大幅に下がることが知られている．濡れた状態の人体の抵抗を $6.0 \times 10^2\,\Omega$ としたとき，離脱電流に達する電圧はいくらか．

電流値	反応および影響
1 mA	ぴりぴり感じる電流 (最小感知電流)
5 mA	手から手，足などに許容できる最大電流 (最大許容電流)
10〜20 mA	持続した筋肉収縮が起こる (離脱電流)
50 mA	痛み，気絶，人体構造の損傷の可能性が発生する
100 mA〜3 A	心室細動の発生，心室が正常な動作をせず血液が送り出されなくなる
6 A 以上	心筋の持続した収縮，呼吸麻痺など

27 直流回路

この章では，電気抵抗，コンデンサーについて学び，基本的な電気回路の中でどのようなはたらきをもつかを学習する．また，簡単な直流回路に関する計算ができるようにする．

27.1 電気回路

電子部品を接続し，電流が一周できるように構成したものを**電気回路**とよぶ．電気回路は様々な動作をさせることができ，われわれの日常生活に欠かせないものとなっている．

回路に電流が流れるには，電流を流そうとするエネルギーの供給源が必要であり，これは**電源**とよばれる．電流を流すことで各種の動作をさせることができるものを**素子**とよび，抵抗，コンデンサー，コイル，ダイオード，トランジスタなどがある[103]．また，電源と素子や負荷は**導線**をつかって接続する．導線は抵抗の大きさが無視できるほど小さい導体のことであり，一般に銅の細い線を被覆などで絶縁したものが用いられる．

[103] スピーカーのように，電源のエネルギーを音など他のエネルギーに変換するものは負荷とよばれている．

電源には，一定の向きの電圧を発生して一定の向きの電流を流そうとする**直流電源**と，向きが周期的に変動して，流そうとする電流の向きを変化させる**交流電源**がある．

電源や素子などには決められた記号があり，これは**回路記号**とよばれる．図 27.1 に代表的な素子，電源の回路記号を示す．

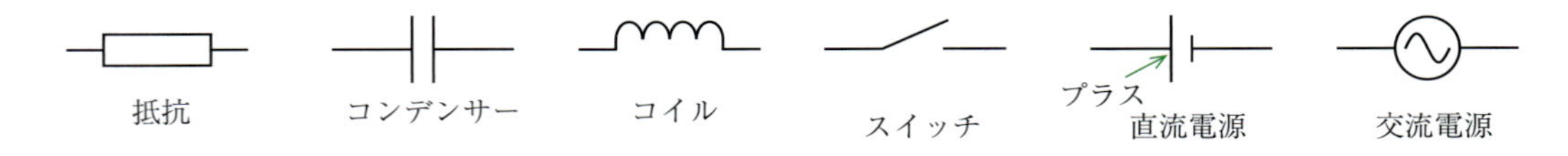

図 27.1　回路記号

27.2 抵抗

抵抗は，前章で見たように電流のエネルギーを熱に変換し，流れを妨げようとするはたらきをもつ．電流の制限や電圧の調整などに多用される．

もっとも簡単な回路は，電源と抵抗をつないだ図 27.2 のようなものである．電圧の高い方を上にして回路図を描くことが多い．直流電源の電圧と回路を流れる電流には，式 (26.6) のオームの法則が成立する．

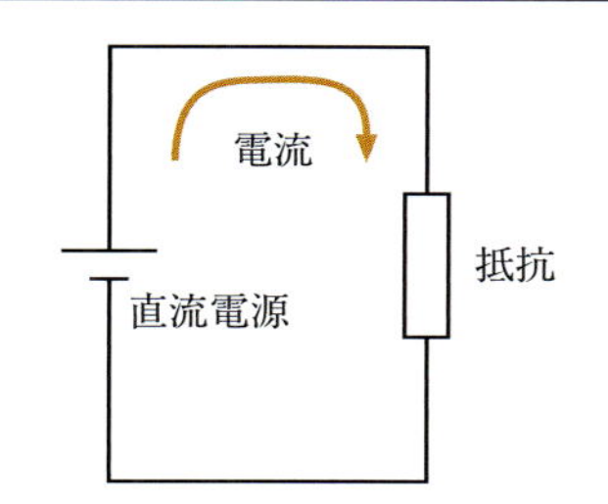

図 27.2　抵抗と直流電源の接続

抵抗の直列接続　2 つの抵抗を図 27.3 のように接続したものを**直列接続**とよぶ．抵抗の長さが伸びたことになるので，全体としての抵抗値は増加する．

図 27.3 には，抵抗値がそれぞれ R_1〔Ω〕と R_2〔Ω〕であるような抵抗 $\mathrm{R_1}$ と $\mathrm{R_2}$ が直列に接続されている．このとき，$\mathrm{R_1}$ に入った電流はそのまま全て $\mathrm{R_2}$ に流れ込むことになるので，両方の抵抗には同じ大きさ I〔A〕の電流が流れる．したがって，オームの法則から，それぞれの抵抗で R_1I〔V〕と R_2I〔V〕の電圧降下が生じ，全体での電圧降下は $(R_1+R_2)I$ になる．ここから，全体としての抵抗，つまり合成抵抗の大きさは

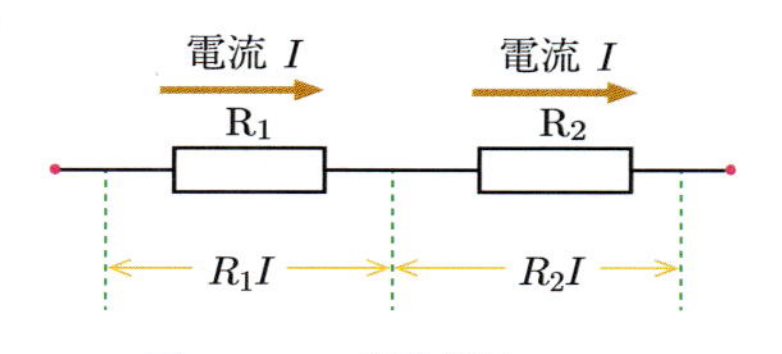

図 27.3　直列接続

$$R = R_1 + R_2 \tag{27.1}$$

となる．

一般に，n 個の抵抗を接続しても同様であり，それぞれの抵抗値を $R_1, R_2, \cdots, R_n$〔Ω〕とすれば，

$$R = R_1 + R_2 + \cdots + R_n \tag{27.2}$$

となる．

問 27.1　電気抵抗値がそれぞれ 3.0 Ω，4.0 Ω の抵抗 $\mathrm{R_1}$ と $\mathrm{R_2}$，抵抗値のわからない抵抗 $\mathrm{R_3}$ を直列に接続し，5.5 V の電圧をかけたところ回路全体に 0.50 A の電流が流れた．このとき，$\mathrm{R_3}$ の抵抗値はいくらか．

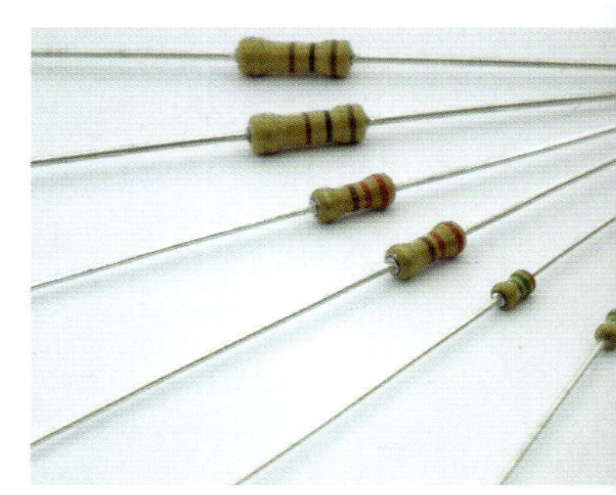

図 27.4　抵抗

抵抗の並列接続　2 つの抵抗を図 27.5 のように接続したものを**並列接続**とよぶ．抵抗の面積が増えたことに対応するので，全体としての抵抗値は減少する．

図 27.5 には，抵抗値がそれぞれ R_1〔Ω〕と R_2〔Ω〕であるような抵抗 $\mathrm{R_1}$ と $\mathrm{R_2}$ が並列に接続されている．このとき，$\mathrm{R_1}$ と $\mathrm{R_2}$ には経路が違うため異なる大きさの電流 I_1〔A〕および I_2〔A〕が流れるが，それぞれにかかる電圧は同じである．この電圧を V〔V〕とすれば，オームの法則から，

$$I_1 = \frac{V}{R_1},\quad I_2 = \frac{V}{R_2} \tag{27.3}$$

となる．回路全体には I_1+I_2 の電流が流れることになるので，合成抵抗の抵抗値を R〔Ω〕とすれば

$$V = (I_1+I_2)R = V\left(\frac{1}{R_1}+\frac{1}{R_2}\right)R \tag{27.4}$$

なので，結局

$$\frac{1}{R} = \frac{1}{R_1} + \frac{1}{R_2} \tag{27.5}$$

という関係を得ることができる．

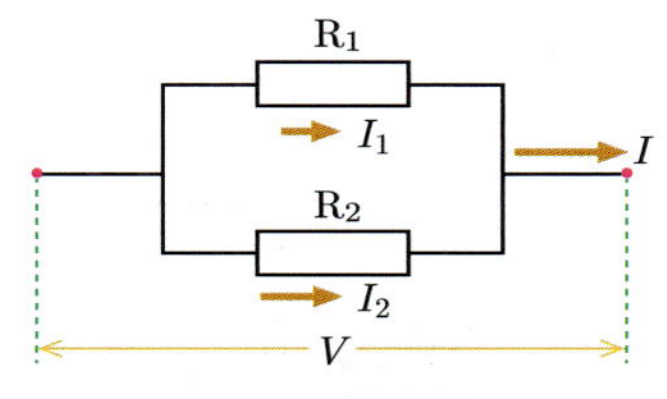

図 27.5　並列接続

直列接続のときと同様，一般に n 個の抵抗を接続しても同様であり，それぞれの抵抗値を $R_1, R_2, \cdots, R_n$〔Ω〕とすれば，

$$\frac{1}{R} = \frac{1}{R_1} + \frac{1}{R_2} + \cdots + \frac{1}{R_n} \tag{27.6}$$

となる．

> **問 27.2**　電気抵抗値がそれぞれ 3.0 Ω，4.0 Ω の抵抗 R_1 と R_2，抵抗値のわからない抵抗 R_3 を並列に接続し，6.0 V の電圧をかけたところ回路全体に 4.0 A の電流が流れた．このとき，R_3 の抵抗値はいくらか．

例題 27.1　直列と並列の合成抵抗

図 27.6 のように，電気抵抗値がそれぞれ R_1〔Ω〕，R_2〔Ω〕，R_3〔Ω〕であるような抵抗 R_1, R_2, R_3 を接続した．このとき，図の ab 間の合成抵抗はいくらか．

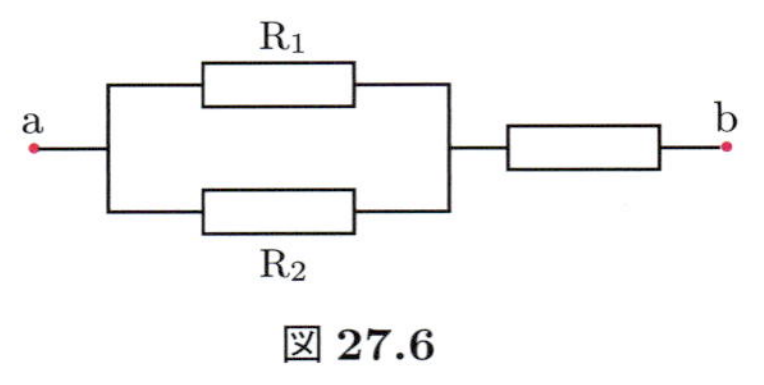

図 27.6

R_1 と R_2 は並列なので，合成抵抗 R'〔Ω〕は

$$R' = \frac{R_1R_2}{R_1 + R_2}$$

となる．これと R_3 が直列に接続されているので，最終的な合成抵抗 R〔Ω〕は

$$R = R' + R_3 = \frac{R_1R_2 + R_2R_3 + R_3R_1}{R_1 + R_2}$$

と計算できる．

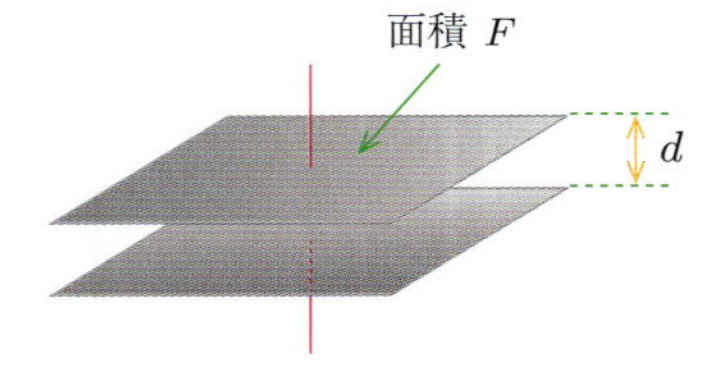

図 27.7　コンデンサー

図 27.8　コンデンサー

27.3 コンデンサー

電気をためることができる素子を**コンデンサー**とよぶ．模式的には図 27.7 のように，面積の等しい 2 枚の大きな金属板を平行に，互いに接触しないように何らかの不導体物質で絶縁しておくことによりコンデンサーを形成することができる (平行板コンデンサーとよばれる)．このとき，金属板は極板とよばれ，極板間を絶縁している物質を誘電体とよぶ．

コンデンサーに電気をためることを**充電**とよび，ためた電気を放出することを**放電**とよぶ．図 27.9 にコンデンサーが充電される過程を示す．

コンデンサーと直流電源を接続すると，電源から電子が移動して極板 A にたまると同時に，この電子から反発力を受けた極板 B の電子は電源へと移動し，結果極板 B は正に帯電する．この極板にたまる電気量は時間とともに増大していき，同時に極板 A と B の間の電位差も大きくなっていく．

やがて，極板間の電位差が電源の電圧と同じになると電子の移動が止まり，充電が完了する．

コンデンサーにためることのできる電気量 Q〔C〕は，コンデンサーにかかる電圧 V〔V〕に比例する．この比例係数を C〔F〕とすれば，

$$Q = CV \tag{27.7}$$

と書くことができる．この C〔F〕は**電気容量**とよばれ，ファラッド〔F〕という単位を用いる．

実際には，コンデンサーを形成するには必ずしも金属板である必要はなく，2 つの導体が接触せずに向かい合わせに置かれていればよい．たとえば，普通の電源ケーブルのように，プラス側とマイナス側の 2 本の導線が密接して置かれているようなものでも，コンデンサーとしてのはたらきをもつ[104]．

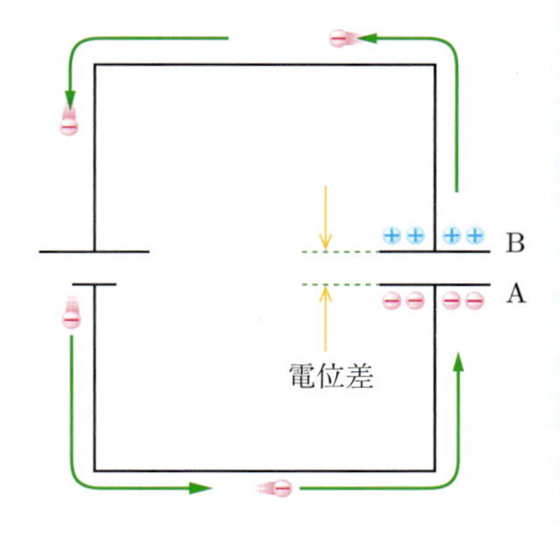

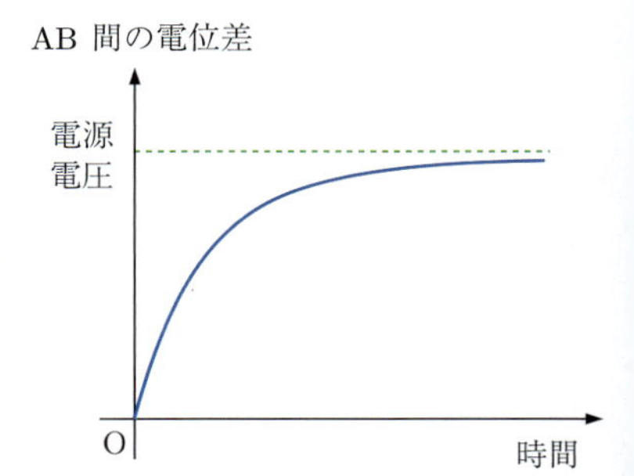

図 27.9 コンデンサーの充電過程

[104] プリント基板などでも，配線が近接しているとコンデンサーとしてのはたらきをもつ場合がある (容量成分とよばれる)．

> **問 27.3** 220 μF のコンデンサーに 5.0 V の電圧を加えたとき，コンデンサーにたくわえられる電気量はいくらか．

誘電体 図 27.7 の平行板コンデンサーの電気容量は，極板の面積 S〔m^2〕に比例し，極板間の距離 d〔m〕に反比例する．比例係数を ε〔F/m〕とすれば，

$$C = \varepsilon \frac{S}{d} \tag{27.8}$$

となる．ここで比例係数 ε〔F/m〕は**誘電率**とよばれる物質ごとに異なる定数で，コンデンサーの極板間をどの誘電体で絶縁しているかに依存する．

極板間を真空で絶縁している場合，誘電率は**真空の誘電率** ε_0〔F/m〕とよばれ，

$$\varepsilon_0 = 8.85 \times 10^{-12}\,\mathrm{F/m} \tag{27.9}$$

という値をもつ．一般に，物質の誘電率はその絶対値ではなく，真空の誘電率との比，**比誘電率**によってその大きさを表す．

誘電体の中では，前に見た誘電分極が起きており，極板間の電場を弱めるはたらきをする．そのため，同じ極板間の電位差に対してより大きな電気量が必要となり，結果コンデンサーにより多くの電気をためることができる．したがって比誘電率の大きい物質で絶縁すれば，より大容量のコンデンサーの容量を得ることができる[105]．

[105] この他，極板をエッチングなどででこぼこにし，面積を増やすことによってコンデンサーの容量を増やす，など様々な技術が用いられている．

一般に，誘電体を挟み込む形でコンデンサーをつくり，その物質の名前をつけてよぶことが多い (マイカコンデンサー，フィルムコンデンサーなど)．多くの固体や液体では 2~10 程度の比誘電率であるが，セラミックスなど 1000 以上の比誘電率をもつものもある．

> **問 27.4** あるフィルムコンデンサーの誘電体膜厚，つまり極板間の距離は 1.0×10^{-6} m，比誘電率は 3.2 である．このコンデンサーの電気容量が 960 pF であ

るとすると，極板の面積はいくらか．

問 27.5　真空中にある電荷 Q〔C〕をたくわえた平行板コンデンサの極板間に，比誘電率 5 の材料を挿入すると，極板間の電場の強さは何倍になるか．(第 30 回臨床工学技士国家試験問題より改題)

静電エネルギー　　平行板コンデンサーに，電荷をたくわえる過程を考えると，極板 A から極板 B に電荷を移動させなければならない．単体のコンデンサーでこれを実現するには，極板間の電場から受ける力にさからって電荷を移動させなければならず，このとき仕事が必要となる．この仕事が，コンデンサーにたくわえられるエネルギーであり，**静電エネルギー**とよばれる．

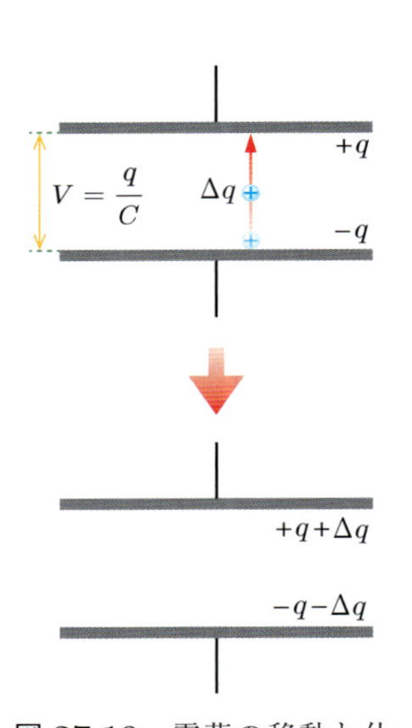

図 27.10　電荷の移動と仕事

図 27.10 のように，充電のあるタイミングで，各極板に電荷が $\pm q$〔C〕だけたまっている状態を考えよう．このとき，コンデンサーの電気容量を C〔F〕とすると，極板間の電位差 v〔V〕は式 (27.7) より $v = q/C$ で与えられる．この状態を出発点として，極板 A から極板 B にわずかな量の電荷 Δq〔C〕を移動して，コンデンサーにたまっている電荷を $q + \Delta q$〔C〕に変化させることを考えよう．極板間の電位差は 1 C の電荷を移動させたときの仕事であるから，Δq〔C〕だけ電荷を移動させるときに必要な仕事 w〔J〕は

$$w = \Delta q \times \frac{q}{C} = \frac{q\,\Delta q}{C} \tag{27.10}$$

と与えられる．

この過程を電荷が極板にたまっていない状態から出発して，最終的に Q〔C〕の電荷がたまるまでくり返すとすると，電荷の移動に必要な仕事 W〔J〕は式 (27.10) を積分することによって与えられ，

$$W = \int_0^Q \frac{q}{C}\,\mathrm{d}q = \frac{1}{2}\frac{Q^2}{C} \tag{27.11}$$

と計算される．コンデンサーにかかる電圧を V〔V〕であるとすれば，$Q = CV$ であるので，最終的に，

$$W = \frac{1}{2}QV = \frac{1}{2}CV^2 \tag{27.12}$$

と書くことができる．これが，コンデンサーに電圧 V〔V〕をかけたときにコンデンサーにたくわえられる静電エネルギーである．

問 27.6　1.0 kV の電位差で 0.50 J のエネルギーをたくわえるコンデンサの容量はいくらか．(第 27 回臨床工学技士国家試験問題より改題)

例題 27.2 電場のエネルギー

真空中の平行板コンデンサーにおいて，たくわえられている静電エネルギーの式 (27.12) を電場の強さ $E = \dfrac{V}{d}$ を用いて書き換えよ．この式は何を意味するか．

解 式 (27.8) と E〔V/m〕を用いて式 (27.12) を書き換えると[106]，

$$W = \frac{1}{2}\varepsilon\frac{S}{d}(Ed)^2 = \frac{1}{2}\varepsilon E^2(Sd),$$

となる．Sd は平行板コンデンサー内部の体積にあたり，電場のある領域と考えられるので，この式はコンデンサー内部に単位体積あたり

$$w = \frac{1}{2}\varepsilon E^2$$

の電場のエネルギーがたくわえらえている，と解釈することができる．

106) 電場の単位は，〔N/C〕とも〔V/m〕とも書くことができる．

27.4 時定数

図 27.11 のように，電気容量 C〔F〕のコンデンサー，抵抗値 R〔Ω〕の抵抗，スイッチならびに電圧 V〔V〕の直流電源を接続した回路を考える[107]．

107) CR 回路とよばれる．

スイッチを閉じると，コンデンサーに充電が開始され回路に電流が流れる．スイッチを入れた瞬間にはコンデンサーに電荷はなく，電源の電圧は全て抵抗にかかることになり，したがって抵抗には $\dfrac{V}{R}$〔A〕の電流が流れることになる．この回路に流れる電流はコンデンサーが充電されていくに従って小さくなっていく．コンデンサーの充電が完了するまでは電流が流れることになるが，それがどのくらいで完了するか，を考えてみると，たとえばコンデンサーの電気容量 C〔F〕が大きければ当然充電に時間がかかるし，抵抗の抵抗値 R〔Ω〕が大きければ大きな電流を流すことができないので，また時間がかかることになる．ここから，この 2 つの定数を掛けあわせたものを**時定数** τ〔s〕とよび，その回路の時間変化の目安とする．

$$\tau = CR \tag{27.13}$$

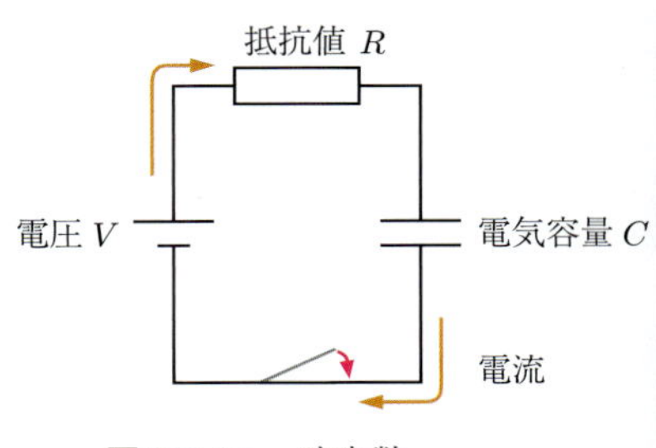

図 27.11 時定数

時定数は，実際にはコンデンサーの充電がちょうど 63%だけ完了する時間を示している．時定数が大きいということは様々な応答が遅いということになり，速い動作を求められている場合には注意が必要となる．

問 27.7 200 kΩ の抵抗と 220 μF のコンデンサーからなる CR 回路の時定数を求めよ．

演習問題 27

A

1. 図 27.12 のように，抵抗値 R〔Ω〕の抵抗，電気容量 C〔F〕のコンデンサー，起電力 V〔V〕の電池，およびスイッチを接続した回路がある．

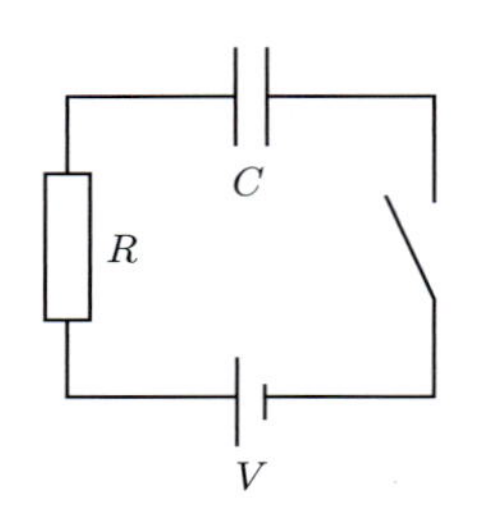

図 27.12

(1) スイッチを入れた瞬間に抵抗を流れる電流の大きさはいくらか．

(2) スイッチを入れてから十分に時間が経過した後，コンデンサーの極板間の電圧はいくらか．またコンデンサーにたくわえられている電荷の電気量はいくらか．

(3) (2) の状態のとき，コンデンサーにたくわえられている静電エネルギーはいくらか．

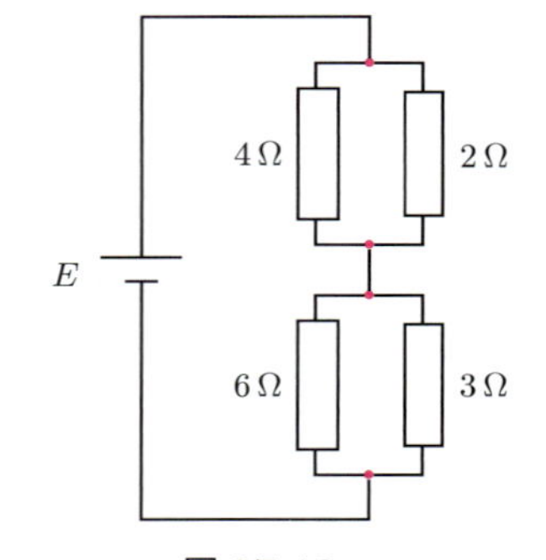

図 27.13

2. 図 27.13 の回路で，抵抗 2 Ω での消費電力が 2 W である．電源電圧 E〔V〕はどれか．(第 20 回臨床工学技士国家試験問題より改題)

1. 2 V　2. 3 V　3. 4 V　4. 5 V　5. 6 V

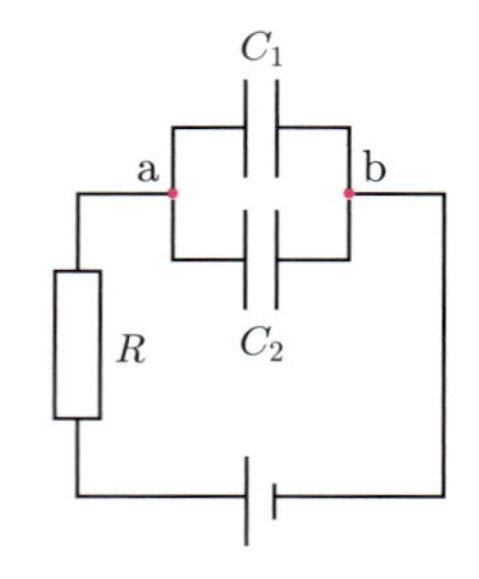

図 27.14

3. 図 27.14 のように，抵抗値 R〔Ω〕の抵抗，電気容量がそれぞれ C_1〔F〕と C_2〔F〕のコンデンサー，起電力 V〔V〕の電池を接続した回路がある．回路は接続されてから十分に時間が経過しているものとする．

(1) 図の ab 間の電位差はいくらか．

(2) それぞれのコンデンサーにたくわえられいる電荷の電気量はそれぞれいくらか．

(3) (2) より，並列に接続されたコンデンサーの合成容量はいくらになると考えられるか．

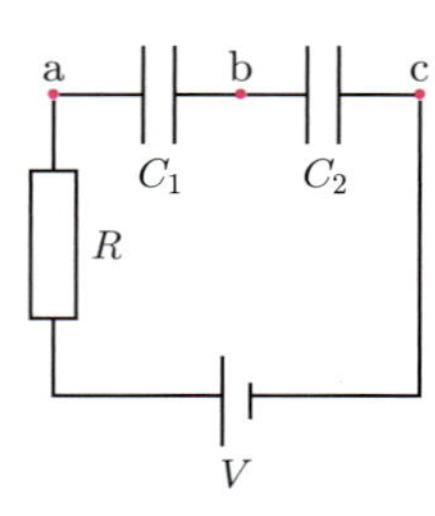

図 27.15

B

1. 図 27.15 のように，抵抗値 R〔Ω〕の抵抗，電気容量がそれぞれ C_1〔F〕と C_2〔F〕のコンデンサー C_1 と C_2，起電力 V〔V〕の電池を接続した回路がある．回路は接続されてから十分に時間が経過しているものとする．

(1) C_1 にたくわえられている電荷の電気量を Q〔C〕とする．図の点

b をふくむ部分は両方のコンデンサーによって絶縁されているためどこにも接続されていない．このことから，C_2 にたくわえられている電荷の電気量はいくらになると考えられるか．

(2) 図の ab 間，および bc 間の電位差を Q〔C〕を用いて表すとどうなるか．

(3) (2) より，直列に接続されたコンデンサーの合成容量はいくらになると考えられるか．

2. 図 27.16 のように，抵抗値がそれぞれ R_1〔Ω〕，R_2〔Ω〕，R_3〔Ω〕である抵抗 R_1, R_2, R_3，抵抗値のわからない抵抗 R_4，電池 E，検流計 G およびスイッチ S を接続した回路がある．S を入れたところ，G の針は振れなかった．このとき，R_4 の抵抗値はいくらか．

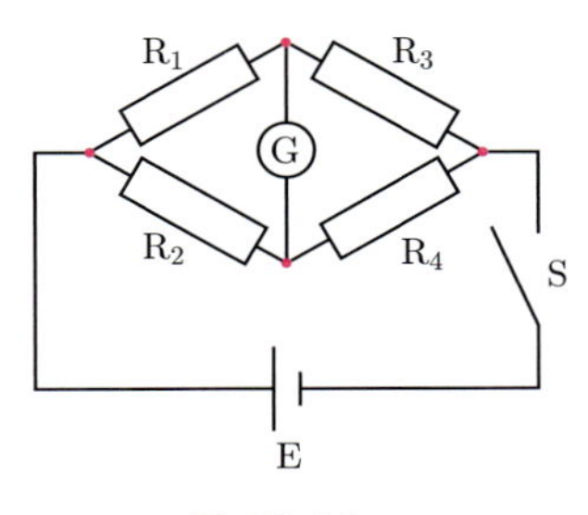

図 27.16

28 交流回路

この章では，交流回路について学習する．電気抵抗，コンデンサー，またコイルについて，消費電力や実効値の概念を学び，それぞれが交流回路の中でどのような役割をもつか理解する．また，共振について学習する．

28.1 交流電源

一般に交流電源とは，図 28.1 のように電圧が三角関数で周期的に変化するようなものを用いることが多い．家庭用の 100 V 電源などもこれであり，これはそもそも発電所から変電所などを経由して送られてくる電気が交流を利用しているからである．交流は電圧を変化させることが比較的容易であり，送電の際には高い電圧を用いた方が送電線などでの損失が少ないため，発電所からは数十万 V 以上の高電圧で送電し，変電所などでだんだんと電圧を下げた後家庭の近くで 100 V など利用しやすい電圧に変換している．

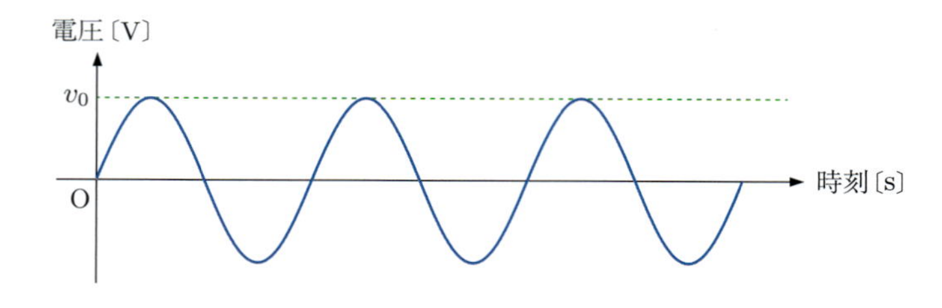

図 28.1　交流電圧

交流電圧 $v(t)$〔V〕の時間変化が三角関数であるとすれば，

$$v(t) = v_0 \sin \omega t \tag{28.1}$$

のように書き表すことができる．ここで v_0〔V〕はこの交流電圧の最大値，ω〔rad/s〕は角周波数であり，交流電圧の周波数 f〔1/s〕と

$$2\pi f = \omega \tag{28.2}$$

の関係にある．家庭用電源の周波数は日本の東側では 50 Hz，西側では 60 Hz が使われており，これは初期の電力供給会社が東西で違う国の発電機を使用していた経緯による．

問 28.1　50 Hz および 60 Hz の交流電源の角周波数はそれぞれいくらか.

28.2 抵抗

抵抗を流れる電流　図 28.2 のように，交流電源と抵抗値 R〔Ω〕の抵抗を接続した回路を考える.

交流電圧に対しても，式 (26.6) のオームの法則はそのまま成立するので，式 (28.1) のような交流電圧に対して回路に流れる電流 $i(t)$〔A〕は,

$$i(t) = \frac{v(t)}{R} = \frac{v_0}{R}\sin\omega t = i_0 \sin\omega t \tag{28.3}$$

となる．ここで $i_0 = \dfrac{v_0}{R}$〔A〕は交流電流の最大値である．抵抗の場合，交流電源から加えられる電圧 $v(t)$〔V〕と流れる電流 $i(t)$〔A〕はともに同じ位相 ωt で振動しており，ずれは生じない．$i(t)$〔A〕のような交流電流では，電流の流れる向きが周期的に入れ替わることになる．そのため，一般にどちらかの向きを正と定めて，$i(t)$〔A〕が正か負かで電流の方向を表す.

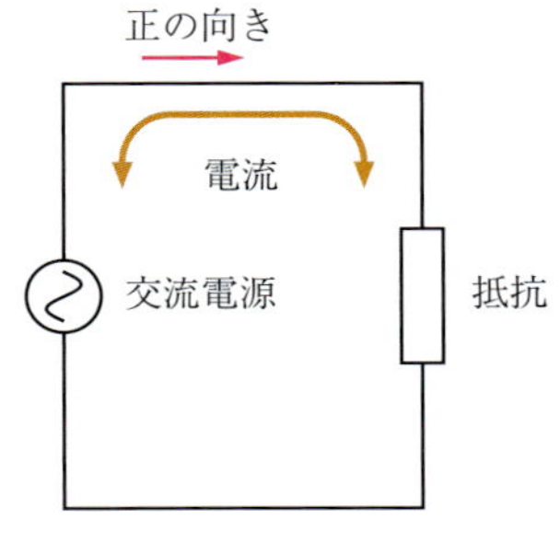

図 28.2　抵抗と交流電源の接続

実効値　図 28.2 のような回路を組んだ場合，抵抗が消費する電力 $P(t)$〔W〕は，直流と同じように抵抗を流れる電流と抵抗にかかる電圧の積で与えられ,

$$P(t) = v_0 i_0 \sin^2 \omega t \tag{28.4}$$

となる.

このようすをグラフに表すと図 28.3 のようになる．このとき，抵抗で生じるジュール熱は式 (28.4) の時間積分となるため，電力の 1 周期の間では図 28.3(a) の色つきの部分となるが，この部分は図 28.3(b) のように考えれば，ちょうどグラフのピークである $v_0 i_0$ の半分の値を平均値として考えればよいことがわかる.

つまり，この抵抗で生じるジュール熱は，1 周期の平均として考えれば,

$$v_e = \frac{v_0}{\sqrt{2}},\quad i_e = \frac{i_0}{\sqrt{2}} \tag{28.5}$$

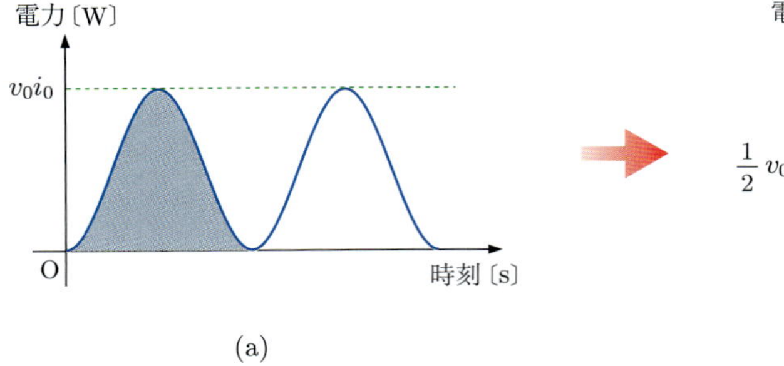

図 28.3　抵抗の消費電力

という大きさの直流電圧と直流電流によるものと同じ量になる．交流では電力が時間とともに変動してしまうので計算が面倒になるが，平均的には式 (28.5) のような直流と考えてもよく，イメージがつかみやすい．式 (28.5) の v_e〔V〕と i_e〔A〕を交流電圧および交流電流の**実効値**とよぶ．家庭用の 100 V の表示もこの実効値であるため，実際にはピークの値としてはその $\sqrt{2}$ 倍，141 V になる．

> **問 28.2**　病院や工場などでは，電源として実効値 6600 V のものが用いられることがある．この電源の最大電圧はいくらか．

28.3　コンデンサー

コンデンサーを流れる電流　図 28.4 のように，交流電源と抵抗値 R〔Ω〕の抵抗，電気容量 C〔F〕のコンデンサーを接続した回路を考える．

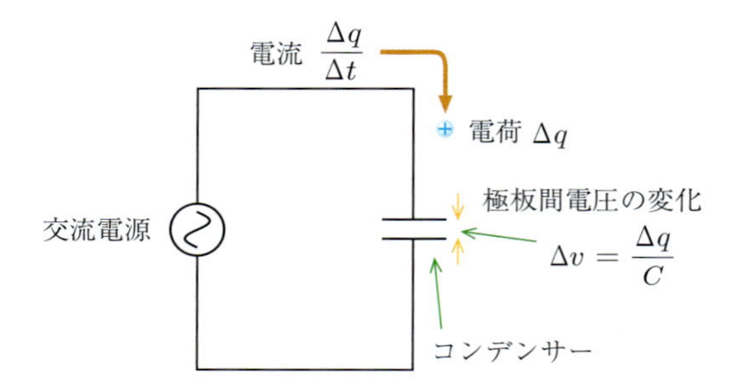

図 28.4　コンデンサーと交流電源の接続

コンデンサーに電圧をかけると，極板間に電荷の移動が起こるが，それは回路に電流が流れることによって達成される．時間 Δt 秒間に電荷が Δq〔C〕だけ移動すれば，回路に流れる電流 i〔A〕は

$$i = \frac{\Delta q}{\Delta t} \tag{28.6}$$

と与えられる．

電圧が変動する交流電源を接続した場合，その変化にともなって移動する電荷の量 Δq〔C〕も変化する．そのため，回路全体では周期的に変動する電流が流れることになり，コンデンサーは充電と放電をくり返すことになる．コンデンサーの極板にたくわえられる電荷 Q〔C〕と，極板間の電圧 V〔V〕には $Q = CV$ の関係があるので，極板間に Δq〔C〕だけ電荷の移動があると，極板間の電圧の変化 Δv〔V〕は

$$\Delta v = \frac{\Delta q}{C} \tag{28.7}$$

と計算することができる．式 (28.6) と式 (28.7) により，

$$i = C\frac{\Delta v}{\Delta t} \tag{28.8}$$

となる．$\Delta t \to 0$ の極限ではこれは微分で書き表されることになり，

$$i = C\frac{\mathrm{d}v}{\mathrm{d}t} \tag{28.9}$$

となる．交流電源の電圧が式 (28.1) のように変化するとすれば，コンデンサーに流れる電流は

$$i = \omega C v_0 \cos\omega t = \omega C v_0 \sin\left(\omega t + \frac{\pi}{2}\right) \tag{28.10}$$

となり，やはり周期的に変化する交流電流となる．ただし，電圧に比べて位相が $\pi/2$ だけ進んでおり，電圧の変化と電流の変化にずれが生じている．

位相のずれを除けば，電圧の最大値 v_0〔V〕と電流の最大値 i_0〔A〕$= \omega C v_0$ には比例関係があるので，これをオームの法則のように考えて

$$v_0 = X_\mathrm{C} i_0,\quad X_\mathrm{C} = \frac{1}{\omega C} \tag{28.11}$$

と書く．この X_C〔Ω〕のことをリアクタンスとよぶ．式 (28.11) からわかるように，コンデンサーは角周波数の高い交流ほどよく電流を流し，直流は流さない．

問 28.3 電気容量が 220 μF のコンデンサーに 2.0 kHz の交流を流したとき，リアクタンスはいくらになるか．

消費電力 図 28.4 の回路において，交流電源が式 (28.1) のように変化する場合にコンデンサーが消費する電力 $P(t)$〔W〕を計算してみると，

$$P(t) = v_0 \sin\omega t \times \omega C v_0 \cos\omega t = \frac{\omega C {v_0}^2}{2}\sin 2\omega t \tag{28.12}$$

となる．この式をグラフに表すと図 28.5 のようになるが，図からあきらかなように時間平均をとると 0 になってしまう．

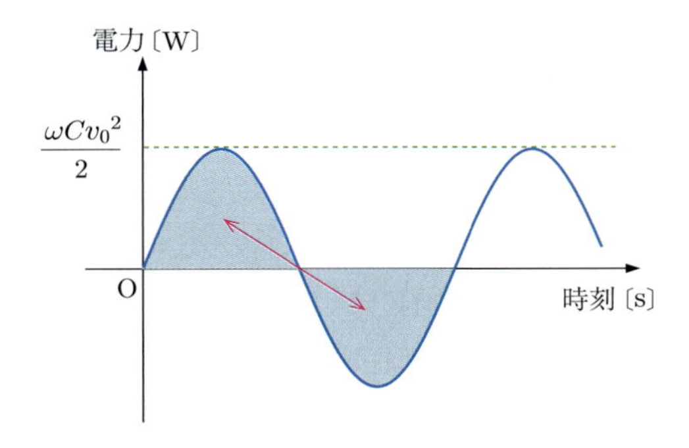

図 28.5 コンデンサーの消費電力

これは，コンデンサーが充電と放電をくり返すので，充電の際にたくわえた静電エネルギーを放電の際に放出する，という過程をくり返すだけで，電力を消費しないためである．

28.4 コイル

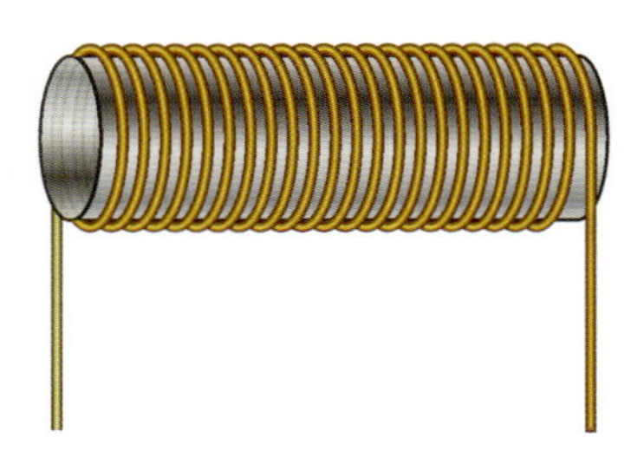

図 28.6　コイル

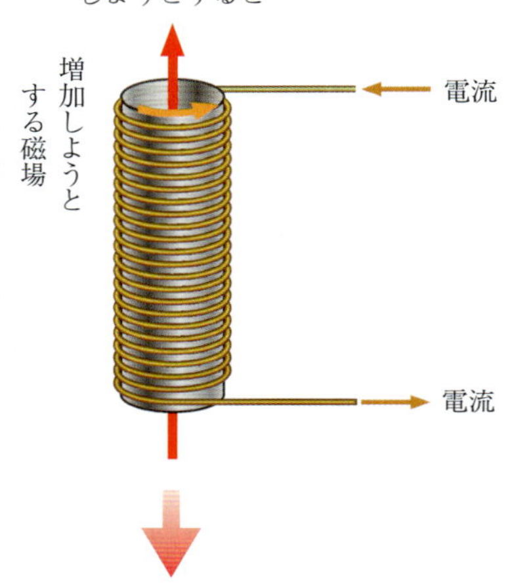

磁場の増加を
妨げる方向の
誘導起電力が生じる

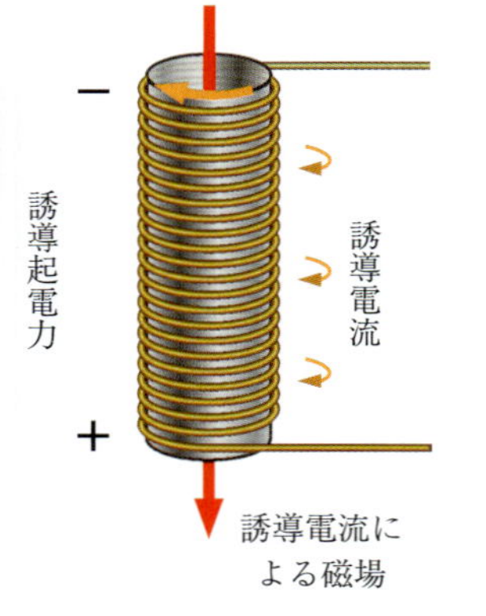

誘導電流による磁場

図 28.7　コイルの自己インダクタンス

自己インダクタンス　図 28.6 のように，導線を円形にして巻いたものをコイルとよぶ．

コイルは導線を巻いただけであるので，直流電源を接続しても抵抗は 0 であり，流れる電流の大きさに比例した磁場をその周囲につくる．こうしてつくられた磁石は電磁石とよばれ，多くの場所で利用されている．

コイルの大きさは**自己インダクタンス**とよばれる量で表される．いま，図 28.7 のように，コイルに流れる電流の大きさ I〔A〕が変化する状況を考えよう．

電流の大きさが変化すると，コイルには誘導起電力が発生して，コイル内に生じている磁場の大きさが変化するのを妨げようとする．誘導起電力の大きさ v_{L}〔V〕は電流の大きさの変化率に比例するので，電流の大きさの変化を ΔI〔A〕，変化の時間間隔を Δt〔s〕とすれば，比例係数を L〔H〕として，

$$v_{\mathrm{L}} = -L\frac{\Delta I}{\Delta t} \tag{28.13}$$

となる．この L をコイルの自己インダクタンスとよぶ．単位は〔V·s/A〕であるが，これをあらためてヘンリー〔H〕とよんでいる．マイナス符号は電流の変化と逆向きの変化 (電流が増加するときに電流を減らそうとする向き) であることを表している．

$\Delta t \to 0$ の極限ではこれは微分で書き表されることになり，

$$v_L = -L\frac{\mathrm{d}I}{\mathrm{d}t} \tag{28.14}$$

となる．

コイルにたくわえられるエネルギー　コイルに流す電流を 0 から I〔A〕まで増やそうとすると，誘導起電力が発生して電流の変化を妨げようとする．これにさからって電流を増やす必要があるため，エネルギーが必要となる．このエネルギーが磁場の形でコイルにたくわえられている．たとえば，コイルに流す電流を I〔A〕から突然 0 にすれば，やはりコイルに誘導起電力が発生して瞬間的に大きさ I〔A〕の電流を維持した後，だんだん電流の大きさが小さくなり，やがて 0 になる．この電流を流すのにコイルにたくわえられていたエネルギーが使われることになる．

コイルに大きさ i〔A〕の電流が流れているとき，Δi〔A〕だけその大きさを変化させたとする．変化にかかる時間間隔を Δt〔s〕とすると，コイルに発生する誘導起電力の大きさ v_{L}〔V〕は

$$V_{\mathrm{L}} = L\frac{\Delta i}{\Delta t} \tag{28.15}$$

と与えられる．これにさからって大きさ i〔A〕の電流を流すのに必要な仕

事 w〔J〕は

$$w = iV_{\mathrm{L}}\,\Delta t = iL\,\Delta i, \tag{28.16}$$

と与えられる．

この過程を電流が 0 の状態から電流の大きさが I〔A〕になるまでくり返すとすると，電流を流すのに必要な仕事 W〔J〕は式 (28.16) を積分することによって与えられ，

$$W = \int_0^I iL\,\mathrm{d}i = \frac{1}{2}LI^2 \tag{28.17}$$

と書くことができる．これが，コイルに電流 I〔A〕が流れているとき，コイルにたくわえられるエネルギーである．

コイルに生じる電圧と消費電力　コイルに流れる電流 i_0〔A〕が

$$i(t) = i_0 \sin \omega t \tag{28.18}$$

のような形をしているとき，コイルに生じる誘導起電力の大きさ v_L〔V〕は式 (28.14) より，

$$v_L = \omega L i_0 \cos \omega t = \omega L i_0 \sin\left(\omega t + \frac{\pi}{2}\right) \tag{28.19}$$

となる．コンデンサーの場合と同様，電圧と電流の位相に $\pi/2$ だけずれが生じているが，コンデンサーとは逆に電圧の位相が進んでいる (電流の位相が電圧に比べて $\pi/2$ だけ遅れている，と考えてもよい)．

コンデンサーの場合と同様，電圧の最大値 v_0〔V〕$= \omega L$ と電流の最大値 i_0〔A〕には比例関係があるので，これをオームの法則のように考えて

$$v_0 = X_L i_0, \quad X_L = \omega L \tag{28.20}$$

と書く．この X_L〔Ω〕のことをコイルの**リアクタンス**とよぶ．式 (28.20) からわかるように，コイルは角周波数の低い交流ほどよく電流を流し，直流では導線と同じになる．

コイルが消費する電力 $P(t)$〔W〕を計算してみると，

$$P(t) = \omega L i_0 \cos \omega t \times i_0 \sin \omega t = \frac{\omega L {i_0}^2}{2} \sin 2\omega t \tag{28.21}$$

となる．これはコンデンサーの場合の式 (28.12) と同じ形をしており，したがって，コイルもコンデンサーと同様電力を消費しない．

問 28.4　自己インダクタンスが 2.0 mH のコイルに 2.0 kHz の交流を流したとき，リアクタンスはいくらになるか．

28.5 共振

図 28.8 のように，抵抗値 R〔Ω〕の抵抗，電気容量 C〔F〕のコンデンサー，自己インダクタンス L〔H〕のコイル，および交流電源が直列に接続された

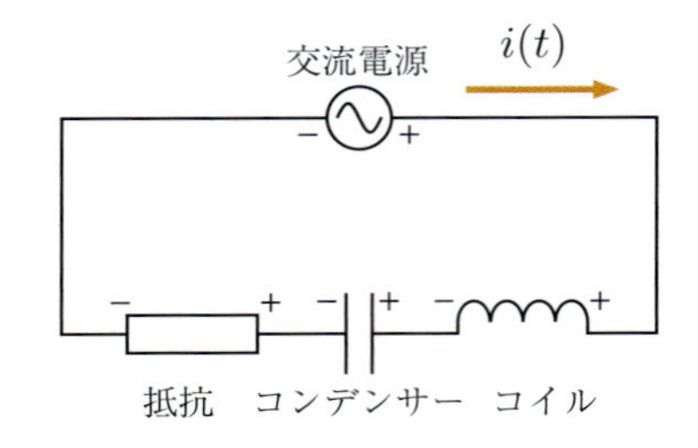

図 28.8　RLC 直列回路

回路を考える (RLC 直列回路とよばれる). 図中の矢印, 記号は, ある時刻 t〔s〕における各素子, 電源の正負, また回路に流れる電流の向きを表している.

時刻 t において, 回路に流れる電流 $i(t)$〔A〕が

$$i(t) = i_0 \sin \omega t \tag{28.22}$$

という大きさで図中の矢印の向きに流れていたとすると, 抵抗では $Ri(t)$〔V〕の電圧降下を生じ, コイルでは $-\omega L i_0 \cos \omega t$〔V〕の誘導起電力が発生している. コンデンサーについては, 極板にたくわえられている電荷の電気量が $q(t)$〔C〕であるとすれば, 極板間の電位差は $\dfrac{q(t)}{C}$〔V〕となるが, $q(t)$〔C〕は式 (28.9) から,

$$q(t) = \int i(t)\,\mathrm{d}t = -\frac{i_0}{\omega}\cos \omega t \tag{28.23}$$

と計算することができるので, 交流電源の電圧を $v(t)$〔V〕とすれば, 三角関数の合成を用いて

$$\begin{aligned} v(t) &= Ri_0 \sin \omega t + \left(\omega L - \frac{1}{\omega C}\right)\cos \omega t \\ &= \sqrt{R^2 + \left(\omega L - \frac{1}{\omega C}\right)^2}\, i_0 \sin(\omega t + \phi) \end{aligned} \tag{28.24}$$

となる. ただし,

$$\tan \phi = \frac{\left(\omega L - \dfrac{1}{\omega C}\right)}{R} \tag{28.25}$$

である. $v(t)$〔V〕と $i(t)$〔A〕を比較すれば, 抵抗に相当するのが

$$Z_{\mathrm{LCR}} = \sqrt{R^2 + \left(\omega L - \frac{1}{\omega C}\right)^2} \tag{28.26}$$

で表される Z_{LCR}〔Ω〕であり, 位相の変化が ϕ〔rad〕であることがわかる. このように, 一般に回路に流れる電流と回路に加わる電圧がそれぞれ $i_0 \sin \omega t$ と $v_0 \sin(\omega t + \phi)$ のようになるとき,

$$Z = \frac{v_0}{i_0} \tag{28.27}$$

のことをその回路の**インピーダンス**とよぶ．Z_{LCR}〔Ω〕は図 28.8 の回路のインピーダンスになる．

式 (28.26) は

$$\omega L = \frac{1}{\omega C}, \quad \therefore \quad \omega = \frac{1}{\sqrt{LC}} \tag{28.28}$$

であるとき最小となる．つまり，周波数 f〔Hz〕が

$$f = \frac{1}{2\pi\sqrt{LC}} \tag{28.29}$$

であるときもっとも大きな電流が流れる．このような現象を共振とよび，共振を起こす回路を共振回路とよぶ．また，共振を起こす周波数，式 (28.29) を共振周波数とよぶ．特定の周波数の交流だけを取り出すことができるので，テレビやラジオなどでアンテナからの信号のうち必要なチャンネルのもの取り出す際，こうした共振回路が用いられている．

問 28.5 電気容量 470 pF のコンデンサーと自己インダクタンス 2.0 mH のコイルと抵抗を直列につないだ回路がある．この回路の共振周波数を求めよ．

例題 28.1　RLC 共振回路

$R = 20\,\mathrm{k\Omega}$，$L = 200\,\mathrm{mH}$，$C = 20\,\mathrm{pF}$ の RLC 直列共振回路がある．コイルの自己インダクタンスを一定のまま共振周波数を 2 倍にするとき，コンデンサの静電容量はいくらか．(第 65 回診療放射線技師国家試験より改題)

解 共振周波数は式 (28.29) で与えられる．共振周波数 f〔Hz〕を倍にするには，$\sqrt{LC}$ を半分にしなければいけない．したがって，L が一定のままであるのなら，C〔F〕を 4 倍にする必要がある．$C = 80\,\mathrm{pF}$．

演習問題 28

A

1. 商用 100 V が表しているのはどれか．(第 60 回臨床検査技師国家試験問題より)

1. 最大値　2. 実効値　3. 瞬時値　4. 測定値　5. 平均値

2. 10 H の自己インダクタンスをもつコイルに 1 A の直流電流が流れているとき，コイルにたくわえられているエネルギーはいくらか．(第 30 回臨床工学技士国家試験問題より改題)

3. RLC 直列回路のインピーダンス〔Ω〕はどれか．ただし，抵抗器の抵抗値は 4 Ω，誘導性リアクタンスは 7 Ω，容量性リアクタンスは 4 Ω とする．(第 61 回臨床検査技士国家試験より)

1. 2　2. 5　3. 7　4. 11　5. 15

B

1. 図 28.9 の正弦波交流回路 ($f = 50\,\mathrm{Hz}$) で静電容量が $10\,\mu\mathrm{F}$ のとき電流が最大になった．L の値〔H〕に最も近いのはどれか．ただし，π^2 はおよそ 10 である．(第 27 回臨床工学技士国家試験より改題)

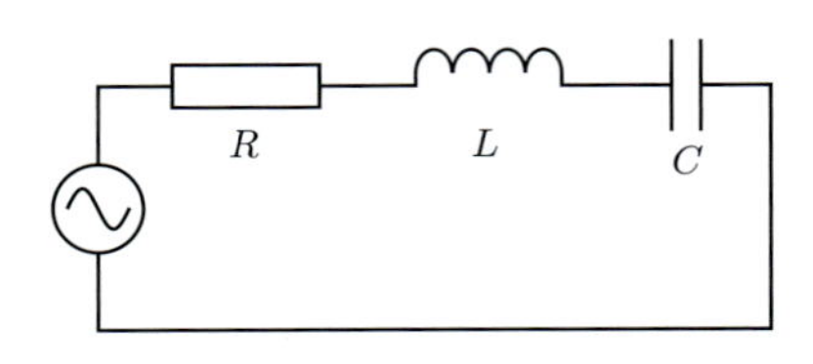

図 28.9

   1. 0.01
   2. 0.1
   3. 1
   4. 10
   5. 100

2. 図 28.10(a) の交流回路が共振状態にあるとき，抵抗の両端にかかる電圧を V_R〔V〕とする．図 28.10(b) の交流回路における電圧を V〔V〕とするとき，V_R/V はいくらか．(第 29 回臨床工学技士国家試験問題より改題)

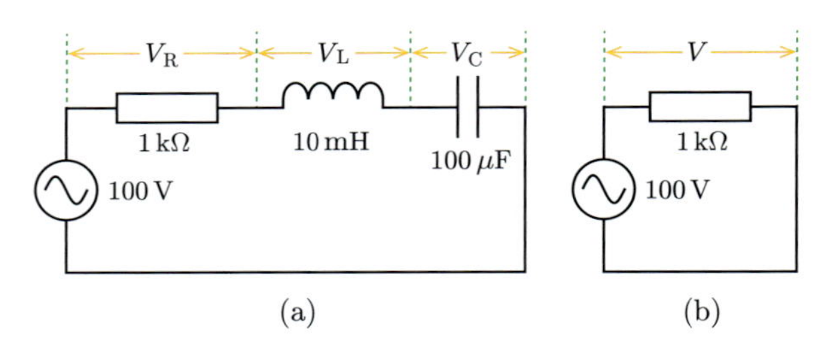

図 28.10

29 光と電子

電子は粒子であり，光は波であると考えられてきた．しかし，そう考えると説明のできない現象が見つかり，根本的に考え方を変える必要性に迫られることになった．この章では，光が粒子の性質をもつこと，電子が波の性質をもつことについて学習し，ミクロな世界では，粒子と波をはっきり区別できないことを理解する．

29.1 光の粒子性

光電効果　図 29.1 のように，よく磨いた金属板に光を当てると，金属板から電子が飛び出してくるという現象が，19 世紀末，ヘルツによって発見された．これを**光電効果**とよび，飛び出してくる電子のことを**光電子**とよぶ．

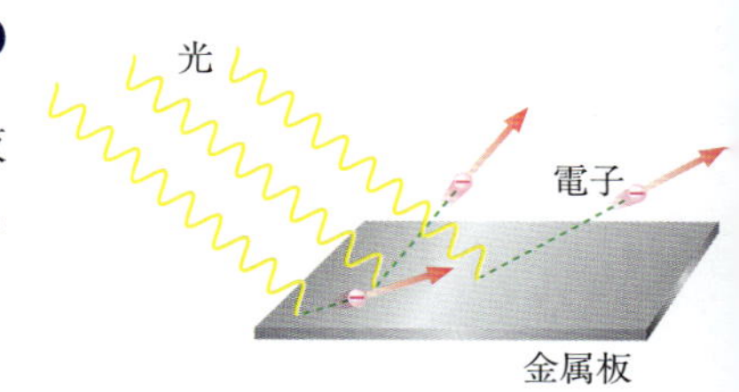

図 29.1　光電効果

光電効果には，つぎに挙げる特徴的な現象が報告された．

1. 金属に照射する光の振動数を変えるてみると，光の強さによらず，ある値 ν_0〔Hz〕以上の振動数の光でなければ，光電効果は起こらなかった．この限界値のことを**限界振動数**とよぶ．
2. 限界振動数[108] 以上の光であれば，どんなに弱い光であっても，金属板から電子は飛び出した．
3. 飛び出した電子の運動エネルギーの最大値 K_0〔J〕は，光の強さによらず，図 29.3 のように，振動数 ν〔Hz〕にだけ依存する．
4. 光の振動数を一定にして，光の強さを変化させると，飛び出してくる電子数は変化するが K_0〔J〕は変化しない．

[108] 金属によって値は異なる．

光電子は，もとは金属内にある自由電子である．自由電子は陽イオンの

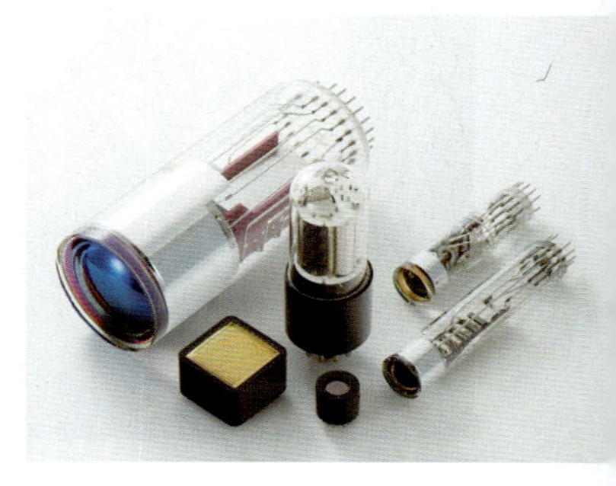

図 29.2　光電子増倍管

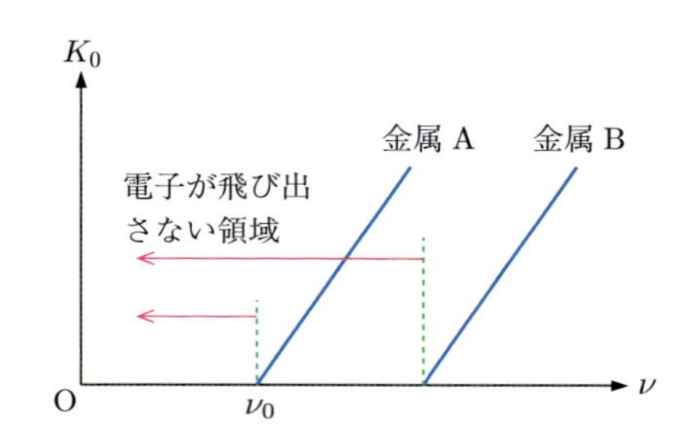

図 29.3　光の振動数と光電子の運動エネルギーの最大値

引力によって金属内に閉じ込められているので，これを外に取り出すためにはエネルギー (仕事) が必要である．この仕事の最小値 W〔eV〕は**仕事関数**とよばれ，金属ごとに決まった値 † をもっている．

† **仕事関数の例**

金属	W〔eV〕
Na	2.3
Al	4.4
Cu	4.6
W	4.6

$1\,\text{eV} = 1.6 \times 10^{-19}\,\text{J}$

図 29.3 で表されている光電子のエネルギーのグラフを延長し，図 29.4 のように表してみる．このとき，グラフが縦軸と交差する負の値が仕事関数に相当する．したがって，光電子を金属から飛び出させるために必要な光のエネルギーは，光電子がもつエネルギーに仕事関数の分を加えたものとなる．

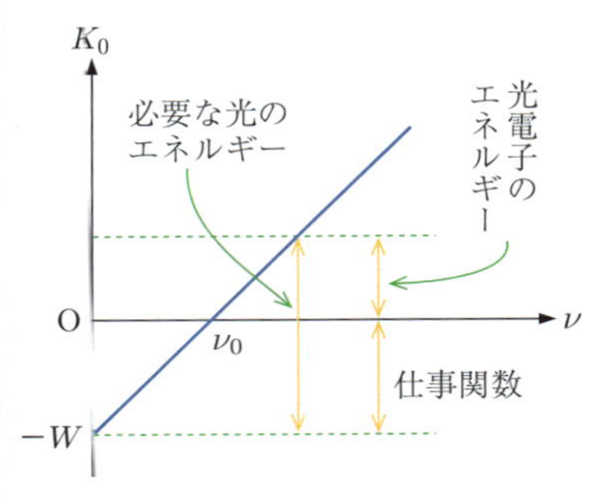

図 29.4　仕事関数と光電子のエネルギー

こうして観測された光電効果であるが，光を電磁波として，波の性質をもつものと考えると説明できないことがある．図 29.4 のように，光電子がエネルギーをもって飛び出すためには，仕事関数分以上のエネルギーをもつ光を当てればよい．電磁波のエネルギーは，振動数だけでなく振幅 (電場の強さ) にも依存するので，振動数が低くても振幅が大きければ[109]，仕事関数を超えるだけの十分なエネルギーをもてるからである．これは電場が強ければ，ゆっくりとした振動であっても，金属内の電子を大きく振動させられることを意味している．

光量子仮説　光が波だとすると，光電効果を説明できない．そこでアインシュタインは，プランクが提唱していたエネルギー量子という考え方を光に当てはめ，光は「光速で運動する粒子の集まり」であるという仮説[110]を用いて，光電効果の現象を説明した．この光の粒子を**光子**とよび，光子のエネルギー E〔J〕は，光の振動数 ν〔Hz〕に比例するとし，

$$E = h\nu \tag{29.1}$$

と表す．ただし，比例定数 h〔J·s〕は**プランク定数**とよばれ，

$$h = 6.62607015 \times 10^{-34}\ \text{J·s} \tag{29.2}$$

である．これを**光量子仮説**とよぶ．光量子仮説によると，光を強くしたときには，光子の数が増えることでエネルギーが増加し，光子 1 つのエネルギー自体は変化しないと考える．

[109] 光の強度が強いことを意味する．

[110] プランクはエネルギーが量子というとびとびの値をもつことを提唱し，アインシュタインは光が粒子であることを提唱した．

図 29.5　プランク

参考

量子という概念は，プランクが提唱したもので，エネルギーにも原子のように最小単位があり，その集まりで表されると考えた (量子仮説)．当時，高温物体から放射されている電磁波 (黒体放射) の強度と波長の関係，つまり温度によって発光色が変化することなどについて，従来の考え方ではうまく説明できなかった．これを，量子の考えを導入することで解決した．

問 29.1　振動数 5.0×10^{14} Hz の光の光子 1 つがもつエネルギーはいくらか．また，この光を出す光源の出力が 30 W だとすると，光源から毎秒放出されている光子の数はいくらか．

問 29.2　真空中で，波長 5.0×10^{-7} m の光の光子 1 つがもつエネルギーはいくらか．

真空中での光速：3.0×10^{8} m/s

光電効果の説明　仕事関数 W〔J〕の金属に，振動数 ν〔Hz〕の単色光を照射したとき，金属から飛び出してくる電子の運動エネルギーの最大値を K_0〔J〕とすると，光量子仮説を用いて光電効果はつぎのように説明される．

1. 金属内の自由電子は，光子 1 つだけを吸収してエネルギー $h\nu$〔J〕を得る．$W > h\nu$ では，光を強くしても光子数が増えるだけで，電子が得られるエネルギーは変わらないので，電子が飛び出すことはない．
2. 限界振動数以上の光であれば，光子を吸収する自由電子は，必ず W〔J〕以上のエネルギーを得られるので，金属から飛び出すことができる．
3. 電子が得られるエネルギーの最大値は，エネルギーの保存より
$$K_0 = h\nu - W \tag{29.3}$$
となり，振動数[111]のみに依存する．
4. 光の強さを変えることで光子数が変化し，それに応じて飛び出してくる光電子の数も変化するが，式 (29.3) より，K_0〔J〕は変化しない．

図 29.6　アインシュタイン

[111] 限界振動数は $\nu_0 = \dfrac{W}{h}$ である．

問 29.3　図 29.3 で，金属の種類が異なっても，グラフの傾きは等しい．この理由を考えてみよ．

X 線　1895 年にレントゲンは，放電管のそばにあった写真乾板が感光していることを気づいた．そこでレントゲンは，放電管から未知のなにかが放射されていると考え，これを **X 線**とよんだ．X 線は，電場や磁場の影響を受けずに進むことから荷電粒子ではなく，不透明な物質でも通過する強い透過力をもっていた．のちに，これは紫外線より短い波長をもつ電磁波であることがわかった．

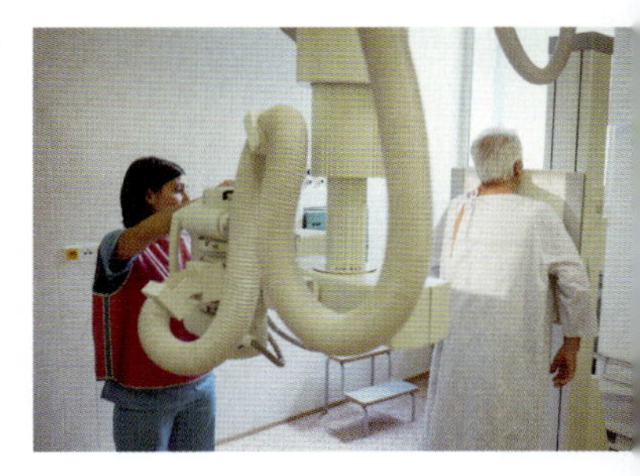

図 29.7　レントゲン装置

図 29.8 のように，空気を抜いたガラス管内にフィラメントとタングステンなどの金属ターゲットを備えたものに，高圧電源を接続すると，フィラメントから熱せられた電子 (熱電子) が飛び出し，ターゲットに衝突する．このとき，ターゲットから X 線が発生する．このような装置を **X 線管**とよぶ．

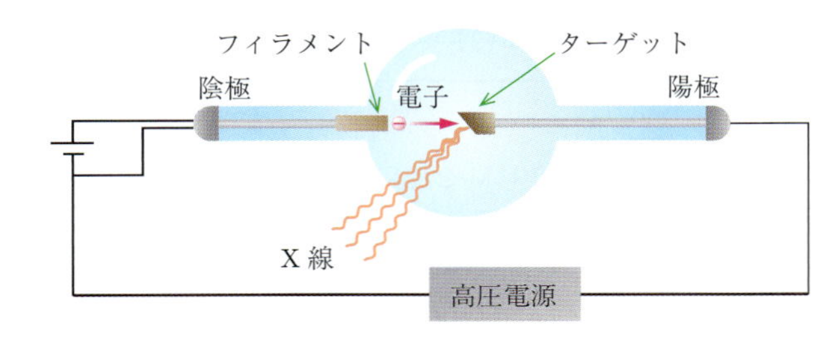

図 29.8　X 線管

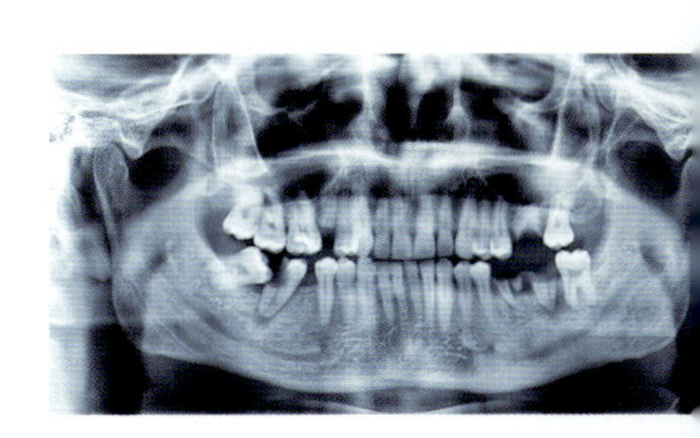

図 29.9　レントゲン写真

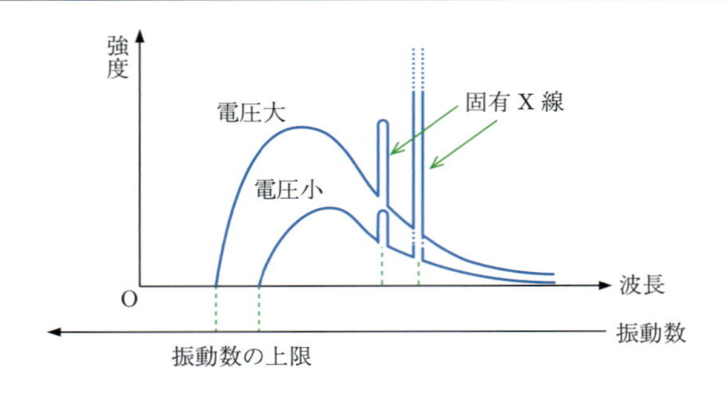

図 29.10　X 線スペクトル

図 29.11　非医療用 X 線発生装置

X 線管から発生する X 線の波長と強度の関係を調べると，特徴的なグラフが得られる．図 29.10 は，そのようすを波長および振動数を横軸として，模式的に表したものである．グラフは，連続的に変化するなめらかな曲線と，ある値でピークをもつ部分とからなっている．このような波長あるいは振動数ごとの X 線強度のことを **X 線スペクトル**とよぶ．

X 線スペクトルのうち，なめらかな曲線で表される部分を**連続 X 線**とよび，ピークをもつ部分を**固有 X 線**とよぶ．図 29.10 では，電子を加速させる電圧の違いによる 2 つのグラフが描かれているが，ともに固有 X 線は同じ波長あるいは振動数において発生していることがわかる．

加速された電子のエネルギーがすべて X 線の光子のエネルギーに変化すると，X 線光子のエネルギーは最大となる．このとき，加速電圧 V〔V〕，電気素量 e〔C〕，発生する X 線の振動数 ν_0〔Hz〕を用いると，

$$eV = h\nu_0 \tag{29.4}$$

と表され，図 29.10 の振動数の上限は，式 (29.4) より

$$\nu_0 = \frac{eV}{h} \tag{29.5}$$

と求まる．

参考

連続 X 線は，電子がターゲットの原子により進行方向を曲げられたとき，もっていた一部あるいはすべてのエネルギーが X 線として放射されたものである．一方，固有 X 線は，電子がターゲットの原子内にある電子をはじき飛ばし *，原子内のより高いエネルギー状態にある電子が，それを穴埋めする際に発生したものである．したがって，固有 X 線の振動数は，ターゲットの原子によって固有の値をもつことになる．

* 加速された電子に，ターゲット原子を電離させるのに十分なエネルギーがない場合，固有 X 線は発生しない．

問 29.4　X 線管に電圧 5.0×10^4 V を加えて，X 線を発生させた．このとき，X 線のもっとも短い波長はいくらになるか．

コンプトン効果　X 線を物質に照射すると，X 線はいろいろな方向へ散乱していく．入射 X 線の波長を λ〔m〕とすると，物質によって散乱された

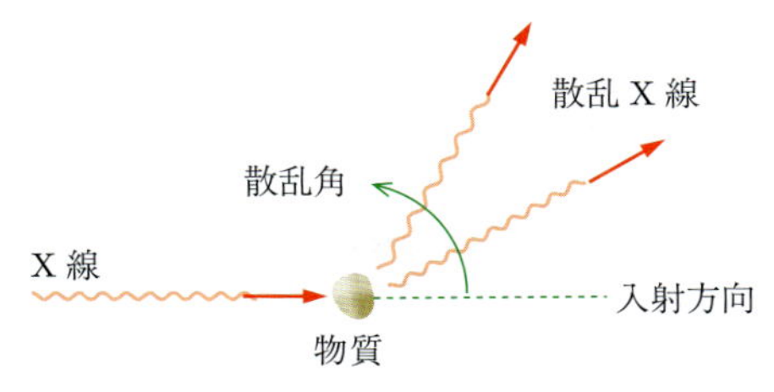

図 29.12 X 線の散乱

X 線の波長 λ'〔m〕は，散乱角が大きいほど，$\lambda' > \lambda$ となる X 線が含まれる現象が起こる．この現象を解明したコンプトンにちなんで，これを**コンプトン効果**とよぶ．

コンプトンは，X 線も光子の集まりであると考えることで，波長の変化を説明[112]しようとした．光量子仮説によると，振動数が ν〔Hz〕である X 線の光子[113]は，エネルギー $h\nu$ をもつと同時に，次式で表される運動量 p〔kg·m/s〕をもつと考える．

$$p = \frac{h\nu}{c} = \frac{h}{\lambda} \tag{29.6}$$

そこで，図 29.13 のように，コンプトン効果を光子と質量 m〔kg〕の電子の衝突現象として考える．衝突前後の X 線の波長を λ〔m〕および λ'〔m〕，衝突後の電子の速さを v〔m/s〕とすると，エネルギー保存の関係式は，つぎのように表され

$$\frac{hc}{\lambda} = \frac{hc}{\lambda'} + \frac{1}{2}mv^2 \tag{29.7}$$

運動量の保存の関係式は光子の入射方向に対する衝突後の光と電子のそれぞれの運動方向とのなす角を ϕ〔rad〕，および θ〔rad〕とすると，つぎのように表される．

$$\begin{cases} \dfrac{h}{\lambda} = \dfrac{h}{\lambda'}\cos\phi + mv\cos\theta \\ 0 = \dfrac{h}{\lambda'}\sin\phi - mv\sin\theta \end{cases} \tag{29.8}$$

式 (29.7) と式 (29.8) より，$\sin^2\theta + \cos^2\theta = 1$ の関係式を用いて，v と θ を消去すると，次式が得られる．

$$\lambda' - \lambda = \frac{h}{mc}(1 - \cos\phi) \tag{29.9}$$

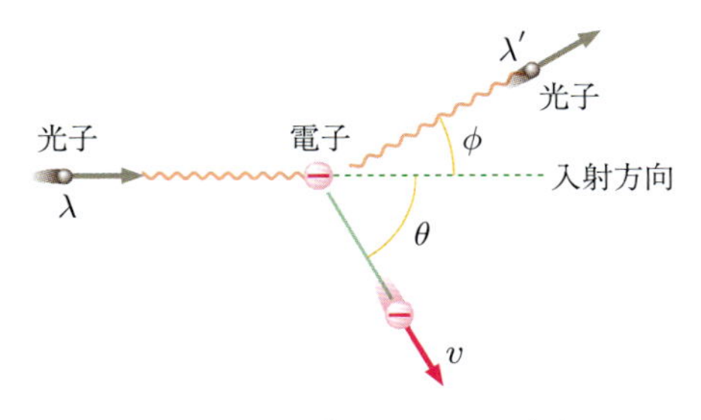

図 29.13 光子と電子の衝突

[112] 波の場合，入射波と散乱波の波長は等しいので，X 線を波と考えている限り，波長の変化は説明できない．

[113] $c = \nu\lambda$

114) $\lambda^2 = \lambda'^2 = \lambda\lambda'$

ただし，途中で $\lambda \fallingdotseq \lambda'$ とする近似[114] を用いている．

特に，$\phi = 90^\circ$ のとき，

$$\lambda' - \lambda = \frac{h}{mc} = 2.4 \times 10^{-12}\,\mathrm{m} \tag{29.10}$$

となる．これを電子の**コンプトン波長**とよぶ．

問 29.5　式 (29.9) を確認せよ．

問 29.6　X 線の散乱角が $\phi = 60^\circ$ だとすると，波長の変化量はいくらか．

29.2 電子の波動性

図 29.14　ド・ブロイ

物質波　光電効果やコンプトン効果などを通して，電磁波が波としてだけでなく，粒子としての側面をもつことが明らかになった．そこでド・ブロイは，電子のような質量をもつ粒子にも波としての性質があるのではないかと考え，その波長 λ〔m〕を次式で与えるような仮説を立てた．

$$\lambda = \frac{h}{p} = \frac{h}{mv} \tag{29.11}$$

ただし，p〔kg·m/s〕は粒子の運動量，m〔kg〕は粒子の質量，v〔m/s〕は粒子の速さである．

物質である粒子に対して，波としての性質を考えたとき，この波のことを**物質波**とよび，その波長を**ド・ブロイ波長**とよぶ．式 (29.11) は，式 (29.6) と同じ形をしており，波を粒子ととらえるか，粒子を波ととらえるかの違いを表しているだけである．

例題 29.1　物質波の波長

電気量 $-e$〔C〕で質量 m〔kg〕の電子を電圧 V〔V〕で加速したとき，物質波の波長はいくらか．ただし，プランク定数を h〔J·s〕とする．

解　電圧 V で電子を加速したときに，電子が得るエネルギーは eV である．これがすべて運動エネルギーになったとすると，

$$\frac{1}{2}mv^2 = eV$$

となり，速さは

$$v = \sqrt{\frac{2eV}{m}}$$

である．これを式 (29.11) に代入すると，波長 λ〔m〕は

$$\lambda = \frac{h}{\sqrt{2emV}}$$

となる．

問 29.7　電子を電圧 1.0×10^4 V で加速したとき，電子のド・ブロイ波長はいくらか．

粒子と波動の二重性　電子が波の性質をもつことは，干渉実験によって確かめることができる．図 29.15(a) のように，平行で接地した極板間の中央部に，細い糸状の電極を張って正の電位を与えると，電極から極板へ向けて電場がつくられる．これに向けて電子銃より電子を送り出して，奥の検出器で電子の到達した位置を記録する．検出器で検出した位置ごとに電子数の分布を調べると，光の干渉におけるヤングの実験のような分布[115)] が得られる．このことから，電子は図 29.15(b) のように電極の両側を通り，検出器にて波として干渉したものと考えられる．

[115)] 粒子として検出したとすると，電極のどちらかを通ることになるので，分布は2つの山をもつようなものとなる．

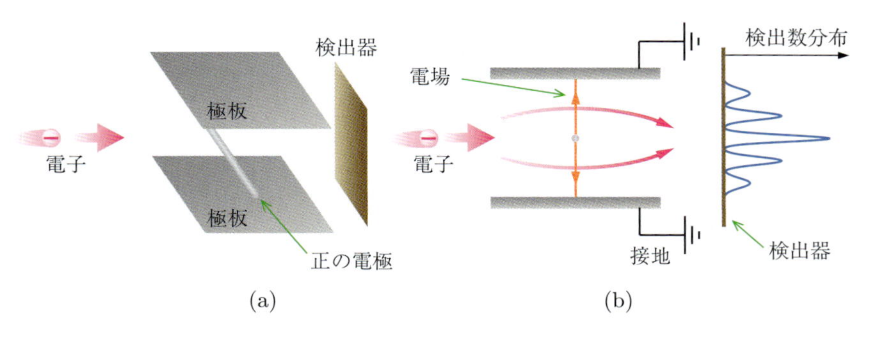

図 29.15　電子線の干渉実験

このように，電磁波も電子も波としての性質とともに粒子としての性質があり，一見すると矛盾するような性質をもっている．しかし，いろいろな実験結果が，この相反する性質をもつことを支持している．これを**粒子と波動の二重性**とよんでいる．

不確定性原理　図 29.16 のように，一様で広がった波と，一部の振幅が大きくなったような波を考える．これらは，波と粒子の性質を直感的に表したもので，図 29.16(a) は波長がよくわかる正弦波のため，式 (29.6) より，運動量がよくわかっている状態である．一方，図 29.16(b) は，いろいろな波長の波を重ね合わせたときにできる波であり，そのため波長の精度はよくないが，波の存在する位置については精度よく特定できることを表している．

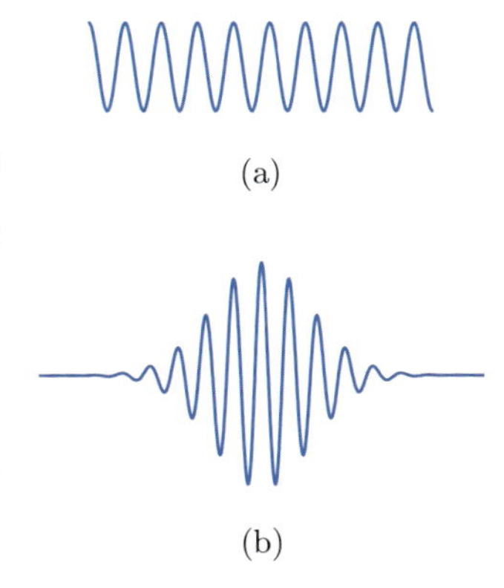

図 29.16　波動性と粒子性

波として考えるときには，粒子のように位置は特定できず，粒子のように考える場合には，波としての波長は特定できない．このように，位置と運動量 (波長) を同時に正確に求めることができないのである，ということを**不確定性原理**とよぶ．

これによると，位置と運動量の不確定性を Δx〔m〕と Δp〔kg·m/s〕とおくと，これらには下限値があり，次式[116)] で与えられる．

$$\Delta x \Delta p \geq \frac{\hbar}{2} \tag{29.12}$$

[116)] $\hbar = \dfrac{h}{2\pi}$

問 29.8　1.0 g の粒子の速さを 1.0 mm/s の精度で測定すると，位置の不確定性はいくらになるか．

演習問題 29

A

1. プランク定数を単位〔eV·s〕で換算するといくらか.

2. 銅の仕事関数は 4.6 eV である. このとき, 限界振動数はいくらか.

3. 質量 150 g の野球ボールが速さ 130 km/h で運動しているとき, 物質波は波長はいくらか.

B

1. 波長 1.0×10^{-7} m の紫外線をアルミニウムに当てたところ, 光電子が飛び出した. このとき, 光電子の速さの最大値はいくらか.

2. 波長 1.54×10^{-10} m の X 線を物質に当てたとき, 入射方向に対して 60° に散乱してくる X 線の波長はいくらか.

3. 質量 m〔kg〕で電気量 q〔C〕の荷電粒子の物質波を λ〔m〕にしたい. このために必要な加速電圧はいくらか. ただし, プランク定数を h〔J·s〕とする.

30 原子核と放射線

身のまわりにで目に見える物質の変化は，おおむね化学変化によって説明ができ，主役は分子であることが多い．しかし，物質の根源を考えるとき，さらに小さな原子や原子核の世界が広がっている．化学変化では原子自体が変化することはないが，原子核反応では，原子も不変な存在とはならない．この章では，原子核が変化する現象やそれにともなって生じる放射線について学習する．また，放射能について正しく理解することを目指す．

30.1 原子核

原子の構造　自然界に存在する物質は，すべて原子からできている．図30.1のように，原子は約 10^{-10} m ほどの大きさがあり，中心部には質量のほとんどを占める原子核とその周囲に存在する電子からなっている．原子核を構成する粒子は**核子**とよばれ，正の電荷をもつ**陽子**と電荷をもたない**中性子**がある．

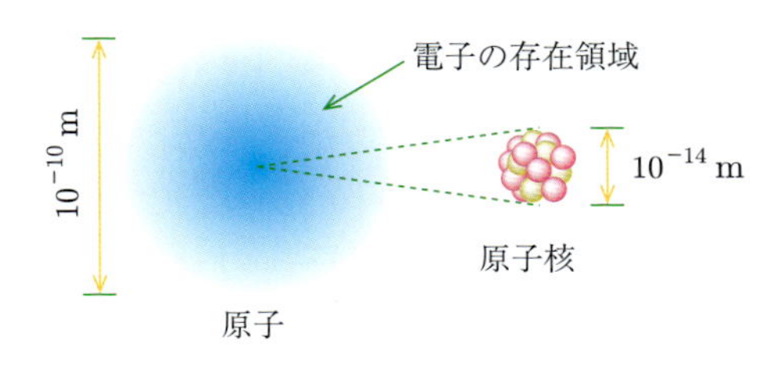

図 30.1　原子の構造

核子を結びつけている力は，電荷の有無にかかわらず生じており，**核力**とよばれる．陽子間にはたらくクーロン力は斥力なので，核力はクーロン力より強い．核子間距離はおよそ 10^{-15} m 程度であり，核力はクーロン力のおよそ 10^2 倍程度の大きさ[117]がある．

各原子は，原子核内にある陽子の数 Z で区別され，周期表の中で**原子番号**として割り当てられている．中性子の数を N とすると，核子の総数 A は

$$A = Z + N \tag{30.1}$$

と表され，**質量数**とよばれる．表30.1のように，電子の質量は核子の質量のおよそ 10^{-3} 倍なので，原子の質量はほとんど核子の質量である．

[117] 核子間距離が大きくなると，核力の大きさは急速に小さくなる性質があり，身のまわりで核力を感じることはない．

表 30.1　原子内の粒子の質量

粒子	質量〔kg〕
電子	9.109×10^{-31}
陽子	1.673×10^{-27}
中性子	1.675×10^{-27}

同位体　原子番号が同じ原子であっても，中性子の数が異なるものが存在する場合がある．このとき，同じ原子番号の原子同士を互いに**同位体**とよぶ．原子番号が等しいため，原子内の電子数は同位体同士で等しい．このため，同位体同士の化学的な性質は似たものとなっている．

同位体の元素記号はすべて等しいため，質量数の違いによって区別する．元素記号が X で，原子番号 Z および質量数 A の場合には，図 30.2 のように記述する．たとえば，炭素の同位体は ${}^{12}_{6}\mathrm{C}$ と ${}^{13}_{6}\mathrm{C}$ などである．

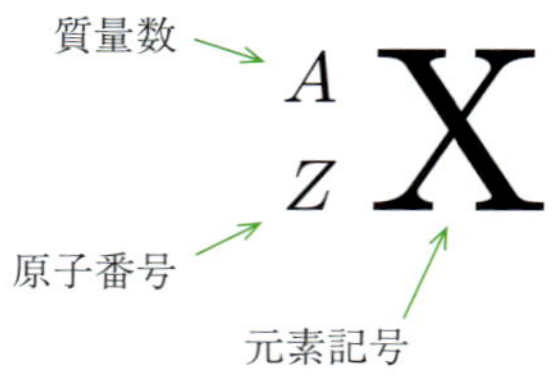

質量数 → A
原子番号 → Z
X ← 元素記号

図 30.2　同位体の表し方

問 30.1　中性子をもたない同位体が存在する元素には，なにがあるか．

原子質量単位　質量の単位は〔kg〕であるが，原子のような極微なものの質量を表す場合，表 30.1 のように非常に小さな指数を用いなければならなくなる．そこで炭素の同位体である ${}^{12}_{6}\mathrm{C}$ を基準とし，この $\dfrac{1}{12}$ を単位として表すことが多い．これを**原子質量単位**とよび〔u〕で表す．1 u を〔kg〕で表すと

$$1\,\mathrm{u} \fallingdotseq 1.661 \times 10^{-27}\,\mathrm{kg} \tag{30.2}$$

となる．したがって，核子 1 個の質量はほぼ 1 u であり，原子の質量を原子質量単位で表したとき**原子量**とよぶ．

原子に同位体が存在する場合，表 30.2 のような存在比を用いて平均値を計算し，その値を原子量とする．炭素の場合，同位体の存在比は ${}^{12}_{6}\mathrm{C}$ が 98.93%であり，${}^{13}_{6}\mathrm{C}$ が 1.07%なので，

表 30.2　同位体の存在比の例

元素	同位体	存在比〔%〕	質量〔u〕
水素	${}^{1}_{1}\mathrm{H}$	99.989	1.008
	${}^{2}_{1}\mathrm{H}$	0.012	2.014
炭素	${}^{12}_{6}\mathrm{C}$	98.93	12
	${}^{13}_{6}\mathrm{C}$	1.07	13.003

$$\text{炭素の原子量} = (12.000\,\mathrm{u})\times(0.9893\,\%)+(13.003\,\mathrm{u})\times(0.0107\,\%) = 12.01\,\mathrm{u} \tag{30.3}$$

となる．

問 30.2 水素の原子量はいくらか.

30.2 原子核崩壊と放射線

放射能 自然界に存在する原子は，すべてが安定的に存在するわけではない．図 30.3 のように，なかには時間経過とともに，別の原子に姿を変えるものもある．これを**崩壊**[118]とよび，原子は原子核から電磁波や粒子を放出する．この原子が変化するときに放出するものを**放射線**とよび，放射線を出して変化する性質のことを**放射能**とよぶ．また，崩壊する前の原子核のことを**親核種**とよび，崩壊後の原子核のことを**娘核種**とよぶ．

118) 放射性崩壊とも壊変ともよぶ．

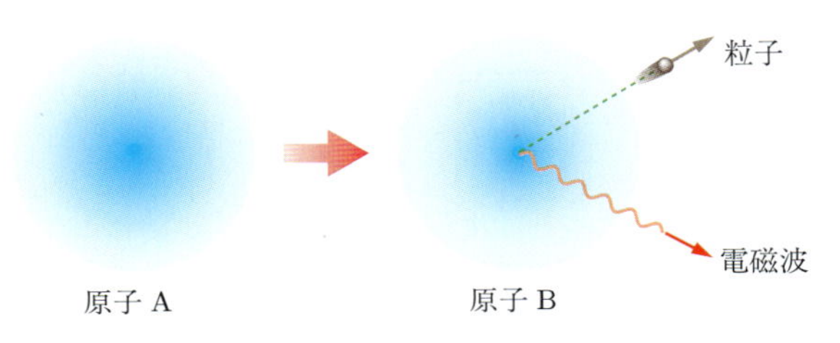

図 30.3 原子の崩壊

放射線の種類 原子核が崩壊するときに放出される放射線には，正の電荷をもつもの，負の電荷をもつもの，電荷をもたないものの 3 種類があり，それぞれ **α 線**，**β 線**，および **γ 線**とよばれる．実際には，α 線はヘリウムの原子核，β 線は高速に運動する電子であり，γ 線は X 線より波長の短い電磁波のことである．さらに，放射線には，高速に運動する中性子や重陽子[119]による**中性子線**や**重陽子線**などを加えることもある．

119) 重水素の原子核のことであり，陽子と中性子からなる．

放射線は物質を透過し，物質中で原子をイオン化する性質をもっている．これを**電離作用**とよぶ．図 30.4 のように，透過する性質や電離作用の強さは放射線の種類によって異なる．また，生体に照射された場合には，細胞に影響を及ぼしてがんの原因となったりする．

α 崩壊 原子核が α 線を放出して崩壊することを **α 崩壊**とよぶ．これにより原子核の質量数は 4 だけ減少し，原子番号は 2 だけ減る．つまり，核

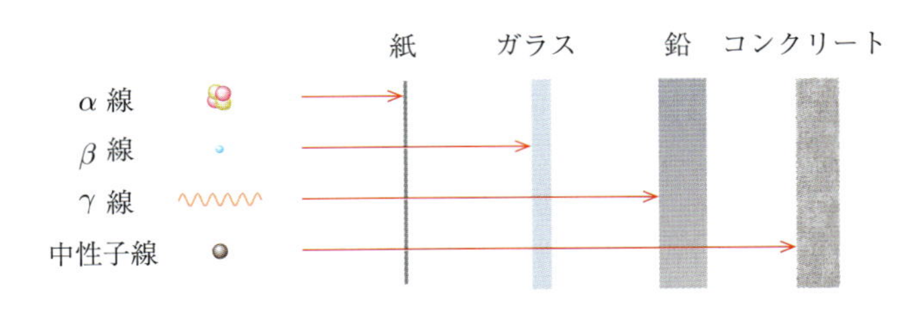

図 30.4 放射線の透過力

図 30.5 ガイガーカウンター

種 X が X′ になったとすると，つぎのように表される．

$$ {}^{A}_{Z}\mathrm{X} \longrightarrow {}^{A-4}_{Z-2}\mathrm{X}' + {}^{4}_{2}\mathrm{He} \tag{30.4} $$

β 崩壊　原子核が β 線を放出して崩壊することを **β 崩壊**とよぶ．これにより原子核の質量数は変化しないが，原子番号は 1 だけ増える．この変化は中性子が陽子に変化することで起こる．また β 崩壊では，電子のほかにほとんど質量のない中性な粒子である**ニュートリノ** (中性微子) $\bar{\nu}_{\mathrm{e}}$[120] も同時に放出される．つまり，核種 X が X′ になったとすると，つぎのように表される．

120) 反電子ニュートリノとよばれる．

$$ {}^{A}_{Z}\mathrm{X} \longrightarrow {}_{Z+1}^{\;\;A}\mathrm{X}' + \mathrm{e}^- + \bar{\nu}_{\mathrm{e}} \tag{30.5} $$

原子核によっては，崩壊するときに電子ではなく陽電子 e^+ を放出するものもある．この場合には，原子核の質量数は変化しないが，原子番号は 1 だけ減る．さらにニュートリノ ν_{e}[121] も同時に放出されるので，核種 X が X′ になったとすると，つぎのように表される．

121) 電子ニュートリノとよばれる．

$$ {}^{A}_{Z}\mathrm{X} \longrightarrow {}_{Z-1}^{\;\;A}\mathrm{X}' + \mathrm{e}^+ + \nu_{\mathrm{e}} \tag{30.6} $$

式 (30.6) の崩壊は，式 (30.5) の崩壊と区別して β^+ 崩壊とよんだりする．

図 30.6　カミオカンデ

例題 30.1　放射性崩壊

${}^{238}_{92}\mathrm{U}$ が α 崩壊を 1 回，β 崩壊を 2 回したとすると，核種は何になるか．

解　α 崩壊で質量数が 4 だけ減り，原子番号が 2 だけ減るが，β 崩壊では原子番号が 1 だけ増加する．したがって，崩壊後の質量数 A と原子番号 Z は，つぎのようになる．

$$ A = 238 - 4 = 234, \quad Z = 92 - 2 + 1 \times 2 = 92 \tag{30.7} $$

原子番号は 92 なので，元素としては U のまま質量数が 234 となっているので，崩壊後の核種は ${}^{234}_{92}\mathrm{U}$ となる．

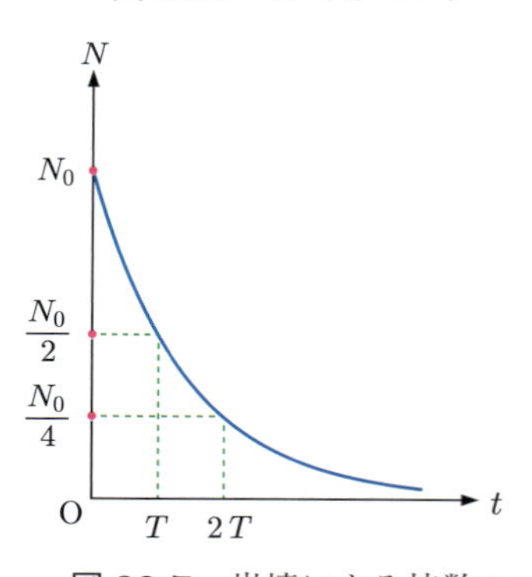

図 30.7　崩壊による核数の時間変化

半減期　原子核が崩壊によって別の原子核へと変化することで，もとの原子核の数は減少していく．減少する割合は指数関数的であり，図 30.7 のように，時刻 0 に N_0 個あった原子核が時間 T〔s〕経過後に半減したとすると，$2T$〔s〕ののちにはさらに半減するという割合で減少していく．このとき，原子核数が半減するまでの時間 T を**半減期**とよぶ．

半減期 T〔s〕の原子核が，時刻 0 で N_0 個あったとすると，時刻 t〔s〕における原子核数 $N(t)$ は，つぎのように表される．

$$ N(t) = N_0 \left(\frac{1}{2} \right)^{t/T} \tag{30.8} $$

問 30.3　ヨウ素 ${}^{131}_{53}\mathrm{I}$ の半減期は 8 日である．40 日経過したとき，どれくらい減少するか．

参考

宇宙からくる放射線 (宇宙線) によって中性子 (n) がつくられ，これが大気中の窒素の原子核 ($^{14}_{7}$N) と反応して炭素の放射性同位体である $^{14}_{6}$C と陽子 (p) がつくられる．

$$n + {}^{14}_{7}N \longrightarrow {}^{14}_{6}C + p \tag{30.9}$$

この $^{14}_{6}$C は，空気中に CO_2 として一定の割合だけ存在する．光合成によって CO_2 を取り込んでいる植物内にも，$^{14}_{6}$C は同じように一定の割合で含まれる．植物が枯れると光合成しなくなるので，その時点で植物内に含まれる $^{14}_{6}$C は，あとは崩壊によって減少するだけである．また，同時期の植物を食べた動物にも同じ割合の $^{14}_{6}$C が取り込まれている．

$^{14}_{6}$C は半減期 (5730 年) によって減少するので，$^{12}_{6}$C に対する割合から，その植物・動物が生きていた年代を推定することができる．

放射線・放射能の単位　放射能は放射線を放出する能力であり，放射線は原子核の崩壊によって放出されるので，単位時間あたりに崩壊する原子核の個数によって**放射能の強さ**を表すことができる．つまり，1 秒間に 1 個の原子核が崩壊するような放射能の強さを 1 Bq(**ベクレル**) と定義する．したがって，放射性物質の放射能の強さ B〔Bq〕は，原子核が時間 Δt〔s〕の間に ΔN 個だけ崩壊したとすると，

$$B = \frac{\Delta N}{\Delta t} \tag{30.10}$$

と表される．これによると，等しい数の放射性同位体に対しては，半減期が短いほうが短時間あたりの崩壊数が多いので，放射能は強いといえる．

また，崩壊する原子核の数は，その時点で存在する原子核の数に比例するはずである．この比例定数を λ〔s^{-1}〕とおくと，式 (30.10) は，つぎのように表すこともできる．

$$B = \lambda N \tag{30.11}$$

この比例定数 λ は，**崩壊定数**とよばれる．

放射線を受けることによる影響は，単位質量あたりのエネルギー吸収量によって表され，これを**吸収線量**とよぶ．吸収線量は，1 kg あたり 1 J のエネルギー吸収量があるときを 1 Gy (**グレイ**) と定義する．

特に，人体への影響を考えると，吸収する放射線の種類によって異なるので，放射線の種類による**放射線荷重係数**† を乗じて，つぎのように**等価線量**を定義する．

$$\text{等価線量} = \text{吸収線量} \times \text{放射線荷重係数} \tag{30.12}$$

放射線の種類による重みづけをした等価線量は単位**シーベルト**〔Sv〕で表す．したがって，α 線の 1 Gy は 20 Sv であり，β 線の 1 Gy は 1 Sv である．

さらに，人体の部位によっても放射線に対する感受性が異なるので，等価線量に部位ごとの組織荷重係数 * を乗じて，身体全体で足し上げることで人体に対する影響を考えなければならず，つぎのようにして得られる線

† **放射線荷重係数**

放射線	係数
α 線	20
β 線	1
γ 線	1
陽子	2

* **組織荷重係数**
(ICRP 2007)

組織	係数
肺	0.12
胃	0.12
生殖器	0.08
肝臓	0.05
皮膚	0.01

量を**実効線量**とよぶ．

$$\text{実効線量} = \sum_{\text{全組織}} (\text{組織に対する等価線量} \times \text{組織の組織荷重係数}) \quad (30.13)$$

たとえば，集団検診における X 線撮影 (胸部) での実効線量は 0.05 mSv/回である．

問 30.4　ある放射性物質 A の放射能の強さが 2.0×10^2 Bq であったが，24 時間後に 1.5×10^2 Bq になった．A の半減期はいくらか．

放射線の利用　放射線を受けることを**被曝**とよぶ．放射性物質が身体の外部にあって，そこから放射線を浴びることを**外部被曝**とよび，体内に取り込んだ放射性物質による放射線で被曝することを**内部被曝**とよぶ．いずれにせよ，放射線の透過力および電離作用により，細胞に重大な影響を及ぼす．

しかし，放射線の透過力を利用して，身体内のようすを調べるために活用することもできる．検診などで活用されている胸部 X 線撮影は，X 線が体内を透過する性質を利用し，各部位ごとの透過率の違いから，体内のようすを濃淡で表示させるものである．

X 線 CT[122] は，図 30.9(a) のように，撮影したいもののまわりで X 線の射出口と検出器をセットで回転させ，それぞれの位置で X 線を照射する．すると，被撮影体に入射する角度ごとの透過強度の分布が得られる．これをコンピュータを用いることで，透過強度の違う部位を位置ごとに断層像として可視化させることが可能となる．

[122] Computed Tomography

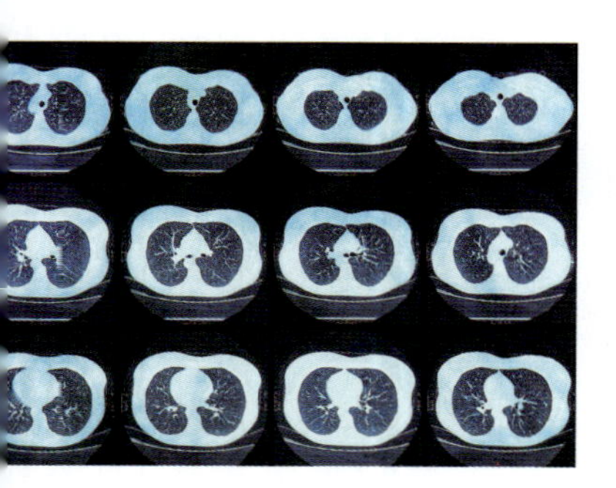

図 30.8　CT 写真

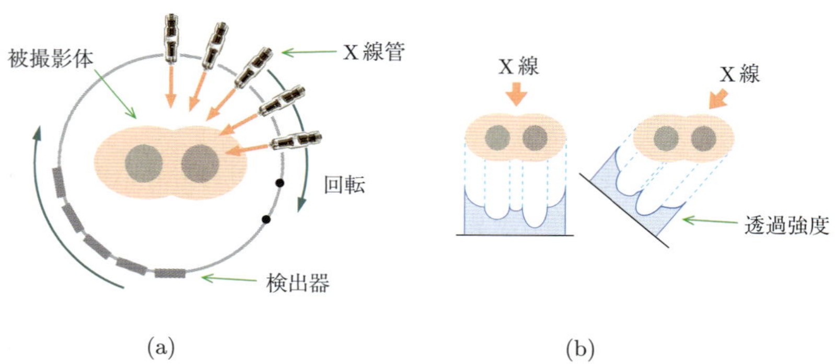

図 30.9　X 線 CT の原理

CT 画像により患部の位置が特定できると，いろいろな方向からその部位に放射線を集中的に照射して，病変を死滅させるといった利用[123] もできるようになった．1 つの方向からの放射線を弱くしても，多くの方向からの集中照射によって患部のみにエネルギーを集中させることができるので，正常な部位への影響を少なくしつつ治療の効果をあげることができる．

[123] ガンマナイフなどとよばれる．

演習問題 30

A

1. 原子質量単位が式 (30.2) で与えらえることを確認せよ．ただし，$^{12}_{6}\mathrm{C}$ の分子量を 12.0 g/mol，アボガドロ数を $6.02 \times 10^{23}\ \mathrm{mol}^{-1}$ とする．

2. 放射能の強さが B〔Bq〕の物質がある．この物質の半減期の半分だけ時間が経過したとすると，放射能の強さはいくらになるか．

3. $^{137}_{55}\mathrm{Cs}$ が 100 年間で減少する割合はいくらか．ただし，半減期は 30 年である．

B

1. $^{235}_{92}\mathrm{U}$ は，崩壊をくり返して，最終的に $^{207}_{82}\mathrm{Pb}$ となる．この過程において，α 崩壊と β 崩壊の回数は，それぞれいくらか．

2. 崩壊定数 λ〔s^{-1}〕と半減期 T〔s〕には，どのような関係があるか．

3. カリウム ($_{19}\mathrm{K}$) には，放射性同位体である $^{40}_{19}\mathrm{K}$ が 0.012%の割合で含まれている．また，ヒトの体内には，ミネラルとしてカリウムが，体重のおよそ 0.20 %含まれている．このとき，体重 60 kg のヒトの放射能はいくらになるか．ただし，$^{40}_{19}\mathrm{K}$ の半減期は 1.25×10^{9} 年であり，K の原子量は 39.1 g/mol である．

演習問題解答

第1章

問 1.1　摂氏温度 C〔°C〕から華氏温度 F〔°F〕への変換は，次式で与えられる．

$$F = \frac{9}{5}C + 32$$

したがって，68 °F となる．

問 1.2　オームの法則より，電気抵抗の単位は電圧と電流の単位を用いて〔Ω〕=〔V〕/〔A〕で表される．また，電圧の単位は，単位電荷当たりの仕事として〔V〕=〔J〕/〔C〕と表される．仕事は力と距離から〔J〕=〔N〕×〔m〕であり，力は運動方程式より〔N〕=〔kg〕×〔m〕/〔s^2〕である．さらに，電気量は電流を用いて〔C〕=〔A〕×〔s〕なので，組み合わせると与式となる．

問 1.3　エネルギーは，力の大きさと距離の積で表され，力の大きさは質量と加速度の大きさの積で表される．加速度の大きさは，距離を時間で 2 回割ることに相当するので，エネルギーの次元は $\mathsf{L}^2\mathsf{M}\mathsf{T}^{-2}$ となる．

問 1.4　$\mathsf{L}^2\mathsf{M}\mathsf{T}^{-3}\mathsf{I}^{-2}$ となる．

問 1.5　$\dfrac{\pi}{3}$〔rad〕

問 1.6　式 (1.3) により，1.3 sr となる．

問 1.7　$\theta = \tan^{-1}\left(\dfrac{3}{2}\right) = 0.98\,\mathrm{rad}$

問 1.8　2.38 ± 0.05

A

1. 弧の長さ：$\dfrac{\pi R\phi}{180}$，$\theta = \dfrac{\pi\phi}{180}$
2. $2\pi \times (6378\,\mathrm{km}) \times \dfrac{(1\,\text{度})/60}{360\,\text{度}} = 1.855\,\mathrm{km}$
3. 平均値：1.35 kg，タイプ A の標準不確かさ：0.04 kg

1 海里 (1 M) は，これとほぼ等しく 1.852 km である．

B

1. θ〔分〕を単位〔度〕にすると，$\dfrac{\theta}{60}$〔度〕である．図 1.11 の幾何学的配置より，

$$\tan\left(\frac{\theta/60}{2}\right) = \frac{d/2}{L}$$

となるので，$\theta = 120 \times \tan^{-1}\left(\dfrac{d}{2L}\right)$ である．したがって，視力は

これの逆数をとり

$$視力 = \frac{1}{\theta} = \frac{1}{120\tan^{-1}\left(\frac{d}{2L}\right)}$$

となる．

2. 1.0
3. (1.912 ± 0.001) m

第2章

問2.1　5.0 N

問2.2　成分表示された力の合力 $\vec{F}$〔N〕は，それぞれの成分を加えればよく $\vec{F} = (3, 1)$ となるので，大きさは 3.2 N となる．

問2.3　合力 $\vec{F}$〔N〕は $\vec{F} = (4, 5)$ なので，なす角 θ〔度〕は，つぎのようになる．

$$\theta = \tan^{-1}\left(\frac{5}{4}\right)$$

問2.4　49 N

問2.5　4.0 cm を 4.0×10^{-2} m として計算すると 7.5×10^2 N/m となる．

問2.6　重さ 40 N の鉛直下向きの力に対して，斜面と垂直な向きの力は $40 \times \cos 30^\circ$ で与えられるので 35 N となる．

問2.7　0.30

問2.8　図 A.1 において，$\vec{F_1}$〔N〕は物体に生じている重力，$\vec{F_2}$〔N〕は物体にはたらく張力，$\vec{F_3}$〔N〕は物体がひもを引く力である．ここでは，$\vec{F_1}$〔N〕と $\vec{F_2}$〔N〕がつり合いの関係で，$\vec{F_2}$〔N〕と $\vec{F_3}$〔N〕が作用反作用の関係である．

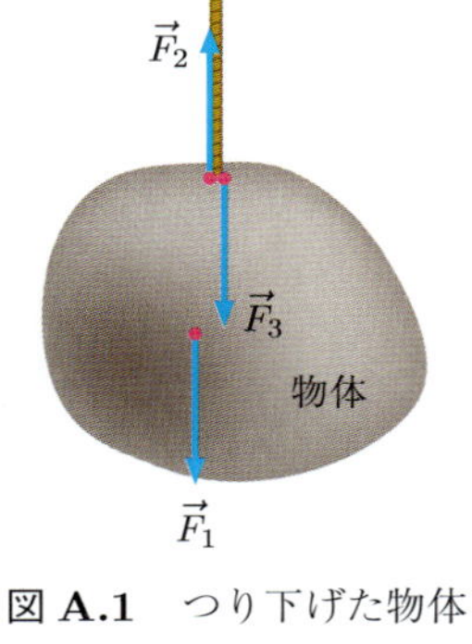

図 **A.1**　つり下げた物体

A

1. 6.3 N，72 度
2. 図 A.2 のようになる．
3. 図 A.3 は，A に作用している力を表しており，N〔N〕は垂直抗力の大きさを表している．
   (a) 力のつり合いより，$F + N = mg$ となり，$N = mg - F$ である．A が床に及ぼしている力と垂直抗力は作用反作用の関係で等しいので，$mg - F$ となる．
   (b) ばねには大きさ F〔N〕の力が作用しているので，$\dfrac{F}{k}$〔m〕となる．
   (c) A が床から離れるとき，垂直抗力が 0 になる．したがって，mg〔N〕である．

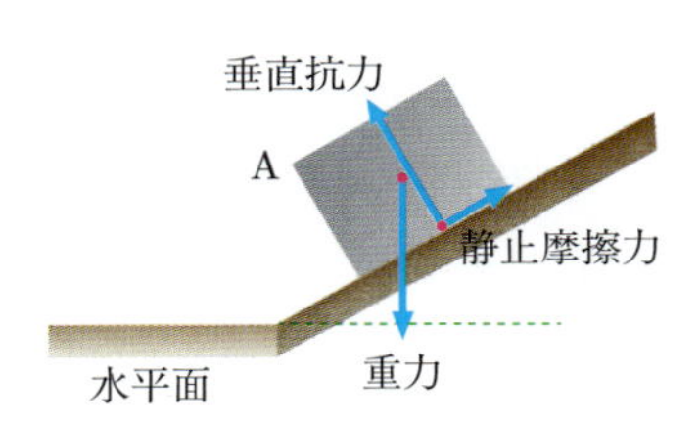

図 **A.2**　A にはたらく力

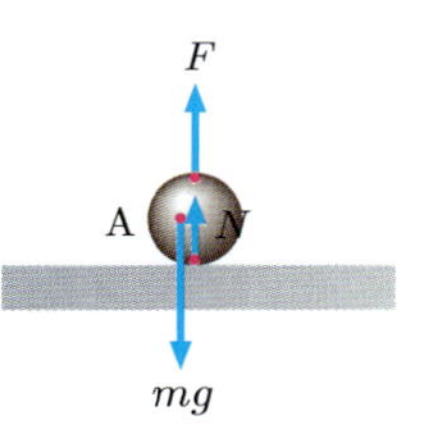

図 **A.3**　A にはたらく力

B

1. ℓ_1 方向と ℓ_2 方向に分解した力を，それぞれ x 方向と y 方向に分解して，$\vec{F} = (0, F)$ となるように連立させて解く．

ℓ_1 方向：$\dfrac{F}{\cos\theta\tan\phi+\sin\theta}$〔N〕，$\ell_2$ 方向：$\dfrac{F}{\cos\phi\tan\theta+\sin\phi}$〔N〕

2. 300 ‰，4.6 度

3. 点 B に作用する力の大きさ：$\dfrac{W}{\sin\phi-\cos\phi\tan\theta}$〔N〕，

点 C に作用する力の大きさ：$\dfrac{W}{\tan\phi\cos\theta-\sin\theta}$〔N〕

第 3 章

問 3.1　太い方が力のモーメントが大きくなるため，バットを回転させるのには有利である．

問 3.2　ab 間を 3 : 2 に内分する点なので，作用点は点 a から 1.8 m 離れた点となる．

問 3.3　ab 間を 3 : 2 に外分する点なので，作用点は点 b から点 a と反対側に 3.0 m 離れた点となる．

問 3.4　力のつり合いの式は，つぎのようになる．

水平方向：$R_x=F\cos(\theta+\phi)$，　鉛直方向：$F\sin(\theta+\phi)=R_y+W_L+W$

これらと力のモーメントの和が 0 だという式を連立させて解くと，次式が得られる．

$$R_x=\left\{\left(\frac{L_{\mathrm{ac}}\cos\phi}{L_{\mathrm{ab}}\sin\theta}\right)W_L+\left(\frac{L_{\mathrm{ad}}\cos\phi}{L_{\mathrm{ab}}\sin\theta}\right)W\right\}\cos(\theta+\phi)$$

$$R_y=\left\{\left(\frac{L_{\mathrm{ac}}\cos\phi}{L_{\mathrm{ab}}\sin\theta}\right)W_L+\left(\frac{L_{\mathrm{ad}}\cos\phi}{L_{\mathrm{ab}}\sin\theta}\right)W\right\}\sin(\theta+\phi)-W_L-W$$

問 3.5　省略

問 3.6　図 A.4 のように正方形の重心 $\mathrm{G_s}$ は対角線の交点であり，正三角形の重心 $\mathrm{G_t}$ は辺の 2 等分線の交点にある．密度が等しく一様なので，質量比は 1 対 $\dfrac{\sqrt{3}}{4}$ である．したがって，各重心を結ぶ線を $\dfrac{\sqrt{3}}{4}$ 対 1 に内分する点が全体の重心となる．$\mathrm{G_sG_t}$ 間の距離は $\left(\dfrac{1}{2}+\dfrac{\sqrt{3}}{6}\right)a$〔m〕なので，

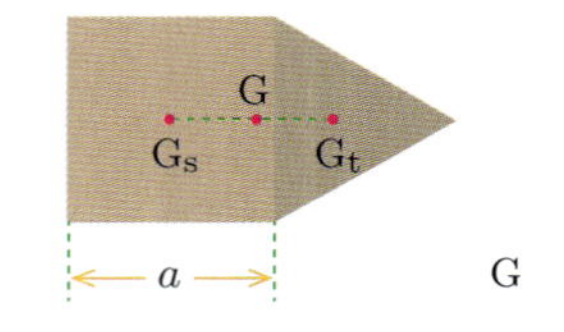

図 A.4　正方形と正三角形

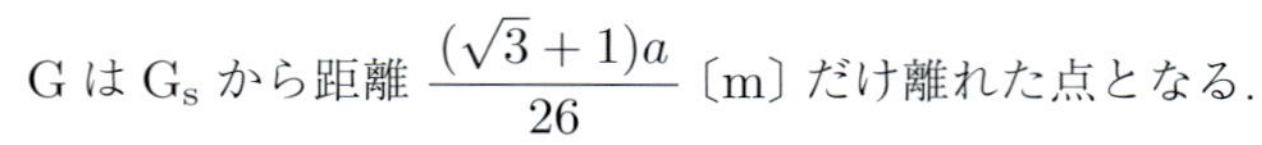

G は $\mathrm{G_s}$ から距離 $\dfrac{(\sqrt{3}+1)a}{26}$〔m〕だけ離れた点となる．

問 3.7　上部を引いたほうが下部を引くより，重力と引く力の合力の作用線が，物体内で水平面と接しないことが多くなる．

A

1. fd〔N·m〕，$\dfrac{fd}{D}$〔N〕
2. (a) 32 cm，20 cm，(b) 4.5×10^2 N
3. $\dfrac{r}{6}$〔m〕

B

1. (a) 1.6×10^2 N，(b) 4.2×10^2 N，(c) 74 N

2. (a) $(\mathrm{CD}\cos\theta - \mathrm{DF})W$〔N·m〕, (b) W〔N〕,
   (c) $\dfrac{(\mathrm{CD}\cos\theta - \mathrm{DF})W}{\mathrm{BD}\sin\theta}$〔N〕

第4章

問 4.1 省略

問 4.2 作用反作用の法則により，棒の任意の断面を通して，すべて大きさ F〔N〕の力が作用している．したがって，応力の大きさは，細い部分が太い部分より 3 倍大きく生じている．

問 4.3 弾性変形を考えるとき，式 (2.3) では，材質が同じであっても，物体 (ばね) の長さや太さによってばね定数は変化する．一方，式 (4.4) では，単位長さや単位断面積での変形を考えており，物体の形状によらない関係式となっているため，ヤング率は材質による定数となっている．

問 4.4 式 (4.5) より，$|\varepsilon'| = \sigma\varepsilon$ である．伸びによるひずみが $\varepsilon = 1.0 \times 10^{-2}/1.0$ なので，$\varepsilon' = 3.45 \times 10^{-3}$ となる．したがって，断面の一辺は 3.5×10^{-2} mm だけ小さくなる．

問 4.5 圧力変化 ΔP〔Pa〕は正のときに圧縮となり，圧縮されるとき体積変化 ΔV〔m^3〕は負の量となるので，マイナス符号が必要となる．

問 4.6 図 4.13 と図 4.14 より，$\tan\theta = \dfrac{\ell}{L}$ であり，ひずみが小さいときには $\tan\theta \to \theta$ と近似できる．

問 4.7 省略

A

1. 大きさ F〔N〕の力を加えたとき，円柱の伸びが ΔL〔m〕だとすると，フックの法則より，
$$\frac{F}{\pi r^2} = E \cdot \frac{\Delta L}{L}$$
となる．これより，ばね定数[124] は $\dfrac{\pi r^2 E}{L}$〔N/m〕となる．

[124] $F = kx$

2. (a) 金属線内に作用する応力は $\dfrac{mg}{\pi r^2}$〔Pa〕であり，伸びを ΔL〔m〕だとすると，フックの法則は次式となる．
$$\frac{mg}{\pi r^2} = E \cdot \frac{\Delta L}{L}$$
これより，伸びは $\Delta L = \dfrac{mgL}{\pi r^2 E}$〔m〕となる．(b) $\dfrac{1}{4}$ 倍

3. (a) 引っ張り強さ σ〔Pa〕は応力の最大値なので，面積をかけて力の最大値となる．3.0×10^{-3} kg，(b) 6.4×10^{-4} m

B

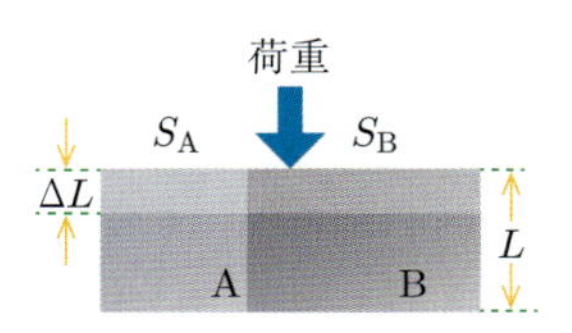

図 A.5 複合材質による変形

1. 図 A.5 のように，A と B の荷重部分の面積を S_A〔m^2〕と S_B〔m^2〕とし，変形前の高さを L〔m〕，変形量を ΔL〔m〕とする．荷重の大きさを F〔N〕だとすると，A と B のそれぞれの部分に分力 F_A〔N〕と

F_{B}〔N〕になって作用するので，変形に対するフックの法則を表すと

$$\frac{F_{\mathrm{A}}}{S_{\mathrm{A}}} = E_{\mathrm{A}} \cdot \frac{\Delta L}{L}, \quad \frac{F_{\mathrm{B}}}{S_{\mathrm{B}}} = E_{\mathrm{B}} \cdot \frac{\Delta L}{L}$$

となる．物体全体のヤング率を E〔Pa〕として，同じようにフックの法則を表すと

$$\frac{F}{S_{\mathrm{A}} + S_{\mathrm{B}}} = E \cdot \frac{\Delta L}{L}$$

となるので，$F = F_{\mathrm{A}} + F_{\mathrm{B}}$ を用いて，これらより $E = \rho_{\mathrm{A}} E_{\mathrm{A}} + \rho_{\mathrm{B}} E_{\mathrm{B}}$ が得られる．

2. $\Delta L = \dfrac{TL}{E}$ より，$3.2 \times 10^{-5}\,\mathrm{m}$
3. UCS のときの応力を T_{ucs}〔Pa〕とおくと，そのときのひずみ $\varepsilon_{\mathrm{ucs}}$ は $\varepsilon_{\mathrm{ucs}} = \dfrac{T_{\mathrm{ucs}}}{E}$ となるので，1.0%となる．

第5章

問 5.1　車が加速している間の加速度は，$\dfrac{15\,\mathrm{m/s}}{10\,\mathrm{s}} = 1.5\,\mathrm{m/s^2}$ より $1.5\,\mathrm{m/s^2}$，車が減速している間の加速度は $\dfrac{-15\,\mathrm{m/s}}{10\,\mathrm{s}} = -1.5\,\mathrm{m/s^2}$ より $-1.5\,\mathrm{m/s^2}$ である．

問 5.2　西向きを正とすると，西向きに 3 m/s で進む自転車の相対速度は，

$$(3\,\mathrm{m/s}) - (5\,\mathrm{m/s}) = -2\,\mathrm{m/s}$$

東向きに 3 m/s で進む自転車の相対速度は，

$$(-3\,\mathrm{m/s}) - (5\,\mathrm{m/s}) = -8\,\mathrm{m/s}$$

となる．

A

1. x-t グラフでは傾きが速度を表す．傾きが一定のとき等速度，傾きが 0 のとき停止していることになる．

   1. OA 間および BC 間　**2.** AB 間　**3.** BC 間
2. v-t グラフでは傾きが加速度を表し，x 軸との間の面積が変位を表す．よって，このエレベーターは，はじめの 5 s 間は一定の加速度 $0.6\,\mathrm{m/s^2}$ で加速しながら上昇，5 s から 20 s までは一定の速度で上昇，20 s から 25 s は一定の加速度 $-0.6\,\mathrm{m/s^2}$ で減速しながら上昇している．このエレベーターの上昇距離は，このグラフの面積から 60 m である．よって，間違っている記述は **2.**．

B

1. 物体の速度は変位の時間微分で表され，物体の加速度は速度の時間微分で表される．よって，時刻 t〔s〕における速度を v〔m/s〕，加速度を a〔$\mathrm{m/s^2}$〕とすると，

$$v = \frac{\mathrm{d}x}{\mathrm{d}t} = r\alpha \cos(\alpha t)$$

$$a = \frac{\mathrm{d}v}{\mathrm{d}t} = -r\alpha^2 \sin(\alpha t)$$

となる．

2. 初速度 v_0〔m/s〕の鉛直投げ上げ運動は，下向きの加速度が一定の等加速度直線運動となる．図 A.6 では上向きを正とし，小球が最高点に到達した時刻を $t_{\max}$〔s〕，小球が投げ上げた地点に落下した時刻を t_1 として表す．

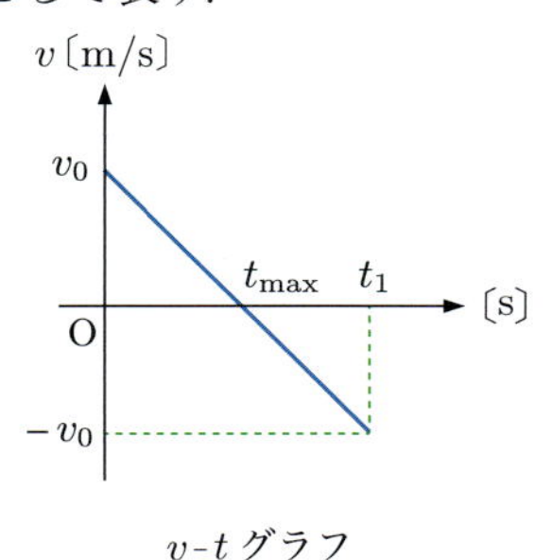

図 A.6

3. 電車の速度を $\vec{v_{\mathrm{t}}}$〔m/s〕，雨滴の速度を $\vec{v_{\mathrm{d}}}$〔m/s〕とすると，電車の中の人から見た雨滴の相対速度 $\vec{v_{\mathrm{r}}}$〔m/s〕は，

$$\vec{v_{\mathrm{r}}} = \vec{v_{\mathrm{d}}} - \vec{v_{\mathrm{t}}}$$

であり，これを図 A.7 で表すと以下のようになる．この図 A.7 から，

$$v_{\mathrm{d}} = \frac{v_{\mathrm{t}}}{\tan 60^\circ}$$

よって，雨滴の落下速度は下向きに 5.8 m/s.

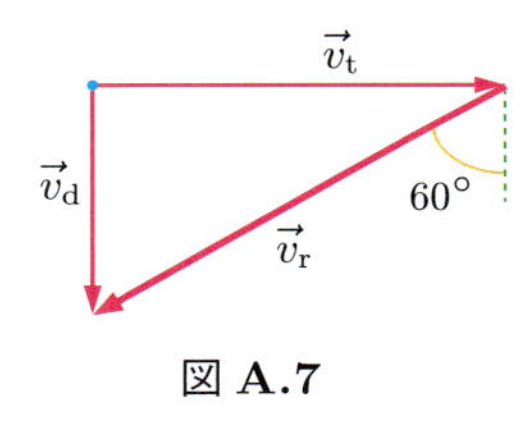

図 A.7

第 6 章

問 6.1　運動方程式より，小物体に生じる加速度の大きさは $\dfrac{F}{m}$〔m/s^2〕．よって，t〔s〕後の小物体の速さ v〔m/s〕は，

$$v = \frac{F}{m}t$$

となる．

問 6.2　式 (6.4) より，落下を始めてから地上に到達するまでの時間 t〔s〕は，

$$t = \sqrt{\frac{2 \times (4.9\,\mathrm{m})}{9.8\,\mathrm{m/s^2}}} = 1.0\,\mathrm{s}$$

となる．

問 6.3　物体にはたらく重力の斜面方向の成分は，斜面下向きに $mg\sin\theta$〔N〕であり，これが物体を斜面に沿ってすべらせる力となっている．物体の斜面方向の加速度を a とすると，運動方程式より $a = g\sin\theta$ である．式 (5.10) および (5.11) より，t〔s〕後の物体の速さ v およびすべり下りた距離 ℓ〔m〕は，

$$v = gt\sin\theta$$

$$\ell = \frac{1}{2}gt^2\sin\theta$$

となる．

A

1. 図 6.8 のように，A にはたらく重力の斜面方向の成分は $mg\sin\theta$〔N〕であるので，A の斜面方向の加速度は，斜面下向きに $g\sin\theta$〔m/s^2〕である．A が斜面上をすべり下りた距離 ℓ〔m〕は，
$$\ell = \frac{h}{\sin\theta}$$
であるので，すべり下りるのにかかった時間 t〔s〕は，
$$t = \sqrt{\frac{2h}{g\sin^2\theta}}$$
となる．

2. 鉛直投げ上げ運動の場合，初速度は上向きであり，一定の加速度である重力加速度が下向きにはたらいている．よって，原点 O での速度が正で，一定の負の傾きをもつ ③ が，鉛直投げ上げ運動の v-t グラフの概略を示す．

3. A と B が動き始めてから衝突するまでの時間を t〔s〕，B の初速度の大きさを v_0〔m/s〕とすると，式 (6.4) および (6.6) より，
$$\frac{2}{3}h = \frac{1}{2}gt^2$$
$$\frac{1}{3}h = v_0 t - \frac{1}{2}gt^2$$
となる．これらの式から t を消去すると，$v_0 = \dfrac{\sqrt{3gh}}{2}$ となる．

B

1. A, B および C が一体となって運動しているときの加速度の大きさを a〔m/s^2〕とすると，全体の運動方程式は，
$$(m_1 + m_2 + m_3)a = F$$
となるので，
$$a = \frac{F}{m_1 + m_2 + m_3}$$
となる．また，図 A.8 のように AB 間のひもの張力を T_1〔N〕，BC 間のひもの張力を T_2〔N〕とすると，A, B, C それぞれについての運動方程式はそれぞれ，
$$m_1 a = T_1$$
$$m_2 a = T_2 - T_1$$
$$m_3 a = F - T_2$$

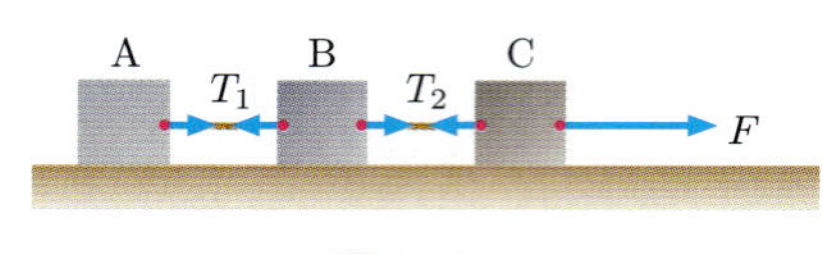

図 A.8

となる．よって，

$$T_1 = \frac{m_1}{m_1 + m_2 + m_3} F$$

$$T_2 = \frac{m_1 + m_2}{m_1 + m_2 + m_3} F$$

となる．

2. 図 A.9 のように，力を加えている点から ℓ〔m〕の位置にはたらく力の大きさを T〔N〕とし，全体に生じる加速度の大きさを a〔m/s^2〕とすると，長さ ℓ〔m〕の部分の運動方程式は，

$$\frac{\ell}{L} Ma = F - T$$

それ以外の部分の運動方程式は，

$$\frac{L - \ell}{L} Ma = T$$

となる．以上より a〔m/s^2〕を消去すると，

$$T = \frac{L - \ell}{L} F$$

となる．

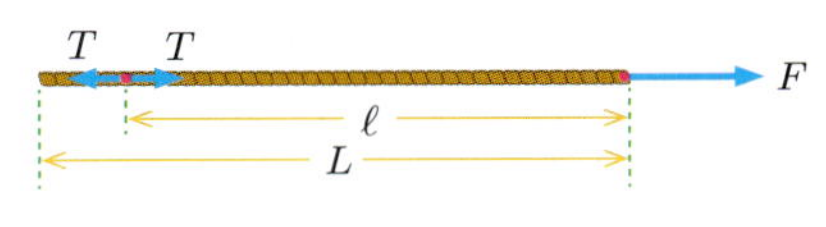

図 A.9

3. 質量 50 kg の人の体重は，$50 \times 9.8\,\mathrm{N}$ であり，この人は，この 4.5 倍の力を鉛直上向きに 0.50 秒の間かけた続けたということになる．この人が地面を蹴っている間の加速度を上向きに a〔m/s^2〕とすると，上向きに蹴る力，下向きに重力がはたらいているので，この人の運動方程式は，

$$50a = (50\,\mathrm{kg}) \times (9.8\,\mathrm{m/s^2}) \times 4.5 - (50\,\mathrm{kg}) \times (9.8\,\mathrm{m/s^2})$$

となるので，

$$a = 34.3\,\mathrm{m/s^2}$$

この加速度で 0.050 秒進んだときの速度 v_0〔m/s〕は，

$$v_0 = (34.3\,\mathrm{m/s^2}) \times (0.050\,\mathrm{s}) = 1.715 \cdots \mathrm{m/s}$$

よって，1.7 m/s である．また，この初速度で鉛直上方に投げ上げたときの最高到達距離 h〔m〕は，式 (5.12) より，

$$h = \frac{{v_0}^2}{2 \times (9.8\,\mathrm{m/s^2})}$$

よって $h = 0.15006 \cdots m$ より 15 cm となる．

第7章

問 7.1　式 (7.6) で $y=0$ とすると，水平面上の位置が得られる．

$$0 = x\tan\theta - \frac{g}{2{v_0}^2\cos^2\theta}x^2$$

より，

$$x(\sin\theta - \frac{g}{2{v_0}^2\cos\theta}x) = 0$$

よって，

$$x = 0,\quad \sin\theta\cos\theta\,\frac{2{v_0}^2}{g}$$

ここで $x=0$ のときは投げ上げるときの位置となるので，水平方向の最大到達距離は $x = \dfrac{1}{2}\dfrac{2v_0^2}{g}\sin 2\theta$ となる [125]．これが最も大きくなるのは $\sin 2\theta = 1$ のときであり，このとき $\theta = \dfrac{\pi}{4}(45°)$ となる．

[125] 三角関数の 2 倍角公式 $\sin 2\alpha = 2\sin\alpha\cos\alpha$ を用いた．

問 7.2　質量 5.0 kg の物体にはたらく重力の大きさは $(5.0\,\mathrm{kg})\times(9.8\,\mathrm{m/s^2}) = 49\,\mathrm{N}$ であり，物体が面から受ける垂直抗力も同じ大きさとなる．よって，物体にはたらく動摩擦力は，物体の運動と逆向きに $(49\,\mathrm{N})\times 0.30 = 14.7\,\mathrm{N}$ である．物体に生じる加速度の大きさを a〔$\mathrm{m/s^2}$〕とすると，物体の運動方程式は，

$$5.0a = (50\,\mathrm{N}) - (14.7\,\mathrm{N})$$

より，$a = 7.06\,\mathrm{m/s^2}$．よって $7.1\,\mathrm{m/s^2}$ となる．

A

1. A にはたらく動摩擦力の大きさは，A の運動量の向きと逆向きに $\mu' mg$〔N〕であり，A を等速直線運動させるにはこれと同じ大きさの力を加えればよい．したがって，その大きさは $\mu' mg$〔N〕である．
2. 図 A.10 のように，A にはたらく重力の斜面方向の成分は $mg\sin\theta$〔N〕，斜面に垂直方向の成分は $mg\cos\theta$〔N〕であり，A にはたらく斜面からの垂直抗力の大きさは $N = mg\cos\theta$ となる．また，A にはたらく動摩擦力の大きさは $R = \mu' N = \mu' mg\cos\theta$ である．よって，A の

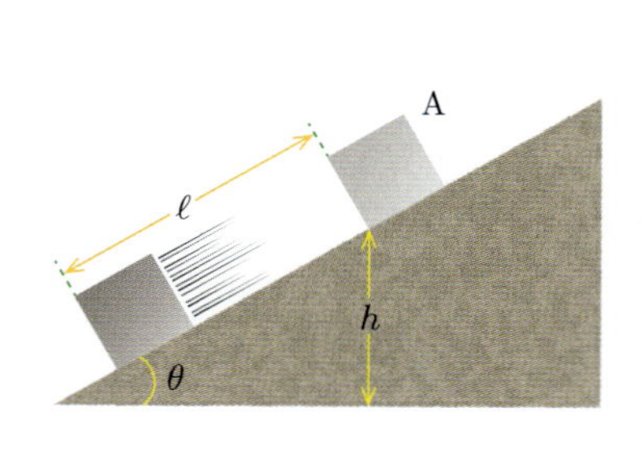

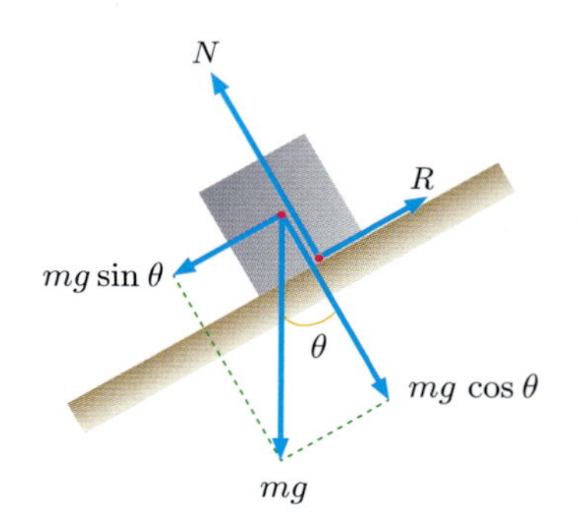

図 **A.10**

斜面方向の加速度の大きさを a〔m/s^2〕とすると，A の斜面方向の運動方程式は，

$$ma = mg\sin\theta - \mu' mg\cos\theta$$

となる．これより $a = g(\sin\theta - \mu'\cos\theta)$ となるので，A が斜面を ℓ〔m〕だけすべり下りるのに要する時間 t は，式 (5.11) より，

$$t = \sqrt{\frac{2\ell}{g(\sin\theta - \mu'\cos\theta)}}$$

となる．

3. 式 (7.5) より，水平方向の距離 x〔m〕および高さ y〔m〕は，

$$x = v_0 t\cos\theta$$
$$y = v_0 t\sin\theta - \frac{1}{2}gt^2$$

で表される．$y = 0$ となるときの t〔s〕で $t = 0$ 以外の解は $t = \dfrac{2v_0\sin\theta}{g} = \dfrac{\sqrt{2}}{9.8}v_0$ であるので，

$$50\,\mathrm{m} = \frac{\sqrt{2}}{9.8\,\mathrm{m/s}^2}\cdot\frac{\sqrt{2}}{2}{v_0}^2$$

より，$v_0 = 22.1\cdots\mathrm{m/s}$ よって，$22\,\mathrm{m/s}$ で投げ上げればよい．

B

1. 木の実と砲弾が運動を始めてから t〔s〕に命中したとすると，木の実の落下距離は $y_\mathrm{f} = \dfrac{1}{2}gt^2$ であるので，木の実の水平面からの高さは $h_\mathrm{f} = h - y_\mathrm{f} = h - \dfrac{1}{2}gt^2$ である．
一方，砲弾の水平面からの高さは，$h_\mathrm{b} = v_0 t\sin\theta - \dfrac{1}{2}gt^2$ である．
また，このとき砲弾は水平方向に d〔m〕だけ進んでいるはずなので，$d = v_0 t\cos\theta$ がなりたっている．
ここで，$h_\mathrm{f} = h_\mathrm{b}$ であるので，$h = v_0 t\sin\theta$ でなければならない．ここで，

$$\frac{h}{\cos\theta} = v_0 t\tan\theta$$
$$\frac{h}{v_0 t\cos\theta} = \tan\theta$$
$$\frac{h}{d} = \tan\theta$$

と変形できる．よって求める角度は，$\theta = \tan^{-1}\left(\dfrac{h}{d}\right)$ である．

2. 球状粒子の体積は $V = \dfrac{4}{3}\pi r^3$ で表されるので，粒子の密度を ρ〔kg/m^3〕とすると，式 (7.11) は，$v_\infty = \dfrac{2\rho g}{9\eta}r^2$ と表される．よっ

て，密度が変わらず半径が半分になると終端速度は $\frac{1}{4}$ となる．また，半径が変わらず密度が半分になると終端速度は $\frac{1}{2}$ になる．

第8章

問 8.1　周期は $T = \frac{1.0\ \mathrm{s}}{10} = 1.0 \times 10^{-1}$ s．角速度 $\omega = \frac{2\pi}{T} = 6.3 \times 10^{-1}$ rad/s.

問 8.2　$\left(2, \frac{\pi}{3}\right)$

問 8.3　$\left(\frac{\sqrt{2}}{2}, \frac{\sqrt{2}}{2}\right)$

問 8.4　3.

問 8.5　$v_\mathrm{s} = \sqrt{(6.4 \times 10^3 \times 10^3\ \mathrm{m}) \times (9.8\ \mathrm{m/s^2})} = 7.9 \times 10^3\ \mathrm{m/s}$

A

1. この運動の中心角は ωt で表されるので，

$$x = r\cos\omega t$$
$$y = r\sin\omega t$$

となる．

2. 1. 3. 5.

3. $a = \frac{v^2}{r}$ より，$v = \sqrt{ar} = \sqrt{(9.8\ \mathrm{m/s^2}) \times (2.0\ \mathrm{m})} = 4.4\ \mathrm{m/s}$

B

1. 回転数を f〔Hz〕とすると，この運動の角速度は $\omega = 2\pi f = 6.0\pi$ となる．また，回転半径を r〔m〕とすると，回転速度は $v = r\omega$ となるので，初速度は $v_0 = (0.30\ \mathrm{m}) \times (6.0 \times \pi \times 1/s) = 5.7\ \mathrm{m/s}$.

2. 地球の質量を M_E〔kg〕，静止衛星の質量を M_S〔kg〕，万有引力定数を G〔N·m^2/kg^2〕，静止衛星の高度を h〔m〕とすると，地球と静止衛星の間の万有引力が向心力となっているので，

$$M_\mathrm{S}(R_\mathrm{E} + h)\omega^2 = G\frac{M_\mathrm{E}M_\mathrm{S}}{(R_\mathrm{E} + h)^2}$$

となる．ここで，$g = (GM_\mathrm{E})/{R_\mathrm{E}}^2$ より，

$$(R_\mathrm{E} + h)\omega^2 = \frac{g{R_\mathrm{E}}^2}{(R_\mathrm{E} + h)^2}$$

となる．よって，求める高度 h は，$h = \left(\frac{g{R_\mathrm{E}}^2}{\omega^2}\right)^{1/3} - R_\mathrm{E}$ となる．

3. 地球質量を M〔kg〕，地球半径を R〔m〕，万有引力定数を G〔N·m^2/kg^2〕，国際宇宙ステーション（以下 ISS とする）の高度を h〔m〕，ISS の質量を m〔kg〕とすると，地球と ISS が互いに及ぼしあう万有引力の大きさ F は

$$F = G\frac{Mm}{(R + h)^2}$$

で表される．これが ISS の回転運動の向心力となるので，ISS の角速度を ω〔rad/s〕とすると，

$$F = m\,(R+h)\,\omega^2$$

等速円運動の周期 T は $T = \dfrac{2\pi}{\omega}$ より，

$$T = 2\pi\sqrt{\frac{(R+h)^3}{MG}}$$

この式に各パラメータの数値を代入すると，$T = 5.56\times10^3$ 秒 $= 1.54$ 時間．

第 9 章

問 9.1　式 (9.10) より，周期 $T = 0.99\,\mathrm{s}$.

問 9.2　式 (9.16) より，$g = \dfrac{4\pi^2\ell}{T^2} = 9.9\ \mathrm{m/s^2}$.

A

1. 式 (9.10) より，$k = \dfrac{4\pi^2\times5.0^{-2}}{0.50^2} = 7.9\ \mathrm{N/m}$.
2. 式 (9.16) より，$\ell = \dfrac{gT^2}{4\pi^2} = 6.2\times10^{-2}\ \mathrm{m}$.
3. 式 (9.16) より 2..

B

1. **1.** ばねの自然長からの伸びを x_0〔m〕とすると，$-mg = -kx_0$ より $x_0 = \dfrac{mg}{k}$.

   2. 弾性力の大きさは $F_\ell = k\left(\dfrac{mg}{k}+\ell\right) = mg + k\ell$.

   3. 式 (9.10) より，$T = 2\pi\sqrt{\dfrac{m}{k}}$.

   4. 振動の中心を原点とし，鉛直下向きを正とすると振幅 ℓ〔m〕で単振動する A の時刻 t〔g〕での位置は

   $$y = \ell\cos\frac{2\pi}{T}t$$

   と表される．よって鉛直方向の速度は下向きを正として

   $$v = -\frac{2\pi\ell}{T}\sin\frac{2\pi}{T}t$$

   となる．最初につり合いの位置を通過するときの時刻は $\dfrac{1}{4}T$〔s〕なので，

   $$|v| = \frac{2\pi\ell}{T}\sin\frac{2\pi}{T}\frac{T}{4} = \sqrt{\frac{k}{m}}\ell$$

2. **1.** 質量 $(m+M)$〔kg〕の質点の単振動と同じ周期となる．式 (9.10) より，$2\pi\sqrt{\dfrac{m+M}{k}}$.

2. A の運動方程式は,

$$ma = -mg - k(l - x) - R \tag{A.14}$$

B の運動方程式は,

$$Ma = -Mg + R \tag{A.15}$$

となる.

3. 式 (A.14) および (A.15) から a〔m/s^2〕を消去して垂直抗力を表すと，$R = \dfrac{Mk(l-x)}{M+m}$ となる．$R = 0$ となるためには $x = l$ でなければならない．よって，B が A から離れる直前の A の位置は l〔m〕である[126].

[126] これはばねの自然長である.

4. B が A から離れたあとの A の単振動のつり合いの位置を $x_0{}'$〔m〕とすると，$mg = k(l - x_0{}')$ が成り立つ．よってつり合いの位置は $x_0{}' = l - \dfrac{mg}{k}$ であり，最大変位は B が A から離れた位置となるので，振幅は $l - \left(l - \dfrac{mg}{k}\right) = \dfrac{mg}{k}$ となる．また，周期は，式 (9.10) より，$2\pi\sqrt{\dfrac{m}{k}}$ である.

3. 重心から足先までの長さを ℓ〔m〕とし，重心の速さを v〔m/s〕とすると，重心の運動は等速円運動の一部となるので，向心力を F〔N〕とすると,

$$m\frac{v^2}{\ell} = F$$

がなりたつ．F〔N〕の最大値はヒトにはたらく重力となるので，$F_{\max} = mg$ となり，このときがヒトが歩行できる速度の限度となる．よって,

$$v = \sqrt{lg} = \sqrt{0.90 \times 9.8} = 3.0 \ \ \mathrm{m/s}$$

第 10 章

問 10.1 物体にはたらく動摩擦力の大きさは $\mu' mg$〔N〕であり，運動の向きと逆向きにはたらく．よってこの摩擦力のした仕事は $-\mu' mg\ell$〔J〕である.

問 10.2 この人にはたらく重力の大きさは 50×9.8 N であり，この力に抗して仕事をしてたことになるので，この人がした仕事は $(50\times9.8\ \mathrm{N})\times(10\ \mathrm{s}) =$ 4900 J より 4.9×10^3 J．また，仕事率は $\dfrac{4900\ \mathrm{J}}{20\ \mathrm{s}} = 245$ W より 2.5×10^2 W.

問 10.3 鉛直に持ち上げる場合の仕事は，重力に抗して高さ h〔m〕移動させるので，mgh〔J〕．斜面に沿って持ち上げる場合は，重力の斜面方向の成分に抗して斜面に沿って ℓ〔m〕移動させると考えると，$mg\sin\theta \times \ell$〔J〕．ここで $\dfrac{h}{\ell} = \sin\theta$ より，このときの仕事は mgh〔J〕となり，鉛直に持ち上げる場合と同じになる.

問 10.4 必要な力は mg〔N〕，この力で h〔m〕持ち上げたときの仕事は mgh〔J〕である．

問 10.5 mgh〔J〕

問 10.6 された分の仕事がエネルギーとしてたくわえられているので，$\frac{1}{2}kx^2$〔J〕．

A

1. **1.** 小球の最高到達点での重力による位置エネルギーは mgh〔J〕であり，小球が最下点を通過する際の速度を v とすると，力学的エネルギー保存則より，$mgh = \frac{1}{2}mv^2$．よって $v = \sqrt{2gh}$.

   2. 張力を T〔N〕とすると，小球が最下点を通過する瞬間の小球の運動方程式は，

$$m\frac{v^2}{\ell} = T - mg$$

   よって，$T = \left(\frac{2h+\ell}{\ell}\right)mg$.

2. **1.** エネルギー保存則より，ばねが縮んでいるときにばねにたくわえられた弾性エネルギーが点 p での運動エネルギーに変換されたと考えられる．よって，

$$\frac{1}{2}k\ell^2 = \frac{1}{2}mv_{\mathrm{p}}^2$$

   より，$v_{\mathrm{p}} = \sqrt{\frac{k}{m}}\ell$.

   2. エネルギー保存速より，点 p での運動エネルギーが最高点での重力による位置エネルギーに変換されたと考えられる．よって最高点の高さを h〔m〕とすると，

$$\frac{1}{2}m{v_{\mathrm{p}}}^2 = mgh = \frac{1}{2}k\ell^2$$

   よって，$h = \frac{k\ell^2}{2mg}$.

B

1. 物体の重力による位置エネルギーを E〔J〕，物体の運動エネルギーを K〔J〕とする．物体には面からの摩擦力がはたらくため，$(E+K)$〔J〕は保存しない．斜面からの摩擦力は物体の運動の向きと逆向きにはたらくため，負の仕事をする．物体が高さ h〔m〕でもっている重力による位置エネルギーの一部が摩擦力の負の仕事によって失われ，残りが斜面下端での運動エネルギーになっている．
   図 A.11 のように，物体に面からはたらく垂直抗力を N〔N〕，動摩擦力を R〔N〕とすると，図 A.11 より $R = \mu' N = \mu' mg\cos\theta$．物体が運動を始めてから斜面下端に到達するまでに R〔N〕がした仕事は，

$$W_{\mathrm{R}} = \mu' mg\cos\theta\,\frac{h}{\sin\theta}$$

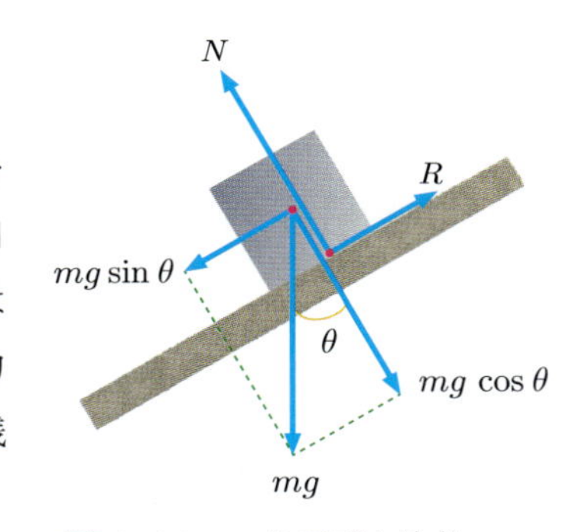

図 **A.11**　つり下げた物体

よって，物体が高さ h〔m〕の位置でもっている重力による位置エネルギーを E_1〔J〕斜面下端で物体がもっている運動エネルギーを K_1〔J〕とすると，

$$K_1 = E_1 - W_{\mathrm{R}} \tag{A.16}$$

$$\frac{1}{2}mv_1^2 = mgh - \mu' mg\cos\theta\frac{h}{\sin\theta} \tag{A.17}$$

よって，物体が斜面下端に到達する直前の速さは，

$$v_1 = \sqrt{2gh\left(1 - \frac{\mu'\cos\theta}{\sin\theta}\right)}$$

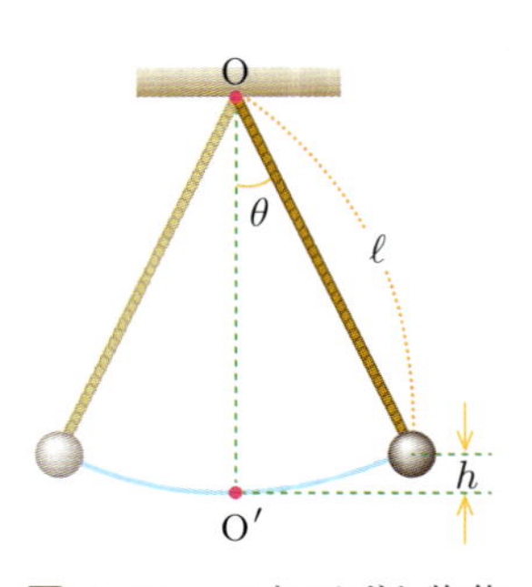

図 **A.12**　つり下げた物体

2. 図 A.12 のように，鉛直との角度が θ〔rad〕のときの，最下点からの高さを h〔m〕とする．最下点を通過する瞬間の速度を $v_{\max}$〔m/s〕とすると，エネルギー保存速より，

$$mgh = \frac{1}{2}mv_{\max}{}^2$$

となる．ここで，$h = \ell - \ell\cos\theta$ なので，

$$v_{\max} = \sqrt{2g\ell(1-\cos\theta)}$$

3. **1.** この人にはたらく重力の大きさは $(50\ \mathrm{kg}) \times (9.8\ \mathrm{m/s^2}) = 4.9 \times 10^2\ \mathrm{N}$ であり，この力に抗して仕事をすることになるので，仕事は

$$W = (490\ \mathrm{N}) \times (300\ \mathrm{m}) = 147000\ \mathrm{J}$$

2. $9\ \mathrm{kcal} = 9000\ \mathrm{cal} = 9000 \times 4.2\ \mathrm{J}$ である．燃焼される脂肪を x〔g〕とすると，

$$x \times (9000 \times 4.2\ \mathrm{J}) \times (0.25\ \%) = 147000\ \mathrm{J} \tag{A.18}$$

よって，$x = 16\,\mathrm{g}$.

第 11 章

問 11.1 平行軸の定理より，$\dfrac{Ml^2}{12} + M\left(\dfrac{l}{2}\right)^2 = \dfrac{Ml^2}{3}$ となる．

問 11.2 円板の対称性と直交軸の定理より，$\dfrac{1}{2}\cdot\dfrac{Ma^2}{2} = \dfrac{Ma^2}{4}$ となる．

問 11.3 糸の長さが l〔m〕の単振り子の周期 $T = 2\pi\sqrt{\dfrac{l}{g}}$ と比較して，$l = \dfrac{I}{Mh}$ となる．

問 11.4 f〔N〕が最大静止摩擦力 μR 以下であればよい．よって求める条件は，$\mu \geqq \dfrac{\tan\phi}{3}$ となる．

A

1. 円環の微小部分は，円環の微小角 $\mathrm{d}\theta$〔rad〕の弧の長さ $a\,\mathrm{d}\theta$〔m〕で表されるので，円環の密度を ρ〔kg/m〕とおくと，円環の微小部分の質量

は $\mathrm{d}m = \rho \cdot a\,\mathrm{d}\theta$ となる．したがって，慣性モーメント I〔kg·m^2〕は，

$$I = \int_{\text{剛体全体}} a^2\,\mathrm{d}m = \rho a^3 \int_0^{2\pi} \mathrm{d}\theta = 2\pi\rho a^3 = Ma^2$$

となる．ただし，$M = 2\pi\rho a$ の関係を用いた．

2. 単振り子の糸の長さ l〔m〕が最小となればよい．問 11.3 の結果より，$l = \dfrac{I}{Mh} = \dfrac{I_G + Mh^2}{Mh}$ と表すことができる．これを h〔m〕で微分して，0 となる h〔m〕を求めると，$h = \sqrt{\dfrac{I_G}{M}}$ となる．

B

1. 図 A.13 のように，球の中心を原点 O とする z 軸をとる．中心 O から z〔m〕の位置にある厚さ $\mathrm{d}z$〔m〕の円板の半径を r〔m〕，球の密度を ρ〔kg/m^3〕とおくと，その部分の質量は $\mathrm{d}M = \pi r^2 \rho dz$ である．厚さ $\mathrm{d}z$〔m〕の円板の慣性モーメントは $\mathrm{d}I = \dfrac{r^2\,\mathrm{d}M}{2}$ であるから，重心まわりの慣性モーメント I〔kg·m^2〕は，

$$I = \int_{\text{剛体全体}} \mathrm{d}I = \frac{1}{2}\int_{\text{剛体全体}} r^2\,\mathrm{d}M = \frac{\pi\rho}{2}\int_{-a}^{a} r^4\,\mathrm{d}z = \frac{2Ma^2}{5}$$

となる．ただし，$r^2 = a^2 - z^2$，$M = \dfrac{4}{3}\pi\rho a^3$ の関係を用いた．

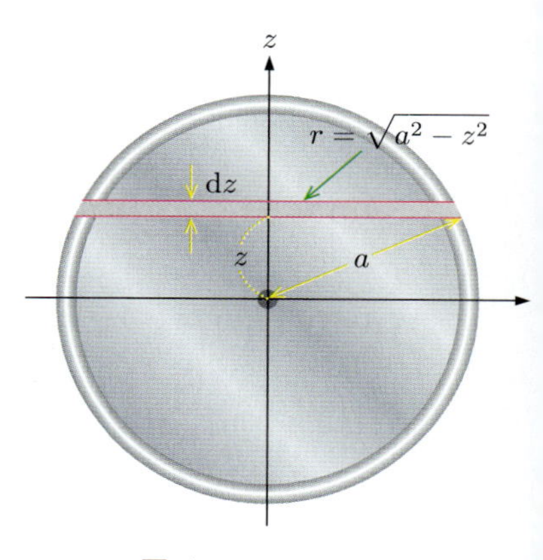

図 A.13

2. ひもの張力 T〔m〕，重心の速度 v〔m/s〕，角速度 ω〔rad/s〕とすると，重心と回転の運動方程式はそれぞれ次のように表せる．

$$M\frac{\mathrm{d}v}{\mathrm{d}t} = Mg - T$$

$$I\frac{\mathrm{d}\omega}{\mathrm{d}t} = aT$$

また，円板はすべることなく回転するから，$v = a\omega$ である．よって，$\dfrac{\mathrm{d}v}{\mathrm{d}t} = a\dfrac{\mathrm{d}\omega}{\mathrm{d}t}$ である．

(a) $\dfrac{2}{3}g$〔m/s^2〕

(b) $\dfrac{1}{3}Mg$〔N〕

3. A 側の張力を T_1〔N〕，B 側の張力を T_2〔N〕とする．A の下向き，B の上向きの加速度を a〔m/s^2〕とすると，運動方程式はそれぞれ次のようになる．

$$\mathrm{A}: m_1 a = m_1 g - T_1$$

$$\mathrm{B}: m_2 a = T_2 - m_2 g$$

一方，重心まわりの滑車の運動方程式は

$$I\frac{\mathrm{d}\omega}{\mathrm{d}t} = rT_1 - rT_2$$

となる．また，滑車はすべることなく回転するから，糸の速さを v〔m/s〕とおくと，$v = r\omega$ が成り立つ．

(a) $\dfrac{(m_1 - m_2)gr^2}{I + (m_1 + m_2)r^2}$〔m/s^2〕

(b) $\dfrac{(I + 2m_1r^2)m_2g}{I + (m_1 + m_2)r^2}$〔N〕

第12章

問 12.1 3.0×10^4 kg·m/s

問 12.2 力積を加えた後の速さを v〔m/s〕とおくと，$15\,\mathrm{N\cdot s} = (5.0\,\mathrm{kg}) \times v - (5.0\,\mathrm{kg}) \times (2.0\,\mathrm{m/s})$ が成り立つから，$v = 5.0\,\mathrm{m/s}$ となる．

問 12.3 時刻 0 から，時刻 T〔s〕まで力を積分して，さらに時間 T〔s〕で割ることで平均が求まる．力積は T〔N·s〕，力は 1 N となる．

問 12.4 1.6×10^7 N

問 12.5 衝突後の小球の速度を v〔m/s〕とおくと，運動量保存則より，$(0.8\,\mathrm{kg}) \times (4.0\,\mathrm{m/s}) + (0.2\,\mathrm{kg}) \times (-6\,\mathrm{m/s}) = \{(0.8\,\mathrm{kg}) + (0.2\,\mathrm{kg})\} \times v$ が成り立つ．よって，A，B ともに正の向きに速さ 2.0 m/s で運動する．

問 12.6 1.8 m.

問 12.7 衝突後の A と B の速度をそれぞれ v_1〔m/s〕，v_2〔m/s〕として，運動量保存の式とはね返り係数の式をそれぞれ立てると，次のようになる．

$$(0.30\,\mathrm{kg}) \times (2.0\,\mathrm{m/s}) + (0.20\,\mathrm{kg}) \times (-4\,\mathrm{m/s}) = (0.30\,\mathrm{kg}) \times v_1 + (0.20\,\mathrm{kg}) \times v_2$$

$$0.50 = -\frac{v_1 - v_2}{(2.0\,\mathrm{m/s}) - (-4.0\,\mathrm{m/s})}$$

これより，A は左向きに 1.6 m/s，B は右向きに 1.4 m/s でそれぞれ運動する．

問 12.8 0.58

A

1. 36 km/h を秒速にすると，10 m/s となる．よって，平均の力 F〔N〕は，$F = \dfrac{(1.8 \times 10^3\,\mathrm{kg}) \times (10\,\mathrm{m/s})}{2.0 \times 10^{-2}\,\mathrm{s}} = 9.0 \times 10^5\,\mathrm{N}$ となる．
2. ロケットの速さを V〔s〕とおくと，運動量保存則より，$mv = (M - m)V$ なので，$V = \dfrac{mv}{M - m}$ となる．
3. (a) 衝突するまでの時間を t〔s〕とすると，$h = \dfrac{1}{2}gt^2$ より，$t = \sqrt{\dfrac{2h}{g}}$ となる．

   (b) 地面に衝突する直前の A の速さは $\sqrt{2gh}$〔m/s〕であるから，はね返り係数 e の地面と衝突した後の速さは $e\sqrt{2gh}$ となる．

   (c) 衝突後の速さを v〔m/s〕，最高点の高さを h'〔m〕とする．力学的エネルギー保存の法則より，$\dfrac{1}{2}mv^2 = mgh'$ であるから，$h' = e^2h$ となる．

   (d) A が地面に衝突してから最高点の高さにいくまでの時間は (a) の

答えを e 倍すればよい．よって，求める時間は $(1+2e)\sqrt{\dfrac{2h}{g}}$〔s〕となる．

B

1. (a) A が壁と衝突する直前の鉛直方向の速さは 0 なので，衝突するまでの時間を t〔s〕とすると，$v\sin\theta - gt = 0$ となる．これより，$t = \dfrac{v\sin\theta}{g}$ となる．

(b) $v\cos\theta \cdot t = \dfrac{v^2\sin\theta\cos\theta}{g}$

(c) 壁と衝突後の A の水平方向の速さを v'〔m/s〕，A と壁の間のはね返り係数を e とおくと，$v' = ev\cos\theta$ である．これと $\mathrm{OR} = v't$, $\mathrm{OP} = vt$ と $\mathrm{OR} = \dfrac{2}{3}\mathrm{OP}$ を用いて，$e = \dfrac{2}{3}$ となる．

2. (a) 衝突前後の A の速さをそれぞれ v〔m/s〕, v'〔m/s〕とする．A が斜面から受ける力積は面に垂直な向きであるから，速度の面に平行な成分は変化しない．よって，$v\sin\theta = v'\cos\theta$ となる．また，面に垂直な方向では，はね返り係数を e とおくと，$e = \dfrac{v'\sin\theta}{v\cos\theta}$ となる．これらより，$e = \tan^2\theta$ となる．

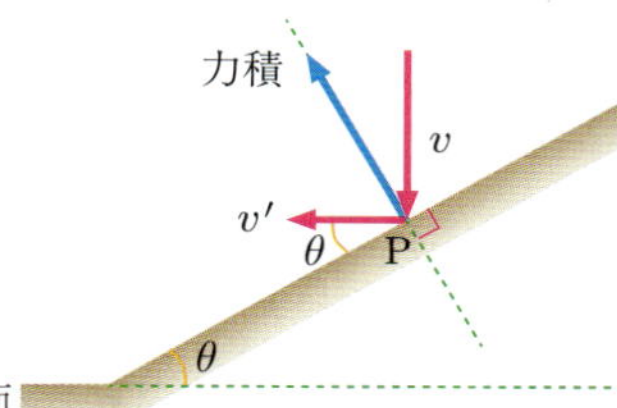

図 A.14

(b) A が受ける力積 I〔N·s〕の正の向きを図 A.14 のようにとると

$$I = mv'\sin\theta - (-mv\cos\theta) = (1+e)mv\cos\theta$$

となる．上式に $v = \sqrt{2gh}$ と $e = \tan^2\theta$ を用いて整理すると

$$I = (1+e)mv\cos\theta = m(1+\tan^2\theta)\cos\theta\sqrt{2gh}$$
$$= \frac{m\sqrt{2gh}}{\cos\theta}$$

となる．

3. (a) 衝突する直前の弾丸の速さを v〔m/s〕とおく．運動量保存則より，$mv = (m+M)V$ であるから，$v = \dfrac{(m+M)V}{m}$ となる．

(b) 衝突前後での運動エネルギーの差を計算して，$\dfrac{(m+M)MV^2}{2m}$〔J〕となる．

(c) 弾丸が木材にした仕事は衝突前後での運動エネルギーの差に等しいから，力の大きさは $\dfrac{(m+M)MV^2}{2ml}$〔N〕となる．

第 13 章

問 13.1 $\dfrac{(9.0\,\mathrm{N})\times\cos 60^\circ}{3.0\times 10^{-4}\,\mathrm{m}^2} = 1.5\times 10^4\,\mathrm{Pa}$

問 13.2 $(1.1\times 10^3\,\mathrm{kg/m^3})\times(9.8\,\mathrm{m/s^2})\times(0.4\,\mathrm{m}) = 4.3\times 10^3\,\mathrm{Pa}$

問 13.3 $\dfrac{\pi\times(5.0\times 10^{-2}\,\mathrm{m})^2}{\pi\times(20\times 10^{-2}\,\mathrm{m})^2}\times(1.6\times 10^4\,\mathrm{N}) = 1.0\times 10^3\,\mathrm{N}$

問 13.4　木材の密度を ρ_1〔kg/m^3〕，水の密度を ρ_2〔kg/m^3〕，木材の体積を V_1〔m^3〕，水に沈んでいる部分の木材の体積を V_2〔m^3〕とすると，木材にはたらく浮力と重力のつり合いから $\rho_1 V_1 g = \rho_2 V_2 g$ となる．よって，$V_1 - V_2 = \dfrac{\rho_2 - \rho_1}{\rho_2} V_1 = 4.0 \times 10^{-4}\,\mathrm{m}^3$ となる．

問 13.5　$\dfrac{(1.0 \times 10^3\,\mathrm{kg/m^3}) \times (20 \times 10^{-3}\,\mathrm{m}) \times (0.2\,\mathrm{m/s})}{4.0 \times 10^{-3}\,\mathrm{Pa{\cdot}s}} = 1.0 \times 10^3$

A

1. A と B の体積を V〔m^3〕，B の密度を ρ'〔kg/m^3〕として，浮力と重力のつり合いから $\dfrac{2\rho}{3} Vg + \rho' Vg = \rho \dfrac{V}{2} g + \rho Vg$ となる．よって，$\rho' = \dfrac{5\rho}{6}$ となる．
2. 連続の式より，下流の流速は上流の 2 倍になる．また，流量の式 (13.16) において，圧力勾配 $\dfrac{\Delta p}{l}$〔Pa/m〕は流体を流す駆動力なので，$\dfrac{8\eta}{\pi \rho a^4}$〔1/(s·m^2)〕が管路抵抗である．ここで，管の断面積を S〔m^2〕とすると，$\dfrac{8\eta}{\pi \rho a^4} = \dfrac{8\pi\eta}{\rho S^2}$ と変形できるので，下流の管路抵抗は上流の 4 倍になる．よって，(e) が正しい．
3. 管内を流れる粘性流体の流量の式 (13.16) より，圧力差 $\Delta p = \dfrac{8\eta l Q}{\pi \rho a^4} = 6.6 \times 10^3\,\mathrm{N/m^3}$ となる．
4. 流体の密度を ρ〔kg/m^3〕，求める流速を v〔m/s〕として，レイノルズ数の式 (13.17) より，$\dfrac{\rho \times (3.0 \times 10^{-3}\,\mathrm{m}) \times (12 \times 10^{-2}\,\mathrm{m/s})}{4.0 \times 10^{-3}\,\mathrm{Pa{\cdot}s}} = \dfrac{\rho \times (9.0 \times 10^{-3}\,\mathrm{m}) \times v}{1.0 \times 10^{-3}\,\mathrm{Pa{\cdot}s}}$ である．これより，流速 $v = 1.0 \times 10^{-2}\,\mathrm{m/s}$ となる．

B

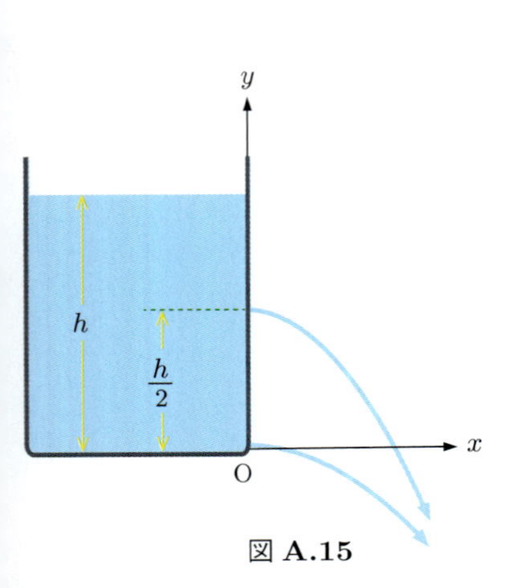

図 A.15

1. 上下の小孔から流れ出る流速をそれぞれ v_1〔m/s〕，v_2〔m/s〕とすると，トリチェリの定理より，$v_1 = \sqrt{2g \times \dfrac{h}{2}} = \sqrt{gh}$，$v_2 = \sqrt{2gh}$ となる．下の小孔の位置を原点 O として図 A.15 のように x-y 座標をとると，上の小孔から流出する水の位置は

$$x = v_1 t = \sqrt{gh}\,t, \qquad y = \frac{h}{2} - \frac{1}{2} g t^2$$

より t を消去して，$y = \dfrac{h}{2} - \dfrac{x^2}{2h}$ となる．同様に，下の小孔から流出する水の位置は

$$x = v_2 t = \sqrt{2gh}\,t, \qquad y = -\frac{1}{2} g t^2$$

より t を消去して，$y = -\dfrac{x^2}{4h}$ となる．これらより 2 つの曲線の交点は，$x = \sqrt{2}\,h$，$y = -\dfrac{h}{2}$ と求まる．すなわち，下の小孔から水平方

に $\sqrt{2}h$〔m〕で，$\dfrac{h}{2}$〔m〕下の点で水は交わる．

2. (a) 流速を $v(r)$〔m/s〕として，半径 r〔m〕，長さ l〔m〕の円柱に及ぼす力のつり合いを考える．円柱の全側面積が $2\pi rl$〔m〕であるから，式 (13.15) より，円柱の側面からの粘性力は $2\pi rl\eta\dfrac{\mathrm{d}v}{\mathrm{d}r}$〔N〕であり，これが外圧の合力 $\pi r^2\Delta p$〔N〕とつり合うので，$2\pi rl\eta\dfrac{\mathrm{d}v}{\mathrm{d}r}+\pi r^2\Delta p=0$ となる．よって，$\dfrac{\mathrm{d}v}{\mathrm{d}r}=-\dfrac{r\,\Delta p}{2\eta l}$ となり，これを積分して $v(a)=0$ の条件を用いると，$v(r)=\dfrac{(a^2-r^2)\Delta p}{4l\eta}$ となる．

(b) 図 A.16 のように，管の中心軸から r〔m〕の位置にある厚さ $\mathrm{d}r$〔m〕，長さ l〔m〕のうすい円筒形で囲まれる部分を考える．この部分での単位時間あたりの流量 $\mathrm{d}Q$〔kg/s〕は $\mathrm{d}Q=\rho 2\pi r\,\mathrm{d}rv$ であるから，ここに $v(r)$〔m/s〕を代入して，r〔m〕について 0 から a〔m〕まで積分すると，$Q=\displaystyle\int_0^a \frac{\pi\rho\,\Delta p(a^2-r^2)r}{2l\eta}\,\mathrm{d}r=\frac{\pi\rho a^4\,\Delta p}{8\eta l}$ となる．

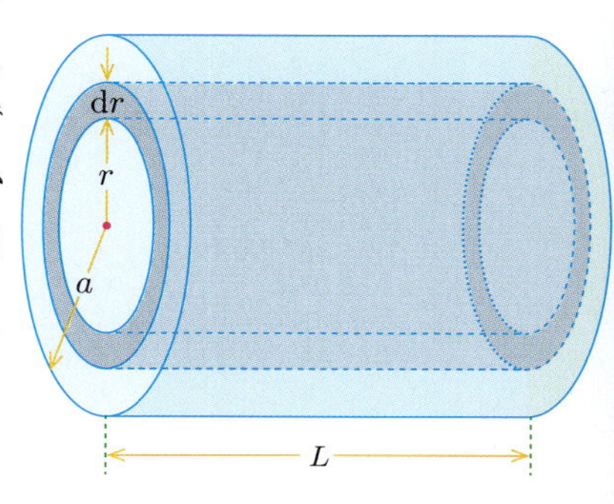

図 A.16

第 14 章

問 14.1　301 K，57 °C

問 14.2　5.0 °C

問 14.3　2.5×10^5 J/K

問 14.4　2070×10^3 J $\simeq 2.1\times10^6$ J

問 14.5　3 倍

問 14.6　3 倍

A

1. 水とアルコールのもっている熱量は，

$$(20\,°\mathrm{C})\times\{4.2\,\mathrm{J/(g\cdot K)}\}\times(100\,\mathrm{g})+(40\,°\mathrm{C})\times\{2.4\,\mathrm{J/(g\cdot K)}\}\times(100\,\mathrm{g})=18000\,\mathrm{J}$$

であり，水とアルコール全体の熱容量は

$$\{4.2\,\mathrm{J/(g\cdot K)}\}\times(100\,\mathrm{g})+\{2.4\,\mathrm{J/(g\cdot K)}\}\times(100\,\mathrm{g})=660\,\mathrm{J/K}$$

なので，熱平衡に達した後の温度は

$$18000/660=27.2727\cdots°\mathrm{C}\simeq 27\,°\mathrm{C}$$

となる．

2. −20 °C の氷 600 g が 0 °C の水になるには，融解熱も考慮して，

$$(600\,\mathrm{g})\times\{2.1\,\mathrm{J/(g\cdot K)}\}\times(20\,°\mathrm{C})+(600\,\mathrm{g})\times(3.4\times10^2\,\mathrm{J/g})=229200\,\mathrm{J}$$

の熱量が必要となる．一方，400 g の水を 10 °C 下げるために，

$$(400\,\mathrm{g}) \times \{4.2\,\mathrm{J/(g{\cdot}K)}\} \times (10\,^\circ\mathrm{C}) = 16800\,\mathrm{J}$$

の熱が使用されるため，患者からうばった熱量は

$$(229200\,\mathrm{J}) - (16800\,\mathrm{J}) = 212400\,\mathrm{J} \simeq 2.1 \times 10^5\,\mathrm{J}$$

となる．

3. $24 \times 10^{-3}\,\mathrm{m}^3$ になる．したがって，ダイビングで海中にある人が急速に浮上する場合には肺の中の空気を排出する必要がある．
4. 1 回の落下で熱に変化するエネルギーは，金属粉がもつ位置エネルギーと等しいので，$(2.0\,\mathrm{kg}) \times (9.8\,\mathrm{m/s^2}) \times (3.0\,\mathrm{m}) = 58.8\,\mathrm{J}$ となる．したがって，30 回分のエネルギーが熱に変換されるとすれば，温度上昇は，

$$\frac{(58.8\,\mathrm{J}) \times (30\,\text{回})}{\{0.50\,\mathrm{J/(g{\cdot}K)}\} \times (2000\,\mathrm{g})\}} = 1.764\,^\circ\mathrm{C} \simeq 1.8\,^\circ\mathrm{C}$$

となる．

5. 5

B

1. 放射するエネルギーと受けるエネルギーの差分になるので，$(a\sigma S_h {T_h}^4 - a\sigma S_h {T_r}^4)$〔J〕だけのエネルギーを失うことになる．したがって，

$$0.75 \times \{5.67 \times 10^{-8}\,\mathrm{W/(m^2{\cdot}K^4)}\} \times (1.2\,\mathrm{m^2}) \times \{(310\,\mathrm{K})^4 - (293\,\mathrm{K})^4\}$$
$$= 95.179\cdots\mathrm{J} \simeq 95\,\mathrm{J}$$

と計算できる．

2. 各容器ごとに状態方程式を考える．B を加熱する前の状態では，A，B ともに

$$(1.3 \times 10^5\,\mathrm{Pa}) \times V = nR \times (300\,\mathrm{K})$$

となる．ただし V〔m^3〕は容器 A および B の体積，n〔mol〕は A または B にある気体の物質量，R〔J/(mol·K)〕は気体定数である．加熱後は，A および B にある気体の物質量をそれぞれ n_A〔mol〕，n_B〔mol〕とすると，

$$A : PV = n_\mathrm{A}R \times (300\,\mathrm{K}), \quad B : PV = n_\mathrm{B}R \times (350\,\mathrm{K})$$

という方程式になる．ただし P〔Pa〕は容器内の圧力，また n_A〔mol〕と n_B〔mol〕には $2n = n_\mathrm{A} + n_\mathrm{B}$ が成立している．これらを連立させて考えればよく，最終的に物質量の比 $n_\mathrm{A}/n_\mathrm{B}$ は

$$\frac{n_\mathrm{A}}{n_\mathrm{B}} = \frac{7}{6}$$

となり，容器内の圧力 P〔Pa〕は

$$P = 1.4 \times 10^5\,\mathrm{Pa},$$

と計算できる.

第 15 章

問 15.1　式 (15.7) より $3.1 \times 10^8\,\mathrm{m^2/s^2}$ となる.

問 15.2　絶対温度で 310 K なので, 7.7×10^3 J になる.

問 15.3　3.8×10^2 J.

問 15.4　終端速度 $\dfrac{mg}{k}$〔m/s〕に達したときは重力 mg〔N〕と空気抵抗による力 kv〔N〕がつり合っている. したがって, 単位時間に空気抵抗がする仕事は $\dfrac{mg}{k} \times mg = \dfrac{m^2g^2}{k}$ となり, これが熱に変換されるエネルギーになる.

A

1. 気体は膨張したので外部に仕事をしたことになるから, その分内部エネルギーは減少する. したがって, 内部エネルギーの増加分は $Q - P_0 S\,\Delta L$〔J〕となる.
2. b は熱力学第 2 法則により否定, c も逆方向の変化しか観測されない. d は体積を増大する場合は外部に仕事を行うので内部エネルギーは減少する. したがって, a と e が正しい.
3. Q_1〔J〕の熱を吸収して Q_2〔J〕の熱を放出するのであれば, 仕事に変換されたのはその差分 $(Q_1 - Q_2)$〔J〕である. したがって, 3 が正解.

B

1. (1) 状態方程式より, A での温度は $\dfrac{P_1V_1}{nR}$〔K〕.
   (2) 体積が変化しないので気体に仕事のやり取りはない. したがって, 内部エネルギーの差が吸収した熱量となるため,
   $$\frac{3}{2}nR\left(\frac{P_2V_1}{nR} - \frac{P_1V_1}{nR}\right) = \frac{3}{2}V_1(P_2 - P_1)$$
   となる.
   (3) 圧力一定で体積が膨張しているので, $P_2(V_2 - V_1)$〔J〕.
   (4) (2) と逆に考えればよい. $\dfrac{3}{2}V_2(P_2 - P_1)$〔J〕.
   (5) 仕事があるのは B→C と D→A のみである. D→A では気体は $P_1(V_2 - V_1)$〔J〕の仕事をされていることになるので, 全体では $(P_2 - P_1)(V_2 - V_1)$〔J〕の仕事を外部にしている.
2. 状態 2 と状態 1 は同じ温度 T なので, 状態 2 の圧力は状態 1 の圧力 P_0 の 3 倍になる. したがって, おもりの質量を m〔kg〕とすれば $3P_0S = mg + P_0S$ と書ける. これより, $m = \dfrac{2P_0S}{g}$. また, 状態 3 では圧力が状態 2 と同じであり, 最初の体積は状態 1 での状態方程式から $\dfrac{nRT}{P_0}$〔$\mathrm{m^3}$〕と書けるので, 状態 3 の温度は $\dfrac{3P_0}{nR} \times \dfrac{nRT}{P_0} = 3T$ となる.

第 16 章

問 16.1　6.0 m/s

問 16.2　0.20 m

問 16.3　0.15 m

問 16.4　1.4 W/m^2

A

1.　1.5×10^{-3} m

2. (a)　振幅 4.0 m, 周期 4.0 s, 波長 6.0 m, 速さ 1.5 m/s

　(b)　-4.0 m

B

1. (a)　$y = A\cos\dfrac{2\pi}{T}t$

　(b)　$y = A\cos\left[\dfrac{2\pi}{T}\left(t-\dfrac{x}{v}\right)\right]$

第 17 章

問 17.1　6 個

A

1.　合成波の波形は図 A.17 のようになる．

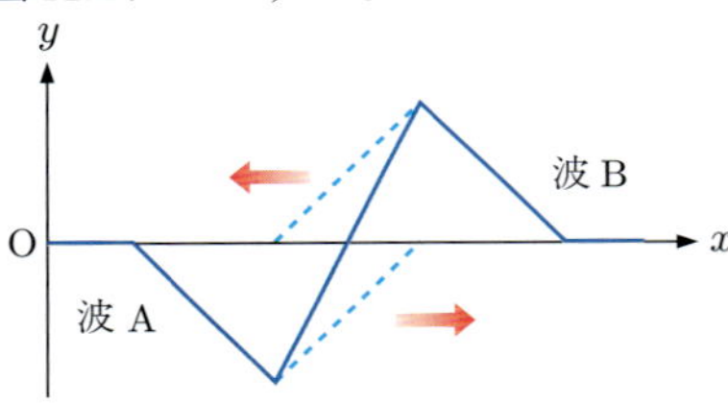

図 A.17

2. (a)　隣り合う節の間隔は波長の半分であるから，2.0 m

　(b)　振幅：$1.5\times2 = 3.0$ m，周期：$\dfrac{4.0}{2.0} = 2.0$ s

B

1. (a)　A の変位：$y_1 = A\sin\dfrac{2\pi}{T}\left(t-\dfrac{l_1}{v}\right)$,

　　B の変位：$y_2 = A\sin\dfrac{2\pi}{T}\left(t-\dfrac{l_2}{v}\right)$

　(b)　$\dfrac{2\pi}{vT}(l_2-l_1)$

　(c)　位相差は π〔rad〕の偶数倍ずれていればよい．

2.　例題 1.2 より，入射波 y_1 と反射波 y_2 の合成波 y は

$$y = y_1 + y_2 = A\sin(\omega t - kx) + A\sin(\omega t + kx + \delta)$$

である．自由端反射では，境界面 $(x=0)$ で y の傾きが常に 0 となるので

$$\left.\frac{\mathrm{d}y}{\mathrm{d}x}\right|_{x=0} = -Ak\{\sin\delta\sin\omega t + (1-\cos\delta)\cos\omega t\} = 0$$

となる．上式が任意の時刻 t〔s〕で成り立たなければならないので，

$\sin\delta = 0$ かつ $\cos\delta = 1$ である．よって，$\delta = 0$ となる．

第 18 章

問 18.1 $\dfrac{3.0}{4.0} = 0.75$

問 18.2 $1.4 = \dfrac{\sin i}{\sin r} = \dfrac{0.70}{\sin r}$ より，$\sin r = 0.50$ であるから，$r = \dfrac{\pi}{6}$ となる．

問 18.3

(1) 点 P：強め合う点，点 Q：弱め合う点．

(2) 6 本．

A

1. (a) 媒質 I 中の波長は $\dfrac{v_1}{f}$〔m〕，媒質 II 中の波長は $\dfrac{v_2}{f}$〔m〕

   (b) $\dfrac{v_1}{v_2}$

2. (a) 媒質 I に対する媒質 II の屈折率 n_{12} は，$n_{12} = \dfrac{\sin 60°}{\sin 30°} = 1.7$ となる．

   (b) 媒質 I 中の波の波長を λ_1〔m〕，媒質 II 中の波の波長を λ_2〔m〕とすると，$\lambda_2 = \dfrac{\lambda_1}{n_{12}} = \dfrac{0.51\,\mathrm{m}}{1.7} = 0.30\,\mathrm{m}$ となる．また，媒質 I 中の波の速さを v_1〔m/s〕，媒質 II 中の波の速さを v_2〔m/s〕とすると，$v_2 = \dfrac{v_1}{n_{12}} = \dfrac{0.68\,\mathrm{m/s}}{1.7} = 0.40\,\mathrm{m/s}$ となる．

B

1. x-y 座標の任意の点 $\mathrm{P}(x, y)$ に対して，式 (18.7) をあてはめると

$$\sqrt{x^2 + (y+d)^2} - \sqrt{x^2 + (y-d)^2} = m\lambda$$

   となる．したがって，上式を整理して，次の双曲線を得る．

$$\frac{x^2}{d^2 - \left(\frac{m\lambda}{2}\right)^2} - \frac{y^2}{\left(\frac{m\lambda}{2}\right)^2} = -1$$

2. (a) 弱め合う点．

   (b) 距離の差が 7.5 cm の点は，半波長 (1.5 cm) の奇数倍なので，強め合う点である．

   (c) 省略

第 19 章

問 19.1 $3.4 \times 10^2\,\mathrm{m/s}$

問 19.2 1.0×10^2 倍

問 19.3 $0.40\,\mathrm{m}$，$20\,\mathrm{m/s}$

問 19.4 $9 \times 10^2\,\mathrm{Hz}$

A

1. 式 (19.3) より，2 倍違うと 3.01 dB　20 倍違うと 13.01 dB 異なる．
2. 波長 $\lambda = \dfrac{2}{5}L$ であるので，振動数は $f = \dfrac{v}{\lambda}$ より $\dfrac{5v}{2L}$〔Hz〕.

B

1. (1) 式 (19.9) で $n = 1$ として，6.8×10^{-1} m　(2) 式 (19.10) で $n = 4$ として，2.0×10^{3} Hz
2. (1) 式 (19.8) で $n = 1$ として，3.40×10^{2} m/s　(2) 式 (19.8) で $n = 2$ として (1) の音速を代入して，5.10×10^{-1} m　(3) 式 (19.8) で $n = 3$ として (2) の L を代入して 8.33×10^{2} Hz
3. (1) 式 (19.8) と式 (19.10) で $n = 1$ のときの差より，1.70×10^{-1} m　(2) 式 (19.8) より，$f = 5.00 \times 10^{2}$ Hz

第 20 章

問 20.1　680 Hz

問 20.2　932 Hz

問 20.3　495 Hz

A

1. 音源が出している音の振動数を f〔Hz〕，音源の速さを v_{s}〔m/s〕とすると，音源が近づくときは $550\,\mathrm{Hz} = \dfrac{340\,\mathrm{m/s}}{(340\,\mathrm{m/s}) - v_{\mathrm{s}}}f$，遠ざかるときは $450\,\mathrm{Hz} = \dfrac{340\,\mathrm{m/s}}{(340\,\mathrm{m/s}) + v_{\mathrm{s}}}f$．この 2 式より，$v_{\mathrm{s}} = 34.0\,\mathrm{m/s}$
2. 音源が出している音の振動数を f〔Hz〕，観測者の速さを v_{O}〔m/s〕とすると，音源に近づくときは $550\,\mathrm{Hz} = \dfrac{(340\,\mathrm{m/s}) + v_{\mathrm{O}}}{340\,\mathrm{m/s}}f$，遠ざかるときは $450\,\mathrm{Hz} = \dfrac{(340\,\mathrm{m/s}) - v_{\mathrm{O}}}{340\,\mathrm{m/s}}f$．この 2 式より，$v_{\mathrm{O}} = 34.0\,\mathrm{m/s}$
3. 495 Hz

B

1. (1) 壁は静止しているので，音源と観測者がお互い近づく場合である．よって，$\dfrac{(340\,\mathrm{m/s}) + (20\,\mathrm{m/s})}{(340\,\mathrm{m/s}) - (20\,\mathrm{m/s})} \times (440\,\mathrm{Hz}) = 495\,\mathrm{Hz}$ である．(2) 壁が近づく分も考慮して $\dfrac{(340\,\mathrm{m/s}) + (20\,\mathrm{m/s})}{(340\,\mathrm{m/s}) - (20\,\mathrm{m/s})} \cdot \dfrac{(340\,\mathrm{m/s}) + (20\,\mathrm{m/s})}{(340\,\mathrm{m/s}) - (20\,\mathrm{m/s})} \times (440\,\mathrm{Hz}) = 557\,\mathrm{Hz}$ である．
2. 観測者が音源から 3 m/s で遠ざかると考えて，674 Hz.

第 21 章

問 21.1　2.3×10^{8} m/s，1.3 m

問 21.2　0.67

問 21.3　偏光板の向きによって水面からの反射光が弱まり，水中がよく見えるようになる．

A

1. 速さは 1.2 倍，光路長は 0.81 倍
2. (1) 物体で散乱された光が入射角 i〔rad〕，屈折角 r〔rad〕で液体から空気に進むとする．真上付近から見ているので，$\sin i = \tan i$，$\sin r = \tan r$ が成り立つ．したがって，$n = \dfrac{\sin r}{\sin i} = \dfrac{\tan r}{\tan i}$ である．見かけの深さを h'〔m〕とすると，$h \tan i = h' \tan r$ なので，見かけの深さは $h' = h\dfrac{\tan i}{\tan r} = \dfrac{h}{n}$　(2) ガラスの厚さを d〔cm〕とすると，$d - \dfrac{d}{1.5} = 1.0\,\mathrm{cm}$．よって，$d = 3.0\,\mathrm{cm}$
3. (1) $\dfrac{\sin\alpha}{\sin\beta}$　(2) $\dfrac{\sin\beta}{\sin\gamma}$　(3) $\dfrac{\sin\alpha}{\sin\gamma}$

B

1. θ〔rad〕
2. 最小の円板の半径を r〔m〕とする．円板の縁に入射した光源の光が臨界角 θ_{c}〔rad〕になる条件より，$\dfrac{1}{n} = \sin\theta_{\mathrm{c}} = \dfrac{r}{\sqrt{r^2 + h^2}}$．これより，$r = \dfrac{h}{\sqrt{n^2 - 1}}$

第 22 章

問 22.1　式 (22.8) より，波長が大きい方が間隔が広くなる．したがって，赤色．

問 22.2　式 (22.9) より，縞の間隔は $\dfrac{\lambda}{2\tan\theta}$ である．図 22.4 より，$\tan\theta = \dfrac{d}{x}$ なので，$\dfrac{x\lambda}{2d}$〔m〕となる．

問 22.3　式 (22.14) より，波長が大きいと r〔rad〕が小さくなり，i〔rad〕も小さくなる．したがって，手前が赤色，奥が青色．

A

1. 式 (22.8) より，$4.8 \times 10^{-7}\,\mathrm{m}$
2. (1) 大きくなる (2) 小さくなる　(3) $|\mathrm{S_1P}|$，$|\mathrm{S_2P}|$ の光路長が n 倍になるので，縞の間隔は $\dfrac{1}{n}$ 倍になる．
3. (1) 問 22.2 より，$40\,\mu\mathrm{m}$　(2) 光路長が 1.33 倍になるので，1.1 mm

B

1. (1) 図より，$R^2 = (R-d)^2 + x^2$ である．$d \ll R$ なので $\left(\dfrac{d}{R}\right)^2$ を無視して，$R^2 = R^2 - 2dR + x^2$ となる．したがって，$d = \dfrac{x^2}{2R}$　(2) 平面ガラスでの反射は固定端反射であることに注意して，$2d = m\lambda$ が暗くなる条件である．したがって，(1) より，$x = \sqrt{R\lambda m}$．

2. (1) 透明な板を置いた場合，置かない場合よりも $|S_0S_1|$ の光路長が，$(n-1)D$〔m〕伸びる．したがって，$|S_0S_2P|$ と $|S_0S_1P|$ の光路長の差は $\left(\dfrac{xd}{L}-(n-1)D\right)$〔m〕である．よって，上方向に $\dfrac{n-1}{d}DL$〔m〕移動する．
(2) $\dfrac{n-1}{d}DL=\dfrac{L\lambda}{d}$ より，$D=\dfrac{\lambda}{n-1}$

第 23 章

問 23.1 1.88×10^{-19} J

問 23.2 5.3×10^{-4} rad

問 23.3 2.5×10^{2} W/mm^2

A

1. 式 (23.5) より，6.0×10^{4} m
2. $\dfrac{\Delta I}{\Delta x}=\beta(N_2-N_1)I$ より，$\ln\dfrac{I}{I_0}=\beta(N_2-N_1)x$．したがって，$I=I_0\exp\beta(N_2-N_1)x$
3. 0.70 kW/cm^2

B

1. 反転分布は，$N_2>N_1$ であり，$\exp\left[-\dfrac{E_2-E_1}{kT}\right]>1$ でなければならない．これは $T<0$ であり，負の温度を意味している．

第 24 章

問 24.1 12 cm，3 倍

問 24.2 6.0 cm，3 倍

問 24.3 2.4 cm，0.4 倍

A

1. (1) $a<f$ (2) $f<a<2f$ (3) $2f<a$
2. $\dfrac{1}{a}-\dfrac{1}{b}=-\dfrac{1}{3.0}$ と $\dfrac{b}{a}=\dfrac{1}{3.0}$ より，$a=6.0$ cm，$b=2.0$ cm
3. 遠視の状態．角膜表面での屈折が小さくなるため．

B

1. $\dfrac{1}{20\,\text{cm}}+\dfrac{1}{30\,\text{cm}}=\dfrac{1}{f}$ より，焦点は $f=12$ cm．$\dfrac{1}{a}+\dfrac{1}{(50\,\text{cm})-a}=\dfrac{1}{12\,\text{cm}}$ より，a は 20 cm あるいは 30 cm．よって 2 度目の実像が生じたときの光源とレンズの距離は 30 cm.
2. (1) 凸レンズ 2 の前方 2.0 cm (2) 凸レンズ 2 の前方 6.0 cm (3) 12 倍

第 25 章

問 25.1 $(9.0\times10^{9}\,\text{N}\cdot\text{m}^2/\text{C}^2)\times\dfrac{(10\times10^{-6}\,\text{C})\times(20\times10^{-6}\,\text{C})}{(0.50\,\text{m})^2}=7.2\,\text{N}.$

問 25.2 帯電列より，塩化ビニルのパイプ.

問 25.3　40 kN/C.

問 25.4　$(9.0 \times 10^9\,\mathrm{N{\cdot}m^2/C^2}) \times \dfrac{4.0\,\mathrm{C}}{(2.0\,\mathrm{m})^2} = 9.0 \times 10^9\,\mathrm{N/C}$.

問 25.5　$70 \times 10^{-3}\,\mathrm{V} = (1.0 \times 10^{-6}\,\mathrm{m}) \times E$ と考えて，$E = 7.0 \times 10^4\,\mathrm{N/C}$.

問 25.6　$(9.0 \times 10^9\,\mathrm{N{\cdot}m^2/C^2}) \times \dfrac{4.0\,\mathrm{C}}{2.0\,\mathrm{m}} = 1.8 \times 10^{10}\,\mathrm{V}$.

A

1. 帯電列よりアルミ棒 (金属) が正に，サランラップが負に帯電した．したがって，アルミ棒からサランラップに $\dfrac{6.4 \times 10^{-9}\,\mathrm{C}}{1.6 \times 10^{-19}\,\mathrm{C}} = 4.0 \times 10^{10}$ 個の電子が移動したと考えられる．
2. 電気量 q〔C〕の電荷を線分 AB 上で A から距離 x の位置に置いたとする．A にある点電荷から受ける力は $k\dfrac{Qq}{x^2}$，B にある点電荷から受ける力は $k\dfrac{4Qq}{(x-6)^2}$ で，それぞれ逆方向に向かう力になるので，これらがつり合うとすれば $\dfrac{1}{x^2} = \dfrac{4}{(x-6)^2}$ であればよい．これを解き，線分 AB 上にある点を選ぶと $x = 2$ cm となる．
3. Q が電場から受ける力は qE〔N〕なので，加速度は $\dfrac{qE}{m}$〔m/s^2〕．t〔s〕間に Q は $\dfrac{qE}{2m}t^2$〔m〕だけ進むので，その間の電位差は $\dfrac{qE^2}{2m}t^2$〔V〕になる．

B

1. (1) $(9.0 \times 10^9\,\mathrm{N{\cdot}m^2/C^2}) \times \dfrac{(4.0\,\mathrm{C}) \times (2.0\,\mathrm{C})}{(5.0\,\mathrm{m})^2} \simeq 2.9 \times 10^9\,\mathrm{N}$.
   (2) 点 a の点電荷と点 b の点電荷は同じ x 軸の負の方向の電場をつくる．したがって，それぞれのつくる電場を足し合わせて，$8.5 \times 10^9\,\mathrm{N/C}$.
   (3) 電位が 0 になる点の x 座標を X〔m〕とおいて例題と同様に計算すれば，$X = \dfrac{1}{3}\,\mathrm{m} \simeq 0.33\,\mathrm{m}$ と求まる．
2. 電場: 点 b と点 d にある電荷は同じ方向の電場をつくる (点 e から点 b へ向かう方向)．したがって，この 2 つの電荷がつくる電場は大きさが $\dfrac{4k_0 q}{r^2}$〔N/C〕となる．一方，点 a と点 c にある電荷は逆向きの電場をつくるので，最終的には点 e から点 a に向かう電場が残り，その大きさは $\dfrac{2k_0 q}{r^2}$〔N/C〕である．最終的な電場は，この 2 つの電場のベクトル和となるが，2 つは直交しているので，三平方の定理を用いて最終的な電場の大きさは $2\sqrt{5}\dfrac{k_0 q}{r^2}$〔N/C〕となる．
3. 雷の場合は，$(3.0 \times 10^6\,\mathrm{V/m}) \times (1 \times 10^3\,\mathrm{m}) = 3.0 \times 10^9\,\mathrm{V}$ となり，30 億 V ということになる．距離が 1 mm の場合には $(3.0 \times 10^6\,\mathrm{V/m}) \times (1 \times 10^{-3}\,\mathrm{m}) = 3.0 \times 10^3\,\mathrm{V}$ となり，3000 V 程度で放電する．距離が短ければより低い電圧で放電することになる．これが通常の静電気の放電になる．

第26章

問26.1　1Aで1秒間に流れる電荷の電気量が1Cなので，1Cを電気素量で割ればよい．6.3×10^{18} 個．

問26.2　$(4.0\,\mathrm{V}) \times (1.2\,\mathrm{A}) \times (60\,\mathrm{s}) \simeq 2.9 \times 10^{2}\,\mathrm{J}$.

問26.3　$6.7\,\Omega$

問26.4　$1.7 \times 10^{5}\,\mathrm{N}$.

問26.5　負の向きで，大きさ $\dfrac{2.0 \times 10^{-2}\,\mathrm{N}}{4.0 \times 10^{-3}\,\mathrm{Wb}} = 5.0\,\mathrm{N/Wb}$.

問26.6　$\dfrac{2.0\,\mathrm{A}}{2 \times \pi \times (0.80\,\mathrm{m})} = 0.3978\cdots\,\mathrm{A/m} \simeq 0.40\,\mathrm{A/m}$.

問26.7　$\dfrac{4.0\,\mathrm{A}}{2 \times (0.15\,\mathrm{m})} = 13.333\cdots\,\mathrm{A/m} \simeq 13\,\mathrm{A/m}$.

問26.8　$\dfrac{1.8 \times 10^{3}}{0.40\,\mathrm{m}} \times (1.2\,\mathrm{A}) = 5.4 \times 10^{3}\,\mathrm{A/m}$.

A

1. (26.6) 式より，$\dfrac{R}{2}$〔Ω〕.
2. 左の電流が同心円状の磁場をつくるので，フレミングの左手の法則を用いてaの方向.
3. 変動する磁場からコイルに誘導電流を発生させ，その電流を用いてICチップを動作させる．したがって，カードに電源は必要ない.

B

1. 電荷が電場から受ける力 $qE = q\dfrac{V}{L}$ が kv〔N〕に等しいとすれば，$v = \dfrac{qV}{kL}$ となる．これを (26.1) 式に代入して，$I = \dfrac{q^2 nS}{kL} \cdot V$ となり，I〔A〕と V〔V〕が比例関係にあることが求められる (オームの法則).
2. AとCのつくる磁場は同じ大きさで逆向きなので打ち消し合う．BのつくるБ磁場とDのつくる磁場は右ねじの法則から同じ向きになるので，それぞれの磁場を足し合わせればよい．$\dfrac{\sqrt{2}I}{\pi r}$〔A/m〕.
3. 離脱電流を流すのに必要な電圧はオームの法則から $10 \sim 20\,\mathrm{V}$．したがって，通常の家庭用100Vでも十分危険な電圧となる．濡れている場合はさらに危険となり，$6 \sim 12\,\mathrm{V}$ で離脱電流が流れてしまうことになる.

第27章

問27.1　$4.0\,\Omega$.

問27.2　$12\,\Omega$.

問27.3　$(220 \times 10^{-6}\,\mathrm{F}) \times (5.0\,\mathrm{V}) = 1.1 \times 10^{-3}\,\mathrm{C}$.

問27.4　$(8.85 \times 10^{-12}\,\mathrm{F/m}) \times 3.2 \times \dfrac{S}{1.0 \times 10^{-6}\,\mathrm{m}} = 960 \times 10^{-12}\,\mathrm{F}$ なので，$S \simeq 3.4 \times 10^{-5}\,\mathrm{m}^2$.

問 27.5　誘電体により電場は弱められる．0.2 倍．

問 27.6　$\frac{1}{2} \times x \times (1.0 \times 10^3\,\mathrm{V})^2 = 0.50\,\mathrm{J}$ なので，　$x = 1.0 \times 10^{-6}\,\mathrm{F}$.

問 27.7　$(220 \times 10^{-6}\,\mathrm{F}) \times (200 \times 10^3\,\Omega) = 44\,\mathrm{s}$.

A

1. (1) $\frac{V}{R}$〔A〕.
   (2) 極板間の電圧は電源電圧と等しくなるため V〔V〕．したがって，コンデンサーには CV〔C〕の電荷がたくわえられている．
   (3) $\frac{1}{2}CV^2$〔J〕.
2. $2\,\Omega$ の消費電力が $2\,\mathrm{W}$ なので電流は $1\,\mathrm{A}$．したがって，この抵抗にかかる電圧は $2\,\mathrm{V}$ であり，$4\,\Omega$ の抵抗に同じ電圧がかかるためそちらを流れる電流は $0.5\,\mathrm{A}$ となる．$6\,\Omega$ と $3\,\Omega$ の抵抗でも，2 つの抵抗には同じ電圧がかかるため $6\,\Omega$ には $0.5\,\mathrm{A}$，$3\,\Omega$ に $1\,\mathrm{A}$ の電流が流れると考えられる．したがって，電源電圧 E は $5\,\mathrm{V}$ となり答えは 4.
3. (1) 十分に時間が経過しているので，V〔V〕.
   (2) それぞれ C_1V〔C〕と C_2V〔C〕.
   (3) たくわえられる電荷は (2) より $(C_1 + C_2)V$〔C〕なので，合成容量は $C_1 + C_2$〔F〕とすればよい．これは，コンデンサーの極板の面積が増えたことに対応する．

B

1. (1) $\mathrm{C_1}$ の負極側に $-Q$〔C〕の電荷が移動するため，$\mathrm{C_2}$ の正極側には $+Q$〔C〕の電荷があらわれることになる．したがって，$\mathrm{C_2}$ にも Q〔C〕の電気量がたくわえられる．
   (2) それぞれ $\frac{Q}{C_1}$〔V〕と $\frac{Q}{C_2}$〔V〕.
   (3) (2) より，$V = \frac{Q}{C_1} + \frac{Q}{C_2}$ であるので，$Q = \left(\frac{1}{C_1} + \frac{1}{C_2}\right)^{-1} V$ と書き直せば，合成容量は $\left(\frac{1}{C_1} + \frac{1}{C_2}\right)^{-1}$〔F〕となる．これは，コンデンサーの極板間の間隔が増えたことに対応する．
2. $\mathrm{R_1}$ と $\mathrm{R_3}$ の間の電圧と，$\mathrm{R_2}$ と $\mathrm{R_4}$ の間の電圧が等しくなるように $\mathrm{R_4}$ の抵抗値を決めてあげればよい．$\frac{R_2R_3}{R_1}$〔Ω〕．この回路はホイートストンブリッジとよばれ，$\mathrm{R_3}$ を可変抵抗にして検流計の針が振れない抵抗値を探すことにより，未知の抵抗値を精度よく測定することができる．

第 28 章

問 28.1　それぞれ $2\pi \times 50 \simeq 3.1 \times 10^2\,\mathrm{rad/s}$，$2\pi \times 60 \simeq 3.8 \times 10^2\,\mathrm{rad/s}$.

問 28.2　$(6600\,\mathrm{V}) \times \sqrt{2} \simeq 9.3 \times 10^3\,\mathrm{V}$.

問 28.3 $\dfrac{1}{(220\times10^{-6}\,\mathrm{F})\times2\pi\times(2.0\times10^{3}\,\mathrm{Hz})}\simeq3.6\times10^{-1}\,\Omega.$

問 28.4 $2\pi\times(2.0\times10^{3}\,\mathrm{Hz})\times(2.0\times10^{-3}\,\mathrm{H})\simeq2.5\times10^{1}\,\Omega.$

問 28.5 $\dfrac{1}{2\pi\times\sqrt{(470\times10^{-12}\,\mathrm{F})\times(2.0\times10^{-3}\,\mathrm{H})}}\simeq1.6\times10^{5}\,\mathrm{Hz}.$

A

1. 実効値なので 2.
2. $\dfrac{1}{2}\times(10\,\mathrm{H})\times(1\,\mathrm{A})^2=5\,\mathrm{J}.$
3. (28.26) 式で，ωL が誘導性リアクタンス，$\dfrac{1}{\omega C}$ が容量性リアクタンスになる．したがって，インピーダンスは $\sqrt{(4\,\Omega)^2+\{(7\,\Omega)-(4\,\Omega)\}^2}=5\,\Omega$ となり，2 が正解.

B

1. (28.29) 式を変形すると，$L=\dfrac{1}{4\pi^2Cf^2}$ となるので，$f=50\,\mathrm{Hz}$, $C=10\,\mu\mathrm{F}$ を代入すれば $L=1\,\mathrm{H}$．したがって 3 が正解.
2. 共振状態にあるときは，コイルとコンデンサの影響は互いに打ち消し合っているため，抵抗のみが接続されているのと同じ状態になる．したがって，V_R/V は 1 となる.

第 29 章

問 29.1 $3.3\times10^{-19}\,\mathrm{J}$, 9.1×10^{19} 個

問 29.2 $4.0\times10^{-19}\,\mathrm{J}$

問 29.3 式 (29.3) より，K_0〔J〕は ν〔Hz〕の 1 次関数として表され，傾きは h〔J·s〕である．グラフの違いは W〔J〕の違いであり，切片の違いとして表される.

問 29.4 最短波長を λ_0〔m〕とすると，式 (29.5) および $c=\nu_0\lambda_0$ より

$$\lambda_0=\frac{hc}{eV}=2.5\times10^{-11}\,\mathrm{m}$$

となる.

問 29.5 省略

問 29.6 $1.2\times10^{-12}\,\mathrm{m}$

問 29.7 $1.2\times10^{-11}\,\mathrm{m}$

問 29.8 $5.3\times10^{-29}\,\mathrm{m}$

A

$1\,\mathrm{eV}=1.6\times10^{-19}\,\mathrm{J}$

1. $4.14\times10^{-15}\,\mathrm{eV\cdot s}$
2. $1.1\times10^{15}\,\mathrm{Hz}$
3. $1.2\times10^{-34}\,\mathrm{m}$

B

1. 式 (29.3) より，$\dfrac{1}{2}mv^2=h\nu-W$ である．$1.7\times10^{6}\,\mathrm{m/s}$
2. $1.55\times10^{-10}\,\mathrm{m}$

3. $\dfrac{h^2}{2qm\lambda^2}$〔V〕

第30章

問 30.1 水素

問 30.2 水素の原子量 $= (1.008\,\mathrm{u}) \times 0.99989 + (2.014\,\mathrm{u}) \times 0.00012 = 1.008\,\mathrm{u}$

問 30.3 半減期の 5 倍の時間なので，$(1/2)^5$ 倍になる．

問 30.4 式 (30.8) で，辺々の自然対数をとると $\ln\left(\dfrac{N}{N_0}\right) = -\dfrac{t}{T}\ln 2$ となる．式 (30.11) より，$\lambda N_0 = 2.0 \times 10^2$ と $\lambda N = 1.5 \times 10^2$ なので，$t = 24$ とすると，半減期は 58 時間となる．

A

1. 1 u は ${}^{12}_{6}\mathrm{C}$ の質量の $\dfrac{1}{12}$ なので，つぎのように求められる．

$$1\,\mathrm{u} = \frac{12.0 \times 10^{-3}}{6.02 \times 10^{23}} \times \frac{1}{12} = 1.66 \times 10^{-27}\,\mathrm{kg}$$

2. 式 (30.11) と式 (30.8) より，時間経過後の原子核数は時間経過前の $\left(\dfrac{1}{2}\right)^{1/2}$ 倍となる．したがって，$\dfrac{B}{\sqrt{2}}$ 倍となる．

3. $\left(\dfrac{1}{2}\right)^{100/30} = 0.10$ より，減少する割合は 90%である．

B

1. α 崩壊を x 回，β 崩壊を y 回行ったとすると，質量数と原子番号の変化は，つぎの式で表される．

$$\begin{cases} 235 - 4x = 207 \\ 92 - 2x + y = 82 \end{cases}$$

したがって，$x = 7$ で $y = 4$ である．

2. 式 (30.10) と式 (30.11) より，減少することによるマイナス符号を考慮すると，次式が得られる．

$$\frac{\Delta N}{\Delta t} = -\lambda N$$

$\Delta t \to 0$ で，これは微分方程式となり，$N(t) = N_0 \mathrm{e}^{-\lambda t}$ が得られる．$t = T$ で $N(t) = \dfrac{N_0}{2}$ なので，$\lambda T = \ln 2$ の関係がある．

3. 放射能の強さ B〔Bq〕は，式 (30.11) で与えらえる．また，崩壊定数は半減期を用いて $\lambda = \dfrac{\ln 2}{T}$ と表される．したがって，つぎのようになる．

$$B = \frac{\ln 2}{1.25 \times 10^9 \times 365 \times 24 \times 3600\,\mathrm{s}} \cdot \frac{(60\,\mathrm{kg}) \times 0.002 \times 0.00012}{39.1 \times 10^{-3}\,\mathrm{kg}} \times (6.02 \times 10^{23}\,個) = 3.9 \times 10^3\,\mathrm{Bq}$$

Photo Credits

カバー，表紙　123RF/JaromÃr Chalabala

図 1.1　photoAC
図 1.3　Wikimedia Commons
図 1.7　T. K.
図 1.9　photoAC
図 1.10　photoAC
図 2.8　新潟医療福祉大学看護学部看護学科のブログ
http://nuhw.blog-niigata.net/nr/
図 2.11　photoAC
図 2.13　123RF/mariuszks
図 3.3　123RF/Marco Rubino
図 3.16　photoAC
図 4.2　123RF/Alex Koch
図 4.8　T. H.
図 4.9　photoAC
図 4.12　123RF/Chris Curtis
図 5.1　photoAC
図 5.6　123RF/Serg Grigorenko
図 5.11　123RF/actionsports
図 5.12　123RF/Sergey Pazharski
図 5.14　123RF/Anthony Dezenzio
図 6.1　コーベット・フォトエージェンシー
図 6.2　photoAC
図 6.6　123RF/flybird163
図 6.7　photoAC
図 7.1　123RF/Stefan Holm
図 7.3　123RF/Ahmet Ihsan Ariturk
図 7.4　123RF/Leonard Zhukovsky
図 7.7　ツキリュー
図 7.8　photoAC
図 8.3　photoAC
図 8.6　123RF/Михаил Бабуев
図 8.9　123RF/actionsports
図 8.11　JAXA/NASA
図 8.12　JAXA
図 9.1　T. H.
図 9.3　123RF/PaylessImages
図 9.6　photoAC
図 9.8　123RF/Ekaterina Belova
図 10.1　123RF/Wavebreak Media Ltd
図 10.3　photoAC
図 10.8　123RF/Ekkaruk Dongpuyow
図 10.10　123RF/Maksym Protsenko
図 10.12　藤原祥弘
https://gogo.wildmind.jp/users/7/profile
図 10.13　123RF/Alexey Kuznetsov
図 10.17　Wikipedia
図 10.18　123RF/digidreamgrafix
図 11.2　photolibrary
図 11.6　123RF/PaylessImages
図 12.2　123RF/hkeita
図 12.5　123RF/Konrad Bak
図 12.6　123RF/Juhana Tuomi
図 12.12　123RF/Vatcharachai Songprasit
図 13.1　photoAC
図 13.2　photoAC
図 13.6　photoAC
図 13.8　photoAC
図 13.11　photoAC
図 13.15　T. K.
図 14.3　photoAC
図 14.5　コーベット・フォトエージェンシー
図 14.6　photoAC
図 14.8　photoAC
図 14.11　123RF/mihtiander
図 15.8　photoAC
図 16.1　photoAC
図 16.2　123RF/Marcello Goggio
図 18.6　photoAC
図 18.9　コーベット・フォトエージェンシー
図 19.1　photoAC
図 19.4　photoAC
図 19.6　ビン笛 À.B.B. (ア・べべ)
https://bottleflute.jimdofree.com
図 19.7　photoAC
図 20.1　123RF/Sergey Karpov
図 20.6　123RF/Gary Blakeley

図 **20.10** https://www.nihonkohden.co.jp/iryo/products/monitor/03_analyzer/dvm4500.html

図 **21.1** コーベット・フォトエージェンシー

図 **21.4** 123RF/Sebastian Kaulitzki

図 **21.5** photoAC

図 **21.9** マルミ光機 (株)
https://www.marumi-filter.co.jp/

図 **21.11** コニカミノルタジャパン (株)
https://www.konicaminolta.jp/healthcare/index.html

図 **22.2** 堀江光典
http://butsuri-jikken.com/

図 **22.3** 金城啓一
http://k1-kaneshiro.xsrv.jp/start-physics/

図 **22.5** photoAC

図 **22.7** 国立天文台

図 **23.1** photoAC

図 **23.5** ソニー株式会社
https://www.sony.co.jp/

図 **23.7** 根岸 圭，紺野真由美
(東京女子医科大学附属成人医学センター)

図 **24.1** 株式会社杉藤 (光学部品・機器メーカー)
https://www.sugitoh.com

図 **24.5** コーベット・フォトエージェンシー

図 **24.6** 中学理科の 物理学 (誠文堂新光社，2011 年) 福地孝宏 (中学理科は Taka 先生)

図 **24.8** 123RF/Jevgenij Avin

図 **25.3** http://www.makasaka.net/index.html

図 **25.5** ひまじん研究所 柴田泰
http://kosakuzukan.web.fc2.com/

図 **25.13** 123RF/Marek Kijevsky

図 **26.4** photoAC

図 **26.6** コーベット・フォトエージェンシー

図 **27.4** (株) 赤羽電具製作所
http://www.akaneohm.com

図 **27.8** 日本ケミコン株式会社
https://www.chemi-con.co.jp/

図 **29.2** 浜松ホトニクス株式会社

図 **29.5** Wikipedia

図 **29.6** Wikipedia

図 **29.7** 123RF/Wavebreak Media Ltd

図 **29.9** 123RF/Dawid Lech

図 **29.11** 浜松ホトニクス株式会社
写真協力 大阪大学大学院理学研究科
宇宙地球科学専攻 X 線天文学研究室

図 **29.14** Wikipedia

図 **30.5** 123RF/Sergey Gaydaenko

図 **30.6** 東京大学宇宙線研究所
神岡宇宙素粒子研究施設

図 **30.8** 123RF/Inna Jacquemin

索　引

た　行

な　行

は　行

ま 行

や 行

ら 行

執筆者紹介

廣岡(ひろおか) 秀明(ひであき)　1995年　東京都立大学大学院理学研究科博士課程修了　博士 (理学)
現　在　北里大学一般教育部 准教授

崔(さい) 東学(とうがく)　2001年　東京都立大学大学院理学研究科博士課程修了　博士 (理学)
現　在　北里大学一般教育部 准教授

古川(ふるかわ) 裕之(ひろゆき)　2003年　東京都立大学大学院理学研究科博士課程修了　博士 (理学)
現　在　北里大学一般教育部 専任講師

吉村(よしむら) 玲子(れいこ)　2004年　東京大学大学院理学系研究科博士課程修了　博士 (理学)
現　在　北里大学一般教育部 専任講師

山本(やまもと) 洋(ひろし)　2003年　横浜市立大学大学院総合理学研究科
自然システム科学専攻 満期退学　博士 (理学)
現　在　北里大学一般教育部 教授

医療系(いりょうけい)の基礎(きそ)としての物理(ぶつり)

2019年10月31日　第1版　第1刷　発行
2024年3月10日　第1版　第3刷　発行

著　者　廣岡秀明
崔　東学
古川裕之
吉村玲子
山本　洋
発行者　発田和子
発行所　株式会社 学術図書出版社

〒113−0033　東京都文京区本郷5丁目4の6
TEL 03−3811−0889　振替 00110−4−28454
印刷　中央印刷 (株)

定価はカバーに表示してあります.

ISBN978−4−7806−0774−1　C3042

族
周期
1
2
3
4
5
6
7
8
元素記号
原子番号
原子量
元素名
非金属元素
金属元素
1 H 1.008 水素
3 Li 6.94 リチウム
4 Be 9.012 ベリリウム
11 Na 22.99 ナトリウム
12 Mg 24.31 マグネシウム
19 K 39.10 カリウム
20 Ca 40.08 カルシウム
21 Sc 44.96 スカンジウム
22 Ti 47.87 チタン
23 V 50.94 バナジウム
24 Cr 52.00 クロム
25 Mn 54.94 マンガン
26 Fe 55.85 鉄
37 Rb 85.47 ルビジウム
38 Sr 87.62 ストロンチウム
39 Y 88.91 イットリウム
40 Zr 91.22 ジルコニウム
41 Nb 92.91 ニオブ
42 Mo 95.94 モリブデン
43 Tc (97.91) テクネチウム
44 Ru 101.1 ルテニウム
55 Cs 132.9 セシウム
56 Ba 137.3 バリウム
72 Hf 178.5 ハフニウム
73 Ta 180.9 タンタル
74 W 183.8 タングステン
75 Re 186.2 レニウム
76 Os 190.2 オスミウム
87 Fr (223.0) フランシウム
88 Ra (226.0) ラジウム
104 Rf (267.1) ラザホージウム
105 Db (268.1) ドブニウム
106 Sg (269.1) シーボーギウム
107 Bh (270.1) ボーリウム
108 Hs (269.1) ハッシウム
ランタノイド
57 La 138.9 ランタン
58 Ce 140.1 セリウム
59 Pr 140.9 プラセオジム
60 Nd 144.2 ネオジム
61 Pm (144.9) プロメチウム
アクチノイド
89 Ac (227.0) アクチニウム
90 Th 232.0 トリウム
91 Pa 231.0 プロトアクチニウム
92 U 238.0 ウラン
93 Np (237.0) ネプツニウム